高职高专机电及电气类专业"十二五"规划教材

金属切削与机床

（第二版）

主　编　聂建武
副主编　宁广庆　夏粉玲
主　审　兰建设

西安电子科技大学出版社

内 容 简 介

本书将传统的"金属切削原理与刀具"与"金属切削机床"两门课程的主要内容进行了必要的整合，形成新的课程体系。本书以金属切削加工为主线，介绍了金属切削的基础理论和基本规律，各种切削加工的特点及其所用刀具、切削用量的选用，相关机床的组成、传动分析及选用等内容。通过对本书的学习，学生在机械加工实践中能正确选用机床、刀具和切削用量，并用所学的理论知识和所掌握的技能分析、解决实际问题。

本书可作为高等职业技术院校机械制造与自动化、数控加工技术、模具设计与制造及相近专业的教学用书，也可作为机械加工等相应专业的工程技术人员的参考用书。

图书在版编目(CIP)数据

金属切削与机床/聂建武主编. —2 版. —西安：西安电子科技大学出版社，2014.11(2018.7 重印)
高职高专机电及电气类专业"十二五"规划教材
ISBN 978 - 7 - 5606 - 3494 - 4

Ⅰ. ① 金…　Ⅱ. ① 聂…　Ⅲ. ① 金属切削－机床－高等职业教育－教材　Ⅳ. ① TG502

中国版本图书馆 CIP 数据核字(2014)第 239331 号

策　　划　马乐惠
责任编辑　马乐惠　赵　镁
出版发行　西安电子科技大学出版社(西安市太白南路 2 号)
电　　话　(029)88242885　88201467　　邮　　编　710071
网　　址　www.xduph.com　　　　　电子邮箱　xdupfxb001@163.com
经　　销　新华书店
印刷单位　陕西华沐印刷科技有限责任公司
版　　次　2014 年 11 月第 2 版　2018 年 7 月第 6 次印刷
开　　本　787 毫米×1092 毫米　1/16　印　张　20
字　　数　475 千字
印　　数　17 001～20 000 册
定　　价　38.00 元
ISBN 978 - 7 - 5606 - 3494 - 4/TG

XDUP 3786002 - 6

前　　言

本书的第一版作为高职高专机械制造类专业教材于 2006 年初出版，受到了各院校教师和学生的好评，同时也收到了许多修改意见。

本书的第二版相对第一版在体系上并无大的变化，只是在内容上作了适当的删减，主要是为了适应当前高职高专教育教学改革对教学体系、课程内容提出的新要求，同时也参考了各位同行所提出的修改意见。在第二版修订中，除继续突出切削加工的基础知识、基本规律外，还更加注重内容的实用性与综合性，对各章节内容做了部分更新，使教学内容更接近生产实际。

需要强调的是本书内容实践性极强，在教学中要特别注意理论与实践并重。与第一版相比，第二版主要在理论教学内容上进行了适当的缩减，实践教学并未减少，仍安排了 10 个实验，并提倡现场教学。

本书在修订过程中得到有关院校教授、专家以及企业界工程技术人员的指导与帮助，再次表示感谢。由于编者水平有限，加之修订时间仓促，不足之处在所难免，敬请指正。

编者

2013 年 8 月于西安

第 一 版 前 言

本书是根据高职高专机电类专业系列教材的基本要求，并吸收了相关院校所进行的课程建设与改革成果而组织编写的。本书是高职高专机械制造类专业的试用教材，同时也适用于职工大学、业余大学及成人教育的相关专业，也可作为相关企业技术人员的参考用书。

本书试图将传统的"金属切削原理与刀具"与"金属切削机床"两门课程的主要内容进行必要的整合，以形成新的课程体系。本书既体现了综合性，同时也充分考虑了知识的完整性和切削技术的自身规律，保持了作为教材应具有的科学性。本书以金属切削为全书的主线，讲述金属切削的基础理论、基本规律，各种切削过程中的特点，相关机床的组成、传动分析及所用刀具和切削用量的选用。其中，第 1～4 章为切削原理部分，第 5 章为机床的基本知识，第 6～13 章为各种切削加工与相关机床，第 14 章为数控机床，第 15 章为特种加工及设备，第 16 章为机床使用等方面的知识。

本书在体系上力求新颖，文字力求准确，选图力求简练；在内容的取舍与深度的把握上，注意重点突出，理论联系实际，并注重了学生在金属切削技术应用能力与工程素养两方面的培养，旨在提高学生解决生产一线实际问题的能力。根据教学大纲的要求，全书按 118 个学时编写。其中安排了 10 项实验，大约需要 22 个学时。课程实验根据各学校的具体条件，可以随课程进度安排，也可把几个实验集中起来开设实验专用周或综合实验。

本书由聂建武副教授任主编，宁广庆副教授和夏粉玲副教授任副主编。全书共 16 章，其中第 1～5 章由宁广庆副教授编写，绪论、第 6～13 章、第 16 章及附录由聂建武副教授编写，第 14、15 章由夏粉玲副教授编写，全书由聂建武副教授统稿、定稿。

本书由兰建设副教授任主审，他对全书进行了仔细审阅，并提出了许多宝贵的修改意见。

本书在编写过程中得到了西安电子科技大学出版社领导和有关院校同行的大力支持，魏康民副教授、赵云龙副教授和胡新社工程师也给予了大力帮助，在此一并表示感谢。

由于编者水平有限，书中不妥之处在所难免，恳请广大读者不吝赐教。

编者
2005 年 10 月

目　　录

绪　　论

1. 学习金属切削技术的必要性

在现代制造业中机械零件的加工方法有多种，如铸造、锻造、焊接、切削加工及特种加工等。但要将金属毛坯加工成具有一定形状、尺寸精度和表面质量的机械零件，主要依靠的仍然是金属切削加工，特别是精密零件的加工更是如此。从制造业发展历程来看，金属切削技术始终是制造业的关键技术，对现代制造技术有着重大的支持作用。机械零件的切削加工过程实际上是一个表面成形的过程，是指由机床、刀具、夹具和工件等组成的切削系统，按照一定的规律和设定要求完成的加工过程。其中，金属切削机床是实现切削加工的基础部分，其对切削加工的基础作用毋庸置疑，例如，在一般的机械制造厂中，机床所担负的加工量约占总制造工作量的 $40\%\sim60\%$；刀具是机床切削加工的直接执行者，其体积虽小，但灵活多样，应用最为活跃。刀具与机床、夹具等相比，因其投资少、见效快，所以学习、研究进而有效使用刀具，在提高切削加工质量方面亦可起到事半功倍的效果。

虽然不同零件的不同表面，其切削加工的方法不同，相应的切削系统的组成也不同，但是其在切削加工过程中的一些基本规律却是相通的。学习进而掌握切削加工过程中的基础知识和基本规律，了解以至熟悉刀具与机床的相关知识，对从事或将要从事切削加工的人们就显得十分重要且迫切。

2. 本书的内容与学习方法

《金属切削与机床》主要介绍了切削系统中切削刀具与切削机床两方面的基本理论，以及这些理论在切削实践中的应用。本书在内容安排上试图以金属切削加工为主线，首先介绍金属切削的基本原理和基本规律，然后介绍各类切削加工方法，以及所使用刀具与相关机床的特点、组成、传动分析等。

金属切削技术是机械加工的技术基础。这部分内容主要在第 1 章～第 4 章中介绍。其中，第 3 章（金属切削的基本规律）主要分析了金属切削的理论依据，第 4 章（提高金属切削效率的途径）主要研究了金属切削基本规律的应用。通过此部分内容的学习，使学生初步掌握金属切削基本原理和基本规律，具有选择刀具几何参数和切削用量的基本能力。

机床与刀具是实现机械切削加工的物质基础。这部分内容主要在第 5 章～第 12 章中介绍。其中，第 6 章（车削加工与车床）、第 7 章（铣削加工与铣床）、第 8 章（钻削加工与钻床）、第 11 章（磨削加工与磨床）、第 12 章（齿轮加工与齿轮加工机床）是本部分的主要内容。通过此部分内容的学习使学生初步掌握各类切削刀具的使用特点及选用，初步掌握各类切削机床的使用特点和传动系统的分析与调整，经过必要的技能训练，学会选用、使用及调整切削机床。

现代加工技术是机械加工的发展方向。这部分内容在第 13 章、第 14 章中介绍。其中，

第 13 章(数控机床与编程)主要介绍数控编程的相关知识,使学生初步掌握数控加工编程的基本知识、方法和技巧。第 14 章(特种加工及设备)主要介绍了电火花加工、电解加工、激光加工等技术,此部分内容的学习旨在扩充学生加工方面的知识。

第 15 章(机床的安装、验收与维护)主要介绍了金属切削机床在安装、验收、维护等方面的初步知识,是机械加工一线技术人员和高技能人才应该了解的知识点。

《金属切削与机床》是实践性较强,涉及知识面较广的一门专业课。为了便于学习,学生除了应具备机械制图、工程力学、机械设计、测量技术等方面的知识外,还应参加机械加工实习,对金属切削刀具和机床要有一定的感性认识。在教学安排上要注意尽可能与其他相关专业课互相呼应。除课堂讲授外,还应安排现场教学、多媒体教学和必需的实验教学。学生除学好本书的基本内容外,还需要学会阅读有关手册、标准、样本和说明书等资料,特别要重视参加生产实践和工作实践。这样才能更好地做到理论联系实际,逐步提高解决工程实践问题的能力。

第1章　金属切削的基本概念

1.1　切削运动与切削用量

使用金属切削刀具从工件上切除多余的金属，从而获得尺寸精度、形状精度、位置精度及表面质量都合乎技术要求的零件，这种加工方法称为金属切削加工。切削加工中，刀具与工件之间所产生的相对运动称为切削运动。

1.1.1　切削运动

在切削加工中刀具与工件的相对运动，称为切削运动。按其功用切削运动可分为主运动和进给运动，如图 1-1 所示。

1. 主运动

主运动是切下金属所必需的最主要运动。其特点是切削速度最高，消耗功率最大，如车削时工件的旋转运动，刨削时工件或刀具的往复移动，铣削时铣刀的旋转运动等都是主运动。在金属切削中必须有且只能有一个主运动。

2. 进给运动

进给运动是使新的金属不断投入切削的运动。进给运动可以是连续的，如车削外圆时车刀平行于工件轴线的纵向运动；也可以是断续的，如刨削时工件或刀具的横向移动等。在金属切削中可以有一个或几个进给运动，也可以没有进给运动。

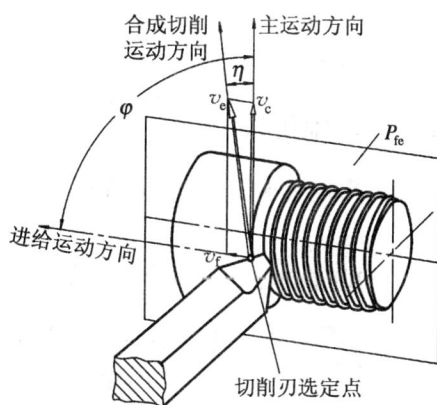

图 1-1　切削运动

3. 合成切削运动

由主运动和进给运动合成的运动，称为合成切削运动。刀具切削刃上选定点相对工件的瞬时合成运动方向称为该点的合成切削运动方向，其速度称为合成切削速度，如图 1-1 所示。

1.1.2　加工表面

切削加工时在工件上会形成依次变化的三个表面，如图 1-2 所示。

(1) 待加工表面：工件上即将被切除的表面。

（2）过渡表面：工件上由切削刃正在形成的表面。

（3）已加工表面：工件上切削后所形成的表面。

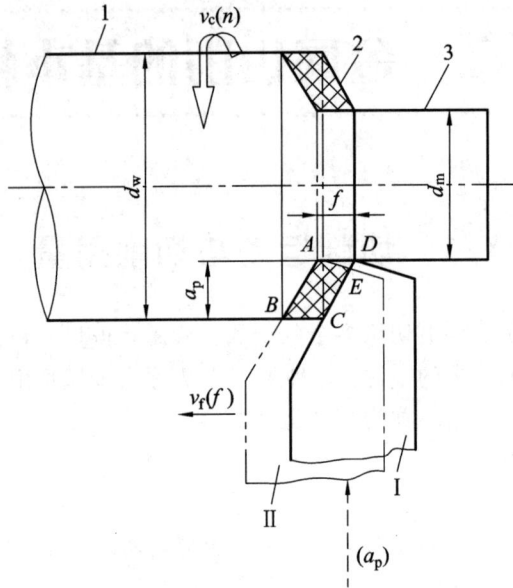

1—待加工表面；2—过渡表面；3—已加工表面

图 1-2　加工表面与切削用量

1.1.3　切削用量

切削用量是指切削速度、进给量、背吃刀量的总称，或称切削用量三要素，如图 1-2 所示。

1. 切削速度 v_c

切削速度是指切削刃上选定点相对于工件的主运动的瞬时速度，即主运动的线速度，单位为 m/s。车削时计算公式如下

$$v_c = \frac{\pi d_w n}{1000} \tag{1-1}$$

式中：v_c——切削速度（m/s）；

　　　d_w——工件待加工表面直径（mm）；

　　　n——工件转速（r/s）。

2. 进给量 f

进给量是指刀具在进给运动方向上相对于工件的位移量，用刀具或工件每转或每行程的位移量来表示，单位为 mm/r 或 mm/行程。

进给速度 v_f 是指切削刃上选定点相对工件在进给运动方向的瞬时速度。

$$v_f = fn \tag{1-2}$$

式中：v_f——进给速度（mm/s）；

　　　n——主轴转速（r/s）；

f——进给量(mm/r)。

3. 背吃刀量 a_p

背吃刀量一般是指工件上已加工表面和待加工表面间的垂直距离,如纵向车外圆时,其背吃刀量可按下式计算:

$$a_p = \frac{d_w - d_m}{2} \tag{1-3}$$

式中:d_w——工件待加工表面直径(mm);

　　　d_m——工件已加工表面直径(mm)。

工件旋转一周,刀具从位置Ⅰ移动到Ⅱ,所切下的工件材料层称为切削层,如图1-2所示的 $ABCD$ 为切削层公称横截面积,$ABCE$ 是切削层实际横截面积,AED 为残留在已加工表面上的横截面积。

1.2　刀具切削部分的几何角度

金属切削刀具的种类虽然很多,但其切削部分的几何形状与参数却有着共性的部分。不论刀具构造如何复杂,其切削部分总是近似地以外圆车刀的切削部分为基本形态。因此,在确立刀具基本定义时,通常以普通外圆车刀为基础进行讨论。

1.2.1　刀具切削部分的组成

车刀由切削部分和刀杆组成,如图1-3所示。刀杆是刀具的夹持部位,切削部分主要完成对金属的切削。切削部分的主要组成如下:

(1)前刀面 A_γ:刀具上切屑流出的表面。

(2)主后刀面 A_α:与工件上过渡表面相对的刀面。

(3)副后刀面 A_α':与工件上已加工表面相对的刀面。

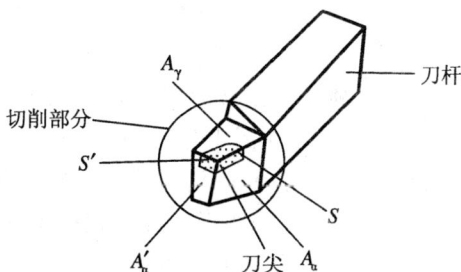

图1-3　外圆车刀切削部分的组成

(4)主切削刃 S:前刀面与主后刀面汇交的边锋。

(5)副切削刃 S':前刀面与副后刀面汇交的边锋。

(6)刀尖:主切削刃和副切削刃的汇交处。

1.2.2　刀具静止角度

为确定刀具切削部分几何要素的空间位置,需要建立相应的参考系。

1. 刀具静止角度参考系

在设计、制造、刃磨和测量时,用于定义刀具几何参数的参考系称为刀具静止参考系,由此定义的角度称为刀具标注角度。在建立静止参考系时不考虑进给运动的大小,同时也假定车刀的安装基准面垂直于主运动方向。

1）正交平面参考系（P_r—P_s—P_o）

正交平面参考系由基面 P_r、切削平面 P_s 和正交平面 P_o 组成，如图 1-4 所示。

（1）基面 P_r：通过切削刃上选定点，垂直于主运动方向的平面。

（2）切削平面 P_s：通过切削刃上选定点，与主切削刃相切并垂直于基面的平面。

（3）正交平面 P_o：通过切削刃上选定点，垂直于主切削刃在基面上投影的平面。

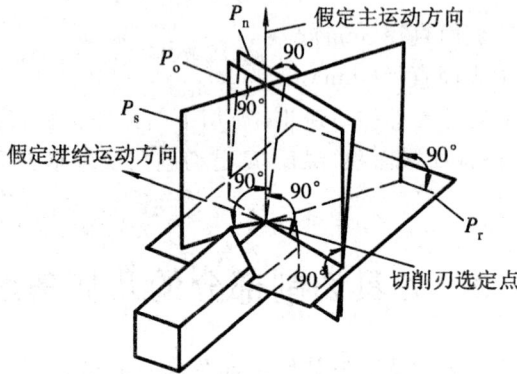

图 1-4　正交平面、法平面参考系

2）法平面参考系（P_r—P_s—P_n）

法平面参考系由基面 P_r、切削平面 P_s 和法平面 P_n 组成，如图 1-4 所示。

法平面 P_n：通过切削刃上选定点，垂直于切削刃的平面。

3）假定工作平面参考系（P_r—P_f—P_p）

假定工作平面参考系由基面 P_r、假定工作平面 P_f、背平面 P_p 组成，如图 1-5 所示。

（1）假定工作平面 P_f：通过切削刃上选定点，平行于假定进给运动方向并垂直于基面的平面。

（2）背平面 P_p：通过切削刃上选定点，垂直于假定工作平面和基面的平面。

对于副切削刃也有同样的静止角度参考系。为区分起见，在相应符号上方加"′"，如 P_o' 为副切削刃的正交平面，其余类推。

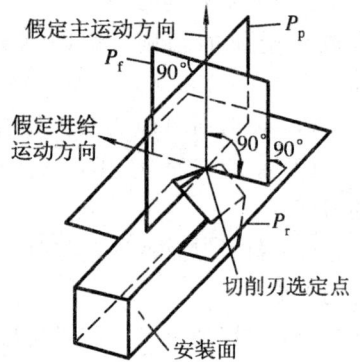

图 1-5　假定工作平面参考系

2. 刀具静止角度的标注

刀具静止角度标注的基本方法为"一刃四角法"，即每一条切削刃及其刀面，只需四个基本角度（前角、后角、偏角、刃倾角），就能唯一地确定其空间位置。

图 1-6 为外圆车刀在正交平面参考系中角度的标注。

1）正交平面参考系的角度标注

（1）前角 γ_o：在正交平面 P_o 内度量的前刀面与基面 P_r 之间的夹角。

（2）后角 α_o：在正交平面 P_o 内度量的后刀面与切削平面 P_s 之间的夹角。

（3）主偏角 κ_r：在基面 P_r 内度量的切削平面 P_s 与假定工作平面 P_f 之间的夹角。

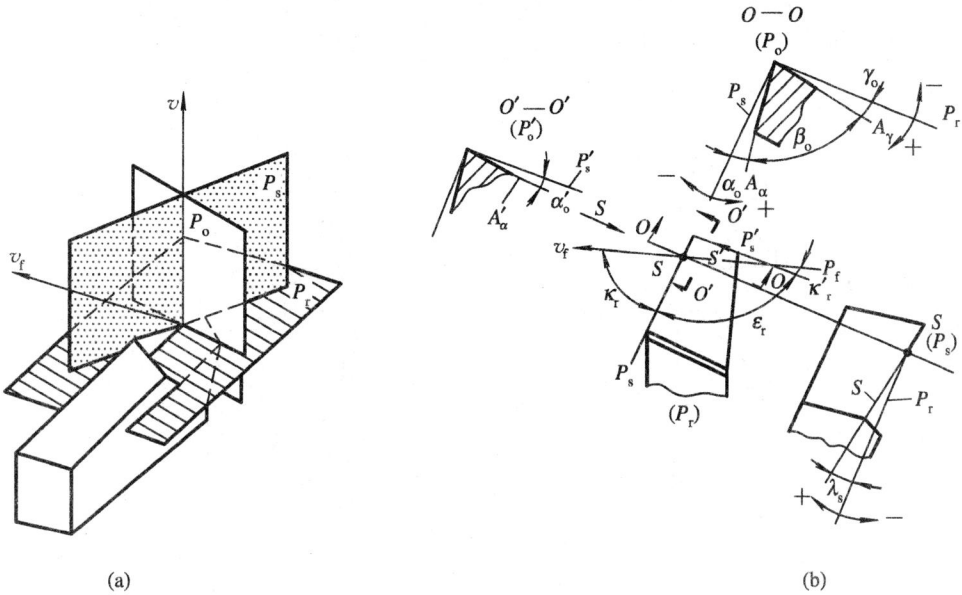

图 1-6　正交平面参考系及刀具角度的标注

(a) 正交平面参考系；(b) 正交平面参考系的角度

(4) 刃倾角 λ_s：在切削平面 P_s 内度量的主切削刃与基面 P_r 之间的夹角。

刀具角度标注符号下标的英文小写字母，与测量该角度用的参考系平面符号下标一致。例如 r 表示 P_r 平面、s 表示 P_s 平面、o 表示 P_o 平面，n 表示 P_n 平面、f 表示 P_f 平面、p 表示 P_p 平面。右上角加 "'" 表示副刀刃上的平面或角度。

上述四个角度确定了车刀主切削刃及其前、后刀面的方位。其中 γ_o、λ_s 确定了前面的方位，α_o、κ_r 确定了后面的方位，κ_r、λ_s 确定了主切削刃的方位。

同理，对副切削刃也有副偏角 κ_r'、副刃倾角 λ_s'、副前角 γ_o' 和副后角 α_o'。由于主切削刃与副切削刃在同一个前刀面上，在标注出主切削刃的四个角度后，前刀面的位置已确定，副切削刃的副前角 γ_o' 和副刃倾角 λ_s' 也随之确定，因此对副切削刃则只需标出副偏角 κ_r' 和副后角 α_o' 即可。

(5) 副偏角 κ_r'：在副切削刃上选定点的基面 P_r' 内度量的副切削平面 P_s' 与假定工作平面 P_f 之间的夹角。

(6) 副后角 α_o'：在副切削刃上选定点的正交平面 P_o' 内度量的副后刀面与副切削平面 P_s' 之间的夹角。

在图 1-6 中还标出了两个派生角度：楔角 β_o 和刀尖角 ε_r。这两个角度在刀具工作图中不必标出，可以用下式计算：

$$\beta_o = 90° - (\gamma_o + \alpha_o) \tag{1-4}$$

$$\varepsilon_r = 180° - (\kappa_r + \kappa_r') \tag{1-5}$$

图 1-7 所示为刀具角度正负的规定。如图 1-7(a) 所示，在正交平面内，前刀面在基面之下时前角为正值，在基面之上时前角为负值，与基面重合时则前角为零。

如图 1-7(b) 所示，当刀尖相对车刀底平面在主切削刃上为最高点时，刃倾角 λ_s 为正值；为最低点时刃倾角 λ_s 为负值；当主切削刃在基面内时刃倾角 λ_s 为零。

后角也有正负之分，但在实际切削中后角一般为正值。

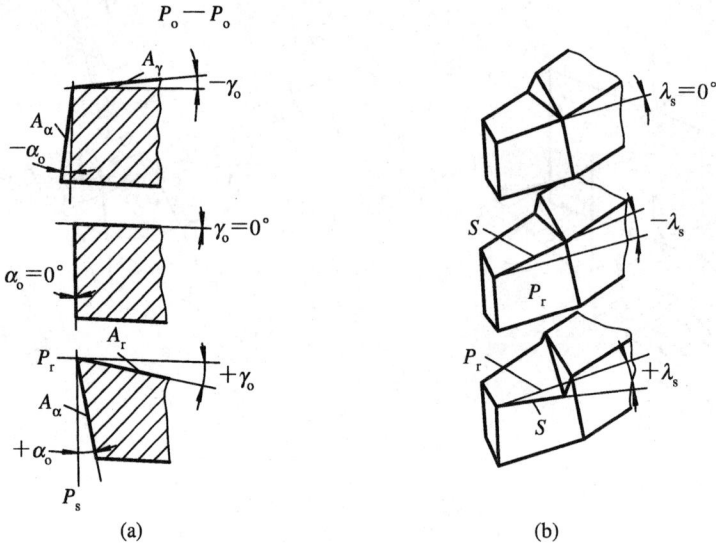

图 1-7 刀具角度正负的规定

（a）前、后角；（b）刃倾角

2）法平面参考系的角度标注

在法平面内度量刀具的前、后角，分别称为法前角 γ_n、法后角 α_n。而主偏角 κ_r 和刃倾角 λ_s 仍然在基面和切削平面内标注，如图 1-8 所示。副切削刃的标注仍如前所述。

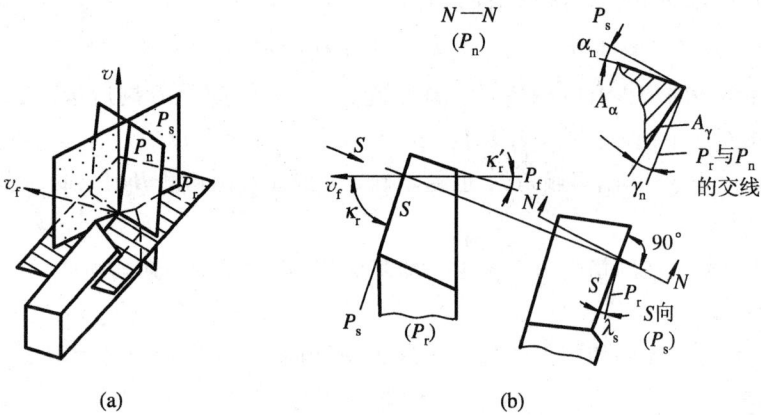

图 1-8 法平面参考系及刀具角度的标注

（a）法平面参考系；（b）法平面参考系的角度

3）假定工作平面参考系的角度标注

在假定工作平面内标注的前、后角分别称为侧前角 γ_f、侧后角 α_f；在背平面内标注的前、后角分别称为背前角 γ_p、背后角 α_p。而主偏角 κ_r 和刃倾角 λ_s 仍分别在基面和切削平面内标注，如图 1-9 所示。

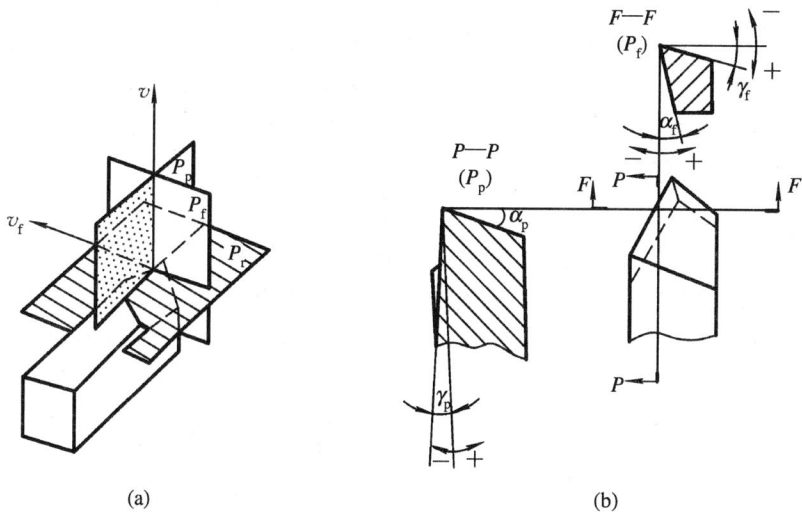

图1-9　假定工作平面参考系及刀具角度的标注

（a）假定工作平面参考系；（b）假定工作平面参考系的角度

4）静止参考系间刀具几何角度的换算

刀具角度的换算是指根据设计、工艺的需要，将某一参考系的角度换算成另一所需参考系的角度。

（1）正交平面参考系和法平面参考系间角度的换算。

图1-10所示为正交平面参考系与法平面参考系中 γ_o 与 γ_n 间的几何关系。经推导其计算公式如下：

$$\tan\gamma_n = \tan\gamma_o \cdot \cos\lambda_s \tag{1-6}$$

式中：γ_n——法前角；

　　　γ_o——主前角；

　　　λ_s——刃倾角。

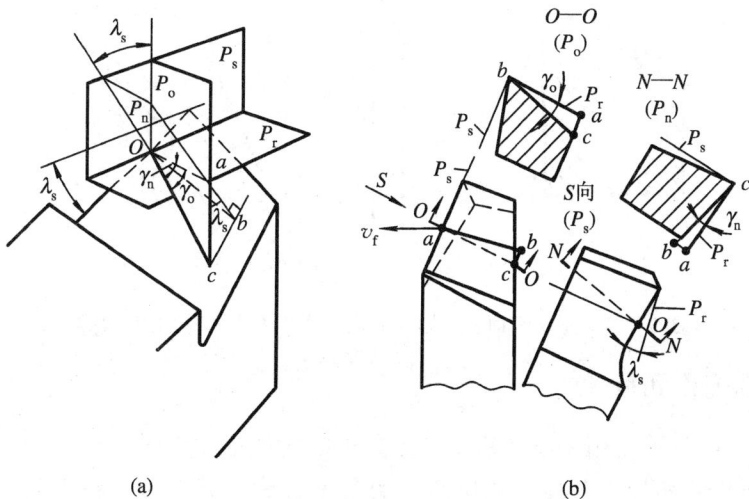

图1-10　正交平面参考系与法平面参考系的角度换算

（a）立体图；（b）投影图

当 $\lambda_s = 0$ 时，正交平面与法平面重合，$\gamma_o = \gamma_n$；当 $\lambda_s \neq 0$ 时，$\gamma_o > \gamma_n$。

将式 $(1-6)$ 中的 γ_o、γ_n 换成 α_n、α_o 的余角函数，即得法后角 α_n 和后角 α_o 的换算关系：

$$\cot\alpha_n = \cot\alpha_o \cdot \cos\lambda_s \tag{1-7}$$

（2）正交平面参考系与假定工作平面参考系间角度的换算。

图 $1-11$ 为正交平面、假定工作平面、背平面之间刀具角度的换算关系。经推导其换算公式如下：

$$\tan\gamma_f = \tan\gamma_o \cdot \sin\kappa_r - \tan\lambda_s \cdot \cos\kappa_r \tag{1-8}$$

$$\tan\gamma_p = \tan\gamma_o \cdot \cos\kappa_r + \tan\lambda_s \cdot \sin\kappa_r \tag{1-9}$$

式中：γ_f——侧前角；

$\quad\quad \gamma_p$——背前角。

将侧前角 γ_f 和背前角 γ_p 换成侧后角 α_f 和背后角 α_p 的余角函数，得 α_f、α_p 的换算公式：

$$\cot\alpha_f = \cot\alpha_o \cdot \sin\kappa_r - \tan\lambda_s \cdot \cos\kappa_r \tag{1-10}$$

$$\cot\alpha_p = \cot\alpha_o \cdot \cos\kappa_r + \tan\lambda_s \cdot \sin\kappa_r \tag{1-11}$$

式中：α_f——侧后角；

$\quad\quad \alpha_p$——背后角。

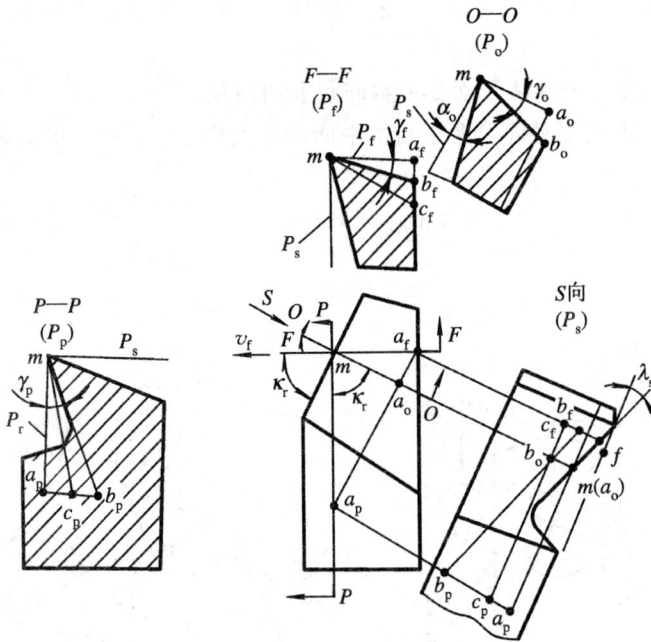

图 $1-11$　正交平面参考系与假定工作平面参考系的角度换算

1.2.3　刀具工作角度

刀具在切削工作时，由于受进给运动及刀具安装方式的影响，刀具在工作时的角度并不等于刀具静止的角度。刀具实际切削时的角度称为工作角度，在刀具工作参考系中讨论。

1. 刀具工作角度参考系

刀具工作角度参考系的坐标平面应根据合成切削速度方向来确定，其坐标平面和几何角度的符号应加注下标"e"。刀具工作角度参考系各坐标平面的符号及定义见表 1-1。

表 1-1　刀具工作角度参考系坐标平面的定义（通过切削刃选定点）

参考系	坐标平面	符号	定义与说明
工作正交平面参考系	工作基面	P_{re}	垂直于合成切削速度方向的平面
	工作切削平面	P_{se}	与切削刃相切并垂直于工作基面的平面
	工作正交平面	P_{oe}	同时垂直于工作基面和工作切削平面的平面
工作法平面参考系	工作基面	P_{re}	同上
	工作切削平面	P_{se}	同上
	工作法平面	P_{ne}	垂直切削刃的平面，且 $P_{ne} = P_n$
工作平面、工作背平面参考系	工作基面	P_{re}	同上
	工作切削平面	P_{se}	同上
	工作平面	P_{fe}	由主运动方向和进给运动方向组成的平面，$P_{fe} \perp P_{re}$
	工作背平面	P_{pe}	同时垂直于工作基面和工作平面的平面

2. 刀具的工作角度

1）进给量对工作角度的影响

图 1-12 所示为横向进给时刀具工作角度的变化情况。

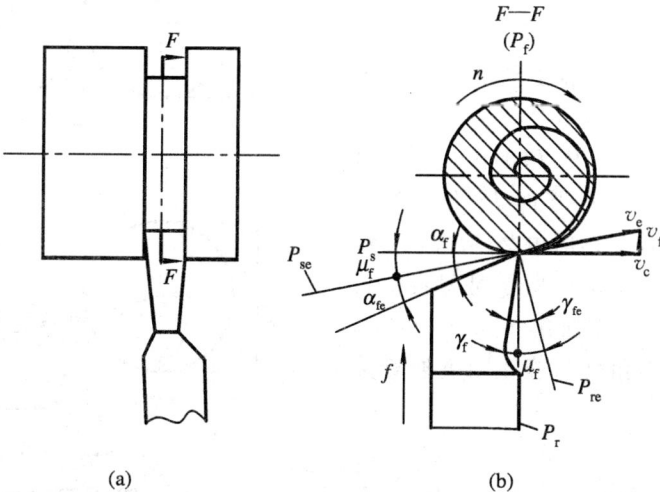

图 1-12　横向进给时刀具的工作角度

（a）切断示意图；（b）工作角度标注

设切断刀主偏角 $\kappa_r = 90°$，前角 $\gamma_o > 0°$，后角 $\alpha_o > 0°$，左、右副偏角相等 $\kappa'_{rl} = \kappa'_{rr}$，左、右副后角相等 $\alpha'_{ol} = \alpha'_{or}$，刃倾角 $\lambda_s = 0°$，安装时刀刃对准工件中心。

当不考虑进给运动时，刀具主切削刃上选定点相对于工件运动轨迹为一圆周，主运动方向为过该点的圆周切线方向。此时，基面 P_r 过选定点垂直于 v_c 方向且平行于刀具底面；切削平面 P_s 过选定点切于圆周与 v_c 重合；γ_f、α_f 为刀具的静止前、后角。

当考虑横向进给运动后，主切削刃上选定点相对于工件的运动轨迹为阿基米德螺旋线，如图 1-12(b) 所示。其合成运动方向 v_e，是过该点阿基米德螺旋线的切线方向。此时，工作基面 P_{re} 过选定点垂直于 v_e 方向，工作切削平面 P_{se} 过选定点切于阿基米德螺旋线与 v_e 重合。于是，P_{re} 和 P_{se} 相对 P_r 和 P_s 转动一个 μ_f 角，结果使工作前角 γ_{fe} 增加，工作后角 α_{fe} 减少。其计算公式如下

$$\gamma_{fe} = \gamma_f + \mu_f \tag{1-12}$$

$$\alpha_{fe} = \alpha_f - \mu_f \tag{1-13}$$

$$\tan\mu_f = \frac{f}{\pi d_w} \tag{1-14}$$

式中：f——进给量（mm/r）；

d_w——工件待加工表面直径（mm）。

由式(1-14)可知，μ_f 值随 f 值的增大而增大，随工件直径的减小而增大。显然切断刀接近工件中心位置时，α_{fe} 非常小，常会出现崩刃或工件被挤断等现象。

当外圆车刀纵向进给时，工作前角和工作后角同样会发生变化。这在车削大导程丝杠或多头螺纹时必须加以注意。

2）刀具安装高低对工作角度的影响

图 1-13(a) 所示是刀尖对准工件中心安装，此时基面与车刀底面平行，切削平面与车刀底面垂直，刀具静止角度与工作角度相等；图 1-13(b) 所示是刀尖安装高于工件中心，则工作基面 P_{re} 和工作切削平面 P_{se} 相对静止参考系中的基面 P_r 和切削平面 P_s 发生倾斜，使工作前角 γ_{oe} 增大，工作后角 α_{oe} 减小；图 1-13(c) 所示是刀尖安装低于工件中心，则工作前角 γ_{oe} 减小，工作后角 α_{oe} 增大。工作角度与静止角度换算关系如下：

$$\gamma_{oe} = \gamma_o \pm \theta_o \tag{1-15}$$

$$\alpha_{oe} = \alpha_o \mp \theta_o \tag{1-16}$$

式中：γ_{oe}——正交平面内的工作前角；

α_{oe}——正交平面内的工作后角；

θ_o——正交平面内 P_r 和 P_{re} 的夹角。

由图 1-13 可知：

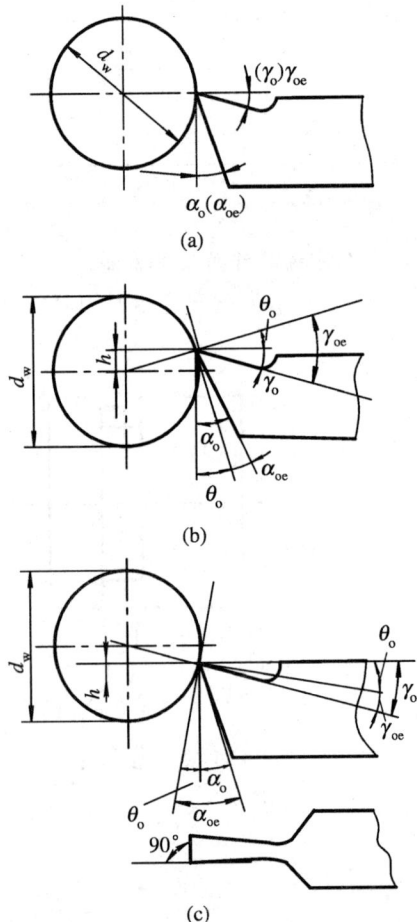

图 1-13 刀杆安装高低对刀具工作角度的影响
（a）刀尖与工件中心等高；（b）刀尖高于工件中心；
（c）刀尖低于工件中心

$$\sin\theta_{\text{o}} = \frac{2h}{d_{\text{w}}} \qquad (1-17)$$

式中：h——刀尖高于或低于工件中心线的灵敏值（mm）；

　　　d_{w}——工件待加工表面直径（mm）。

　　3）刀杆轴线偏装后对刀具工作角度的影响

　　图 1-14(a)所示是车削外圆车刀轴线的偏装，图 1-14(b)所示是车削锥体时，因刀杆轴线与进给方向不垂直，造成工作主偏角 κ_{re} 和工作副偏角 κ'_{re} 发生变化：

$$\kappa_{\text{re}} = \kappa_{\text{r}} \pm G \qquad (1-18)$$

$$\kappa'_{\text{re}} = \kappa'_{\text{r}} \mp G \qquad (1-19)$$

式中：G——假定工作平面 P_{f} 与工作平面 P_{fe} 间的夹角。

　　在生产实际中，根据工作需要在安装刀具时可以调整主偏角和副偏角的大小。

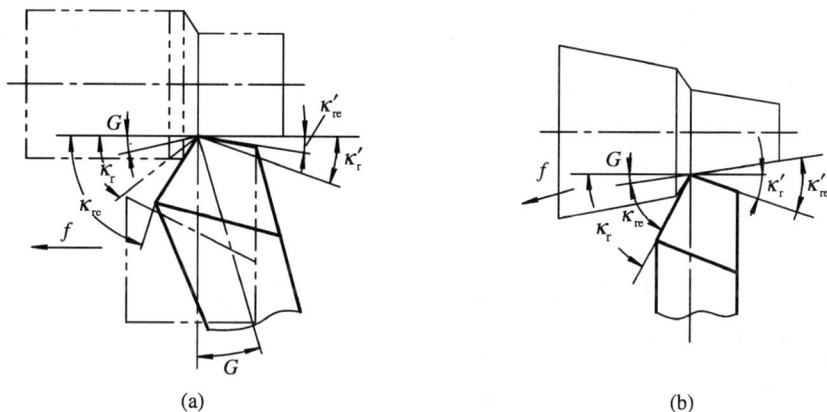

(a)　　　　　　　　　　　　　　　　(b)

图 1-14　刀杆轴线不垂直进给方向时的工作角度

（a）车削外圆；（b）车削锥体

1.3　切削层参数、金属切除率及切削方式

1.3.1　切削层参数

　　切削层是指刀具切削刃沿进给运动方向移动一个进给量所切除的金属层。切削层参数是切削层公称横截面积、公称宽度、公称厚度的总称。切削层参数直接影响着切削过程的变形、刀具承受的负荷以及刀具的磨损。为简化计算，切削层参数在刀具基面（尺寸平面）内度量，即在切削层横截面中度量。

　　1. 切削层公称横截面积 A_{D}

　　切屑层公称横截面积简称切削层横截面积，是指切削层在基面内度量的横截平面，如图 1-15 中的 $ABCD$ 所包围的面积。

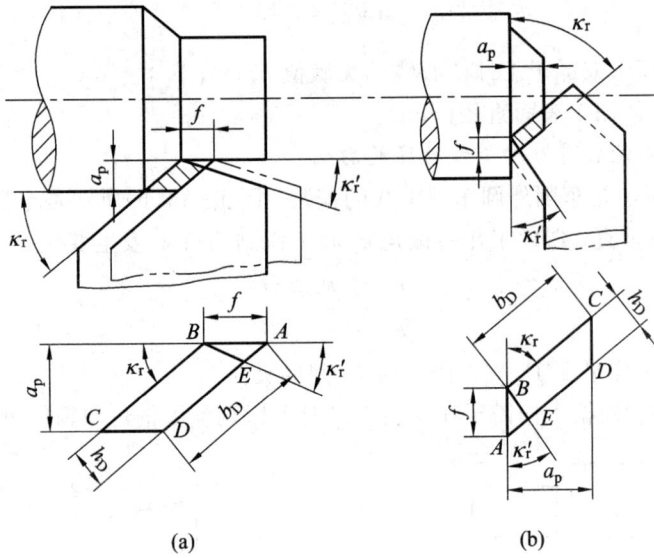

图 1-15 切削层参数

（a）车外圆；（b）车端面

2. 切削层公称宽度 b_D

切削层公称宽度简称切削宽度，是指切削层作用于主切削刃上两个极限点间的距离，它反映了主切削刃参加切削的长度。

3. 切削层公称厚度 h_D

切削层公称厚度简称切削厚度，是指垂直于过渡表面度量的切削层尺寸，是切削层横截面积 A_D 与切削宽度 b_D 之比。即

$$h_D = \frac{A_D}{b_D}$$

设图 1-15 中，刀具 $\lambda_s = 0°$、$\gamma_o = 0°$，则

$$b_D = \frac{a_p}{\sin\kappa_r}$$

$$h_D = f \cdot \sin\kappa_r = \frac{A_D}{b_D}$$

$$A_D = h_D \cdot b_D = f \cdot a_p$$

通过对上述公式分析可知，切削层参数（A_D、b_D、h_D）随主偏角的变化而变化，从而对切削过程产生影响。当 $\kappa_r = 90°$ 时，$h_D = h_{Dmax} = f$，$b_D = b_{Dmin} = a_p$，故切削层公称横截面积决定于切削用量 f、a_p。

1.3.2 金属切除率

单位时间切下的金属体积，称为金属切除率，用 Z_w 表示。金属切除率是衡量切削效率高低的重要指标。Z_w 可用下式计算：

$$Z_w = A_D \cdot v_c = f \cdot a_p \cdot v_c \tag{1-20}$$

如 Z_w 的单位为 mm^3/s、而 v_c 的单位为 m/s，则

$$Z_w = 1000f \cdot a_p \cdot v_c \tag{1-21}$$

1.3.3　切削方式

1. 自由切削和非自由切削

刀具在切削过程中只有一条切削刃参加切削则称为自由切削。自由切削的主要特征是刀刃上各点切屑流出方向大致相同，被切金属的变形较为简单，如图 1-16(a) 所示。

反之，若有几条切削刃同时参加切削则称为非自由切削。非自由切削的主要特征是各切削刃汇交处切下的金属互相影响，被切金属变形较为复杂，如图 1-16(b) 所示。

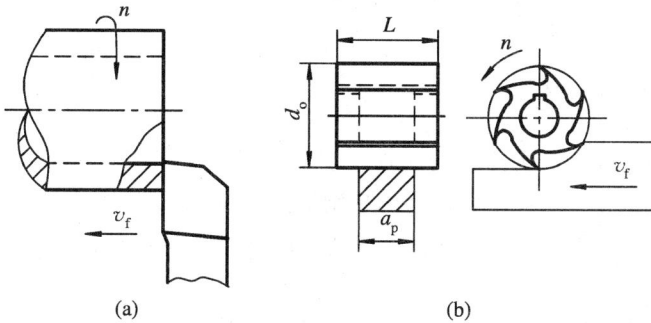

图 1-16　自由切削
（a）车端面；（b）铣平面

2. 直角切削和斜角切削

直角切削是指刀具主切削刃的刃倾角 $\lambda_s = 0$ 时的切削。由于主切削刃与切削速度方向成直角，故又称为正交切削，如图 1-17(a) 所示。直角切削的切屑流出方向沿切削刃的法向。

斜角切削是指刀具主切削刃刃倾角 $\lambda_s \neq 0$ 的切削，如图 1-17(b) 所示。斜角切削的切屑偏离切削刃法向流出。因多数刀具的刃倾角不为零，故实际切削加工中多数属于斜角切削方式。

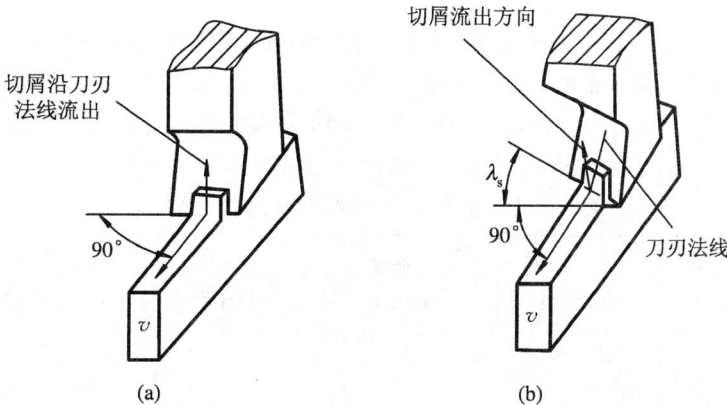

图 1-17　直角切削与斜角切削
（a）直角切削；（b）斜角切削

第2章 刀具材料

2.1 刀具材料的性能及分类

刀具材料一般是指刀具切削部分的材料,其切削性能直接影响着切削效率、加工精度以及刀具寿命。

2.1.1 刀具材料的性能

金属切削时刀具切削部分直接与工件及切屑接触,承受着巨大的切削压力和冲击,受到工件及切屑的剧烈摩擦,会产生很高的切削温度。因此,刀具材料应具备以下基本性能。

(1)高的硬度。刀具切削部分材料的硬度应高于工件材料的硬度,一般在常温下刀具硬度应高于60HRC。

(2)高的耐磨性。刀具材料耐磨性是指刀具抵抗磨损的能力。刀具硬度越高,耐磨性就越好;耐磨性越好,磨损量就越小;磨损量小,则切削时间长,耐用度就越高。

(3)足够的强度和韧性。刀具切削部分的材料承受着切削力、冲击和振动,因此刀具应具有足够的强度和韧性,以保证在正常切削条件下不至于崩刃或断裂。

(4)高的耐热性。刀具耐热性是指高温下切削部分保持常温硬度的性能。一般用红硬性表示。耐热性差的刀具材料,由于高温下硬度显著下降,很快会丧失切削能力。

(5)良好的工艺性。刀具材料应具有良好的可加工性,包括锻造、焊接、切削加工、热处理、可磨性等。

2.1.2 刀具材料的分类

刀具材料可分为工具钢、高速钢、硬质合金、陶瓷、超硬材料五大类。其中,应用最多的是高速钢和硬质合金。据统计我国目前高速钢用量约占刀具材料的60%左右,硬质合金的用量约占30%以上。随着难加工材料应用的增加,陶瓷刀具和超硬材料刀具的使用量正在日益增长。表2-1列举了常见刀具材料的种类及物理力学性能。

表2-1 主要刀具材料的物理力学性能

材料种类	材料性能	硬度/HRC (HRA)[HV]	抗弯强度 /GPa	冲击强度 /(MJ/m²)	热导率 /[w/(m·K)]	耐热性 /℃
工具钢	碳素工具钢	60~65 (81.2~84)	2.16	—	≈41.87	200~250
	合金工具钢	60~65 (81.2~84)	2.35	—	≈41.87	300~400

续表

材料性能 / 材料种类		硬度/HRC (HRA)[HV]	抗弯强度 /GPa	冲击强度 /(MJ/m²)	热导率 /[w/(m·K)]	耐热性 /℃
高速钢		63~70 (83~86.6)	2~4.5	0.098~0.588	16.75~25.1	600~700
硬质合金	钨钴类	(89~92)	1.08~2.35	0.019~0.056	75.4~87.9	800
	钨钴钛类	(89~92.5)	0.9~1.4	0.0029~0.0068	20.9~62.8	900
	含有碳化钽、铌类	(≈92)	≈1.5	—	—	1000~1100
	碳化钛基类	(92~93.3)	0.787~1.08	—	—	1100
陶瓷	氧化铝陶瓷	(91~95)	0.44~0.686	0.0049~0.0117	4.19~20.93	1200
	氧化物碳化物系陶瓷		0.71~0.88			1100
	氮气硅陶瓷	[5000]	0.735~0.83	—	37.68	1300
超硬材料	立方氮化硼	[8000~9000]	≈0.294	—	75.55	1400~1500
	金刚石	[10 000]	0.21~0.48	—	146.54	700~800

2.1.3 刀体材料

刀体一般均采用普通碳钢或合金钢制作,如焊接车刀、镗刀、钻头、铰刀的刀柄。尺寸较小的刀具或切削负荷较大的刀具,宜选用合金工具钢或整体高速钢制作,如螺纹刀具、成形铣刀、拉刀等。

机夹、可转位硬质合金刀具、镶硬质合金钻头、可转位铣刀等工具的刀体可用合金工具钢制作。对于一些尺寸较小、刚度较差的精密孔加工刀具,如小直径镗刀、铰刀,为保证刀体有足够的刚度,宜选用整体硬质合金制作,以提高刀具的寿命和加工精度。

2.2 高 速 钢

高速钢是一种含钨(W)、钼(M_o)、铬(C_r)、钒(V)等合金元素较多的工具钢。高速钢是综合性能较好、应用范围最广的一种刀具材料。高速钢按用途可分为普通型高速钢和高性能高速钢;按制造工艺不同可分为熔炼高速钢和粉末冶金高速钢。下面分类介绍高速钢的主要成分、性能及其选用。

2.2.1 普通高速钢

普通高速钢分为钨系高速钢和钼系高速钢:

1. 钨系高速钢

钨系高速钢的典型牌号有 W18Cr4V,即含 W18%、Cr4%、V1%。钨系高速钢有较好的综合性能,淬火后硬度为 60~65HRC,耐热性为 620℃左右,广泛用于制造各种复杂刀具。其主要缺点是碳化物分布不均匀，热塑性差，不能用热成形方法制造刀具。

2. 钼系高速钢

钼系高速钢是将钨系高速钢中的一部分钨以钼代替而得名。典型牌号 W6Mo5Cr4V2，即含 W6%、Mo5%、Cr4%、V2%。钼系高速钢的碳化物分布细小、均匀，具有良好的机械性能，强度和韧性比 W18Cr4V 高，可制造尺寸较大，承受冲击力的刀具。其突出优点是热塑性好，适用于热成形制造刀具，主要缺点是热处理时脱碳倾向大，较易氧化，淬火范围较窄。

2.2.2 高性能高速钢

高性能高速钢是在普通高速钢中加入钴、铝、钒等合金元素。典型牌号有高碳高速钢 9W18Cr4V、高钒高速钢 W6Mo5CrV3、钴高速钢 W6MoCr4V2Co8 等。按其耐热性又称高热稳定性高速钢，在 630~650℃时硬度仍保持 60HRC，具有更好的切削性能，耐用度较普通高速钢高 1.3~3 倍。此类高速钢主要用于对高温合金、钛合金、不锈钢、超高强度钢等难加工材料的切削。

2.2.3 粉末冶金高速钢

粉末冶金高速钢是把炼好的高速钢水置于保护气罐中，用高压氩气或氮气雾化成细小粉末，然后在高温(1100℃)、高压(100 MPa)下制成致密的钢坯，再锻轧成材或刀具形状。粉末冶金高速钢有效地解决了一般熔炼高速钢时，铸锭产生粗大碳化物共晶偏析的问题，能得到细小的结晶组织，具有良好的机械性能。其强度和韧性分别是熔炼高速钢的 2 倍和 2.5~3 倍，耐磨性提高了 20%~30%，热处理变形小，加工性好。适合于制造难加工材料的刀具、大尺寸刀具、精密刀具、磨加工量大的复杂刀具和在高压动载荷下使用的刀具。

2.3 硬 质 合 金

硬质合金是用粉末冶金的方法制成的。它是由硬度和熔点很高的金属碳化物(WC、TiC)等微粉和粘结剂(Co、Ni、Mo 等)经高压成形，且在 1500℃的高温下烧结而成。

2.3.1 常用硬质合金的分类、性能

1. YG(K)类合金

YG 类合金，即 $WC+Co$ 类硬质合金，牌号有 YG6、YG8、YG3X、YG6X 等，硬度为 89~91.5HRA，抗弯强度为 1.1~1.5 GPa，组织有粗晶粒、中晶粒、细晶粒、超细晶粒之分。此类合金具有较高的抗弯强度和韧性，好的导热性，但耐热性和耐磨性较差。

2. YT(P)类合金

YT 类合金，即 $WC+TiC+Co$ 类硬质合金，牌号有 YT5、YT14、YT15、YT30 等，硬度为 89.15~92.5HRA，抗弯强度为 0.9~1.4 GPa。与 YG 相比，其硬度、耐磨性、红硬性增大，粘结温度高，抗氧化能力强，且在高温下会生成 TiO_2，减少粘结。但导热性能较差，抗弯强度低。

3. YW(M)类合金

YW 类合金，即 WC＋TiC＋TaC＋Co 类硬质合金，在 YT 类合金中添加 TaC(NbC)可提高抗弯强度、疲劳强度、冲击韧性、高温硬度、抗氧能力和耐磨性。由于既可用于加工钢件，又可加工铸铁及有色金属，故有通用硬质合金之称，常用牌号 YW1、YW2 等。

4. YN(P01)类合金

YN 类合金即 TiC 基硬质合金，以 TiC 为主要成分，Ni、Mo 作粘结金属。因 TiC 在所有碳化物中硬度最高，所以此类合金硬度高达 90～95HRA，且有较高的耐磨性和抗月牙洼磨损的能力和有较好的耐热性和抗氧化能力，在 1000～1300℃高温下仍能切削。切削速度可达 300～400 m/min。此外，该合金化学稳定性好，与工件材料亲和力小、摩擦系数小、抗粘结能力强。

2.3.2　硬质合金的选用

硬质合金的选择一般应注意以下几点：

（1）加工铸铁等脆性材料时，应选择 YG 类硬质合金。切削脆材料时为崩碎切屑，切削力和切削热集中在刃口附近，并有一定的冲击，因此刀具材料应具有好的强度、韧性及导热性。YG 类硬质合金磨削加工性好，切削刃能磨得较锋利，也适合加工有色金属。

（2）加工钢件等韧性材料时，应选择 YT 类硬质合金。切削韧性材料时切屑为带状，切削力较平稳，但与前刀面摩擦大，切削区平均温度高，因而刀具材料要有较高的高温硬度、较高的耐磨性、较高的抗粘结性和抗氧化性。在低速切削钢件时，由于切削温度较低，YT 韧性较差，容易产生崩刃，刀具耐用度反而不如 YG 类硬质合金。同时，YT 类硬质合金也不适合于切削含 Ti 元素的不锈钢等。

（3）切削淬硬钢、不锈钢和耐热钢时，应选用 YG 类硬质合金。因为切削这类钢时切削力大，切削温度高，切屑与前刀面接触长度短，使用脆性大的 YT 类硬质合金容易崩刃，因此宜用韧性较好、导热系数较大的 YG 类硬质合金。但其红硬性不如 YT 类，因此应适当降低切削速度为宜。

（4）粗加工时，应选择含钴量较高的硬质合金；精加工时，应选择含钴量低的硬质合金。

表 2-2 列出了常用硬质合金的牌号及应用范围。

表 2-2　常用硬质合金的牌号及应用范围

牌号	合金性能	使 用 范 围
YG3X	是 YG 类合金中耐磨性最好的一种，但冲击韧性较差	适于铸铁、有色金属及其合金的精镗、精车等，亦可用于合金钢、淬火钢及钨、钼材料的精加工
TG6X	属细晶粒合金，其耐磨性较 YG6 高，而使用强度接近于 YG6	适于冷硬铸铁、合金铸铁、耐热钢及合金钢的加工，亦适于普通铸铁的精加工，并可用于制造仪器仪表工业用的小型刀具和小模数滚刀
YG6	耐磨性较高，但低于 YG6X、YG3X，韧性高于 YG6X、YG3X，可使用较 YG8 高的切削速度	适于铸铁、有色金属及其合金与非金属材料连续切削时的粗车，间断切削时的半精车、精车，小断面精车，粗车螺纹，旋风车丝，连续断面的半精铣与精铣，孔的粗扩和精扩

牌号	合金性能	使用范围
YG8	使用强度较高,抗冲击和抗振动性能较 YG6 好,耐磨性和允许的切削速度较低	适于铸铁、有色金属及其合金与非金属材料加工中不平整断面和间断切削时的粗车、粗刨、粗铣,一般孔和深孔的钻孔、扩孔
YG10H	属超细晶粒合金,耐磨性较好,抗冲击和抗振动性能高	适于低速粗车,铣削耐热合金,作切断刀及丝锥等
YT5	在 YT 类合金中,强度最高,抗冲击和抗振动性能好,不易崩刀,但耐磨性能较差	适于碳钢及合金钢,包括钢锻件、冲压件及铸铁的表皮加工,以及不平整断面和间断切削时的粗车、粗刨、半精刨、粗铣、钻孔等
YT14	使用强度高,抗冲击性能和抗振动性能好,但较 YT5 稍差,耐磨性及允许的切削速度较 YT5 高	适于碳钢及合金钢加工中连续切削时的粗车,不平整断面和间断切削时的半精车和精车,连续面的粗铣,铸孔的扩孔等
YT15	耐磨性优于 YT14,但抗冲击韧性较 YT14 差	适于碳钢及合金钢加工中连续切削时的半精车及精车,间断切削时的小断面精车,旋风车丝,连续面的半精铣及精铣,孔的精扩及粗扩
YT30	耐磨性及允许的切削速度较 YT15 高,但使用强度及冲击韧性较差,焊接及刃磨时极易产生裂纹	适于碳钢及合金钢的精加工,如小断面精车、精镗、精扩等
YG6A	属细晶粒合金,耐磨性和使用强度与 YG6X 相似	适于硬铸铁、球墨铸铁、有色金属及其合金的半精加工,亦可用于高锰钢、淬火钢及合金钢的半精加工和精加工
YG8A	属中颗粒合金,其抗弯强度与 YG8 相同,而硬度和 YG6 相同,高温切削时热硬性较好	适于硬铸铁、球墨铸铁、白口铁及有色金属的粗加工,亦适于不锈钢的粗加工和半精加工
YW1	热硬性较好,能承受一定的冲击负荷,通用性较好	适于耐热钢、高锰钢、不锈钢等难加工钢材的精加工,也适于一般钢材和普通铸铁及有色金属的精加工
YW2	耐磨性稍次于 YW1 合金,但使用强度较高,能承受较大的冲击负荷	适于耐热钢、高锰钢、不锈钢及高级合金钢等难加工钢材的半精加工,也适于一般钢材和普通铸铁及有色金属的半精加工
YN05	耐磨性接近陶瓷,热硬性极好,高温抗氧化性优良,抗冲击和抗振动性能差	适于钢、铸钢和合金铸铁的高速精加工,及机床—工件—刀具系统刚性特别好的细长件的精加工
YN10	耐磨性及耐热性较高,抗冲击和抗振动性能差,焊接及刃磨性能均较 YT30 好	适于碳钢、合金钢、工具钢及淬硬钢的连续面精加工,对于较长件表面粗糙度要求小的工件,加工效果尤佳

2.4　其他刀具材料

2.4.1　陶瓷

　　制作刀具的陶瓷材料是以人造化合物为原料，在高压下成形，在高温下烧结而成的。它有很高的硬度和耐磨性，耐热性高达 1200℃ 以上，化学稳定性好，与金属的亲和力小，可提高切削速度 3～5 倍。但陶瓷的最大弱点是抗弯强度低，冲击韧性差，因此主要用于钢、铸铁、有色金属等材料的精加工和半精加工。

　　按成分陶瓷可分为以下几种：

　　(1) 高纯氧化铝陶瓷：主要成分为氧化铝(Al_2O_3)及微量用于细化晶粒的氧化镁 MgO，经冷压烧结而成，硬度为 92～94 HRA，抗弯强度为 0.392～0.491 GPa。

　　(2) 复合氧化铝陶瓷：在 Al_2O_3 基体中添加诸如 TiC、Ni 和 Mo 等合金元素，经热压成形，硬度达到 93～94 HRA，抗弯强度为 0.589～0.785 GPa。

　　(3) 复合氮化硅陶瓷：在 Si_3N_4 基体中添加 TiC 和 Co，进一步提高了切削性能，可对冷硬铸铁、合金铸铁进行粗加工。

2.4.2　超硬材料

1. 金刚石

　　金钢石分天然和人造两种，都是碳的同素异型体。人造金刚石是在高温、高压条件下由石墨转化而成的，硬度为 10 000 HV。

　　金刚石刀具能精密切削有色金属及其合金，能切削高硬度的耐磨材料。金刚石与铁原子有较强的亲和力，因此不能切削钢铁等黑色金属。当温度达 800℃ 时，在空气中金刚石刀具即发生碳化，就会产生急剧磨损。

2. 立方氮化硼

　　立方氮化硼是由软的六方氮化硼在高温高压条件下加入催化剂转变而成的。其硬度高达 8000～9000 HV，耐磨性好，耐热性高达 1400℃，与铁元素的化学惰性比金刚石大，因此可对高温合金、淬硬钢，冷硬铸铁进行半精加工和精加工。

2.4.3　涂层刀片

　　为提高刀具(刀片)表面硬度和改善耐磨性、润滑性，通过化学气相沉积和真空溅射等方法，在硬质合金刀片表面喷涂一层厚度为 5～12 μm 以下的 TiC、TiN 或 Al_2O_3 等化合物材料。涂层刀具有较高的抗氧化性能和粘结性能，因而有高的耐磨性和抗月牙洼型磨损的能力；摩擦系数较低，可降低切削力和切削温度，从而提高刀具的耐用度。具体如下：

　　(1) TiC 涂层刀片：硬度可达 3200 HV，呈银灰色，耐磨性好，容易扩散到基体内与基体粘结牢固，在低速切削温度下有较高的耐磨性。

　　(2) TiN 涂层刀片：硬度为 2000 HV，呈金黄色，色泽美观，润滑性能好，有较高的抗月牙洼型磨损的能力，但与基体粘结牢固程度较差。

（3）Al_2O_3 涂层刀片：硬度可达 3000 HV，有较高的高温硬度的化学稳定性，适用于高速切削。

除上述单层涂覆外，还有 TiC−TiN、TiC＋TiN＋Al_2O_3 等二层、三层的复合涂层，其性能更优。

第 3 章　金属切削的基本规律

3.1　切　削　变　形

3.1.1　切屑的形成及其类型

1. 切屑的形成

切削加工时工件上的切削层受刀具的偏挤压,切削层产生弹性变形而至塑性变形。由于受下部金属的阻碍,切削层只能沿 OM 线(约与外力作用线成 45°)产生剪切滑移,如图 3-1 所示。图中 OM 线称为剪切线或滑移线。

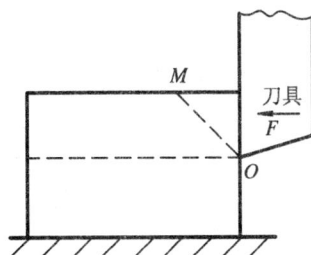

图 3-1　金属的挤压变形

图 3-2(a)所示是在直角自由切削情况下的切屑形成过程。当切削层金属接近始滑移面 OA 时,将产生弹性变形。进入 OA 以后,内部切应力达到材料的屈服点,产生塑性变形,即金属晶格的一部分与另一部分相对滑移。图中质点 P 由点 1 向前移动的同时,将沿 OA 面滑移,其合成运动使点 1 流动到点 2,2-2' 就是该滑移量,同样也有 3-3'、4-4' 等滑移量。随着滑移量的不断增加,变形逐渐强化,切应力逐渐增大,在终滑移面 OM 上,切应力和切应变达到最大值 τ_{max},则滑移变形基本结束。

图 3-2(b)所示是切屑形成的示意图。将金属材料的被切层看作一叠卡片,例如 1'、2'、3'、4'、5' 等,当刀具切入时,卡片被推移到 1、2、3、4、5 等位置,卡片之间发生相对滑移,滑移方向就是最大切应力的剪切面。

在实际条件下,剪切区一般很窄,在 0.02~0.2 mm 之间。为方便计算,常用一个平面 OM 代表,称为剪切面。

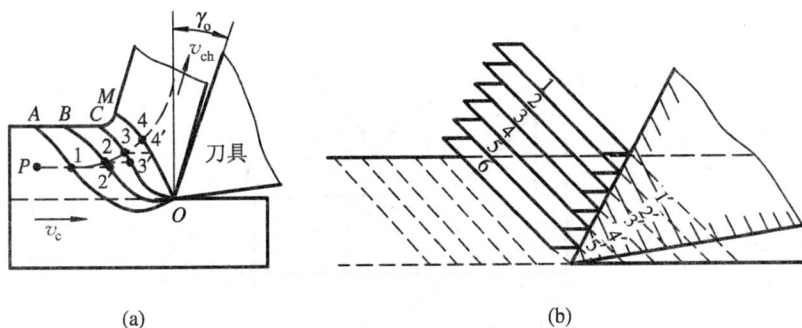

(a)　　　　　　　　　　　　　　　(b)

图 3-2　切屑形成过程

(a)切屑形成过程;(b)切削形成示意图

2. 切屑的类型

根据剪切滑移后形成切屑的外形不同,切屑分为四种类型。

(1) 带状切屑:是指切屑层经塑性变形后被刀具切离,其外形呈连续不断的带状,沿前刀面流出,底面光滑,而背面毛茸,如图 3-3(a)所示。

(2) 节状切屑:是指切屑层在塑性变形过程中,剪切面上局部切应力达到材料强度极限而产生局部断裂,使切屑外形呈锯齿,形成节状,如图 3-3(b)所示。

(3) 粒状切屑:是指在剪切面上产生的切应力超过材料强度极限,切屑被剪切断裂,形成粒状,如图 3-3(c)所示。

(4) 崩碎切屑:是指在切削脆性材料时,切屑层未经塑性变形突然崩裂成颗粒状,如图 3-3(d)所示。

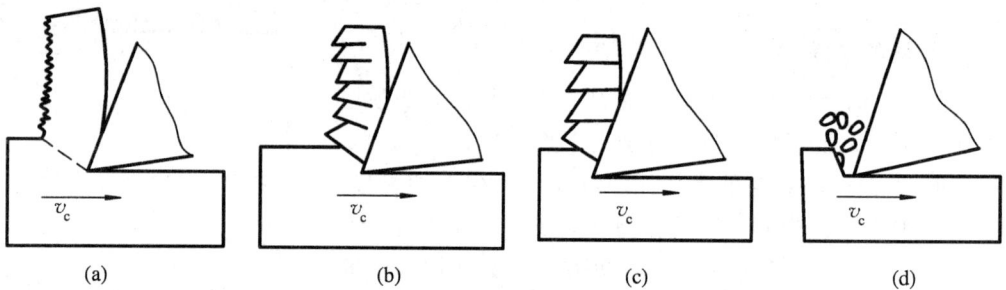

图 3-3 切屑的形态
(a) 带状切削;(b) 节状切屑;(c) 粒状切屑;(d) 崩粹切屑

3.1.2 切削变形区及变形程度

1. 切削变形区

通常切削区域被划分为三个变形区。第 Ⅰ 变形区是切削刃前面的切削层内的区域,第 Ⅱ 变形区是切屑底层与前刀面的接触的区域,第 Ⅲ 变形区是后刀面与已加工表面接触的区域,如图 3-4 所示。这三个变形区相互关联、相互影响、互相渗透。

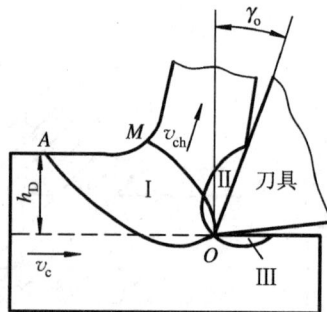

图 3-4 切削时的三个变形区

1) 第 Ⅰ 变形区

第 Ⅰ 变形区是指在切削层内产生剪切滑移的塑性变形区。切削过程中的塑性变形主要发生在这里。该变形区一般很窄，常用一个剪切面 OM 来代替，如图 3-5 所示。

剪切滑移产生在切应力最大的平面 OM 上，根据"切应力与主应力方向呈 45°"的剪切理论，其与作用力 F 的夹角为 $\pi/4$。通常把切削速度 v_c 与剪切面 OM 间的夹角 φ 称为剪切角，剪切角按下式计算：

$$\varphi = (\pi/4) - (\beta - \gamma_o) \tag{3-1}$$

式中：φ——剪切角；

　　　β——摩擦角，即切削合力 F 与前刀面垂直力 F_{rn} 之间的夹角；

　　　γ_o——前角。

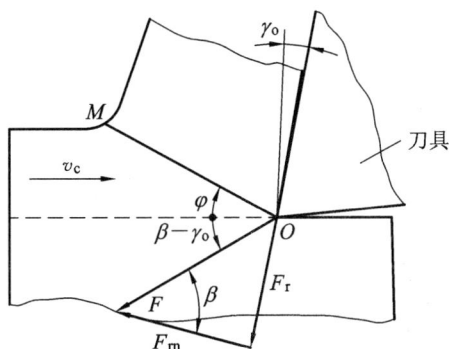

图 3-5　剪切角

2）第 Ⅱ 变形区

当切屑沿前刀面流出时，切屑与前刀面接触的区域为第 Ⅱ 变形区。在第 Ⅱ 变形区内，沿前刀面流出的切屑，其底层受到强烈地挤压与磨擦，继续进行剪切滑移变形；切屑底层的晶粒趋向与前刀面平行而成纤维状，接近前刀面的切屑流动速度降低，形成滞流层。

在高温和高压的作用下，变软的滞流层底层会嵌入凹凸不平的前刀面内，形成全面积接触，阻力明显增大，滞流层底层的流动速度趋于零，产生粘结现象，形成粘结区，如图 3-6 中的 l_{f1}。在粘结区以外由于切削温度降低，切屑底层金属塑性变形减小，切屑与前刀面接触面积减少，进入滑动区，如图 3-6 中的 l_{f2}。可见，第 Ⅱ 变形区是由粘结区和滑动区组成的。

当切屑继续沿前刀面流动时，粘结区内的摩擦发生在滞流层内部，称为内摩擦。滑动区的摩擦为滑动磨擦，亦称为外磨擦。实验证明，粘结区产生的摩擦力远超过滑动区的摩擦力，即第 Ⅱ 变形区的摩擦特性应以粘结摩擦（内磨擦）为主。

3）第 Ⅲ 变形区

已加工表面和刀具后刀面的接触区域，称为第 Ⅲ 变形区。图 3-7 为已加工表面变形示意图。由于刀具刃口存在刃口圆弧半径 r_n，使得切削层在刃口钝圆部分 O 处存在着复杂的应力状态。当切削层经剪切滑移后沿前刀面流出时，O 点之下的薄金属 Δh_D 不能沿 OM 方向剪切滑移，被刃口向前推挤或被压向已加工表面，使得这部分金属首先受到压应力。此外，由于刃口磨损产生后角为零的小棱面（BE）及已加工表面的弹性恢复 $EF(\Delta h)$，使被挤压的 Δh_D 层再次受到后刀面的拉伸摩擦作用，进一步产生塑性变形。因此，已加工表面是经过多次复杂的变形而形成的，它存在着表面加工硬化和表面残余应力。

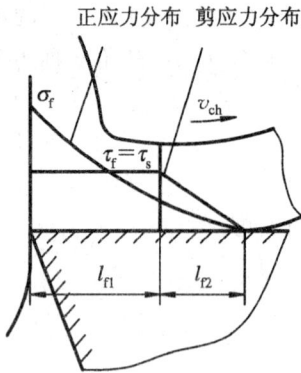

图 3-6　前刀面上的摩擦

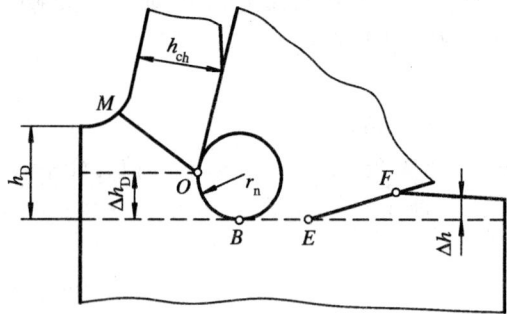

图 3-7　已加工表面变形

2. 变形的程度

切削变形程度的大小常用变形系数 ξ 来衡量。

如图 3-8 所示，切削层经过剪切滑移变形后成为切屑，其长度 l_c 比切削层长度 l 缩短，厚度 h_{ch} 比切削层厚度 h_D 增加，宽度 b_D 基本相等。金属材料在变形前后体积不变，则有：

$$h_D \times b_D \times l = h_{ch} \times b_D \times l_c \qquad (3-2)$$

变形系数

$$\xi = \frac{l}{l_c} = \frac{h_{ch}}{h_D} \qquad (3-3)$$

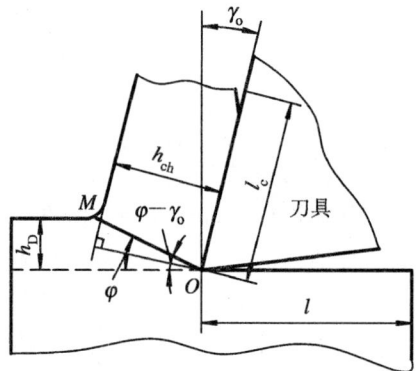

图 3-8　变形系数

当工件材料相同而切削条件不同时，ξ 值愈大，则塑性变形大；当切削条件相同而工件材料不同时，ξ 值愈大，则材料塑性大。在实际中切削层的长度 l 为已知，只要量出切屑的长度 l_c，便可方便地计算出变形系数 ξ。

变形程度大小的衡量还可由相对滑移 ε 或剪切角 φ 大小来衡量，本节不作讨论。

3.1.3　积屑瘤与表面加工硬化等

1. 积屑瘤

切屑瘤是切屑堆积在刀具前面切削刃处的一个硬楔块，如图 3-9 所示。

切屑瘤是在第 Ⅱ 变形区内，是由摩擦和变形而形成的物理现象。在切削过程中切屑底面形成新表面，它对前刀面进行强烈摩擦，使得前刀面变得十分洁净。当两接触面达到一定温度和压力时，具有化学亲和性的新表面极易产生粘结现象。这时切屑从粘结在刀面上的底层上流过（剪切滑移），因内摩擦变形而产生加工硬化，又易被同种金属吸引而阻滞粘结在底层上。这样一层一层的堆积并粘结在一起，便形成了积屑瘤。可见，切屑底层与前刀面发生粘结和加工硬化是积屑瘤产生的必要条件。一般情况下温度太低，粘结不易产生，不易形成积屑瘤；而温度太高，切屑底层材料软化，积屑瘤也不易产生。因此，切削温度才是积屑瘤产生的决定因素。

积屑瘤包覆在切削刃上，其硬度高于工件材料的 2～3 倍，故能代替切削刃切削，并保护了切削刃；同时，又使实际前角增大，减小切削变形。但积屑瘤前端伸出切削刃之外，影响尺寸精度；同时，其形状不规则，在切削表面上刻出深浅不一的沟纹，影响表面质量，如图 3-9(b) 所示。此外，积屑瘤有成长，也有脱落，使切削力波动；破碎脱落时也会划伤刀面，若留在已加工表面上，会形成毛刺等。因此，粗加工允许积屑瘤存在，精加工一定要设法避免。

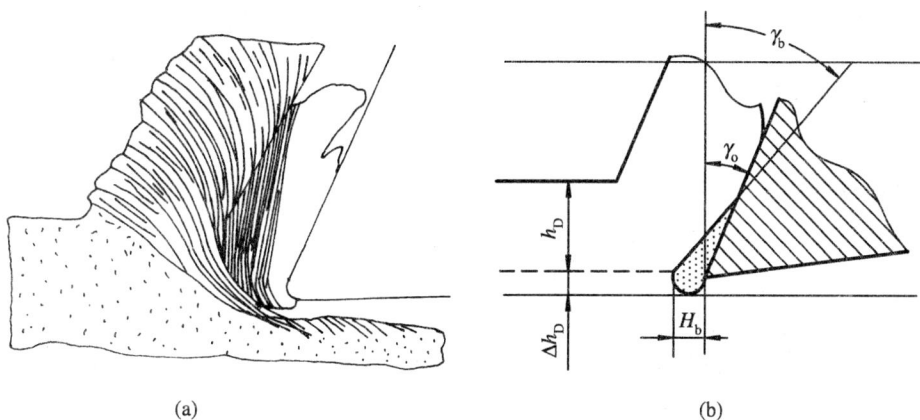

(a)　　　　　　　　　　　　　　(b)

图 3-9　积屑瘤
(a) 积屑瘤形成；(b) 积屑瘤的影响

控制积屑瘤的方法有如下几种：

(1) 提高工件材料的硬度，以减少塑性和加工硬化倾向。

(2) 控制切削速度，以控制切削温度。在低速低温和高速高温时，都不会产生积屑瘤。在积屑瘤生长阶段，其高度随 v_c 增高而增大；在积屑瘤消失阶段，其高度随 v_c 增大而减小，因此控制积屑瘤的有效办法是选择低速或高速切削，如图 3-10 所示。

(3) 增大刀具前角，减小切削厚度，采用润滑性能良好的切削液等，都可以减少以至消除切削瘤。

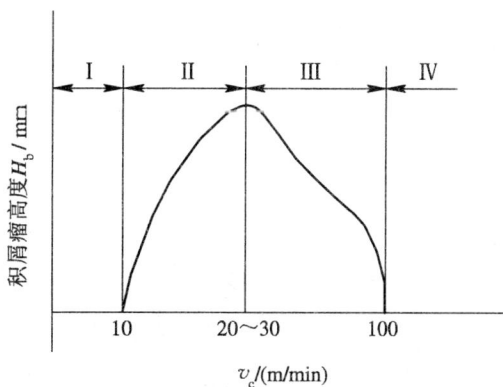

图 3-10　积屑瘤高度与切削速度的关系

2. 加工硬化

切削加工后已加工表面层硬度提高的现象称为加工硬化。

在已加工表面的形成过程中，一方面表层金属经过多次复杂的塑性变形后使硬度有所提高；另一方面切削温度使加工硬化减弱；而更高的切削温度又会引起相变。已加工表面在这种强化、弱化、相变等综合作用下形成了加工硬化。切削加工中变形程度愈大，硬化层深度愈深，硬化程度也愈高。工件表面的加工硬化给后续切削加工增加了困难，如切削力增大，刀具磨损加快，表面质量降低等。

3. 鳞刺

切削塑性材料时在已加工表面出现的鳞片状毛刺称为鳞刺。

切削时由于切屑与前刀面间的摩擦形成了粘结层并逐渐堆积，加剧了切削层的塑性变形，使切削刃前方的加工表面产生导裂，当切削力超过粘结力时，切屑流出并被切离，而导裂层残留在已加工表面形成鳞刺。鳞刺的产生使得已加工表面质量恶化，表面粗糙度值增大 2～4 级。

减小或消除鳞刺最有效的措施是要减少切屑与前刀面的摩擦，如增大前角，减小前刀面粗糙度，适当增大刀具后角，降低材料的塑性，提高切削速度，使用粘度大的切削液等都可取得明显效果。

4. 残余应力

残余应力是指在外力消除的情况下，物体内仍存在应力的现象。

因切削力、切削变形、切削热及相变的作用，已加工表面常会存在残余应力。残余应力会使已加工表面产生裂纹，降低零件的疲劳强度；残余应力分布不均匀也会使工件产生变形，影响工件的形状和尺寸，特别对精密零件加工极为不利。

3.1.4 影响切削变形的因素

1. 工件材料

在切削条件相同的情况下，被切材料的强度、硬度愈高，变形系数 ξ 愈小，切削变形愈小；被切材料的塑性愈大，愈容易产生塑性滑移和剪切变形，变形系数 ξ 愈大，变形愈严重，如图 3-11 所示。

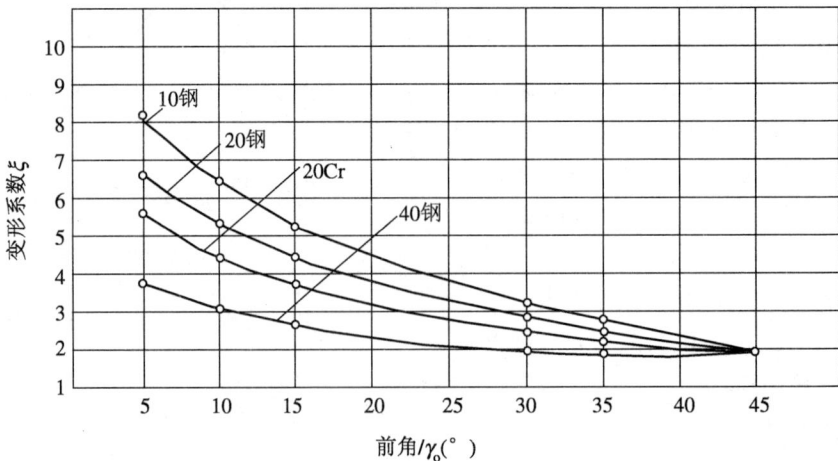

图 3-11　材料对变形系数的影响

2. 刀具前角

刀具前角增大时，切屑流出的阻力减小，则切削变形减小，如图 3-12 所示。

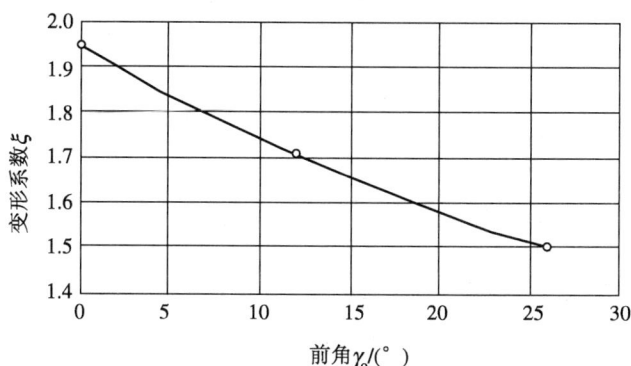

图 3-12　前角对变形系数的影响

3. 切削速度

切削速度是通过切削温度和积屑瘤影响着切削变形的。如图 3-13 所示，在低速阶段（小于 5 m/min），切削温度低，切屑底面与前刀面不易形成粘结，切削变形小。当切削速度达到约 v_{c1} 时，开始产生积屑瘤，随着切削速度的提高所形成积屑瘤的高度也逐渐增加，刀具实际前角增大，切削变形减小。当切削速度达到 v_{c2} 时，积屑瘤高度达到最大值，此时前刀面的实际前角也达到最大值，切削变形最小。当切削速度由 v_c 升至 v_{c3}，切屑瘤高度又降低，实际前角减小，切屑变形随之增大。当切削速度超过 40 m/min 并继续提高时，温度升高，摩擦系数降低，切削变形又减小。高速切削时因切削层来不及变形就已被切离，切削变形则更小。

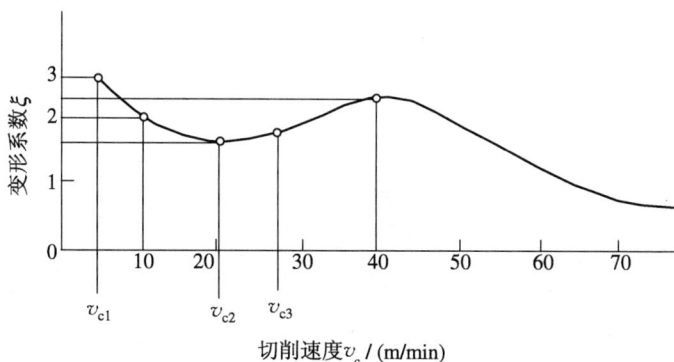

图 3-13　切削速度对变形系数的影响

在切削中可以通过控制切削速度，以减小变形，从而获得较小的表面粗糙度值，如常用高速钢刀具低速精车或用硬质合金和其他超硬刀具高速精切，都可获得较小的表面粗糙度值。

4. 进给量

当主偏角 κ_r 一定时，增大进给量，切屑厚度增加，切削变形通常会减小，如图 3-14

所示。因为随着切削厚度增加，滞流层厚度增加并不多，即变形程度严重的金属层所占切屑体积的百分比随着切削厚度增加而下降。因而从切削层整体来说，变形系数 ξ 减小，切削变形也减小。生产中常用的强力车刀和轮切式拉刀等都是依据这个原理工作的。

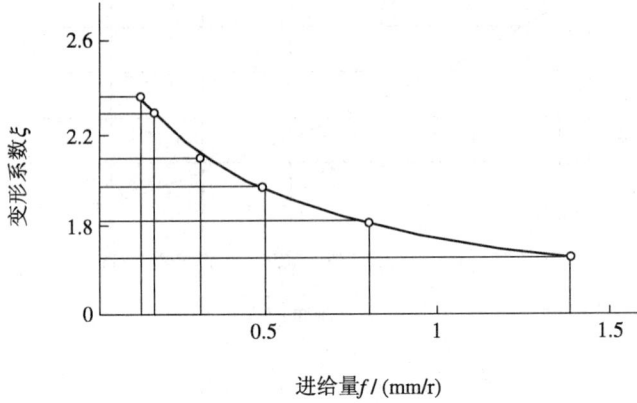

图 3-14 进给量对变形系数的影响

3.2 切 削 力

切削力是工件材料抵抗刀具切削所产生的阻力。切削力是影响工艺系统强度、刚度和加工质量的重要因素，也是设计机床、刀具、夹具和计算切削动力消耗的主要依据。

3.2.1 切削力与切削分力

切削加工时，作用在刀具上的切削力由两部分组成，即作用在前、后刀面上的变形抗力 $F_{n\gamma}$ 和 $F_{n\alpha}$，作用在前、后刀面上的摩擦力 $F_{f\gamma}$ 和 $F_{f\alpha}$，二者合力为 F，如图 3-15 所示。

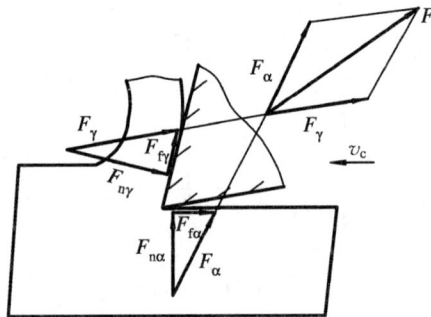

图 3-15 作用在刀具上的切削力

综上所述，刀具在切削工件时，切削层及加工表面所产生的弹性和塑性变形抗力，工件与刀具之间的摩擦力，两者作用在刀具上形成合力为 F，如图 3-16 所示。合力 F 作用在切削刃工作空间的某方向，其大小与方向都不易确定，为方便测量和计算以及反映实际作用的需要，将合力 F 沿 X、Y、Z 方向分解为三个互相垂直的分力 F_c、F_p、F_f。

（1）切削力 F_c（主切削力）：总切削力 F 在主运动方向上的分力；

（2）背向力 F_p（切深抗力）：总切削力 F 在垂直于假定工作平面方向上的分力；

（3）进给力 F_f（进给抗力）：总切削力 F 在进给运动方向上的分力。

下面以车削为例说明各切削分力的实用意义。

主切削力 F_c 是计算机床主运动机构与刀具强度及设计机床夹具、选择切削用量等的主要依据，也是消耗功率最多的切削力。背向力 F_p 纵车外圆时不消耗功率，但作用在工艺系统刚性最差的方向上，易使工件在水平面内变形，影响工件精度，易引起振动。进给力 F_f 作用于机床的进给方向，是设计进给机构的主要依据。

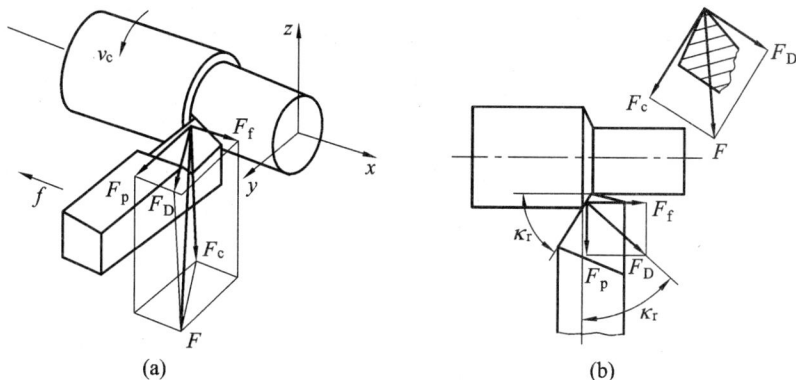

图 3 - 16　外圆车削时切削力的分解
（a）工件对刀具的力；（b）力的分解

3.2.2　切削力计算的经验公式

通过实验的方法，可测出各种因素变化时切削力的数据，经过处理得到反映各因素与切削力关系的表达式，称为切削力计算的经验公式。实际使用中经验公式有两种，一是指数公式，二是单位切削力。

1. 指数公式

主切削力：

$$F_c = C_{Fc} \cdot a_p^{x_{Fc}} \cdot f^{y_{Fc}} \cdot v_c^{n_{Fc}} \cdot K_{Fc} \qquad (3-4)$$

背向力：

$$F_p = C_{Fp} \cdot a_p^{x_{Fp}} \cdot f^{y_{Fp}} \cdot v_c^{n_{Fp}} \cdot K_{Fp} \qquad (3-5)$$

进给力：

$$F_f = C_{Ff} \cdot a_p^{x_{Ff}} \cdot f^{y_{Ff}} \cdot v_c^{n_{Ff}} \cdot K_{Ff} \qquad (3-6)$$

式中：C_{Fc}、C_{Fp}、C_{Ff}——系数，由实验的加工条件确定。

x_{Fc}、y_{Fc}、n_{Fc}、x_{Fp}、y_{Fp}、n_{Fp}、x_{Ff}、y_{Ff}、n_{Ff}——指数，表明各参数对切削力影响的程度。

K_{Fc}、K_{Fp}、K_{Ff}——不同加工条件对各切削分力的修正系数。

上述各系数、指数和修正系数在有关切削手册中均可查到。

2. 单位切削力

单位切削力是指单位切削面积上的主切削力，用 k_c 表示，见表 3-1。

$$k_c = \frac{F_c}{A_D} = \frac{F_c}{a_p f} = \frac{F_c}{b_D h_D} \qquad (3-7)$$

式中：A_D——切削面积（mm^2）；

a_p——背吃刀量（mm）；

f——进给量（mm/r）；

h_D——切削厚度（mm）；

b_D——切削宽度（mm）。

表 3-1 列举了硬质合金外圆车刀切削常用金属时的单位切削力和单位切削功率。

表 3-1 硬质合金外圆车刀切削常用金属时的
单位切削力和单位切削功率 （$f = 0.3 \ mm/r$）

加工材料				实验条件		单位切削力 k_c /(N/mm^2)	单位切削功率 P_s /($kW/mm^3 \cdot s^{-1}$)
名称	牌号	热处理状态	硬度/HBS	车刀几何角度	切削用量范围		
碳素结构钢	Q235	热轧或正火	134～137	$\gamma_o = 15°$ $\kappa_r = 75°$ $\lambda_s = 0°$ $b_r = 0$		1884	1884×10^{-6}
	45		187			1962	1962×10^{-6}
	40Cr		212			1962	1962×10^{-6}
合金结构钢	45	调质	229	$b_r = 0.2 \ mm$ $\gamma_o = -20°$ 其余同表中第一项	$a_p = 1～5 \ mm$ $f = 0.1～0.5 \ mm/r$ $v_c = 90～105 \ m/min$	2305	2305×10^{-6}
	40Cr		285			2305	2305×10^{-6}
不锈钢	1Cr18Ni9Ti	淬火或回火	170～179	$\gamma_o = 20°$ 其余同表中第一项		2453	2453×10^{-6}
灰铸铁	HT200	退火	170	前面无卷屑槽，其余同表中第一项	$a_p = 2～10 \ mm$ $f = 0.1～0.5 \ mm/r$ $v_c = 70～80 \ m/min$	1118	1118×10^{-6}
可锻铸铁	KT300	退火	170	前面带卷屑槽，其余同表中第一项		1344	1344×10^{-6}

已知单位切削力 k_c，求主切削力 F_c

$$F_c = k_c a_p f = k_c h_D b_D \qquad (3-8)$$

式 3-8 中的 k_c 是指 $f = 0.3 \ mm/r$ 时的单位切削力，当实际进给量大于或小于 0.3 mm/r 时，需乘以修正系数 K_{fkc}，见表 3-2。

表 3-2 进给量 f 对单位切削力或单位切削功率的修正系数 k_{fkc}、k_{fps}

f/(mm/r)	0.1	0.15	0.2	0.25	0.3	0.35	0.4	0.45	0.5	0.6
k_{fkc}、k_{fps}	1.18	1.11	1.06	1.03	1	0.97	0.96	0.94	0.925	0.9

3. 工作功率

工作功率 P_e 为切削过程中消耗的总功率。包括有切削功率 P_c 和进给功率 P_f。前者为主运动消耗功率，后者为进给运动消耗功率。由于进给功率所占比例很小（约为 2～3％），故一般只计算切削功率。

$$P_e \approx P_c = F_c v_c \times 10^{-3}/60$$

式中：P_c——切削功率（kW）；

　　　F_c——切削力（N）；

　　　v_c——切削速度（m/min）。

3.2.3　影响切削力的因素

1. 工件材料的影响

由表 3-1 可以看出，工件材料的硬度愈高，切削力愈大。有些金属材料虽然硬度、强度较低，但塑性、韧性大，加工硬化能力大，其切削力仍很大，如 1Cr18Ni9Ti 等不锈钢。

在普通钢中添加硫或铅等金属元素的易切钢，其切削力可比普通钢降低 20％～30％。

同一种金属材料热处理状态与金相组织不同，切削力也有较大差异。

切削脆性材料时，塑性变形小，加工硬化小，切屑与前刀面接触少，摩擦小，切削力也较小。

2. 切削用量的影响

1）背吃刀量、进给量的影响

如图 3-17 所示，背吃刀量和进给量是通过切削面积和单位切削力的变化影响切削力的。

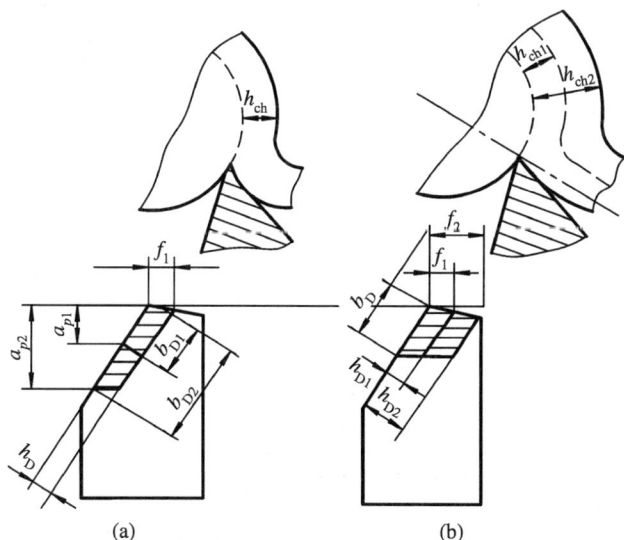

图 3-17　a_p 和 f 对切削力的影响

（a）a_p 对切削力的影响；（b）f 对切削力的影响

背吃刀量 a_p 增大，切削宽度 b_D 也增大，剪切面积、切屑与前刀面的接触面积按比例增大，第Ⅰ变形区和第Ⅱ变形区的变形与摩擦相应增大。当背吃刀量增大一倍时，切削力也增大一倍。

进给量 f 增大，切削厚度 h_D 增大，而切削宽度 b_D 不变，这时剪切面积虽按比例增大，但第Ⅱ变形区的变形未按比例增大。当进给量 f 增大一倍，切削力约增加 70％～80％。

从上述分析可知，背吃刀量 a_p 和进给量 f 对切削面积的影响相同，但对单位切削力的影响不同。当 a_p 增加时单位切削力不变，当 f 增加时，单位切削力减小。当切削面积 A_D 相等时，为减小切削力，可选择大的进给量 f 和小的背吃刀量 a_p。

2）切削速度的影响

切削速度 v_c 对切削力的影响呈波浪形变化，如图 3-18 所示。由上述切削变形可知，切削速度 v_c 在 50 m/min 的范围内，随着速度的增加，积屑瘤由小变大又变小，切削力则随之由大变小又变大。当速度 v_c 继续增高，切削温度上升，摩擦系数减小，切削力又下降，但其变化较小。如 v_c 从 50 m/min 增加至 500 m/min 时，切削力约减少 50%。生产中的高速切削技术就是为了减小切削力，提高切削效率。

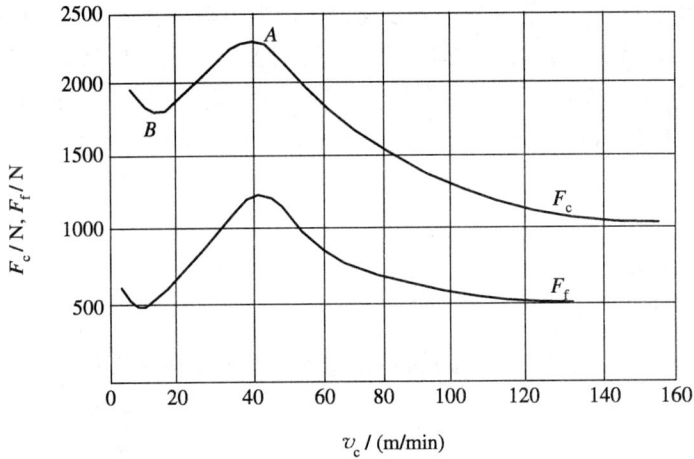

图 3-18　切削速度与切削力的关系

3. 刀具几何参数的影响

1）前角的影响

在刀具几何参数中前角对切削力的影响最大，如图 3-19 所示。刀具前角愈大，切屑易于从前刀面流出，切削变形小，从而使切削力下降。需要注意的是前角 γ_o 对三个切削分力的影响并不相同。当工件材料不同时，前角对切削力的影响也不同。对于塑性较大的材料，切削时塑性变形大，前角的影响较为显著；而脆性材料，前角的影响则比较小。

2）主偏角的影响

如图 3-20 所示，主偏角 K_r 对主切削力 F_c 的影响并不大，当 $K_r=60°\sim75°$ 时，主切削力最小。但 K_r 对 F_p、F_f 的影响却较大。随着 K_r 的增加，进给力 F_f 增加，背向力 F_p 减小。当 $\kappa_r=90°$ 时，从理论上讲背向力 $F_p=0$，但实

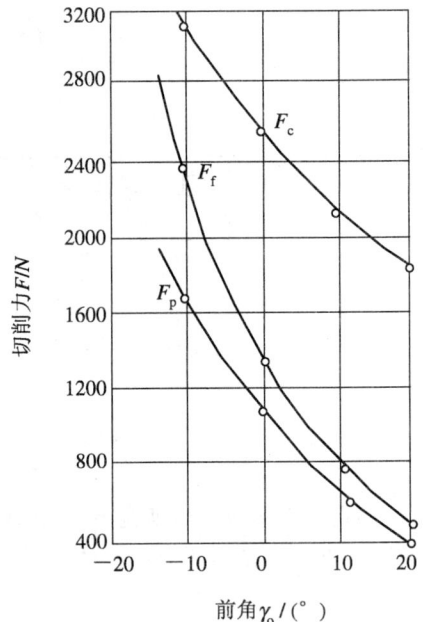

图 3-19　前角对切削力的影响

际上因刀尖圆弧半径 r_ε 及副切削刃参与切削，即使 $\kappa_r=90°$，F_p 还存在。在车削刚性较差的细长轴时，选用较大的 K_r，就是为了减小对 F_p 的影响。表 3-3 列示了 F_p/F_c、F_f/F_c 的比值。

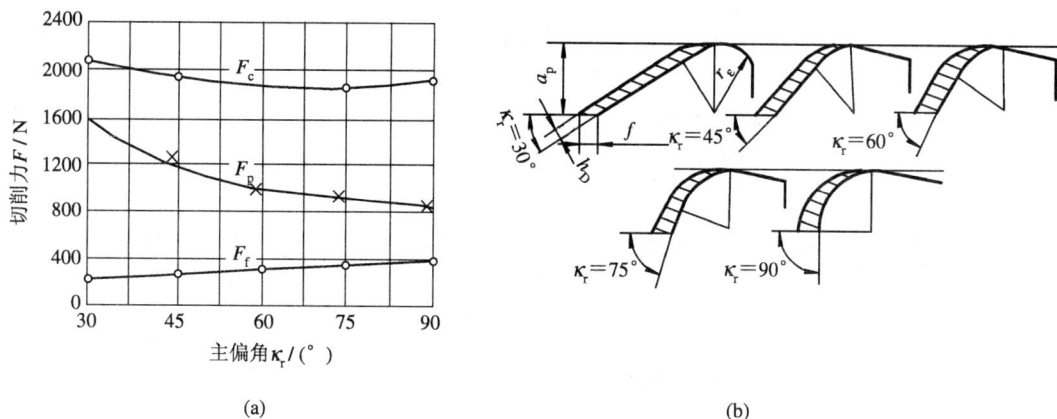

(a)　　　　　　　　　　　　　　　　　(b)

图 3-20　主偏角 κ_r 对 F_c、F_p、F_f 的影响

（a）K_r 对切削力的影响；（b）K_r 对切削刃切削长度的影响

表 3-3　切削钢和铸铁时 F_p/F_c、F_f/F_c 的比值

工 件 材 料		主偏角 κ_r		
		45°	75°	90°
钢	F_p/F_c	0.55～0.65	0.35～0.5	0.25～0.4
	F_f/F_c	0.25～0.40	0.35～0.5	0.4～0.55
铸铁	F_p/F_c	0.3～0.45	0.2～0.35	0.15～0.3
	F_f/F_c	0.1～0.2	0.15～0.3	0.2～0.35

3）刃倾角的影响

如图 3-21 所示，刃倾角 λ_s 对主切削力 F_c 的影响很小，但对进给力 F_f 和背向力 F_p 的影响却较大。当 λ_s 从正值变为负值时，F_p 将增加，F_f 将减小。故在车削刚性较差的工件时，一般取正的刃倾角。

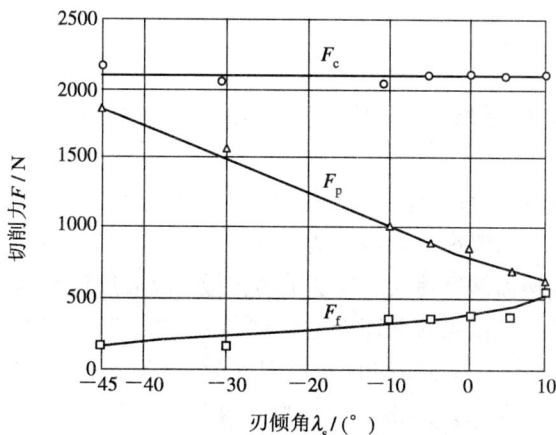

图 3-21　λ_s 对 F_c、F_p、F_f 的影响

4. 其他影响因素

（1）刀尖圆弧半径。刀尖圆弧半径 r_ε 增大，切削变形增大，使切削力也增大，其中 F_p 增加较为明显。实验证明：r_ε 由 0.25 mm 增大到 1 mm 时，F_p 增加 20%。因此，当工艺系统刚性较差时，宜选用较小的刀尖圆弧半径。

（2）刀具材料。刀具材料对切削力的影响是通过刀具材料与工件间的亲和力、摩擦力和磨损等因素所决定的，例如用 YT 硬质合金刀具切削钢料比用高速钢刀具切削钢料时切削力 F_c 约降低 5%～10%。

（3）刀具磨损。刀具的切削刃及后刀面产生磨损后，会使切削时摩擦和挤压加剧，使切削力 F_c 和 F_p 增大。

（4）切削液。合理选用切削液，会产生良好的冷却与润滑作用，减小刀具与工件间的摩擦和粘结，使切削力减小。高效的切削液比干切削能减小切削力 10%～20%。

3.3 切削温度

切削温度是切削过程中的又一基本物理现象。切削温度的变化，将改变工件材料的性能，从而影响已加工表面质量。因此，认识切削温度变化规律，具有重要的实用意义。

3.3.1 切削热来源及传散

在三个变形区中，变形和摩擦所做的功绝大部分都转化成热能。切削区产生的热能通过切屑、工件、刀具和周围介质传出。因切削方式不同，工件、刀具热传导系数不同等原因，各传热媒体传出的比例也不同。表 3-4 为切削热在车削和钻削时各传热媒体传热的比例。

表 3-4 切削热传出比例

媒体	切屑	工件	刀具	周围介质
车削	50%～86%	10%～40%	3%～9%	1%
钻削	28%	52.5%	14.5%	5%

3.3.2 切削温度的分布

切削温度一般指切削区域的平均温度。切削温度的分布是指切削区域各点温度的分布。

图 3-22(a)所示是测得的刀具、工件和切屑中温度分布；图 3-22(b)所示是刀具前刀面上温度分布。从图中看出温度分布规律为：

（1）刀具与切屑接触面间摩擦大，热量不易传散，故温度值最高；

（2）切削区域的最高温度点在前面上近切削刃处，在离切削刃 1 mm 处的最高温度约为 900℃，其后离切削刃约 0.3 mm 处的最高温度为 700℃；

（3）切屑上平均温度高于刀具和工件上的平均温度，故切屑带走的热量最多；工件切削层中最高温度在近切削刃处，其平均温度是刀具上最高温度的 1/3～1/2。

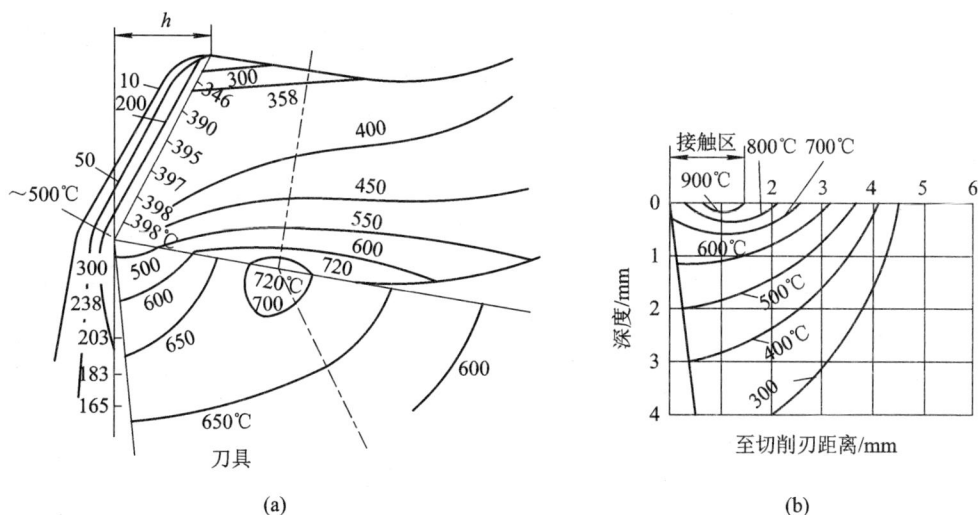

图 3 - 22　切削温度的分布
(a) 刀具、工件和切屑中温度分布；(b) 刀具前刀面上温度分布

3.3.3　影响切削温度的因素

切削温度高低决定于热量产生的多少和热量传散的快慢两个方面。影响热量产生和热量传散的因素有：工件材料、切削用量、刀具几何参数和切削液等。

1. 工件材料

工件材料主要是通过其硬度、强度和热导率不同而影响切削温度的。高碳钢的强度和硬度高，热导率低，故产生的切削温度高，如加工合金钢产生的切削温度较加工 45 钢高 30%；不锈钢的热导率较 45 钢小 1/3，故切削时产生的切削温度高于 45 钢 40%；加工脆性金属材料产生的变形和摩擦均较小，故切削时产生的切削温度较 45 钢低 20%。

2. 切削用量

(1) 背吃刀量 a_p。背吃刀量 a_p 增大一倍，切削宽度 b_D 增加一倍，刀具的传热面积也增大一倍，改善了刀头的散热条件，切削温度略有提高。可见，背吃刀量 a_p 对切削温度影响较小。

(2) 进给量 f。f 增加使切削厚度 h_D 增加，切屑的热容量增大，切屑所能带走的热量较多。但因切削宽度 b_D 不变，刀具散热面积未按比例增加，刀具散热条件未得到改善，所以切削温度仍会升高。故进给量 f 增加，所产生的热量也增加。

(3) 切削速度 v_c。切削速度 v_c 增大，变形功与摩擦转变的热量急剧增加，虽切屑带走的热量也相应增多，然而刀具传热的能力并无变化，切削温度则显著提高。故切削速度 v_c 对切削温度的影响最大。

v_c、f、a_p 对切削温度影响的规律是：v_c 增加一倍，切削温度约增 32%；f 增加一倍，切削温度约增 18%；a_p 增加一倍，切削温度约增 7%。因此，控制切削速度 v_c 是控制切削温度最有效的措施。

3. 刀具几何参数

（1）前角 γ_o。如图 3-23(a)所示，前角 γ_o 增大，切削刃锋利，切屑变形小，前刀面摩擦减小，产生的热量减小，切削温度降低。但前角若过大，楔角将变小，刀具散热体积减少，切削温度反而会提高。

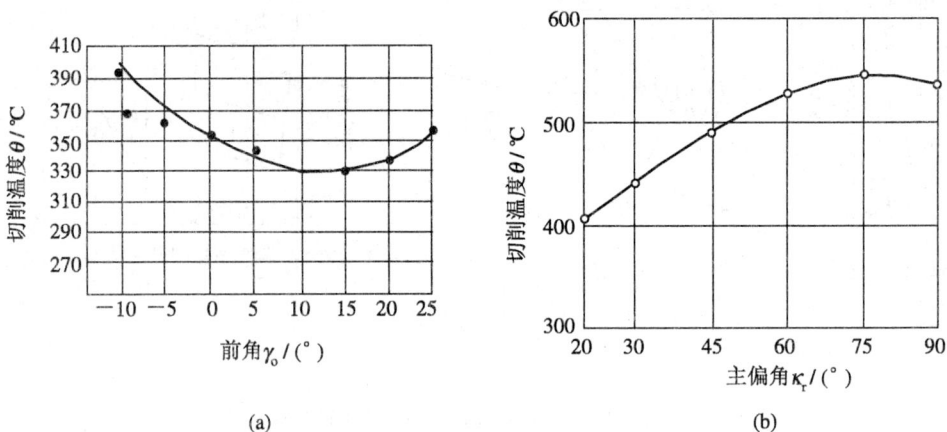

图 3-23　前角、主偏角与切削温度的关系
(a) γ_o 对切削温度的影响；(b) κ_r 对切削温度的影响

（2）主偏角 κ_r。如图 3-23(b)所示，主偏角 κ_r 减小，在 a_p 不变的条件下主切削刃切削长度增加，散热面积增加，因此切削温度下降。

4. 其他影响因素

刀尖圆弧半径 r_ε 增大，平均主偏角减小，切削宽度 b_D 增加，散热面积增加，切削温度降低。

选择合适的切削液能带走大量的切削热，可有效降低切削温度。从导热性能来看，水溶液的冷却性能最好，切削油最差。切削液温度愈低，降低切削温度的效果愈明显。

3.4　刀具磨损

切削过程中，刀具在切下切屑的同时也被磨损。如果刀具的设计、制造、刃磨等符合要求，且使用正确，则其损坏的原因主要是因正常磨损而钝化。

3.4.1　磨损的形态

刀具正常磨损的形式一般有前刀面磨损、后刀面磨损和前、后刀面同时磨损三种。

1. 前刀面磨损

在切削塑性金属时，由于切削速度较高，进给量较大，切屑在前刀面处会逐渐磨出一个月牙洼状的凹坑；随着切削的继续，月牙洼深度不断增大，当接近刃口时，会使刃口突然崩掉。前刀面磨损量的大小，用月牙洼宽度 KB 和深度 KT 表示，如图 3-24 所示。

2. 后刀面磨损

在切削时由于刃口和后刀面对工件过渡表面的挤压与摩擦，在切削刃及其下方的后刀面上逐渐形成一条宽度不匀，布满深浅不一沟痕的磨损棱面，如图 3-24 所示。刀尖部分（C 区）强度低散热又差，磨损较严重，其值为 VC；主切削刃靠近工件的外表处（N 区），由于毛坯的硬皮或加工硬化等原因，也磨出较大的深沟，其最大值为 VN；中间部位（B 区）磨损比较均匀，平均宽度以 VB 表示，最大值以 VB_{max} 来表示。

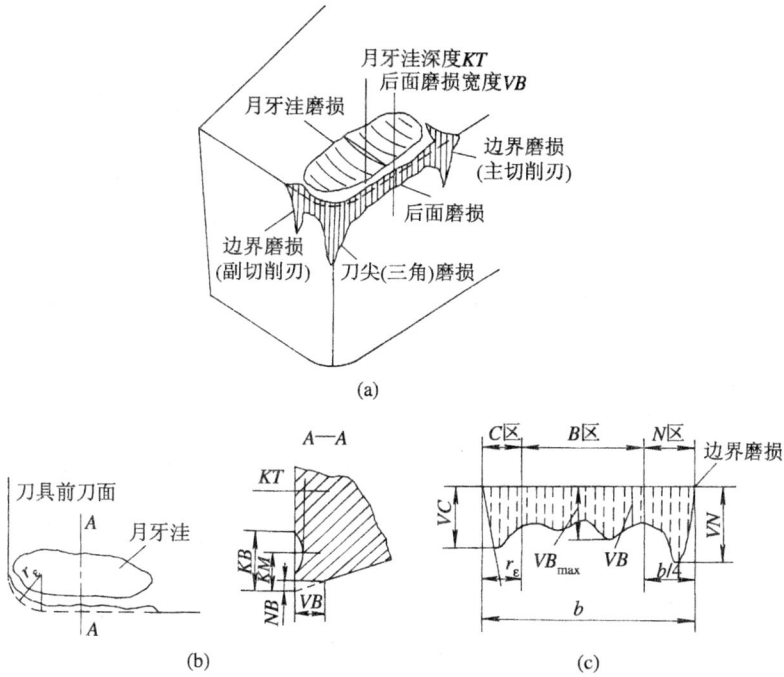

图 3-24 车刀的磨损形式

（a）刀具的磨损；（b）前刀面的磨损；（c）后刀面的磨损

3. 前、后刀面同时磨损

切削塑性金属时如切削厚度适中，则经常发生前、后刀面同时磨损的现象。因各类刀具都有后刀面磨损，且后刀面磨损易于测量，所以通常用 VB 和 VB_{max} 表示刀具的磨损量。

3.4.2 磨损的过程

刀具的磨损过程可分为初期磨损、正常磨损和剧烈磨损三个阶段，如图 3-25 所示。

初期磨损阶段（Ⅰ）：因新刃磨刀具的刀面比较粗糙，切削时与工件及切屑表面形成啮合磨损；此外，切削刃上应力集中，加快了工件表面和切屑带走刀面微粒的速度，故这一阶段磨损较快。

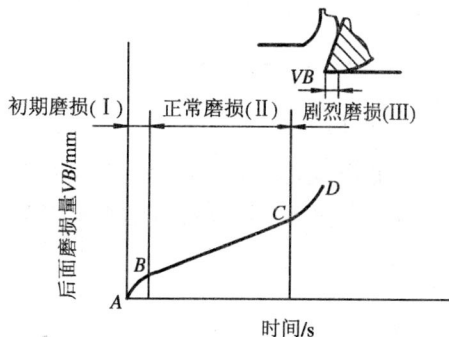

图 3-25 刀具磨损的三个阶段

正常磨损阶段（Ⅱ）：经过初期磨损后，刀面微观粗糙表面被磨平，刀刃上承受的应力相对较小，主要是摩擦磨损和粘结磨损，这阶段是刀具工作的有效时间。

剧烈磨损阶段（Ⅲ）：当刀具后刀面磨损达到一定限度后刀刃变钝，后刀面与工件表面摩擦加剧，切削力加大，切削温度升高，使刀具的磨损在极短时间内急剧增加。同时，由于组织变化，会出现相变磨损、扩散磨损、热电磨损等热效应磨损，甚至伴有啸声和振动等现象。发生这种现象应立即停止切削，重新刃磨刀具，避免进入剧烈磨损阶段，以延长刀具耐用度。

3.4.3 磨损的原因

刀具磨损主要是在高温、高压下受到机械和热化学作用下发生的，具体原因分析如下：

1. 硬质点磨损

工件材料中含有比刀具材料更硬的硬质点，在切削过程中，这些硬质点对刀具较软的基体会刻出一条沟痕而造成的机械磨损称为硬质点磨损。低速切削时硬质点磨损是刀具磨损的主要原因。

2. 粘结磨损

工件或切屑表面与刀具表面间的粘结点，因相对运动，使刀具表面上的微粒被带走而造成磨损，称为粘结磨损。粘结磨损与切削温度有关，也与工件材料与刀具材料之间的亲和力有关。

3. 扩散磨损

扩散磨损是指高温下工件材料与刀具材料中有亲和作用的元素相互扩散到对方中去，使刀具材料的化学成分发生变化，削弱了刀具的切削性能而造成的一种磨损。

4. 相变磨损

刀具材料因切削温度升高到相变温度，而发生金相组织的变化，使刀具的硬度降低而造成的磨损称为相变磨损，如高速钢刀具当切削温度达到相变温度时，发生相变磨损，从而丧失了切削性能。

此外，刀具磨损还有氧化磨损、热-化学磨损、电-化学磨损等。

一般情况下切削温度愈高则刀具磨损愈快，所以切削温度是刀具磨损的主要原因。

3.4.4 磨损限度及耐用度

1. 刀具磨损限度

刀具磨损限度是指规定一个允许磨损量的最大值，也称磨钝标准。刀具磨损限度一般规定在刀具后刀面上，以磨损量的平均值 VB 表示。表 3-5 列出硬质合金与高速钢车刀的磨损限度。

表 3 - 5　硬质合金与高速钢车刀的磨损限度

车刀类型	工件材料	加工性质	磨损限度 VB/mm	
			高速钢	硬质合金
外圆车刀、端面车刀、镗孔刀	碳钢、合金钢	粗车	1.5～2.0	1.0～1.4
		精车	1.0	0.4～0.6
	灰铸铁、可锻铸铁	粗车	2.0～3.0	0.8～1.0
		半精车	1.5～2.0	0.6～0.8
	耐热钢、不锈钢	粗车、精车	1.0	1.0
	钛合金	粗车、半精车		0.4～0.5
	淬火钢	精车		0.8～1.0
	陶瓷刀	精车		0.5

2. 刀具耐用度

刀具耐用度是指一把新刃磨的刀具，从开始切削到磨损限度所经过的切削时间，用 T 来表示。刀具寿命则是一把新刀具从使用到报废为止的切削时间。

刀具耐用度除了用切削时间表示外，有时亦可用加工同样零件的数量或切削路程长度等来表示。

凡是影响刀具磨损的因素，也同样影响着刀具耐用度。影响刀具磨损的主要因素是切削温度，而切削速度对切削温度影响又最大，因此切削速度对刀具耐用度的影响也最大。

3. 切削速度与刀具耐用度的关系

当工件材料、刀具材料和刀具几何角度确定后，切削速度就成为影响刀具耐用度的主要因素。图 3 - 26(a)是高速钢或硬质合金刀具切削普通结构钢的切削时间与磨损量的情况。v_c 愈高，切削温度愈高，磨损加快，刀具耐用度愈小。图 3 - 26(b)是刀具耐用度 T 与切削速度 v_c 的对数曲线。

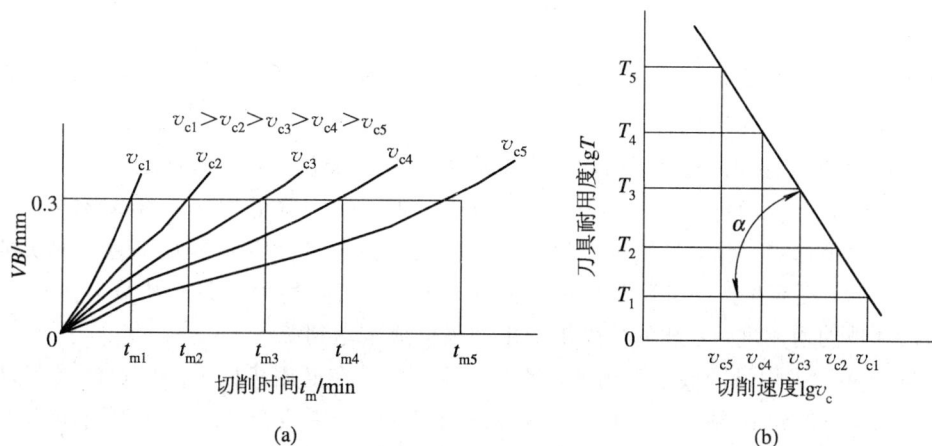

图 3 - 26　普通钢切削 v_c 与 T 的关系

(a) t_m 与 VB 的关系；(b) $\lg v_c$ 与 $\lg T$ 的关系

由实验的方法可求得 v_c 与 T 的关系如下：

$$v_c T^m = C$$

即

$$v_c = \frac{C}{T^m} \tag{3-9}$$

式中：T——刀具耐用度（min）；

C——系数，其数值与工件材料、刀具材料、切削用量等有关；

m——指数，表示 v_c 对 T 的影响程度，m 值愈小，v_c 对 T 的影响愈大。

表 3-6 表示了几种刀具材料的 m 值。

表 3-6 刀具耐用度指数

刀具材料	高速钢刀具	硬质合金刀具	陶瓷刀具
m	0.1～0.125	0.2～0.3	0.4

例 用硬质合金刀具 YT15 切削 45 钢，当 $v_c = 100$ m/min 时，刀具耐用度 $T_1 = 160$ min；其他切削条件不变，当切削速度 $v_c = 300$ m/min 时，试求刀具耐用度 T_2。

解 T_2 的数值可用下列方法求出：

$$v_{c1} T_1^m = v_{c2} T_2^m \tag{3-10}$$

故

$$\frac{v_{c1}}{v_{c2}} = \left(\frac{T_2}{T_1}\right)^m$$

由表 3-6 取 $m = 0.25$，则

$$\frac{100}{300} = \left(\frac{T_2}{160}\right)^{0.25}$$

$$T_2 = 1.975 \text{ min}$$

由此可见，当 v_c 提高 2 倍时，刀具耐用度下降 80 倍。此例足以说明切削速度对刀具耐用度的影响之大。

4. 刀具的合理耐用度

能保持生产率最高或成本最低的耐用度，称为合理耐用度。合理耐用度有最高生产率耐用度和最低成本耐用度两种。

刀具耐用度制约切削速度，引起换刀及磨刀次数的变化，从而影响生产率和成本。若耐用度定得过高，虽然可以减少换刀及磨刀次数，但必定会降低切削速度，影响生产率的提高；如耐用度选得过低，虽然可以提高切削速度，但必然会增加换刀和磨刀的次数，增加成本。因此，提高生产率和降低成本往往是矛盾的。实际使用中只有从具体生产条件出发，选择合适的耐用度，才能使最高生产率和最低成本达到统一。

目前大多数采用最低成本耐用度，即经济耐用度。在通用机床上，硬质合金车刀耐用度大致为 60～90 min；钻头耐用度大致为 80～120 min；硬质合金端面铣刀耐用度大致为 90～180 min；齿轮刀具耐用度大致为 200～300 min。

刀具愈复杂，刀具耐用度应定得高一些，以减少刃磨和调整费用。

但随着刀具的革新和生产技术的发展，例如数控机床广泛使用的可转位刀具，因其换

刀时间和刀具成本大大降低，可以取较低的耐用度，以提高切削速度，达到既提高生产率，又不提高成本。故可转位车刀的耐用度一般可取 15～20 min。

　　对于加工中心或自动线上的刀具，可采用机外预调刀具的办法，缩短换刀时间，取较低的刀具耐用度，达到提高生产率之目的。

第4章 提高金属切削效益的途径

4.1 工件材料的切削加工性

4.1.1 切削加工性指标

工件材料切削加工性是指对某一种材料切削加工的难易程度。

1. 相对加工性指标

某种材料切削加工性的好坏是相对另一种材料而言的。在讨论钢材的切削加工性时，一般以 45 钢为基准，与其他材料相比较，用相对加工性指标 K_r 表示：

$$K_r = \frac{v_{60}}{v_{B60}} \qquad (4-1)$$

式中：v_{60}——某种材料在刀具耐用度为 60 min 时的切削速度；

v_{B60}——切削 45 钢（$\sigma_b = 0.735$ GPa），耐用度为 60 min 时的切削速度。

当 $K_r > 1$ 时，表明该材料比 45 钢容易切削，当 $K_r < 1$ 表明该材料比 45 钢难加工。

表 4-1 是相对加工性及其分级。

表 4-1 相对切削加工性及其分级

加工性等级	工件材料分类		相对切削加工性 K_r	代表性材料
1	很容易切削的材料	一般有色金属	>3.0	5-5-5 铜铅合金、铝镁合金、9-4 铝铜合金
2	容易切削的材料	易切钢	2.5~3.0	退火 15Cr、自动机钢
3		易切钢	1.6~2.5	正火 30 钢
4	普通材料	一般钢、铸铁	1.0~1.6	45 钢、灰铸铁、结构钢
5		稍难切削的材料	0.65~1.0	调质 2Cr13、85 钢
6	难切削的材料	较难切削的材料	0.5~0.65	调质 45Cr、调质 65Mn
7		难切削的材料	0.15~0.5	1Cr18Ni9T、调质 50GrV、某些钛合金
8		很难切削的材料	<0.15	铸造镍基高温合金、某些钛合金

2. 刀具寿命指标

刀具寿命指标是指用刀具寿命的高低来衡量被加工材料切削加工难易程度。在切削普通金属材料时，取刀具寿命为 60 min 时允许的切削速度 v_{60} 的高低；切削难加工材料时，用 v_{20} 的高低来评定相应材料切削加工性的好坏。在相同条件下，v_{60} 或 v_{20} 的值越高，则表示材料的加工性越好。

根据不同的加工条件与要求，还可用切削力、表面粗糙度、断屑的难易程度等指标来衡量切削加工性的好坏。

4.1.2　改善切削加工性的途径

1. 调整材料的化学成分

除了金属材料中的含碳量外，材料中加入锰、铬、钼、硫、磷、铅等元素时，都会不同程度地影响材料的硬度、强度、韧性等，进而影响材料的切削加工性，如在钢中加入硫、铅、磷等易切元素，可改善其切削加工性。

2. 适当的热处理

对材料进行适当热处理可改善其切削加工性。例如，对硬度较高的高碳钢、工具钢等通过退火，以降低其硬度；对低碳钢通过正火，以降低其塑性，提高硬度；对中碳钢通过调质，使材料硬度均匀等。

3. 选择良好的材料状态

低碳钢塑性大，加工性不好，经过冷拔之后，塑性降低，加工性变好；锻件毛坯因余量不均匀，且会有硬皮，若改用热轧钢，则加工性可得以改善。

4.2　刀具几何参数的选择

刀具几何参数包括切削刃形状、刃口形式、刀面形式和切削角度这四个方面。刀具几何参数之间既有联系又有制约，因此在选择刀具几何参数时，应综合考虑和分析各参数间的相互关系，充分发挥有利因素，克服或限制不利因素。

4.2.1　前角和前刀面的选择

1. 前角的功用

刀具前角的主要功用是在满足切削刃强度的前提下，使切削刃锋利。增大前角能减少切屑变形和刀具磨损、改善加工质量、抑制积屑瘤等。但前角过大则会削弱刀刃的强度和散热能力，易造成崩刃。因而，前角应有一合理的数值。表 4 - 2 为硬质合金车刀合理前角的参考值。

表 4 - 2　硬质合金车刀合理前角参考值

工件材料	合理前角	
	粗车	精车
低碳钢	$20°\sim25°$	$25°\sim30°$
中碳钢	$10°\sim15°$	$15°\sim20°$
合金钢	$10°\sim15°$	$15°\sim20°$
淬火钢	$-15°\sim-5°$	

续表

工件材料	合理前角	
	粗车	精车
不锈钢（奥氏体）	15°～20°	20°～25°
灰铸铁	10°～15°	5°～10°
铜及铜合金	10°～15°	5°～10°
铝及铝合金	30°～35°	35°～40°
钛合金 $\sigma_b \leqslant 1.77$ GPa	5°～10°	

2. 前角的选择

前角的选择原则是：在保证刀具寿命的提前下，应选取较大的前角。具体应考虑以下因素：

（1）工件材料的性质。工件材料的强度、硬度低，塑性大，前角取大值；材料强度、硬度高，前角取较小值。

（2）刀具材料。刀具材料强度、韧性高，前角可取大值，反之则取小值，如高速钢刀具一般取较大的前角，而硬质合金刀具的前角一般取小值。

（3）加工形式。粗加工时前角应取较小值，精加工时前角应取较大值。

3. 前刀面的形式

图 4-1 所示为生产中常用的几种前刀面形式。

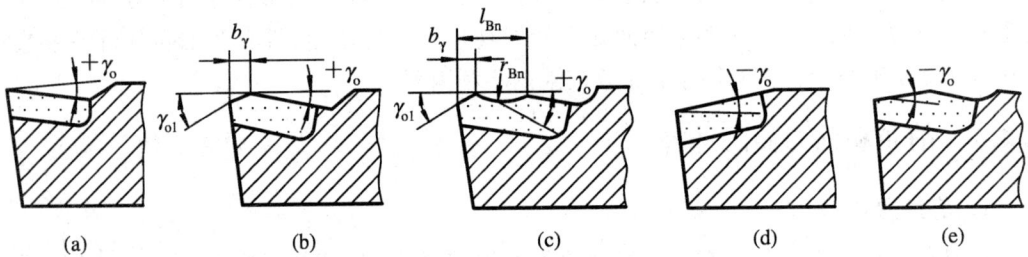

图 4-1　前刀面形式

（a）正前角平面型；（b）正前角平面带倒棱型；（c）正前角曲面带倒棱型；
（d）负前角单面型；（e）负前角双面型

（1）图 4-1(a)所示为正前角平面型，制造简单，能获得较锋利的刀口，但切削刃强度较低，传热能力较差。

（2）图 4-1(b)所示为正前角平面带倒棱型，提高了切削刃口的强度，增加了散热能力，从而提高刀具耐用度。

（3）图 4-1(c)所示为正前角曲面带倒棱型，可增大前角并起卷屑作用。

（4）图 4-1(d)所示为负前角单面型，可承受压应力，具有较高的切削刃强度，但负前角会增大切削力和功率消耗。

（5）图 4-1(e)所示为负前角双面型，使刀片的重磨次数增加，适用于磨损同时发生在前、后刀面的场合。

4.2.2 后角和后刀面的选择

1. 后角的功用

刀具后角的主要功用是减小与切削表面的摩擦,同时也影响刃口的锋利和强度。

2. 后角的选择

刀具后角的选择原则是,在不产生摩擦的条件下,适当选取小的后角。具体考虑以下因素:

(1) 切削厚度 h_D。切削厚度薄,后角应取大值;反之,取小值。

(2) 刀具形式。对于定尺寸刀具(如拉刀等),为延长刀具寿命,后角取小值。

副后角通常与主后角 α_O 相等,但对于切断刀等,为保证副切削刃的强度,一般取小值。表 4 - 3 为硬质合金车刀合理后角的参考值。

表 4 - 3 硬质合金车刀合理后角参考值

工件材料	合 理 后 角	
	粗车	精车
低碳钢	$8°\sim10°$	$10°\sim12°$
中碳钢	$5°\sim7°$	$6°\sim8°$
合金钢	$5°\sim7°$	$6°\sim8°$
淬火钢	$8°\sim10°$	
不锈钢(奥氏体)	$6°\sim8°$	$8°\sim10°$
灰铸铁	$4°\sim6°$	$6°\sim8°$
铜及铜合金	$6°\sim8°$	$6°\sim8°$
铝及铝合金	$8°\sim10°$	$10°\sim12°$
钛合金($\sigma_b \leqslant 1.77$ GPa)	$10°\sim15°$	

3. 后刀面的形式

(1) 双重后角能保证刃口强度,减少刃磨工作量,如图 4 - 2(a)所示。

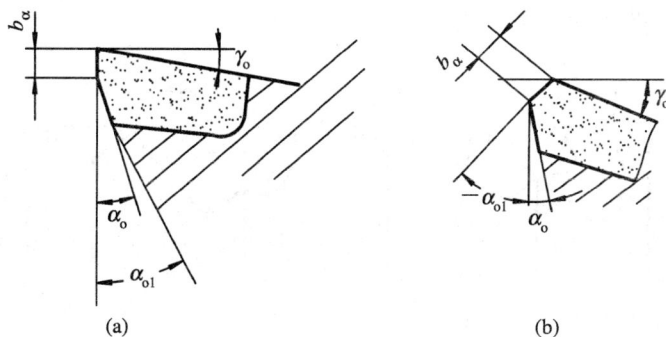

(a) (b)

图 4 - 2 后刀面形式

(a) 刃带、双重后角;(b) 消振棱

（2）在后刀面磨出一条负后角的棱边，可增大阻尼，起消振作用，如图 4-2(b)所示。

（3）刃带是指在后刀面上磨出后角为零的小棱边。对于定尺寸刀具（拉刀、铰刀等），为了控制外径尺寸常需磨出刃带，可避免重磨后尺寸精度变化，但也会增大摩擦，如图 4-2(a)中的 b_α。

4.2.3 主偏角、副偏角及刀尖的选择

1. 主偏角的功用及选择

1）主偏角的功用

主偏角主要影响各切削分力的比值，同时也影响切削层截面形状及工件表面形状。当主偏角减小时，F_f 减小、F_p 增加，有可能使工件弯曲并在切削时产生振动。当主偏角减小，进给量 f 和背吃刀量 a_p 不变时，切削宽度增加，散热条件改善，刀具耐用度将提高。

2）主偏角的选择

主偏角的选择原则是，在工艺系统刚度允许的前提下，应选择较小的主偏角。表 4-4 为选择主偏角的参考值。

表 4-4　主偏角的参考值

工　作　条　件	主偏角 κ_r
系统刚性大、背吃刀量较小、进给量较大、工件材料硬度高	$10°\sim30°$
系统刚性较大（$L/d<6$）、加工盘类零件	$30°\sim45°$
系统刚性较小（L/d 在 $6\sim12$）、背吃刀量较大或有冲击	$60°\sim75°$
系统刚性小（$L/d>12$）、车台阶轴、车槽及切断	$90°\sim95°$

2. 副偏角的功用和选择

1）副偏角的功用

副偏角主要影响已加工表面的粗糙度，同时也影响切削分力的比值。副偏角减小，表面粗糙度值小，但会增大背向力 F_p。

2）副偏角的选择

副偏角主要按加工性质选择，一般取 $10°\sim15°$，为保证切断刀刀尖强度，可取 $1°\sim2°$。

3. 刀尖形式及选择

图 4-3 所示为常见的几种刀尖形式。

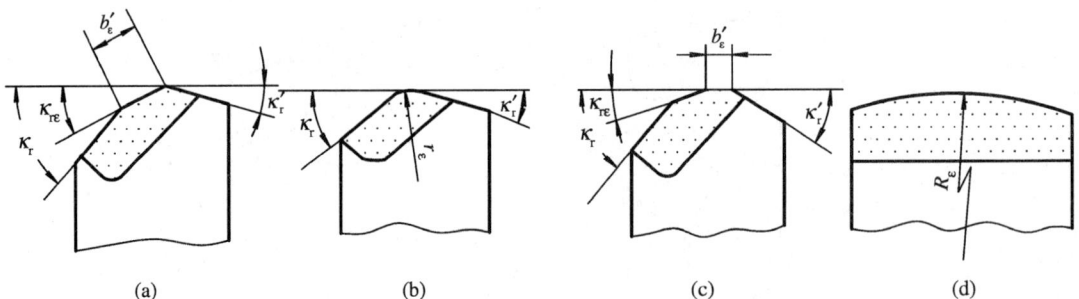

图 4-3　倒角刀尖与刀尖圆弧半径

(a) 直线型；(b) 圆弧型（刀尖圆弧半径）；(c) 平行型（水平修光刀）；(d) 大圆弧型

（1）图 4-3(a)所示为直线型倒角刀尖(称过渡刃)。一般 $\kappa_{\mathrm{re}}=\frac{1}{2}\kappa_{\mathrm{r}}$，$b'_{\varepsilon}\approx(1/5\sim1/4)a_{\mathrm{p}}$，这种刀尖多用于粗车或强力车刀上。

（2）图 4-3(b)所示为圆弧刃刀尖。刀尖圆弧半径 r_{ε} 增大，平均主偏角减小，表面粗糙度值减小，刀具耐用度提高，但 F_{p} 力增大，切削中会产生振动。

（3）图 4-3(c)所示为平行刃(修光刃)。其是指在副切削刃近刀尖处磨出一小段 $\kappa_{\mathrm{r}}=0^{\circ}$ 的平行刀刃。修光刃长度 $b'_{\varepsilon}=(1.2\sim1.5)f$。修光刃可降低表面粗糙度，但 b_{ε} 过大易引起振动。

（4）图 4-3(d)所示为大圆弧刀尖。这时，平均主偏角和副偏角较小，刀具强度和耐用度较高，表面粗糙度值较小。

4.2.4　刃倾角的功用及选择

1. 刃倾角的功用

刃倾角的功用主要是控制切屑流向，使刀刃锋利，同时改变切削刃的工作状态。当直角切削时切屑沿切削刃法线方向流出；当斜角切削时，切屑从偏离切削刃法线方向流出。

（1）图 4-4(a)所示为，当 $\lambda_{\mathrm{s}}=0^{\circ}$ 时，切屑近似地沿切削刃的法线方向流出；

（2）图 4-4(b)所示为，当 $\lambda_{\mathrm{s}}<0^{\circ}$ 时，切屑流向已加工表面，会划伤已加工表面；

（3）图 4-4(c)所示为，当 $\lambda_{\mathrm{s}}>0^{\circ}$ 时，切屑流向改变，使前角增大，增加切削刃的锋利程度。

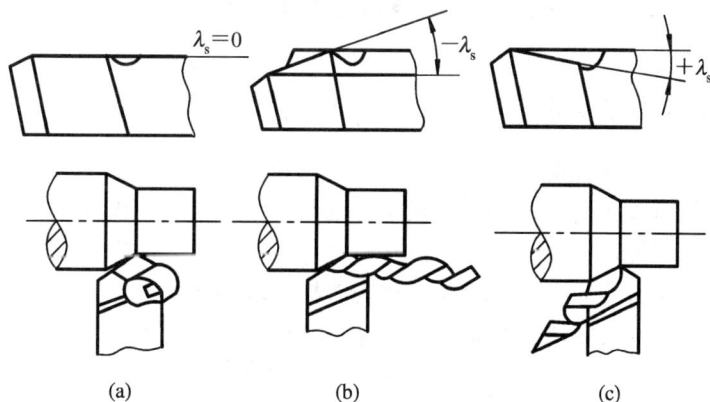

图 4-4　刃倾角对切屑流向的影响
(a) $\lambda_{\mathrm{s}}=0^{\circ}$；(b) $\lambda_{\mathrm{s}}<0^{\circ}$；(c) $\lambda_{\mathrm{s}}>0^{\circ}$

在断续切削的条件下，斜角切削可使切削刃平稳地切入或切出；但当 $\lambda_{\mathrm{s}}>0^{\circ}$ 时，刀尖先接触工件，容易崩刃；当 $\lambda_{\mathrm{s}}<0^{\circ}$ 时，远离刀尖的切削刃先接触工件，保护了刀尖，提高了承受冲击的能力，如图 4-5 所示。但负的刃倾角会使背向力 F_{p} 增大，导致工件变形及切削时产生振动。

2. 刃倾角的选择

刃倾角的选择应根据生产条件具体分析，一般情况下可按加工性质选取；精车 $\lambda_{\mathrm{s}}=0^{\circ}\sim5^{\circ}$；粗车 $\lambda_{\mathrm{s}}=0^{\circ}\sim-5^{\circ}$；断续车削 $\lambda_{\mathrm{s}}=-30^{\circ}\sim-45^{\circ}$；工艺系统刚性较差时不宜选负的刃倾角。表 4-5 所列为刃倾角选用时的参考值。

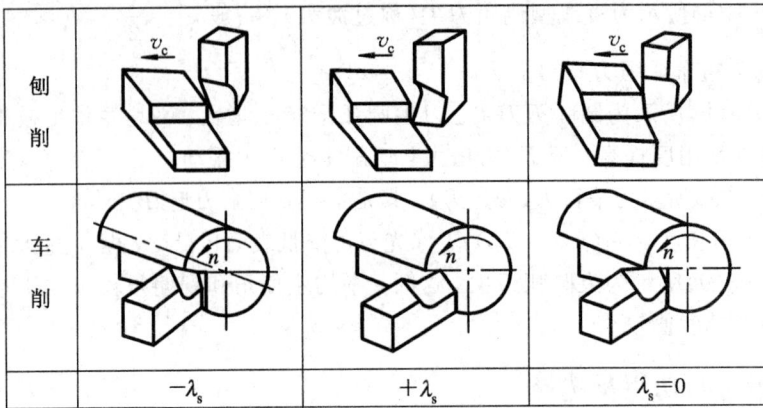

图 4-5 刃倾角对切削刃接触工件的影响

表 4-5 刃倾角 λ_s 数值的选用表

λ_s 值	$0°\sim+5°$	$+5°\sim+10°$	$0°\sim-5°$	$-5°\sim-10°$	$-10°\sim-15°$	$-10°\sim-45°$	$-45°\sim-75°$
应用范围	精车钢、车细长轴	精车有色金属	粗车钢和灰铸铁	粗车余量不均匀钢	连续车削钢、灰铸铁	带冲击切削淬硬钢	大刃倾刀具薄切削

4.3 切削用量的选择

4.3.1 合理切削用量及选择原则

合理切削用量就是在充分利用刀具切削性能和机床性能并保证加工质量的前提下，获得较高生产率和较低加工成本的切削速度 v_c、进给量 f 和切削深度 a_p。

切削用量的选择原则是：

粗加工时毛坯余量大，工件几何精度和表面粗糙度等技术要求低，应以发挥机床和刀具的切削性能，减少机动和辅助时间，以提高生产率和刀具耐用度，作为选择切削用量的主要依据。

精加工时加工余量不大，加工精度高，表面粗糙度值小，应以提高加工质量作为选择切削用量的主要依据。

4.3.2 切削用量的选择方法

在切削用量三要素中，因背吃刀量 a_p 对刀具耐用度影响最小，而切削速度 v_c 对刀具耐用度影响最大，所以选择的顺序是先确定背吃刀量 a_p、再确定进给量 f、最后确定切削速度 v_c。

1. 背吃刀量的选择

选择尽量大的背吃刀量，一次走刀中最好把本工序应切除的加工余量切除掉。在粗加工时，如果加工余量过大或工艺系统刚性较差时，也可分二次进刀。

第一次进刀：

$$a_{p1} = (2/3 \sim 3/4)A \qquad\qquad (4-2)$$

第二次进刀：

$$a_{p2} = (1/3 \sim 1/4)A \qquad\qquad (4-3)$$

式中，A 为单边余量(mm)。

2. 进给量 f 的选择

限制粗加工最大进给量的主要因素是刀杆和刀片强度、进给机构强度及工艺系统刚性。表 4-6 是硬质合金及高速钢车刀粗车外圆和端面时的进给量。

表 4-6　硬质合金及高速钢车刀粗车外圆和端面时的进给量

加工材料	车刀刀杆尺寸 $B \times H$ /(mm×mm)	工件直径 /mm	背吃刀量 a_p/mm				
			≤3	3~5	5~8	8~12	>12
			f/(mm/r)				
碳素结构钢和合金结构钢	16×25	20	0.3~0.4	—	—		—
		40	0.4~0.5	0.3~0.4	—		—
		60	0.5~0.7	0.4~0.6	0.3~0.5		—
		100	0.6~0.9	0.5~0.7	0.5~0.6	0.4~0.5	
		400	0.8~1.2	0.7~1.0	0.6~0.8	0.5~0.6	
	20×30 25×25	20	0.3~0.4	—	—		
		40	0.4~0.5	0.3~0.4	—		
		60	0.6~0.7	0.5~0.7	0.4~0.6		
		100	0.8~1.0	0.7~0.9	0.5~0.7	0.4~0.7	
		600	1.2~1.4	1.0~1.2	0.8~1.0	0.6~0.9	0.4~0.6
	25×40	60	0.6~0.9	0.5~0.8	0.4~0.7	—	
		100	0.8~1.2	0.7~1.1	0.6~0.9	0.5~0.8	
		1000	1.2~1.5	1.1~1.5	0.9~1.2	0.8~1.0	0.7~0.8
	30×45 40×60	500	1.1~1.4	1.1~1.4	1.0~1.2	0.8~1.2	0.7~1.1
		2500	1.3~2.0	1.3~1.8	1.2~1.6	1.1~1.5	1.0~1.5
铸铁及合金钢	16×25	40	0.4~0.5	—	—		
		60	0.6~0.8	0.5~0.7	0.4~0.6		
		100	0.8~1.2	0.7~1.0	0.6~0.8	0.5~0.7	
		600	1.0~1.4	1.0~1.2	0.8~1.8	0.6~0.8	
	20×30 25×25	40	0.4~0.5	—	—		
		60	0.6~0.9	0.5~0.8	0.4~0.7		
		1000	0.9~1.3	0.8~1.2	0.7~1.0	0.5~0.8	
		6000	1.2~1.8	1.2~1.6	1.0~1.3	0.9~1.1	0.7~0.9
	25×40	60	0.6~0.9	0.5~0.8	0.4~0.7	—	
		100	1.0~1.4	0.9~1.2	0.8~1.0	0.6~0.9	—
		1000	1.5~2.0	1.2~1.8	1.0~1.4	1.0~1.2	0.8~1.0
	30×45 40×60	500	1.4~1.8	1.2~1.6	1.0~1.4	1.0~1.3	0.9~1.2
		2500	1.6~2.4	1.6~2.0	1.4~1.8	1.3~1.7	1.2~1.7

表 4－7 为硬质合金刀片强度所允许的进给量。

表 4－7　硬质合金刀片强度允许的进给量/(mm/r)

背吃刀量 a_p/mm	刀片厚度 c/mm				不同材料对进给量的修正系数 k_{mf}			
	4	6	8	10	钢 σ_b 0.47～0.627 GPa	钢 σ_b 0.627～0.852 GPa	钢 σ_b 0.852～1.147 GPa	铸铁
≤4	1.3	2.6	4.2	6.1	1.2	1.0	0.85	1.6
4～7	1.1	2.2	3.6	5.1	不同主偏角对进给量的修正系数 $k_{\kappa rf}$			
7～13	0.9	1.8	3.0	4.2	33°	45°	60°	90°
13～22	0.8	1.5	2.5	3.6	1.4	1.0	0.6	0.4

注：有冲击时，进给量应减小 20％。

限制精加工进给量的主要因素是加工表面粗糙度。表 4－8 为硬质合金外圆车刀半精加工时的进给量。

表 4－8　硬质合金外圆车刀半精车时的进给量

工件材料	表面粗糙度 /(Ra/μm)	切削速度范围 /(m/min)	r_ε/mm		
			0.5	1.0	2.0
			f/(mm/r)		
铸铁、青铜和铝合金	6.3	不限	0.25～0.40	0.40～0.50	0.50～0.60
	3.2		0.12～0.25	0.25～0.40	0.40～0.60
	1.6		0.10～0.15	0.15～0.20	0.20～0.35
碳素结构钢和合金结构钢	6.3	≤50	0.30～0.50	0.45～0.60	0.55～0.70
		>80	0.40～0.55	0.55～0.65	0.65～0.70
	3.2	≤50	0.20～0.25	0.25～0.30	0.30～0.40
		>80	0.25～0.30	0.30～0.35	0.35～0.40
	1.6	≤50	0.10～0.11	0.11～0.15	0.15～0.20
		>80	0.10～0.20	0.16～0.25	0.25～0.35

注：加工耐热钢及其合金、钛合金，切削速度大于 0.8 m/s 时，表中进给量应乘系数 0.7～0.8。

3. 切削速度 v_c 的选择

粗加工时限制切削速度的主要因素是刀具耐用度和机床功率。精加工时限制切削速度的主要因素是刀具耐用度，因精加工时切削力较小，机床功率都能满足。

当确定了背吃刀量和进给量后，按合理刀具耐用度 T，求切削速度 v_c 时，可用下面公式：

$$v_c = \left[\frac{C_v}{(T^m \cdot a_p^{x_v} \cdot f^{y_v})} \right] \cdot K_v \qquad (4-4)$$

式中：v_c——切削速度（m/min）；

T——合理刀具耐用度(min);

m——刀具耐用度指数(查表 3－6);

c_v——切削速度系数(查表 4－9);

x_v、y_v——分别为背吃刀量 a_p、进给量 f 对 v_c 的影响指数(查表 4－9);

K_v——切削速度修正系数,$K_v = K_{mv} \cdot k_{sv} \cdot k_{tv} \cdot k_{\kappa_r v}$(查表 4－10～表 4－13)。

切削速度 v_c 求出后,可根据 $v_c = \pi d_w n / 1000$ 计算工件转速 n:

$$n = \frac{1000 v_c}{\pi d_w} \qquad (4-5)$$

式中:n——工件转速(r/mim);

d_w——工件待加工表面直径(mm)。

根据机床说明书,应选择相近的较低档的转速。

表 4－9　切削速度公式中的系数及指数

加工材料	加工型式	刀具材料	进给量/mm	系数及指数			
				c_v	x_v	y_v	m
45 钢 $\sigma_b = 0.637$ GPa	外圆纵车	YT15(不用切削液)	$f \leqslant 0.30$	291	0.15	0.20	0.20
			$f \leqslant 0.70$	242		0.35	
			$f > 0.70$	235		0.45	
		W18Cr4V(用切削液)	$f \leqslant 0.25$	67.2	0.25	0.33	0.125
			$f > 0.25$	43		0.66	
	切断及切槽	YT15(不用切削液)	—	38	—	0.80	0.20
		W18Cr4V(用切削液)	—	21		0.66	0.25
	成形车削	W18Cr4V(用切削液)	—	20.3	—	0.50	0.30
灰铸铁 HBS190	外圆纵车	YG6(不用切削液)	$f \leqslant 0.40$	189.8	0.15	0.20	0.20
			$f > 0.4$	158		0.40	
		W18Cr4V(不用切削液)	$f \leqslant 0.25$	24	0.15	0.30	0.1

表 4－10　钢和铸铁的强度与硬度改变时切削速度的修正系数 K_{mv}

加 工 材 料	刀 具 材 料	
	硬质合金	高速钢
	计 算 公 式	
碳素结构钢、合金结构钢和铸钢	$K_{mv} = \dfrac{0.637}{\sigma_b}$	$K_{mv} = \left(\dfrac{0.637}{\sigma_b}\right)^{1.75}$
灰铸铁	$K_{mv} = \left(\dfrac{190}{HBS}\right)^{1.25}$	0

表 4 - 11　毛坯表面状态改变时切削速度的修正系数 k_{sv}

毛坯表面状态	无外皮	有 外 皮				
		棒料	锻件	铸钢及铸铁		铜及铝合金
				一般	带砂	
修正系数 k_{sv}	1.0	0.9	0.8	0.8~0.85	0.5~0.6	0.9

表 4 - 12　刀具材料改变时切削速度的修正系数 k_{tv}

加工材料	不同刀具牌号及切削速度的修正系数 k_{tv}				
结构钢及铸钢	YT5	YT14	YT15	YT30	YG8
	0.65	0.8	1.0	1.4	0.4
灰铸铁及可锻铸铁	YG8	YG6	—	YG3	—

表 4 - 13　车刀主偏角改变时切削速度的修正系数 $k_{\kappa_r v}$

主偏角 κ_r	30°	45°	60°	75°	90°
结构钢、可锻铸铁	1.13	1.0	0.92	0.86	0.81
耐热钢	—	1.0	0.87	0.78	0.70
灰铸铁及铜合金	1.20	1.0	0.88	0.83	0.73

4.3.3　切削用量的选择举例

例 4 - 1　在 CA6140 卧式车床精车外圆。已知工件为调质 45 钢，$\sigma_b = 0.735\,\text{GPa}$，毛坯尺寸 $\phi 68 \times 350(\text{mm})$，精车直径余量为 1.5 mm，如图 4 - 6 所示。要求加工精度达到 h11 级，表面粗糙度为 Ra3.2 μm。试选择切削用量。

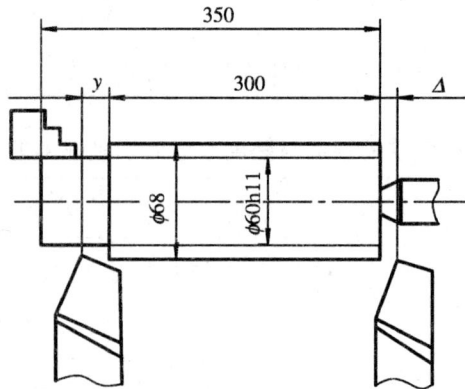

图 4 - 6　工件加工示意图

1. 选择刀具几何参数

1）确定粗加工刀具

选择 YT15 硬质合金焊接车刀，刀具耐用度 $T = 60$ min；按表 4 - 14 选择刀杆尺寸为

16 mm×25 mm，刀片厚度 6 mm。根据刀具几何参数的选择原则，确定粗加工车刀几何角度为：$\gamma_o = 10°$，$\gamma_{o1} = -5°$，$\kappa_r = 75°$，$\kappa_r' = 15°$，$\lambda_s = 0°$，$\alpha_o = \alpha_o' = 6°$，$r_\varepsilon = 1.0$ mm。

表 4-14 车刀刀杆及刀片尺寸的选择

刀 杆 尺 寸							
刀杆形式	尺寸 $B \times H$/(mm×mm)						
矩形刀杆	10×16	12×20	16×25	20×30	25×40	30×45	40×60	50×80
方形刀杆	12×12	16×16	20×20	25×25	30×30	40×40	50×50	65×65

根据机床中心高选择刀杆尺寸				
车床中心高/mm	150	180～200	260～300	350～400
刀杆横剖面 $B \times H$/(mm×mm)	12×20	16×25	20×30	25×40

根据刀杆尺寸选择刀片尺寸										
刀杆尺寸 $B \times H$/(mm×mm)	10×16	12×20	16×16	16×25	20×20	20×30	25×25	25×40	30×45	40×60	50×80
刀片厚度/mm	3.0	3.5～4	4.5	4.5～6	5.5	6～8	7	7～8.5	8.5～10	9.5～12	10.5

根据背吃刀量及进给量选择刀片尺寸								
a_p/mm	3.2			4.8			6.4	
进给量 f/(mm/r)	0.2～0.3	0.38	0.51	0.2～0.25	0.3～0.51	0.63	0.25～0.38	0.38～0.63
刀片厚度 /mm	3.2	4.8	4.8	3.2	4.8	6.4	4.8	6.4
a_p/mm	7.9			9.5			12.7	
进给量 f/(mm/r)	0.25～0.3	0.38～0.63	0.76	0.25～0.3	0.38～0.63	0.76	0.3～0.51	0.63～0.76
刀片厚度 /mm	4.8	6.4	6.4～7.9	4.8	6.4	7.9	6.4	7.9

2）确定精加工刀具

选择 YT15 硬质合金刀片，刀杆尺寸 16 mm×25 mm，刀具耐用度 $T = 60$ min。根据刀具几何参数选择原则，确定精加工车刀几何角度：$\gamma_o = 20°$，$\gamma_{o1} = -3°$、$\kappa_r = 60°$，$\kappa_r' = 10°$，$\lambda_s = +3°$，$\alpha_o = \alpha_o' = 6°$。

2. 确定粗车切削用量

1）背吃刀量 a_p

单边余量 $A = (68-61.5)/2 = 3.25$ mm，所以选取 $a_p = 3.25$ mm。

2）进给量 f

由表 4-6 查得 $f=0.4\sim0.6$ mm/r，根据机床说明书 $f=0.51$ mm/r。

3）切削速度 v_c

由表 4-9 查得 $c_v=242$，$x_v=0.15$，$y_v=0.35$，m$=0.20$。

由表 4-10～表 4-13 查得

$$K_{mv}=\frac{0.637}{0.735}=0.866、k_{sv}=0.9、k_{tv}=1.0、k_{\kappa_r v}=0.86$$

$$K_v=K_{mv}\cdot k_{sv}\cdot k_{tv}\cdot k_{\kappa_r v}=0.866\times0.9\times1.0\times0.86=0.67$$

由式（4-4）得

$$v_c=\left[\frac{c_v}{(T^m\cdot a_p^{x_v}\cdot f^{y_v})}\right]\cdot K_v$$

$$=[242/(60^{0.2}\times3.25^{0.15}\times0.51^{0.35})]\times0.67$$

$$=75.83\ (\text{m/min})$$

由式（4-5）得

$$n=1000v_c/\pi d_w$$

$$=(1000\times75.83)/(3.14\times68)$$

$$=355(\text{r/min})$$

查机床说明书得：$n=320$ r/min

求得实际切削速度

$$v_c=\pi d_w n/1000=3.14\times68\times\frac{320}{1000}=68.3(\text{m/min})$$

4）校验机床功率

由切削力计算公式及有关表格，求得主切削力 Fc，

$$F_c=9.81C_{F_c}\cdot a_p^{x_{Fc}}\cdot f^{y_{Fc}}\cdot v^{n_{Fc}}\cdot K_{\gamma_o F}\cdot K_{\kappa_r F}\cdot K_{r_\varepsilon F}\cdot K_{\lambda_s F}$$

$$=9.81\times270\times3.25^{1.0}\times0.51^{0.75}\times68.3^{-0.15}\times0.92\times1.0\times1.0\times0.93$$

$$=2625.1(\text{N})$$

计算切削功率，

$$P_c=F_c\cdot v_c\times10^{-3}/60$$

$$=2.98(\text{kW})$$

验算机床功率，CA6140 车床额定功率 $P_{Ee}=7.5$ kW（取机床效率 $\eta_m=0.8$）

$$P_{Ee}\eta_m=7.5\times0.8=6.0(\text{kW})$$

$$P_c<P_{Ee}\eta_m$$

由此可知，机床功率足够。

另外，读者也可按第 3 章 3.2 节所介绍的"单位切削力"计算法计算切削力 F_c 和切削功率 P_c。

3. 确定精车时的切削用量

1）背吃刀量

$$a_p=\frac{61.5-60}{2}=0.75(\text{mm})$$

2) 进给量

按表 4-8 预先估计 $v_c > 80$ m/min，查得 $f = 0.3 \sim 0.35$ mm/r，再按说明书选 $f = 0.3$ mm/r。

3) 切削速度 v_c

查表 4-9 得 $c_v = 291$，$x_v = 0.15$，$y_v = 0.2$，$m = 0.2$，$K_v = 0.67$（同粗加工）；

由式（4-4）

$$v_c = \left[\frac{c_v}{(T^m \cdot a_p^{x_v} \cdot f^{y_v})} \right] \cdot K_v$$

$$= [291/(60^{0.2} \times 0.75^{0.15} \times 0.3^{0.2})] \times 0.67$$

$$= 114.8 \, (\text{m/min})$$

查机床说明书得 $n = 560$ r/min，则

$$v_c = \pi d_w n / 1000$$

$$= 3.14 \times 61.5 \times \frac{560}{1000}$$

$$= 108 \, (\text{m/min})$$

符合预先估计的 $v_c > 80$ m/min 的设定。

4.4　合理选择切削液

合理使用切削液，可改善切削时摩擦面间的摩擦状况，降低切削温度，减少刀具磨损，抑制积屑瘤的产生，提高已加工表面质量。

4.4.1　切削液的作用

1. 冷却作用

切削液的冷却作用是通过切削液带走大量的切削热，以降低切削区的温度。其冷却效果取决于切削液本身的导热率、比热、汽化热以及浇注方法等。

2. 润滑作用

切削液的润滑作用是通过切削液渗透到切屑、工件、刀具接触面之间形成润滑膜。其润滑性能主要取决于切削液的渗透性和表面间形成的润滑膜的强度。图 4-7 所示为切削加工时表面间的边界润滑摩擦情况。

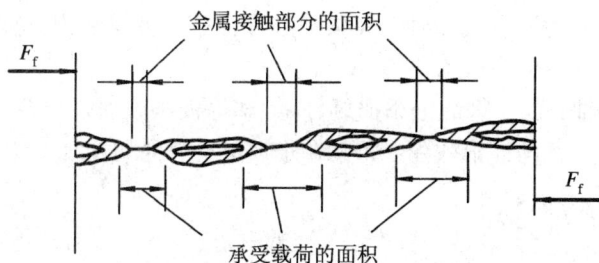

图 4-7　边界润滑摩擦

润滑膜形成的机理主要有物理吸附膜和化学吸附膜两种。

物理吸附膜是由润滑液的分子极性团吸附在金属表面上形成的润滑膜。润滑膜的强度依赖于润滑液中的"油性"。油性是润滑液在金属表面形成的物理吸附膜的能力。油性好的润滑液在金属表面形成的吸附膜强度就高。为提高润滑液的油性，往往在润滑液中加入一些添加剂，称为油性添加剂，常用油性添加剂为动植物油。物理吸附膜只能在低温（200℃以内）及低压下起到润滑作用。

化学吸附膜是由润滑液与金属表面起化学反应形成的吸附膜。这种吸附膜的强度较高，能在高温（400～800℃）高压状态下保持其润滑性能，也称极压润滑液。在切削液中加入形成化学吸附膜的添加剂，称为极压添加剂，常用有硫（S）、磷（P）、氯（Cl）等元素。

3. 清洗和防锈

切削液可以冲洗粘附在机床、刀具和工件上的切屑，防止划伤机床工作面、已加工表面和减少刀具磨损。在切削液中加入防锈剂，可避免工件、刀具、机床发生腐蚀，起到防锈作用。

4.4.2　切削液的种类

常用的切削液有：以冷却为主的水溶性切削液和以润滑为主的油溶性切削液。

1. 水溶性切削液

水溶性切削液主要分为：水溶液、浮化液和合成切削液。

（1）水溶液：是指以软水为主要成分，加入防锈剂、防霉剂，具有较好的冷却效果。水溶液常用于粗加工和普通磨削加工中。

（2）乳化液：是指水和乳化油混合后再经搅拌而形成的浮白色液体。乳化油是由矿物油、脂肪酸、皂以及表面活性乳化剂配制而成的油膏。乳化液用途很广，可自行配制。含较少乳化油的低浓度乳化液主要起冷却作用，适用粗加工和普通磨削；高浓度乳化液主要起润滑作用，适用于精加工和复杂刀具的加工中。

（3）合成切削液：是指由水、各种表面活性剂和化学添加剂组成的切削液。它具有良好的冷却、润滑、清洗和防锈作用，且具有热稳定性好，使用周期长等特点，是国内外推广使用的高性能切削液。

2. 油溶性切削液

油溶性切削液主要有：切削油和极压切削油。

（1）切削油：有矿物油、动植物油和复合油（矿物油和动植物油混合油），其中使用较为普遍的是矿物油。矿物油有机械油、轻柴油和煤油等。机械油因其润滑作用好，故在普通精车、螺纹精加工等中使用极为广泛。

（2）极压性切削油：在矿物油中添加氯、硫、磷等极压添加剂配制而成。在高温高压下不破坏润滑膜，具有良好的润滑作用，尤其在难加工材料的切削加工中广为应用。

4.4.3　切削液的合理选用

切削液应根据工件材料、刀具材料、加工方法和技术要求等情况选用。

（1）高速钢刀具红硬性差，需采用切削液。硬质合金刀具红硬性好，一般不加切削液；

若硬质合金刀具使用切削液，必须连续并充分浇注。

（2）切削铸铁或铝合金时，一般不用切削液。如需要使用切削液，宜选用煤油。

（3）切削铜合金和有色金属时，一般不宜选用含有极压添加剂的切削液。

（4）切削镁合金时，禁止使用乳化液作为切削液，以防止燃烧。

（5）粗加工时，主要以冷却为主，可选用水溶液或低浓度的乳化液；精加工时，主要以润滑为主，可选用切削油或浓度较高的乳化液。

（6）低速精加工时，可选用油性较好的切削油；重切削时，可选用极压性切削油。

（7）粗磨时，可选用水溶液；精磨时，可选用乳化液或极压性切削油。

第 5 章　机床的基本知识

5.1　机床的类型和型号

5.1.1　机床的类型

金属切削机床的品种和规格繁多,为了便于区别、使用和管理,需对机床进行分类。按加工性质和所用刀具,我国金属切削机床分为 11 大类:车床、钻床、镗床、磨床、齿轮加工机床、螺纹加工机床、铣床、刨插床、拉床、锯床和其他机床。在每一类机床中,按工艺范围、布局型式、结构等分为若干个组。每一组又分若干系列。

除上述基本分类方法外,根据机床的其他特征还可对其进一步区分。

根据通用性程度,同类机床可划分为:

(1) 通用机床。其工艺范围很宽,用于加工一定尺寸范围内的各种类型零件的不同工序,但结构较复杂,加工生产率低。这类机床适用于单件小批生产及工具修配生产,如万能升降台铣床、万能外圆磨床等。

(2) 专门化机床。其工艺范围较窄,只能加工某一类或几类零件的某一种或几种特定工序,如曲轴车床、凸轮轴磨床等。

(3) 专用机床。其工艺范围窄,只能加工某一特定零件的特定工序。这类机床加工生产率很高,专业化程度高,适用于汽车、拖拉机等制造业大批量生产的场合。

根据机床的加工精度可分为:普通精度级、精密级和超精密级机床。

根据机床的自动化程度可分为手动、机动、半自动和自动车床。

根据机床的重量和尺寸可分为:仪表机床、中型机床(一般机床)、大型机床(重 10 t 以上)、重型机床(重 30 t 以上)和超重型机床(重 100 t 以上)。

根据机床的主轴或刀架数目又可进一步划分为单轴、多轴、多刀等机床。

随着机床的发展,其分类的方法也在不断发展。现代机床正在向数控化方向发展,数控机床的功能日趋多样化,工序更加集中。一台数控机床集中了越来越多的传统机床的功能。例如,数控车床在卧式车床的基础上,集中了转塔车床、仿形车床、自动车床等多种功能;车削中心出现后,在数控车床的基础上,又加入了钻、铣、镗等类机床的功能。再如,加工中心集中了钻、镗、铣等多类型机床的功能。有的加工中心的主轴既能立式又能卧式,集中了立式加工和卧式加工的功能。可见,机床的数控化已引起了机床传统分类方法的变化,其变化趋势主要表现在机床品种不是越分越细,而是趋于综合。

5.1.2　机床的型号编制方法

机床的型号是按一定规律赋予每种机床的代号,用于简明地表示机床的类型、通用性和结构特性、主要技术参数等。按国标 GB/T15375—94 规定，机床的型号由汉语拼音字母和数字按一定规律组合而成，适用于各类通用机床及专用机床、自动线，不包括组合机床、特种加工机床。

1. 通用机床型号

通用机床型号由基本部分和辅助部分组成，中间用"/"隔开，读作"之"。前者需统一管理，后者纳入型号与否由企业自定，型号构成如下：

1）通用机床型号的表示

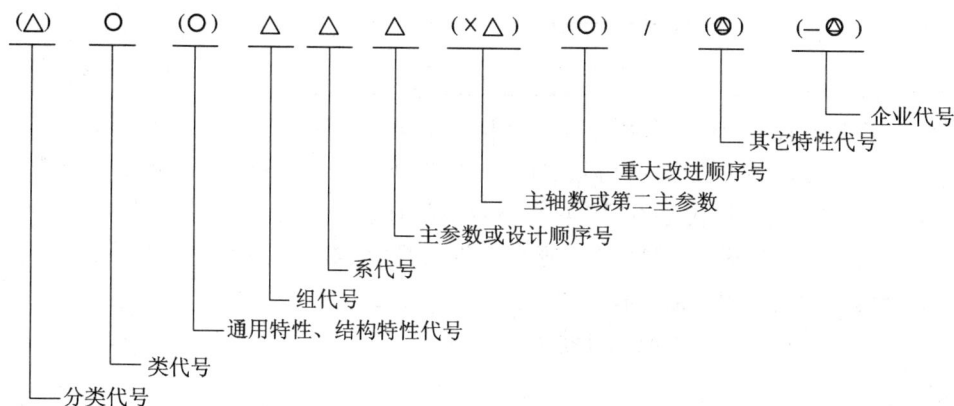

说明：

① 有"( )"的代号或数字，当无内容时，则不表示(省略此项)，若有内容则不带括号；

② 有"○"符号者，为大写的汉语拼音字母；

③ 有"△"符号者，为阿拉伯数字；

④ 有"◎"符号者，为大写的汉语拼音字母或阿拉伯数字，或两者兼而有之。

2）机床的分类及类代号

机床按其工作原理划分为车床、钻床、镗床、磨床、齿轮加工机床、螺纹加工机床、铣床、刨插床、拉床、锯床和其他机床等共 11 类。

机床的类代号用大写的汉语拼音字母表示。必要时，每类可分为若干分类。分类代号在类代号之前，作为型号的首位，并用阿拉伯数字表示。第一分类代号前的"1"可省略，第"2"、"3"分类代号则应予以表示。

机床的类代号按其相对应的汉字字音读音，例如：铣床类代号"X"，读作"铣"。机床的类别和分类代号见表 5-1。

表 5-1　机床的类别代号

类别	车床	钻床	镗床	磨床			齿轮加工机床	螺纹加工机床	铣床	刨插床	拉床	锯床	其他机床
代号	C	Z	T	M	2M	3M	Y	S	X	B	L	G	Q
读音	车	钻	镗	磨	2磨	3磨	牙	丝	铣	刨	拉	割	其

3）机床的通用特性代号、结构特性代号

通用特性代号、结构特性代号用大写的汉语拼音字母表示，位于类代号之后。

(1) 通用特性代号。通用特性代号有统一的固定含义，它在各类机床的型号中表示的意义相同。当某类机床除有普通型外，还有下列某种通用特性时，则在类代号之后加通用特性代号予以区分。如果某类机床仅有某种通用特性，而无普通型，则通用特性不予表示。当一个型号中需要同时使用两至三个通用特性代号时，一般按重要程度排序。通用特性代号按其相应的汉字字意读音表示。机床通用特性代号见表 5-2。

表 5-2　通用特性代号

通用特性	高精度	精密	自动	半自动	数控	加工中心（自动换刀）	仿形	轻型	加重型	简式或经济型	柔性加工单元	数显	高速
代号	G	M	Z	B	K	H	F	Q	C	J	R	X	S
读音	高	密	自	半	控	换	仿	轻	重	简	柔	显	速

（2）结构特性代号。对主参数相同而结构、性能不同的机床，在型号中需加结构特性代号予以区分。根据各类机床的具体情况，对某些结构特性代号，可以赋予一定含义。但结构特性代号与通用特性代号不同，它在型号中没有统一含义，只在同类机床中起区分机床结构、性能不同的作用。当型号中有通用特性代号时，结构特性代号应排在通用特性代号之后。结构特性代号用汉语拼音字母（通用特性代号已用的字母和"I、O"两个字母不能用）表示，当单个字母不够用时，可将两个字母组合起来使用，如 AD、AE 等，或 DA、EA 等。

4）机床组、系的划分原则及其代号

（1）机床的组、系的划分原则：将每类机床划分为 10 个组，每个组又划分为 10 个系（系列）。组系划分的原则如下：

① 同一类机床中，主要布局或使用范围基本相同的机床，即为同一组。

② 同一组机床中，其主要参数相同、主要结构及布局型式相同的机床，即为同一系。

（2）机床的组、系代号：机床的组用一位阿拉伯数字表示，位于类代号或通用特性代号、结构特性代号之后；机床的系用一位阿拉伯数字表示，位于组代号之后。

5）主参数的表示方法

机床型号中的主参数用折算值表示，位于系代号之后。当折算值大于 1 时，则取整数，前面不加"0"；当折算值小于 1 时，则取小数点后第一位数，并在前面加"0"。

6）通用机床的设计顺序号

某些通用机床当无法用一个主参数表示时，则在型号中用设计顺序号表示。设计顺序号由 1 起始，当设计顺序号小于 10 时，由 01 开始编号。

7）主轴数和第二主参数的表示方法

（1）主轴数的表示方法：对于多轴车床、多轴钻床、排式钻床等机床，其主轴数应以实际数值列入型号，置于主参数之后，用"×"分开，读作"乘"。单轴可以省略，不予表示。

（2）第二主参数的表示方法：第二主参数（多轴机床的主轴数除外）一般不予表示，如有特殊情况，需要在型号中表示，应按一定手续审批。在型号中表示的第二主参数，一般以折算成两位数为宜，最多不超过三位数。以长度、深度值表示的，其折算系数为 1/100；以直径、宽度值表示的，其折算系数为 1/10；以厚度、最大模数值等表示的，其折算系数为 1。当折算值大于 1 时，则取整数；当折算值小于 1 时，则取小数点后第一位数，并在前面加"0"。

8）机床重大改进顺序号

当机床的结构、性能有更高的要求，并需按新产品重新设计、试制和鉴定时，才按改进的先后顺序选用 A、B、C 等汉语拼音字母（但"I、O"两个字母不得选用），加在型号基本部分的尾部，以区别原机床型号。

重大改进设计不同于完全的新设计，它是在原有机床的基础上进行改进设计，因此，重大改进后的产品与原型号的产品，是一种取代关系。

凡属局部的小改进或增减某些附件、测量装置及改变装夹工件的方法等，因对原机床的结构、性能没有作重大改变，故不属于重大改进，其型号不变。

9）其他特性代号及其表示方法

其他特性代号置于辅助部分之首。其中同一型号机床的变型代号，一般应放在其他特性代号之首位。

其他特性代号主要用以反映各类机床的特性，如：对于数控机床，可用来反映不同的控制系统等；对于加工中心，可用来反映控制系统、自动交换主轴头、自动交换工作台等；对于柔性加工单元，可用以反映自动交换主轴箱；对于一机多能机床，可用以补充表示某些功能，对于一般机床，可以反映同一型号机床的变型等。

其他特性代号可用汉语拼音字母（"I、O"两个字母除外）表示。当单个字母不够用时，可将两个字母组合起来使用，如 AB、AC、AD 等，或 BA、CA、DA 等。其他特性代号也可以用阿拉伯数字表示，还可以用阿拉伯数字和汉语拼音字母组合表示。其用汉语拼音字母读音表示时，如有需要也可以用相对应的汉字读音。

10）企业代号及其表示方法

企业代号包括机床生产厂及机床研究单位代号。

企业代号置于辅助部分之尾部，用"—"分开，读作"至"。若在辅助部分中仅有企业代号，则不加"—"。

2. 专用机床的型号

1）专用机床的型号表示方法

专用机床的型号一般由设计单位代号和设计顺序号组成。型号构成如下：

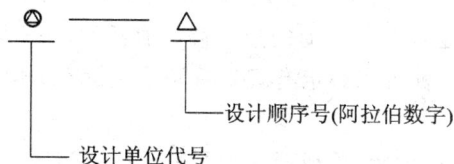

设计顺序号(阿拉伯数字)
设计单位代号

2）设计单位代号

设计单位代号包括机床生产厂和机床研究单位代号，设计单位代号可查有关规定。

3）专用机床的设计顺序号

专用机床的设计顺序号，按该单位的设计顺序号排列，由 001 起始，位于设计单位代号之后，并用"—"隔开，读作"至"。例如，北京第一机床厂设计制造的第 100 种专用机床为专用铣床，则其代号为"B1—100"。

3. 机床自动线的型号

1）机床自动线代号

由通用机床或专用机床组成的机床自动线，其代号为"ZX"（读作"自线"），位于设计单位代号之后，并用"—"分开，读作"至"。

2）机床自动线的型号表示方法

机床自动线的型号构成如下：

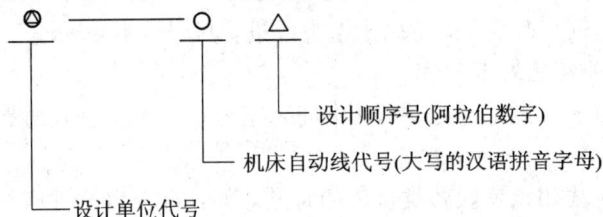

设计顺序号(阿拉伯数字)

机床自动线代号(大写的汉语拼音字母)

设计单位代号

例如，北京机床研究所以通用机床或专用机床为某厂设计的第一条机床自动线，其型号为 JCS—ZX001。

5.2 机床的运动

5.2.1 表面成形运动

机床在切削加工时，刀具和工件之间必须按一定的规律做相对运动，以切除毛坯上多余的金属，形成具有一定形状、尺寸和质量的表面。刀具与工件之间的这种能够形成加工表面的运动叫做表面成形运动，简称成形运动。如图5-1(a)所示，车削圆柱表面时，工件的旋转运动 n 和车刀平行于工件轴线方向的运动 f，就是圆柱表面的成形运动；如图5-1(b)所示，车削端面时，工件的旋转运动 n 和车刀垂直于工件轴线方向的运动 f，就是该端面的表面成形运动。

根据切削过程中所起的作用不同，成形运动可分为主运动和进给运动。主运动是切除工件上的切削层，使之转变为切屑的主要运动。进给运动是不断地把切削层投入切削，以逐渐切出整个工件表面的运动。主运动的速度高，消耗的功率大；进给运动的速度较低，消耗的功率也较小。任何一种机床必定有且只有一个主运动，但进给运动可能有一个或几个，也可能没有。

成形运动按其组成又可分为简单成形运动和复合成形运动。如果一个独立的成形运动由单独的旋转运动或直线运动构成，则称为简单成形运动，简称简单运动。例如用尖头车刀车削圆柱面时，工件旋转运动 n 和刀具的直线运动 f 就是两个简单运动，如图5-1(a)所示。如果一个独立的成形运动由两个或两个以上的旋转运动或（和）直线运动，按照某种确定的运动关系组合而成，则称为复合成形运动，简称复合运动。例如车削内外螺纹时，工件的旋转运动 n 和刀具平行于工件轴线的直线运动 f 之间必须保持严格的运动关系，即工件转一转，车刀准确地移动一个螺纹导程，则工件的旋转运动 n 和车刀的直线运动 f 就组成了复合的成形运动，如图5-1(c)所示。

表面成形运动是机床上最基本的运动，其轨迹、数目、行程和方向等，在很大程度上决定着机床的传动和结构形式。用不同工艺方法加工不同形状的表面，所需的表面成形运动也不同，这样就产生了各种不同类型的机床。然而，即使用同一种工艺方法和同一种刀具去加工相同表面，由于具体加工条件不同，表面成形运动在刀具和工件之间的分配也往往不同。

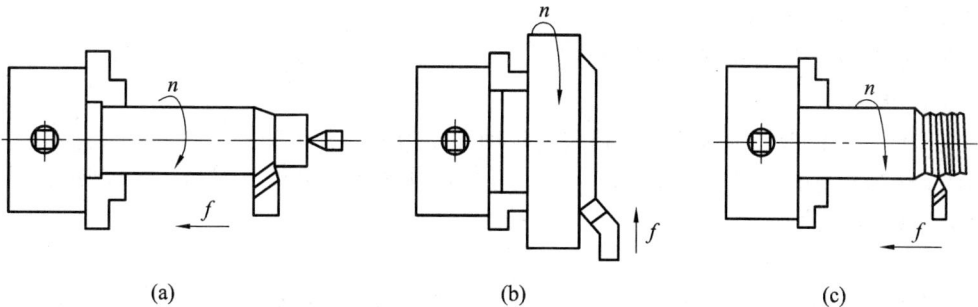

图 5-1　表面成形运动

（a）车削外圆；（b）车削端面；（c）车削螺纹

5.2.2　辅助运动

机床在加工过程中除做成形运动外，还需做其他的一系列运动。那些与表面成形过程没有直接关系的运动，统称为辅助运动。辅助运动种类很多，一般包括：

（1）切入运动：刀具相对工件切入一定深度，以保证工件达到要求的尺寸精度。

（2）分度运动：多工位工作台、刀架等的周期转位或移位，以便依次加工工件上的各个表面，或依次使用不同刀具对工件进行顺序加工。

（3）调位运动：加工前机床有关部件的移位，以调整刀具和工件之间的相对位置。

（4）其他空行程运动：如切削刀具或工件的快速趋近和退回运动，开车、停车、变速、变向等控制运动，装卸、夹紧、松开工件的运动等。

辅助运动虽然并不参与表面成形过程，但对机床整个加工过程却是不可缺少的，同时对机床的生产率和加工精度往往也有重大影响。

5.3　机　床　的　传　动

5.3.1　机床的传动装置

切削过程中所需的各种运动都必须由金属切削机床实现。为了实现加工过程中所需的各种运动，机床必须具备三个基本部分：

1. 执行件

执行件是执行机床运动的部件，如主轴、刀架、工作台等。执行件的任务是安装刀具或工件，带动刀具或工件完成一定形式的运动，并保持运动轨迹的准确性。

2. 运动源

运动源是为执行件提供运动和动力的装置，如三相异步电动机、直流或交流调速电机和伺服电机等。

3. 传动装置

传动装置是传递动力和运动的装置。传动装置可把运力源与执行件或一个执行件与另一个执行件联系起来，使执行件获得所需的运动速度、运动方向和运动形式，并使相关执行件间保持确定的运动关系。

机床的传动装置有机械、液压、电气、气压等多种形式。

1）液压传动

液压传动是以液压油为传动介质传递运动和动力的一种传动方式。液压泵将液压油输入系统，经液压元件调节其流量、压力后，再输送到液压缸和液压马达，完成所需的运动和动力的传递。

2）电气传动

在大型、重型机床上较多应用直流电动机、发电机组；在数控机床上，常用机械传动与步进电机和伺服电机等联合传动，用以实现机床的无级变速等。

3）气动传动

气动传动是以气体为传动介质传递运动和动力的一种传动方式。

4）机械传动

机械传动分为无级变速和分级变速两种传动装置。因机械无级变速装置的变速范围小，零件制造精度高，一般不常采用，逐步被液压、电气的无级变速所取代。下面重点介绍常见的机械分级变速传动装置。

（1）传动件的连结。机械传动件有齿轮、蜗杆、蜗轮、带轮等，在轴上的联结方式有三种：活动连接、花键连接和固定连接。传动件在轴上的连接方式、简图及其与轴的相对运动情况如表 5-3 所示。

表 5-3　传动件的连接方式

传动件与轴的 连接方式		活动连接	花键连接	固定连接
简图				
传动件 与轴的 相对运动	轴向	不可移动	可以移动	不可移动
	周向	可以转动	不可转动	不可转动

（2）定比传动机构。定比传动机构包括齿轮传动副、齿轮齿条传动副、蜗杆传动副、丝杠丝母传动副和带传动副等。这种传动副的共同特点是传动比不变，其中齿轮齿条传动副和丝杠螺母传动副可以将旋转运动转变为直线移动。

（3）变比传动机构。变比传动机构可根据需要变换传动比和传动方向，如滑移齿轮变速机构、挂轮变速机构、换向机构等，这种传动机构又称为换置机构。

① 滑移齿轮变速组。机床上常用的有双联和三联滑移齿轮变速组。图 5-2(a)所示为三联滑移齿轮变速组，轴 I 上固定连接了三个齿轮 Z_1、Z_2 和 Z_3，轴 II 上以花键连接了三联

滑移齿轮 Z'_1、Z'_2 和 Z'_3；当轴向移动三联滑移齿轮，使其分别处于左、中、右三个啮合位置时，由三个传动副分别得到三种传动比 Z_1/Z'_1、Z_2/Z'_2 和 Z_3/Z'_3，轴 Ⅱ 可得到三种不同的转速。

②　离合器变速组。离合器变速组如图 5-2(b)所示，轴 Ⅰ 上固定连接了两个齿轮 Z_1、Z_2，分别与活动连接在轴 Ⅱ 上的齿轮 Z'_1、Z'_2 相啮合。端面齿离合器 M_1 与轴 Ⅱ 以花键相连，当离合器 M_1 向左或向右移动，依次地与齿轮 Z'_1、Z'_2 的端面齿相啮合，轴 Ⅰ 的运动由传动副 Z_1/Z'_1 或 Z_2/Z'_2 经离合器 M_1 传动至轴 Ⅱ，使轴 Ⅱ 分别获得二种不同转速。当离合器处于中间位置，Z'_1、Z'_2 在轴 Ⅱ 上空转。如将端面齿离合器 M_1 换成摩擦片式离合器，则可在运转过程中变速。

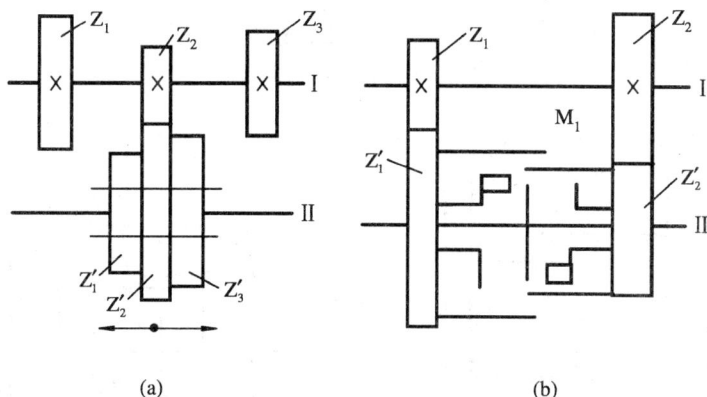

(a)　　　　　　　　　　(b)

图 5-2　分级变速组

(a)滑移齿轮变速组；(b)离合器变速组

③　挂轮变速组。一般机床上常用有一对或两对挂轮变速组。图 5-3(a)所示为一对挂轮变速组。在轴 Ⅰ 和轴 Ⅱ 上依次安装传动比不同，但齿数和相同的齿轮 A 和 B，轴 Ⅱ 便可依次获得不同转速。图 5-3(b)所示为两对挂轮变速组。图中挂轮架可绕轴 Ⅱ 作调整摆动，中间轴可在挂轮架上作径向调整移动。挂轮 a 和 d 分别用键与主动轴 Ⅰ 和从动轴 Ⅱ 相连，挂轮 b 和 c 固连在套筒上，并通过套筒活动连接在中间轴上。调整中间轴的径向位置使得挂轮 c 和 d 正确啮合，再摆动挂轮架使挂轮 b 和 a 正确啮合。可见，变换不同齿数的挂轮，则可起到变速的作用。

④　换向机构。机床上常用的换向机构有滑移齿轮换向和端齿离合器换向等形式。图 5-4(a)所示为滑移齿轮换向机构。轴 Ⅰ 上装有齿数相同的双联齿轮 $Z_1 = Z'_1$，轴 Ⅱ 装有用花键连接的单联滑移齿轮 Z_2，中间轴装有一空套齿轮 Z_0。当滑移齿轮 Z_2 处于图示位置时，轴 Ⅰ 的运动经传动副 Z_1/Z_0、Z_0/Z_2 传给使轴 Ⅱ，使轴 Ⅱ 的转动方向与轴 Ⅰ 相同；当滑移齿轮 Z_2 向左移动与轴 Ⅰ 上的 Z'_1 齿轮直接啮合时，则轴 Ⅰ 的运动经传动副 Z'_1/Z_2 传给轴 Ⅱ，使轴 Ⅱ 的转动方向与轴 Ⅰ 上相反。图 5-4(b)所示为圆锥齿轮和端面齿离合器组成的换向机构。图中轴 Ⅰ 上的固定圆锥齿轮 Z_1 直接带动活动连接在轴 Ⅱ 上的两个圆锥齿轮 Z_2 和 Z_3 反向转动；如将轴 Ⅱ 上用花键相连的端面齿离合器 M 依次与圆锥齿轮 Z_2 和 Z_3 的端面齿相啮合，则轴 Ⅱ 可得两个方向的旋转运动。

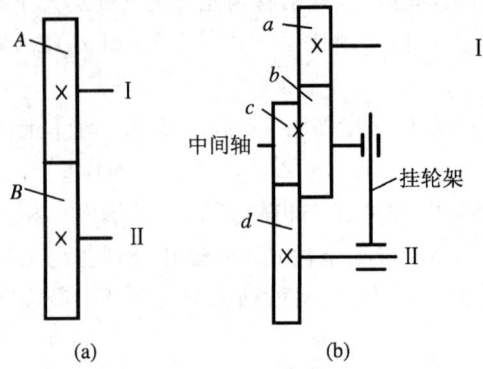

图 5 - 3　挂轮变速组

（a）一对挂轮；（b）两对挂轮

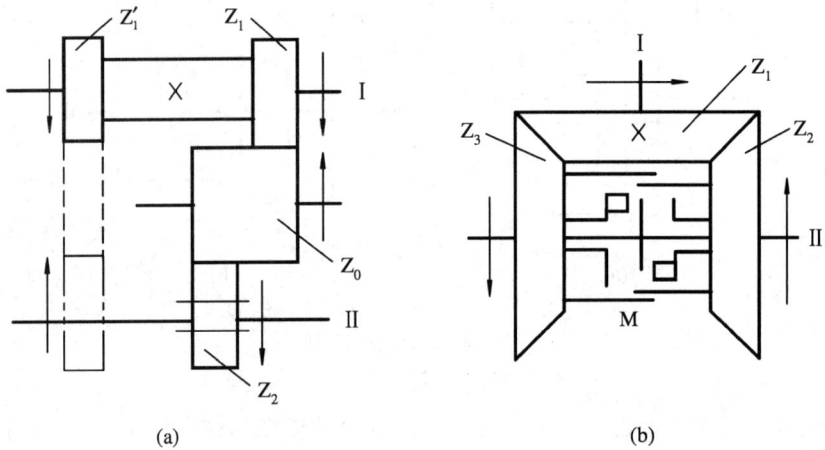

图 5 - 4　常用换向机构

（a）滑移齿轮换向机构；（b）端面齿离合器换向机构

5.3.2　机床传动原理图与传动链

为了便于研究机床的传动联系，常用一些简明的符号把传动原理和传动路线表示出来，就形成了传动原理图。图 5 - 5 所示是几种机床的传动原理图。图中用简单符号表示机床具体的传动关系，其中点画线表示定比传动机构，菱形框表示换置机构。这种由定比传动机构和换置机构按一定的规律构成的传动联系称为传动链。每一条传动链必定有首端件和末端件，这两个端件可能是电动机—主轴，电动机—工作台，主轴—刀架等。根据传动链的性质，传动链可分为外联系传动链和内联系传动链两类：

（1）外联系传动链。其主要特点是不要求运动源和执行件之间有严格的传动比关系。如在卧式车床上车削外圆柱表面时，因工件与刀具之间不要求严格的传动比关系，两个执行件的运动可以互相独立调整，所以传动工件和传动刀具是两条外联系传动链。

（2）内联系传动链。其主要特点是相互联系的执行件之间须有严格的相对运动关系。如在卧式车床上车削螺纹时，为了保证所需螺纹的导程，工件一转，车刀必须准确地移动一个导程。联系主轴和刀架的就是一条内联系传动链。

图 5-5(a)所示为铣平面传动原理图。主运动由主电动机经固定传动比 1～2、换置机构 u_v 和固定传动比 3～4，带动铣刀作旋转运动 B_1，称为主运动传动链。进给运动则由进给电动机经固定传动比 5～6、换置机构 u_f 和固定传动比 7～8，通过丝杠螺母机构实现工作台的进给运动 A_2，称为进给运动传动链。

图 5-5(b)所示为车螺纹传动原理图。主运动由电动机经固定传动比 1～2、换置机构 u_v 和固定传动比 3～4，带动工件作旋转运动 B_{11}，称为主运动传动链。进给运动由主轴经固定传动比 4～5，进给换置机构 u_x 和固定传动比 6～7，通过丝杠螺母机构实现车螺纹所需的进给运动 A_{12}，称车螺纹进给传动链。

图 5-5(c)所示为车圆锥螺纹传动原理图，由读者自行分析。

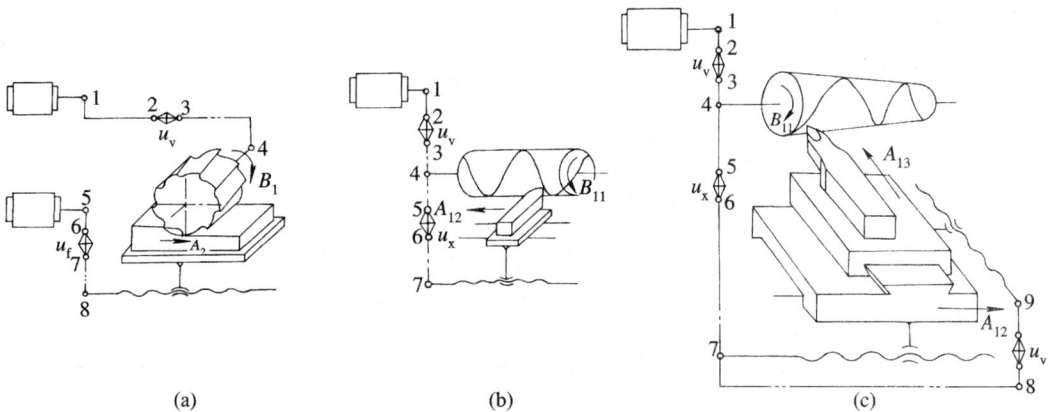

图 5-5　传动原理图
（a）铣平面传动原理图；（b）车螺纹传动原理图；（c）车圆锥螺纹传动原理图

5.4　机床传动系统

5.4.1　机床传动系统

机床的运动都是通过运动源、传动装置和执行件以一定的规律组成的传动链来实现的。机床上有多少个运动就有多少条传动链。实现机床加工过程中全部成形运动和辅助运动的各条传动链，就组成一台机床的传动系统。根据执行件的作用不同，传动系统中各传动链相应地被称为主运动传动链、进给运动传动链、范成运动传动链、分度运动传动链等。

为便于了解和分析机床运动的传递及联系情况，常采用传动系统图。图中将每条传动链中的具体传动机构用简单的规定符号表示（规定符号见 GB4460-84 机械制图—机构运动简图符号，其中常用的见本书附录Ⅰ），传动链中的传动机构，按照运动传递或联系顺序依次排列，并标明各传动轴编号、齿轮和蜗轮齿数、蜗杆头数、丝杠导程、带轮直径、电动机功率和转速等，以展开图的形式画在能反映主要部件相互位置的机床外形轮廓中。

机床的立体传动结构绘制在平面图上，有时不得不把某一根轴绘制成折断线连接的两部分，有些传动副展开后会失去联系，就用大括号或虚线连接，以表示它们之间的传动联系。传动系统图不反映机床各元件和部件的实际尺寸和空间位置,只表示传动元件之间传递运动的先后顺序和传动关系。(图 6-9 所示为 CA6140 型普通车床的传动系统图。)

5.4.2　机床传动系统的调整计算

分析机床传动系统的一般方法是:

(1) 根据主运动、进给运动及辅助运动确定有几条传动链;

(2) 找出各传动链所联系的两个端件;

(3) 按照运动传递或联系顺序,从一个端件向另一个端件依次分析各传动轴之间的传动关系,以及变速、换向、接通和断开的工作原理;

(4) 对传动作具体的分析和运动计算。

例如,图 5-6 所示为加工螺纹进给传动链,试确定挂轮变速机构的换置公式。

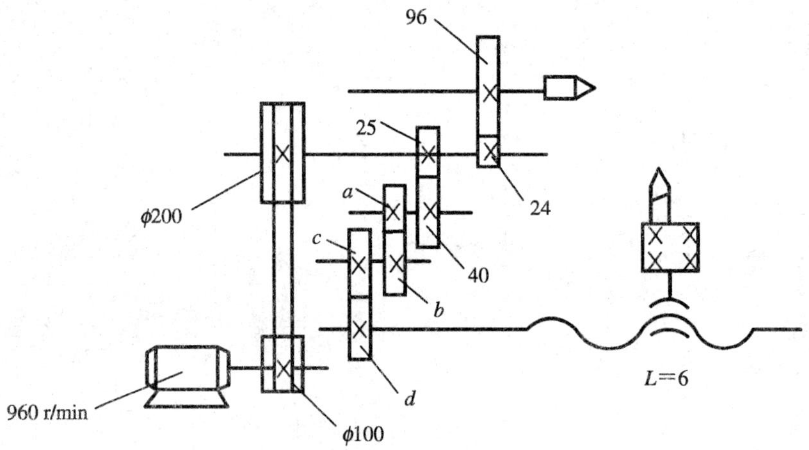

图 5-6　螺纹进给传递链

传动链两端件:主轴—刀架;

运动关系:主轴 1 转—刀架移动 $L_{\text{工}}$($L_{\text{工}}$ 是工件螺纹的导程);

运动平衡式:$L_{\text{工}} = 1 \times \dfrac{96}{24} \times \dfrac{25}{40} \times \dfrac{a}{b} \times \dfrac{c}{d} \times 6$;

换置公式:将上式化简整理,得挂轮变速机构的换置公式:

$$u_{\text{x}} = \frac{a}{b} \times \frac{c}{d} = \frac{L_{\text{工}}}{15}$$

如将所需车削的工件螺纹导程的数值代入此换置公式,便可计算出挂轮变速机构的传动比及各配换齿轮的齿数。

设 $L_{\text{工}} = 9$ mm,则

$$u_{\text{x}} = \frac{a}{b} \times \frac{c}{d} = \frac{9}{15} = \frac{3 \times 3}{3 \times 5} = \frac{3 \times 15}{3 \times 15} \times \frac{3 \times 20}{5 \times 20} = \frac{45}{45} \times \frac{60}{100}$$

即得配换挂轮的齿数为:$a = 45$,$b = 45$,$c = 60$,$d = 100$。

对机床传动系统图的分析、计算与调整在后续各章将作详尽介绍。

第6章　车削加工与车床

6.1　车　削　加　工

车削是指工件旋转，车刀在平面内作直线或曲线移动的一种切削方式，是零件回转表面加工的主要方法之一。

6.1.1　车削加工

1. 车削加工范围

车削加工范围非常之广，可以车削内外圆柱面、圆锥面、端面、切槽、切断、螺纹，可以钻孔、扩孔、铰孔、攻螺纹，加装某些附件后还可以进行镗削、磨削、研磨、抛光等，如图6-1所示。

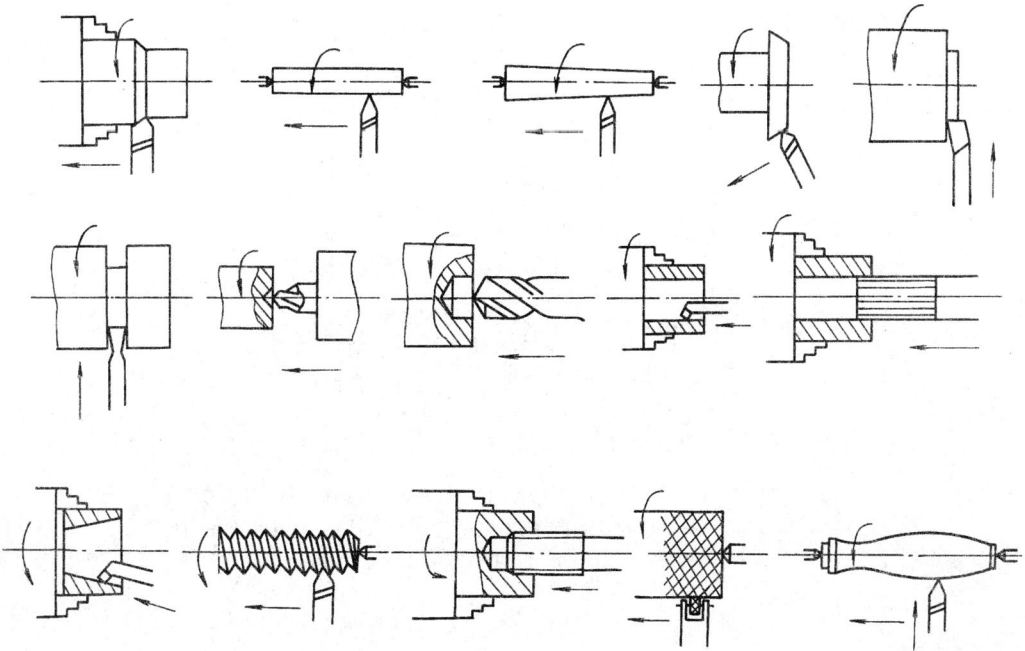

图6-1　车削加工的典型表面

2. 车削精度范围

车削可分为粗车、半精车和精车。粗车锻件、铸件时精度可达 IT13～IT11，表面粗糙度 Ra 为 50～12.5 μm；精车时精度可达 IT8～IT7，表面粗糙度 Ra 为 1.6～0.8 μm。

在高精度车床上，采用钨钛钽类硬质合金、立方氮化硼刀片，同时采用高切削速度 (160 m/min)，小的背吃刀量(0.03～0.05 mm)和小进给量(0.02～0.2 mm/r)进行精细车，可获得很高的精度和很小的表面粗糙度，大型精确外圆表面常用精细车代替磨削。

高速精细车削是加工小型有色金属零件的主要方法。因为用砂轮对有色金属进行磨削时，往往磨屑会糊住了砂轮，使得磨削很难进行。而在高精度车床上，用金刚石刀具进行精细切削，其精度可达 IT6～IT5，表面粗糙度 Ra 为 1.0～0.1 μm，甚至接近镜面的效果。

3. 车削生产率

车削时工件的主运动一般不受惯性力的限制，加工过程中工件与车刀始终接触，基本上无冲击现象，因此可以采用较高的切削速度。另外，刀杆伸出量很短，刀杆截面尺寸可选得较大，还可选择较大的背吃刀量和进给量。因车削时可以选择较大的切削用量，故生产率较高。

4. 车削生产成本

因为车刀结构简单，刃磨和安装都很方便，此外，许多车夹具已作为车床附件生产，生产准备时间短。所以，车削和其他切削加工相比较，生产成本较低。

6.1.2 车刀

车刀是指在车床上使用的刀具，也是金属切削中应用最为广泛的刀具。按加工表面可分为外圆车刀、车槽车刀、螺纹车刀、内孔车刀等，如图 6-2 所示。

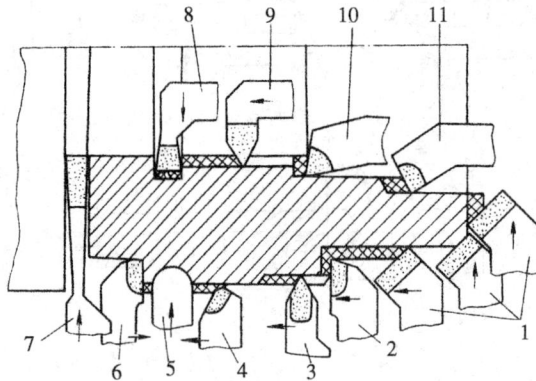

1—45°端面车刀；2—90°外圆车刀；3—外螺纹车刀；4—70°外圆车刀；
5—成形车刀；6—90°左切外圆车刀；7—切断车刀；8—内孔切槽车刀；
9—内螺纹车刀；10—95°内孔车刀；11—75°内孔车刀

图 6-2　车刀的型式与用途

按结构车刀又可分为整体车刀、焊接车刀、机夹车刀和可转位车刀，如表 6-1 所示。

表 6 - 1　车刀结构、特点与应用

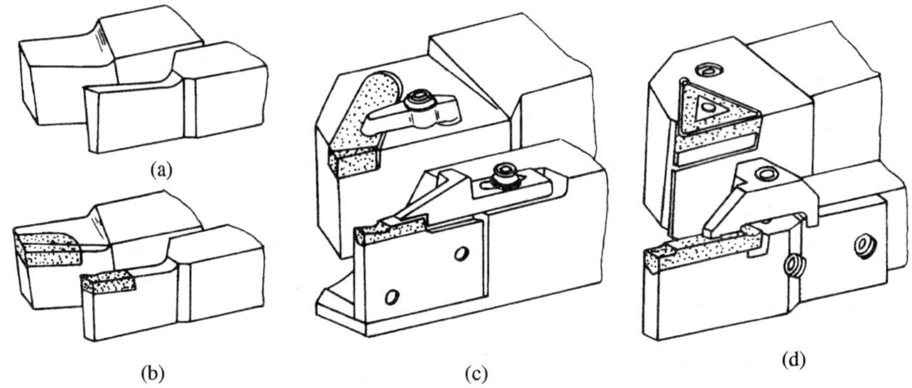

名　　称	简图	特　　点	适 用 场 合
整体车刀	（a）	整体用高速钢制造，刃口可磨得较锋利	小型车床或加工有色金属
焊接车刀	（b）	焊接硬质合金或高速钢刀片，结构紧凑，使用灵活	各类车刀，特别是小刀具
机夹车刀	（c）	避免了焊接刀片产生的应力、裂纹等缺陷；刀片可集中刃磨；使用灵活方便；刀杆利用率高	外圆、端面、镗孔、切断、螺纹车刀等
可转位车刀	（d）	避免了焊接车刀缺点，刀片可快换转位；生产率高；断屑稳定；可使用涂层刀片	大中型车床加工外圆、端面、镗孔。特别适用于自动线、数控机床

1. 焊接车刀

将刀片镶焊在刀体上的车刀称为焊接车刀。一般刀片选用硬质合金材料，刀柄选用 45 钢。焊接车刀结构简单、紧凑，刀具刚性好，抗振性强，加之制造方便，使用灵活，特别是可根据加工条件和要求刃磨几何参数，所以仍普遍应用。但是焊接车刀存在切削性能较低，刀杆不能重复使用，辅助时间长等缺点，在选用时要特别注意。

1）硬质合金刀片

焊接车刀的刀片型号已经标准化，其型号、形状、尺寸等详见国家标准 GB5244—85、GB5245—85 的规定。表 6 - 2 中列出了常用硬质合金刀片的型号、尺寸及应用场合。

表 6 - 2　常用的硬质合金刀片型号、尺寸及应用

型号	刀片简图	主要尺寸/mm	应用举例
A1	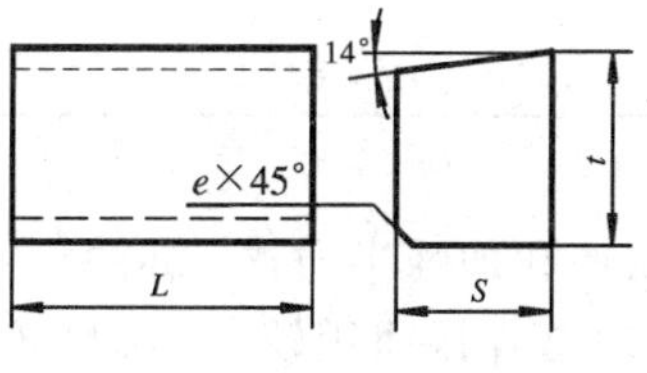	$L=6\sim70$	$K_r<90°$的外圆车刀和内孔车刀、宽刃光刀

型号	刀片简图	主要尺寸/mm	应 用 举 例
A2	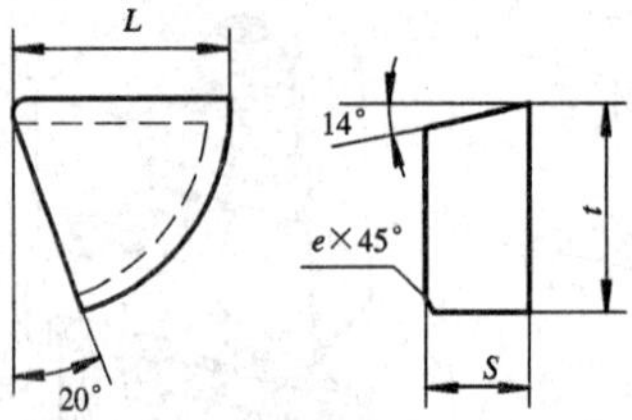	$L=8\sim25$	端面车刀、不通孔车刀
A3	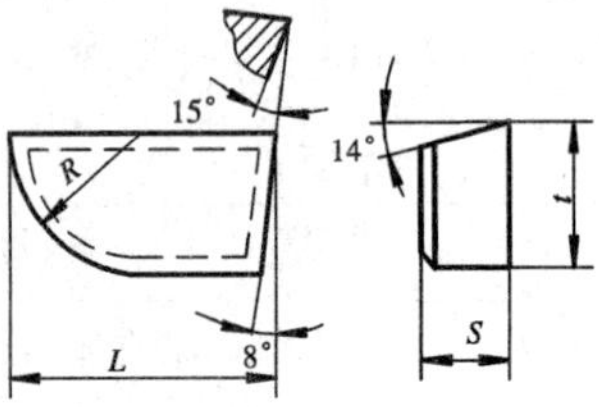	$L=10\sim40$	90°外圆车刀、端面车刀
A4	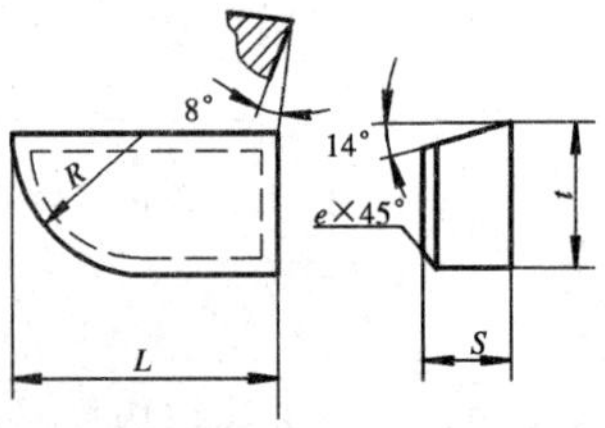	$L=6\sim50$	直头外圆车刀、端面车刀、内孔车刀
C1	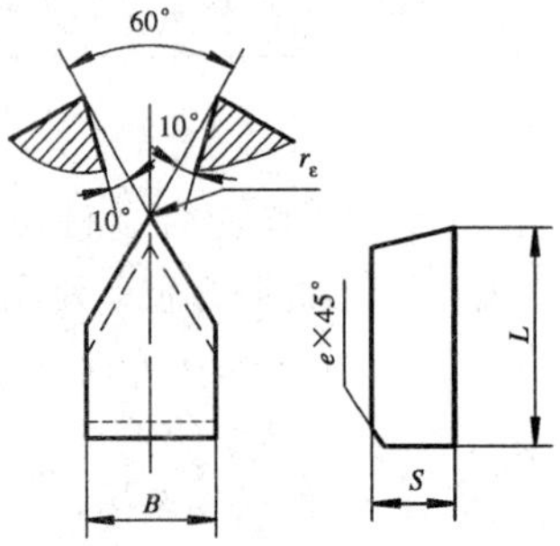	$B=4\sim12$	螺纹车刀
C3	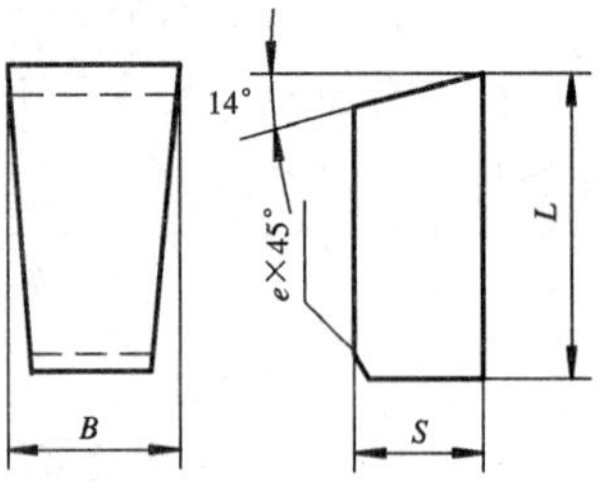	$B=3.5\sim16.5$	切断刀、车槽刀等

2）刀杆槽

焊接车刀刀杆槽的形式有通槽、半通槽、封闭槽和加强半通槽，如图 6-3 所示。通槽焊接面积小，应力小，适用于 A1 等矩形刀片；半通槽焊接面积较大，强度较好，易产生应力，适用于 A2、A3、A4 等带圆弧的刀片；封闭槽焊接面积大、强度好，应力大，适用于 C1、C3 等底面相对较小的刀片；加强半通槽因有棱形底面，焊接强度高，适用宽度很小的刀片。一般情况下，刀槽的前角 $\gamma_{og} = \gamma_o + (5° \sim 10°)$，刀杆的后角 $\alpha_{og} = \alpha_o + (2° \sim 4°)$，其中 γ_o、α_o 分别为焊接车刀的前角、后角。

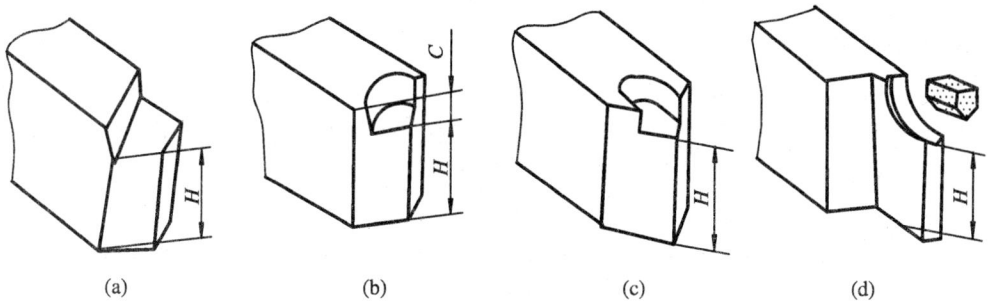

图 6-3　刀杆槽型式

(a) 通槽；(b) 半通槽；(c) 封闭槽；(d) 加强半通槽

刀片与刀片槽镶焊时应注意：

（1）刀体厚度 H 与刀片厚度 C 的比值应大于 3，当 $H/C < 3$ 时，易产生裂纹。

（2）刀片与刀片槽的间隙一般以 $0.05 \sim 0.15$ mm 为宜，圆弧接触面则尽量吻合。

（3）刀杆槽的表面粗糙度 Ra 值以 6.3 μm 为宜，使焊接表面光洁、平整。

（4）刀片放在刀杆槽后宜伸出 $0.2 \sim 0.3$ mm，便于车刀刃磨。

2. 机夹式车刀

使用机械方式将刀片定位、夹紧在刀体上的车刀称为机夹车刀。机夹车刀避免了焊接所引起的缺陷，刀柄能多次使用，刀片刃口磨损后可卸下重磨。如果采用集中刃磨，则可提高刀具质量，方便管理，降低费用等。

图 6-4 所示为几种典型的机夹车刀。图中(a)所示为上压式，即利用螺钉、压板将刀片压紧在刀槽中。压板前端镶焊有硬质合金的断屑器。图中(b)所示为切削力自锁式，即利

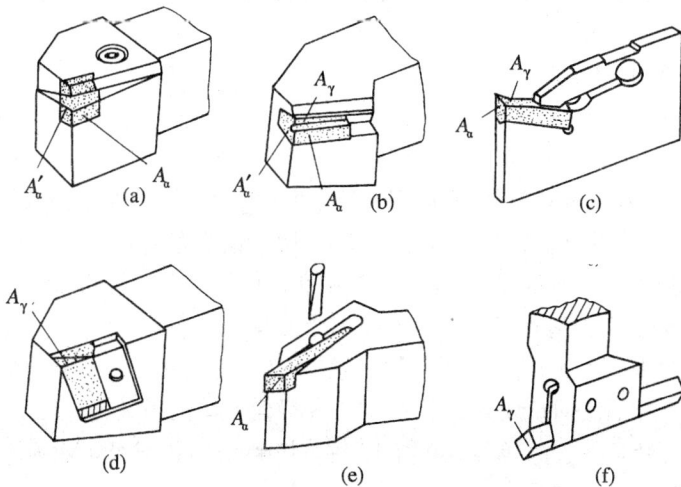

图 6-4　机夹车刀的结构形式

(a) 上压式机夹车刀；(b) 切削力自锁式车刀；(c) 弹性夹紧式切刀；(d) 侧压立装式重切车刀；
(e) 削扁楔销式机夹螺纹车刀；(f) 弹性夹紧式机夹刨刀

用切削合力将刀片夹紧在 1∶30 的斜槽中。图中(c)、(f)所示为弹性夹紧式，即利用刀柄上开的弹性槽夹紧刀片。图中(d)所示为侧压式，即利用斜楔将立装刀片夹紧在刀槽中。图中(e)所示为削扁楔销式，即利用扁销等夹紧元件将刀片夹固在刀槽中。

3. 可转位车刀

可转位车刀是指使用可转位刀片的机夹车刀。其一般由刀片、刀垫、刀柄、杠杆和螺钉等组成，如图 6-5 所示。这种刀片上压制有断屑槽，周边经过精磨，刃口磨钝后可方便转位，不需重磨。

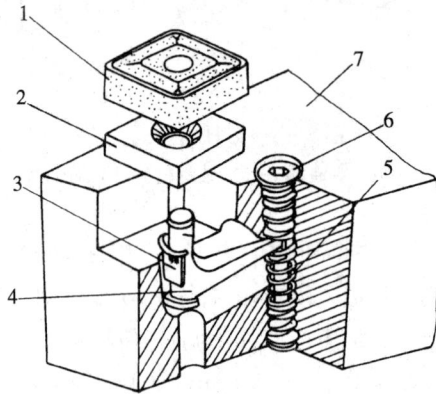

1—刀片；2—刀垫；3—卡簧；4—杠杆；5—弹簧；6—螺钉；7—刀柄

图 6-5　可转位车刀的组成

1）可转位刀片

可转位刀片是各种可转位刀具的最关键部分。正确选择和使用可转位刀片是合理设计和使用可转位刀具的重要内容。可转位车刀刀片形状、代号、精度、结构等在国家标准 GB2076—87 至 GB2081—97 中已有详细规定。可转位刀片共有 10 个代号，其标注示例如表 6-3 所示。

表 6-3 中号位 1 表示刀片形状。常用刀片的使用特点如下：

T 表示正三角形，多用于刀尖角小于 90°的外圆、端面车刀。因刀尖强度差，宜用较小的切削用量。

S 表示正方形，刀尖角等于 90°，通用性广，可用于外圆、端面、内孔、倒角车刀。

F 表示有副角的三边形，刀尖角等于 82°，多用于偏头车刀。

W 表示凸三边形，刀尖角等于 80°，刀尖强度、寿命比正三角形刀片好。

C、D 表示棱形刀片，适用于仿形、数控车床刀具。

R 表示圆形刀片，适用于加工成形曲面或精车刀具。

号位 2 表示刀片的法向后角。其中 N 型刀片后角 0°，使用最为广泛。

号位 3 表示刀片尺寸公差等级，共有 12 种，其中 U 为普通级，M 为中等，其余 A、F、G、…均属精密级。

号位 4 表示刀片结构类型，表示刀片的固定方式及有无断屑槽。其中：

A 表示带孔无屑槽型，用于不需断屑的场合。

N 表示无孔平面型，用于不需断屑的上压式。

表 6 - 3　可转位车刀刀片的标记

刀片的形状

T		82°
S		
W	80°	
C	80°	55°
		D

法后角

A	3°
B	5°
C	7°
D	15°
E	20°
F	25°
G	30°
N	0°
P	11°
O	其它

刀片结构类型：A、M、G、N、R、F

边长：T、F、W、S、P、R（用整数表示，小数不计）

厚度 S

车刀 / 铣刀

车刀 r	主偏角 κ′ / 修光刃后角 α′ₐ
0.2	A45°
0.4	D60°
0.8	E75°
1.2	C7°
1.6	D15°
2	N0°
2.4	P11°
3.2	P90°

切削刃

| F 锐刃 |
| E 钝圆 |
| T 倒棱 |
| S 棱圆 |

切削方向

| R |
| L |
| N |

号位

号位	1	2	3	4	5	6	7	8	9	10
车刀片	S	N	M	M	15	06	20	F	R	—A4
铣刀片	S	P	C		15	04	ED	T	R	

断 屑 槽 形 状

A	B	C	A—A	D	G
H	J	K		P	T
V	W	V			

宽 度

la	11	1.2
		2
		3
		4
		5
		6
		7
		9
		10

精 度 等 级

尺寸精度 d	d(±)			m(±)			s(±)		
	ACG	K、M、U	A	CK	G	M	U	ACK	GMU
6.35	0.025	0.05	0.08	0.005	0.013	0.08	0.13	0.025	0.13
9.525		0.05	0.08			0.08	0.13		0.13
12.70		0.08	0.13		0.025	0.13	0.20		
15.875		0.10	0.18			0.15	0.27		
19.05		0.10	0.18			0.15	0.27		
25.40		0.13	0.25			0.18	0.36		

R 表示无孔单面槽型，用于需断屑的上压式。

M 表示带孔单面槽型，一般均使用此类，用途最广。

G 表示带孔单面槽型，可正反使用，提高刀片利用率。

F 表示两面有断屑槽，无中心固定孔。

号位 5 表示刀片的边长。其数字只取边长的整数部分。

号位 6 表示刀片厚度。其数字也只取厚度的整数部分。

号位 7 表示刀尖圆弧半径，由刀具几何参数确定。对于车刀刀片表示刀尖圆角半径，用放大 10 倍的两位数表示。

号位 8 表示刃口形式。F—锐刃，E—钝圆刃，T—倒棱刃，S—钝圆加倒棱刃。

号位 9 表示切削方向。R—右切，L—左切，N—左、右均切。

号位 10 表示断屑槽型与槽宽。国家标准所推荐的断屑槽有 16 种，其特点与适用场合见表 6-4 所示。

表 6-4 常用断屑槽的特点与适用场合

槽型分类与名称		槽型代号	刀片角度				特点及适用场合
			γ_{nt}	α_{nt}	λ_{st}	ε_t	
开式断屑槽	直槽	A	20°	0°	0°	由刀片形状决定	槽宽前后相等，用于切削用量变化不大的外圆与内孔车削
	外斜槽	Y					槽前宽后窄，切屑易折断。宜用于中等切削
	内斜槽	K					槽前窄后宽，断屑范围宽，能用于半精和精加工
	直通槽	H					适用范围广，能用于 45° 弯头车刀，进行大用量切削
	外斜通槽	J					具有 Y、H 型特点，断屑效果好
	平面型直槽	Z	16°				前面呈折线。用于加工铸铁等脆性材料，排屑好
	变截面槽	U	10°				断屑范围广，粗、精加工，余量不均匀都能适用
	正刃倾角型	C	20°		6°		加大刃倾角，径向力小。用于系统刚性差的情况
	切口圆窝型	D	—		—		刃口均匀分布半球面小圆窝。用于钻头镗孔刀，断屑好
封闭式断屑槽	一级断屑槽	V	15°	0°	0°	由刀片形状决定	应用面广，适用外圆、端面、内孔刀粗车
	二级断屑槽	M	12°				断屑范围比 V 型宽，用于钻头、镗孔刀，断屑好
	三级断屑槽	W					断屑范围最宽，粗、精加工均适用。要求系统刚性好，功率大
	平面型槽	G	16°				无反屑面。用于铸铁等脆性材料加工，排屑好
	小圆窝槽	O	—		—		小凹坑槽，用于精加工
	单凹弧变截面槽	P	15°		0°		断屑范围广，适用于零度或正刃倾角车刀
	双凹弧变截面槽	B	20°		>0°		一条刀刃有两段参数相同的圆弧，适用于精加工、半精加工，且断屑较为稳定

上述 10 个代号中，无论哪种型号的刀片，必须标注前七位代号，而后三位代号在必要时才使用。例如 TNUA270612，表示刀片是普通三角形、0°法后角、无断屑槽而中心固定孔的刀片，刀片刃长为 27.5 mm、厚度为 6.35 mm、刀尖圆弧半径为 1.2 mm。

2）可转位车刀的几何角度

可转位车刀的几何角度是由刀片角度与刀槽角度综合形成的，如图 6-6 所示。

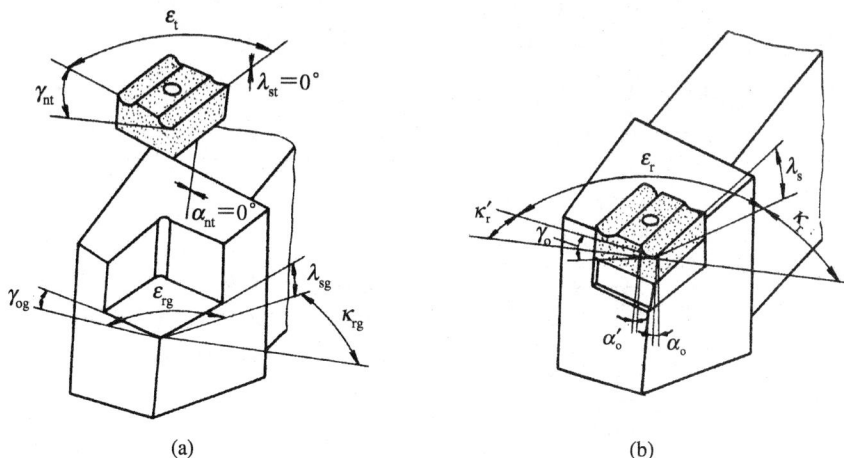

图 6-6 可转位车刀的几何角度
（a）刀片与刀槽角度；（b）安装角度

刀片角度是以刀片底面为基准度量的，安装到车刀上相当于法平面系角度。刀片的独立角度有：刀片法前角 γ_{nt}，刀片法后角 α_{nt}，刀片刃倾角 λ_{st}，刀片刀尖角 ε_t。常用的刀片 $\alpha_{nt}=0°$，$\lambda_{st}=0°$。

刀槽的角度以刀柄底面为基准度量，相当于正交平面系角度。刀槽的独立角度有：刀槽前角 γ_{og}，刀槽刃倾角 λ_{sg}，刀槽主偏角 κ_{rg}，刀槽刀尖角 ε_{rg}。通常 $\varepsilon_{rg}=\varepsilon_t$，$\kappa_{rg}=\kappa_r$。

选用可转位车刀时需按选定的刀片角度和刀槽角度来验算刀具的几何角度是否合理。一般情况下验算公式如下：

$$\gamma_o \approx \gamma_{og} + \gamma_{nt} \qquad (6-1)$$

$$\alpha_o \approx \alpha_{nt} + \gamma_{og} \qquad (6-2)$$

$$\kappa_r \approx \kappa_{og} \qquad (6-3)$$

$$\lambda_s \approx \lambda_{sg} \qquad (6-4)$$

$$\kappa_r' \approx 180° - \kappa_r - \varepsilon_t \qquad (6-5)$$

$$\tan\alpha_o' \approx \tan\gamma_{og}\cos\varepsilon_t - \tan\lambda_{sg}\sin\varepsilon_t \qquad (6-6)$$

3）可转位车刀的结构

可转位车刀的结构形式很多，常用的几种结构及其特点如表 6-5 所示。

表 6 - 5　可转位车刀的结构形式

结构形式	结构简图	结构特点
杠杆式		夹紧牢固、可靠，调整范围大，定位精度高，但制造的复杂零件较多
偏心式		结构简单、紧凑，元件少，制造容易，适用于单侧面定位的刀杆；成本较低，但当冲击负荷较大时，夹紧并不十分可靠
上压式		结构简单，夹紧力大，拆卸刀片方便，定位精度高，但压紧零件易被铁屑划伤，主要用于夹固不带孔、带后角的刀片及内孔车刀
楔销式		结构简单，夹紧力大，夹紧可靠，使用方便，制造容易，但刀片定位精度差，夹紧力过大时易压碎刀片或使夹紧元件变形
复合式		这是两种夹紧方式同时来夹紧刀片的复合刀具，夹紧可靠，能承受较大的切削负荷及冲击，适用于重负荷的场合

6.2　车　　床

主要用车刀在工件上加工旋转表面的机床称为车床。在一般制造厂的机械加工车间车床应用最为普遍，约占金属切削机床总数的 20％～35％。常用的车床有卧式车床、立式车床、转塔车床和多刀车床等，其组、系代号及主参数的表示见表 6-6 所示。

表 6-6　常用车床组、系代号及主参数

	组	系	名　　称	主　参　数	主参数的折算系数
车床	1	3	单轴转塔车床	最大棒料直径	1
	5	1	单柱立式车床	最大车削直径	1/100
	5	2	双柱立式车床	最大车削直径	1/100
	6	0	落地车床	最大工件回转直径	1/100
	6	1	卧式车床	车身上最大回转直径	1/10
	6	2	马鞍车床	车身上最大回转直径	1/10
	7	1	仿形车床	刀架上最大回转直径	1/10
	7	5	多刀车床	刀架上最大回转直径	1/10
	8	9	铲齿车床	最大工件直径	1/10

车床的运动特征：主运动为主轴带动工件作回转运动，进给运动通常由刀具的直线移动来实现。车床加工所使用的刀具主要是车刀，也可用钻头、扩孔钻、铰刀等孔加工刀具及丝锥、板牙等螺纹加工刀具。

下面主要介绍 CA6140 型普通车床的用途、组成和传动系统等。

6.2.1　CA6140 型普通车床

1. CA6140 型普通车床的用途

CA6140 型普通车床是最常用的车床，其结构是典型的普通车床的布局。CA6140 型车床通用程度较高，加工范围广，适合于中、小型的各种轴类和盘套类零件的加工。其加工内容包括：车削内外圆柱面、圆锥面、各种环槽、成形表面及端面；能车削常用的米制、英制、模数制及径节制等四种标准螺纹，车削加大螺距螺纹、非标准螺距及较精确的螺纹；还可以进行钻孔、扩孔、滚花、压光等，如图 6-1 所示。

2. CA6140 型普通车床的主要参数

CA6140 型普通卧式车床的主参数是床身上最大工件回转直径，第二参数是最大工件长度。除主参数和第二参数外，表 6-7 还列出了其他技术参数。图 6-7 为车床主参数（最大加工直径）示意图。

表 6 - 7　CA6140 型普通卧式车床的主要技术规格

最大加工直径/mm	在床身上	400	主轴内孔锥度		6 号
	在刀架上	210	主轴转速范围/(r/mim)		10～1400(24 级)
	棒料	46	进给量范围/(mm/r)	纵向	0.28～6.33(64 级)
最大加工长度/mm		650、900、1400、1900		横向	0.014～3.16(64 级)
中心高/mm		205	加工螺纹范围	米制/mm	11～92(44 种)
顶尖距/mm		750、1000、1500、2000		英制/(牙/in)	2～24(20 种)
刀架最大行程/mm	纵向	650、900、1400、1900		模数/mm	0.25～48(39 种)
	横向	320		径节/(牙/in)	1～97(37 级)
	刀具溜板	140	主电动机功率/kW		7.5

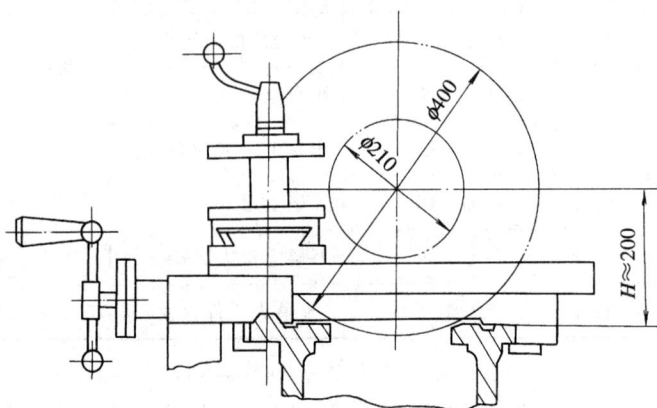

图 6 - 7　最大车削直径

3. CA6140 型车床的主要组成部件

图 6 - 8 所示为 CA6140 型车床的外形图。其主要组成部件及其功用如下：

1）主轴箱

主轴箱 1 固定在床身 4 的左上部。主轴箱支承并传动主轴，使主轴带动工件作旋转主运动。

2）刀架部件

刀架部件 2 安装在床身 4 的刀架导轨上，通过机动或手动使夹持在刀架上的刀具作纵向、横向或斜向进给。

3）进给箱

进给箱 9 固定在床身 4 的左前面，进给箱装有进给运动的变换机构，用于改变机动进给量或改变被加工螺纹导程。

4）溜板箱

溜板箱 8 固定在刀架 2 的底部，溜板箱把进给箱传来的运动传递给刀架，使刀架实现纵向进给、横向进给、快速移动或车螺纹。

5）尾座

尾座 3 安装在床身 4 的尾座导轨上。尾座的后顶尖可支承较长工件，还可安装钻头等孔加工刀具；尾座可沿床身尾座导轨调整位置，并锁定在床身上，以适应不同长度工件的加工。

6）床身

床身 4 通过螺栓固定在左、右床腿上，是车床的基本支承件，用以支承其他部件，并使其保持准确的相对位置或运动轨迹。

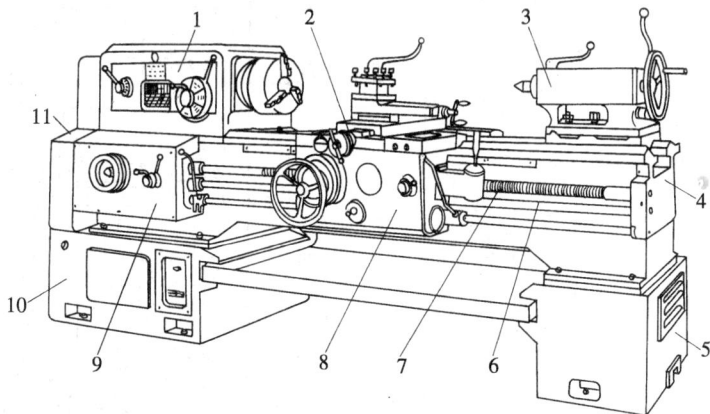

1—主轴箱；2—刀架；3—尾座；4—床身；5，10—床腿；6—光杠；
7—丝杠；8—溜板箱；9—进给箱；11—挂轮变速机构

图 6 - 8　CA6140 型普通车床

4. CA6140 型车床的传动系统

图 6 - 9 所示为 CA6140 型车床的传动系统图。分析 CA6140 型车床的传动系统仍然要遵循第 5 章所讲的一般方法。即确定车床传动系统中传动链的条数，找出每条传动链的两端件，列出每条传动链传动路线表达式，具体运动的分析与计算。CA6140 型车床的传动系统由主运动传动链和进给运动传动链组成。其中，进给运动传动链又可分解为螺纹进给运动传动链、纵向机动进给传动链和横向机动进给传动链，以及刀架快速移动传动链。

1）主运动传动链

CA6140 型车床的主运动传动链属外联系传动链。由主电动机至主轴之间的一系列传动元件按一定规律组成。其主要作用是把电动机的动力和运动传给主轴，实现主轴的旋转以及启动、停止、变速和换向等。

电动机经三角皮带把运动传至主轴箱中的轴 Ⅰ。轴 Ⅰ 上装有双向磨擦片式离合器 M_1，其作用是控制主轴的启动、停止、正转和反转。离合器 M_1 左端和空套在轴 Ⅰ 上的双联齿轮（Z_{51}、Z_{56}）相连接；右端和空套在轴 Ⅰ 上的齿轮 Z_{50} 相连接。当离合器 M_1 左端接合时，轴 Ⅰ 的运动经齿轮副 56/38 或 51/43 传给轴 Ⅱ；当离合器 M_1 右端接合时，轴 Ⅰ 的运动经齿轮副 50/34 传给轴 Ⅶ，再经齿轮副 34/30 传给轴 Ⅱ，因轴 Ⅰ 到轴 Ⅱ 经过了中间齿轮 Z_{34}，使轴 Ⅱ 的旋转方向与离合器左端接合时轴 Ⅱ 的转向相反。可见，运动经离合器 M_1 左端传递时，主轴正转；而运动经离合器右端传递时，主轴反转。当离合器 M_1 处于中间位置时，左、右两端的磨擦片处于放松状态，则轴 Ⅰ 空转，主轴停止转动。

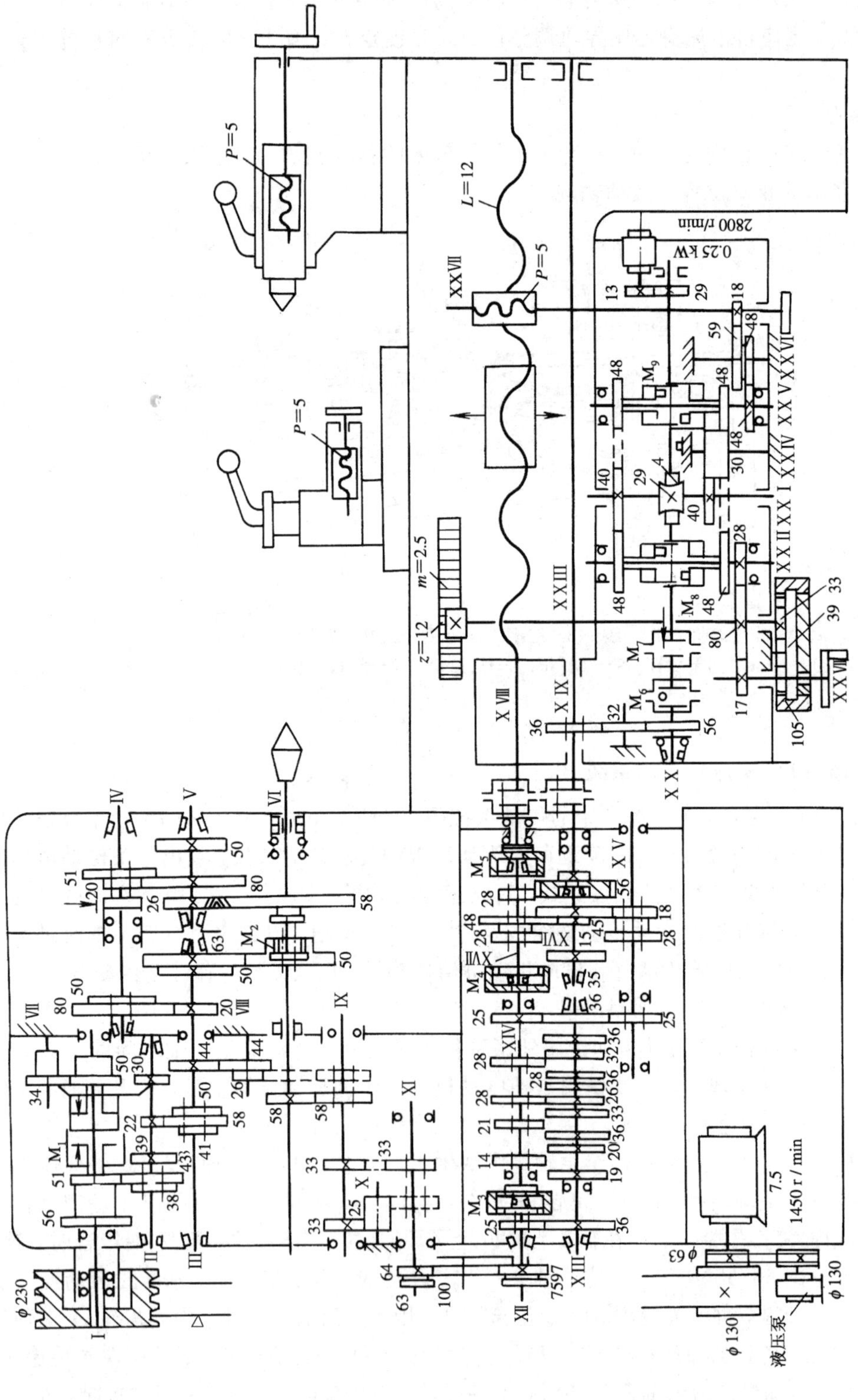

图 6 - 9 CA6140型普通车床传动系图

轴Ⅱ分别经齿轮副 22/58、39/41、30/50 将运动传至轴Ⅲ。

从轴Ⅲ到主轴Ⅵ有高速和低速两条传动路线。

（1）高速传动路线：当主轴Ⅵ上的滑移齿轮 Z_{50} 处于左端位置，与轴Ⅲ上的齿轮 Z_{63} 啮合，运动由轴Ⅲ经过齿轮副 63/50 直接传给了主轴Ⅵ，使主轴获得 450～1400 r/min 的较高转速。

（2）低速传动路线：当主轴Ⅵ上的滑移齿轮 Z_{50} 移至右端，使齿式离合器 M_2 接合时，运动由轴Ⅲ经齿轮副 20/80 或 50/50 传给轴Ⅳ，再经齿轮副 20/80 或 51/50 传给轴Ⅴ，最后经齿轮副 26/58/传到主轴Ⅵ，使主轴获得 10～500 r/min 的较低转速。

上述传动路线可以用如下传动路线表达式表示。

$$
\text{电动机} \atop (7.5\ \text{kW}、1450\ \text{r/min}) \ -\ \frac{\phi130}{\phi230}\ -\ \text{I}\ -\ \begin{bmatrix} \begin{matrix} M_1(左) \\ (正转) \end{matrix} - \begin{bmatrix} \frac{56}{38} \\ \frac{51}{43} \end{bmatrix} \\ \begin{matrix} M_1(右) \\ (反转) \end{matrix} - \frac{50}{34} - \text{Ⅶ} - \frac{34}{30} \end{bmatrix} - \text{Ⅱ} - \begin{bmatrix} \frac{22}{58} \\ \frac{30}{50} \\ \frac{39}{41} \end{bmatrix} - \text{Ⅲ} -
$$

（中、低速传动路线）

$$
\begin{bmatrix} - \begin{bmatrix} \frac{20}{80} \\ \frac{50}{50} \end{bmatrix} - \text{Ⅳ} - \begin{bmatrix} \frac{51}{50} \\ \frac{20}{80} \end{bmatrix} - \text{Ⅴ} - \frac{26}{58} - M_2(右) \\ \ \\ \hspace{3cm} \frac{63}{50} - M_2(左) \end{bmatrix} - \text{Ⅵ （主轴）}
$$

（高速传动路线）

根据传动路线表达式，主轴正转应有 2×3×（2×2+1）＝30 级转速。轴Ⅲ－Ⅴ之间的四种传动比分别为

$$u_1 = \frac{50}{50} \times \frac{51}{50} \approx 1$$

$$u_2 = \frac{20}{80} \times \frac{51}{50} \approx \frac{1}{4}$$

$$u_3 = \frac{50}{50} \times \frac{20}{80} = \frac{1}{4}$$

$$u_4 = \frac{20}{80} \times \frac{20}{80} = \frac{1}{16}$$

因为 $u_2 \approx u_3 = 1/4$，所以轴Ⅲ－Ⅴ之间实际只有三种不同的传动比，故主轴正转获 2×3×（3+1）＝24 级转速；同理，主轴反转获 3×（3+1）＝12 级转速。

主轴的各级转速可按下列运动平衡式计算：

$$n_{主} = 1450 \times \frac{130}{230} \times (1-\varepsilon) u_{\text{Ⅰ}-\text{Ⅱ}} u_{\text{Ⅱ}-\text{Ⅲ}} u_{\text{Ⅲ}-\text{Ⅵ}}$$

式中：$n_{主}$——主轴转速（r/min）；

ε——V 型带传动的滑动系数，可取 $\varepsilon = 0.02$；

$u_{\text{Ⅰ}-\text{Ⅱ}}$、$u_{\text{Ⅱ}-\text{Ⅲ}}$、$u_{\text{Ⅲ}-\text{Ⅵ}}$——分别为轴Ⅰ－Ⅱ、Ⅱ－Ⅲ、Ⅲ－Ⅵ之间的可变传动比。

主轴反转通常不用于切削，主要是为了车螺纹时退刀。这样可在不断开主轴和刀架之间传动链的情况下退刀，以免下一次走刀时发生"乱扣"现象。为了节省退刀时间，主轴反转比正转的转速更高些。

2) 进给运动传动链

进给传动链的动力也是来自主电动机。因为纵、横进给量和车螺纹进给量都是以主轴每转刀架的移动量来表示的，故分析进给传动链应以主轴和刀架作为传动链的两个端件。

(1) 车螺纹传动链。CA6140 型车床可车削米制、英制、模数制和径节制四种标准螺纹；还可车削大导程螺纹、非标准螺纹和较精密螺纹；也可以车削右旋螺纹或左旋螺纹。

表 6-8 列出了四种标准螺纹的螺距参数，以及螺距与导程之间的换算关系。因 CA6140 型车床的纵向丝杠为米制螺纹，其 $L=P=12$ mm，因此除车削米制螺纹外，在车削其他三种螺纹时均应折算成导程（或螺距）形式，才能在该车床上加工。从表 6-8 中可知，四种螺纹以不同的参数表示，而这些标准参数均以分段等差数列排列。其中各横行按等差数列排列，纵行则按等比数列（公比为 2）排列。上述的排列给车螺纹传动链的设计提供了方便，即传动链中只要有一个能获得等差数列的变速组（基本变速组）和一个能获得公比为 2 的等比数列的变速组（增倍组），就可加工四种不同规格的标准螺纹。

表 6-8　四种标准螺纹的参数表

螺纹种类	螺距参数	螺距/mm	导程/mm	标 准 参 数						
米制	螺距 P/mm	P	$L=kP$			1			1.25	1.5
				1.75	2	2.25		2.5		3
				3.5	4	4.5		5	5.5	6
				7	8	9		10	11	12
英制	每英寸牙数 a/(牙·in^{-1})	$P_a=\dfrac{25.4}{a}$	$L=kP_a$	14	16	18	19	20		24
				7	8	9		10	11	12
				3.25	3.5	4	4.5	5		6
				2						3
模数制	模数 m/mm	$P_m=\pi m$	$L=kP_m$				0.25			
							0.5			
						1			1.25	1.5
				1.75	2	2.25		2.5	2.75	3
径节制	径节 DP/(牙·in^{-1})	$P_{DP}=\dfrac{25.4}{DP}\pi$	$L=kP_{DP}$	56	64	72		80	88	96
				28	32	36		40	44	48
				14	16	18		20	22	24
				7	8	9		10	11	12

注：表中 k 为螺纹头数。

车螺纹传动链属内联系传动链，两端件分别是主轴和刀架，其运动关系是主轴转一转，刀架准确地移动一个导程，现分析如下：

① 车螺纹传动路线表达式。

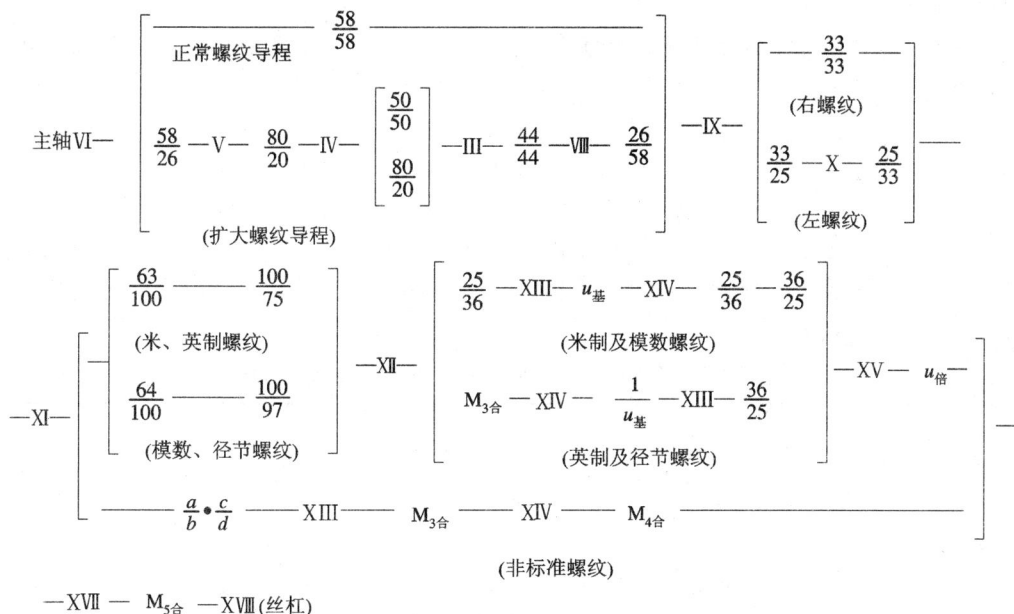

$$
\text{主轴VI} - \left[\begin{array}{c} \dfrac{58}{58} \\[4pt] \text{正常螺纹导程} \\[6pt] \dfrac{58}{26} - V - \dfrac{80}{20} - IV - \left[\begin{array}{c} \dfrac{50}{50} \\[4pt] \dfrac{80}{20} \end{array}\right] - III - \dfrac{44}{44} - VIII - \dfrac{26}{58} \\[6pt] (\text{扩大螺纹导程}) \end{array}\right] - IX - \left[\begin{array}{c} \dfrac{33}{33} \\[4pt] (\text{右螺纹}) \\[6pt] \dfrac{33}{25} - X - \dfrac{25}{33} \\[4pt] (\text{左螺纹}) \end{array}\right] -
$$

$$
- XI - \left[\begin{array}{c} \dfrac{63}{100} - \!\!\!-\!\!\!- \dfrac{100}{75} \\[4pt] (\text{米、英制螺纹}) \\[6pt] \dfrac{64}{100} - \!\!\!-\!\!\!- \dfrac{100}{97} \\[4pt] (\text{模数、径节螺纹}) \\[10pt] \rule{6cm}{0.4pt} \\ \dfrac{a}{b} \cdot \dfrac{c}{d} - XIII - M_{3合} - XIV - M_{4合} \end{array}\right] - XII - \left[\begin{array}{c} \dfrac{25}{36} - XIII - u_{基} - XIV - \dfrac{25}{36} - \dfrac{36}{25} \\[4pt] (\text{米制及模数螺纹}) \\[6pt] M_{3合} - XIV - \dfrac{1}{u_{基}} - XIII - \dfrac{36}{25} \\[4pt] (\text{英制及径节螺纹}) \end{array}\right] - XV - u_{倍} -
$$

(非标准螺纹)

—XVII— M_{5合} —XVIII(丝杠)

通过对传动系统和传动路线表达式分析可知：运动从主轴VI传出后，经两条路线到达IX轴：一条是正常螺距路线，即主轴一转，轴IX也一转；另一条是扩大螺距路线，即主轴一转，轴IX转 4 转或 16 转，被车螺纹的螺距也相应扩大 4 或 16 倍。IX轴与XI轴之间的反向机构，用于车削右旋螺纹或左旋螺纹。轴XI与轴XII之间的挂轮机构，用于在车削米制、英制或模数制、径节制螺纹时，进行不同挂轮的搭配。进给箱内XII轴右端齿轮 Z_{25} 与轴 XV 轴左端齿轮 Z_{25} 组成的移换机构，用于车削米制（或模数制）传动路线与车英制（或径节制）传动路线之间的变换。式中 $u_{基}$ 为轴 XIII－XIV 间滑移齿轮变速机构的传动比，共 8 种：

$$u_1 = \frac{26}{28} = \frac{6.5}{7} \qquad u_2 = \frac{28}{28} = \frac{7}{7}$$

$$u_3 = \frac{32}{28} = \frac{8}{7} \qquad u_4 = \frac{36}{28} = \frac{9}{7}$$

$$u_5 = \frac{19}{14} = \frac{9.5}{7} \qquad u_6 = \frac{20}{14} = \frac{10}{7}$$

$$u_7 = \frac{33}{21} = \frac{11}{7} \qquad u_8 = \frac{36}{21} = \frac{12}{7}$$

上述 8 个传动比近似成等差数列排列，改变 $u_{基}$，可以得到按等差数列排列的基本螺距（或导程）。由于该变速机构是获得各种螺纹导程的基本变速机构，通常称为基本螺距机构，简称基本组。式中 $u_{倍}$ 为轴 XV － XVII 滑移齿轮变速机构的传动比，共 4 种：

$$u_1 = \frac{18}{45} \times \frac{15}{48} = \frac{1}{8} \qquad u_2 = \frac{28}{35} \times \frac{15}{48} = \frac{1}{4}$$

$$u_3 = \frac{18}{45} \times \frac{35}{28} = \frac{1}{2} \qquad u_4 = \frac{28}{35} \times \frac{35}{28} = 1$$

上述 4 种传动比按等比数列排列，用来配合基本组，扩大车削螺纹的导程种数，所以这种变速机构称为增倍机构，简称增倍组。通过 $u_{基}$ 和 $u_{倍}$ 的不同组合，就可分别加工出表

6-9～表 6-12 中所列的螺纹。

② 车螺纹平衡方程式。

• 车削米制螺纹运动平衡式。根据车螺纹的运动关系列出车削米制螺纹的运动平衡式如下：

$$L = kP = l_{主} \times \frac{58}{58} \times \frac{33}{33} \times \frac{63}{100} \times \frac{100}{75} \times \frac{25}{36} \times u_{基} \times \frac{25}{36} \times \frac{36}{25} \times u_{倍} \times 12$$

上式化简后可得

$$L = kP = 7u_{基}u_{倍}$$

令 $k=1$，并将 $u_{基}$、$u_{倍}$ 分别代入上式，可得 32 种米制螺纹导程值，其中符合标准的只有 20 种，如表 6-9 所示。

表 6-9 CA6140 型卧式车床车削米制螺纹表

L/mm ＼ $u_{基}$ ／ $u_{倍}$	26/28	28/28	32/28	36/28	19/14	20/14	33/21	36/21
1/8	—	—	1	—	—	1.25	—	1.5
1/4	—	1.75	2	2.25	—	2.5	—	3
1/2	—	3.5	4	4.5	—	5	5.5	6
1	—	7	8	9	—	10	11	12

• 车削模数制螺纹运动平衡式。模数螺纹是用模数 m 表示螺纹的螺距，其螺纹导程为 $L_m = kP_m = k\pi m$。模数 m 的标准值也按等差数列排列，与米制螺纹不同的是其导程表达式中包含一个特殊因子 π，所以在车模数螺纹传动链中也应包含特殊因子 π。车削米制螺纹与车削模数螺纹所选挂轮不同，其原因就是为了使传动链中包含有特殊因子 π，其他与车米制螺纹传动路线完全相同。车模数螺纹的运动平衡式如下：

$$L_m = k\pi m = l_{主} \times \frac{58}{58} \times \frac{33}{33} \times \frac{64}{100} \times \frac{100}{97} \times \frac{25}{36} \times u_{基} \times \frac{25}{36} \times \frac{36}{25} \times u_{倍} \times 12$$

式中，$\frac{64}{100} \times \frac{100}{97} \times \frac{25}{36} \approx \frac{7\pi}{48}$，其中包含一特殊因子 π。

将上式简化得

$$m = \frac{7}{4k}u_{基}u_{倍}$$

令 $k=1$，将 $u_{基}$、$u_{倍}$ 分别代入上式，可得标准模数螺纹 11 种，如表 6-10 所示。

表 6-10 CA6140 型卧式车床车削模数制螺纹表

m/mm ＼ $u_{基}$ ／ $u_{倍}$	26/28	28/28	32/28	36/28	19/14	20/14	33/21	36/21
1/8	—	—	0.25	—	—	—	—	—
1/4	—	—	0.5	—	—	—	—	—
1/2	—	—	1	—	—	1.25	—	1.5
1	—	1.75	2	2.25	—	2.5	2.75	3

• 车英制螺纹运动平衡式。英制螺纹以每英寸长度上的牙数 a 表示，标准 a 值也按分段等差数列排列。将英制螺纹用螺距 $P_a = 25.4/a$(mm) 表示后，可以看出英制与米制螺纹有两点不同：

其一、因 a 为分段等差数列，故英制螺纹的螺距 P_a 即为分段调和数列。基本组由主动变为从动，即轴 XIV 为主动，轴 XIII 为从动，基本组传动比变为 $1/u_{基}$。

其二、英制螺纹的螺距表达式中有特殊因子 25.4，需要用改变挂轮和部分传动比，使其包含有 25.4。

英制螺纹的运动平衡式如下：

$$L_a = k\frac{25.4}{a} = l_{主} \times \frac{58}{58} \times \frac{33}{33} \times \frac{63}{100} \times \frac{100}{75} \times \frac{25}{36} \times \frac{1}{u_{基}} \times \frac{36}{25} \times u_{倍} \times 12$$

式中，$\frac{63}{100} \times \frac{100}{75} \times \frac{36}{25} \approx \frac{25.4}{21}$，其中包含因子 25.4。

将以上平衡式简化得

$$a = \frac{7ku_{基}}{4u_{倍}}$$

令 $k=1$，并将 $u_{基}$、$u_{倍}$ 分别代入上式，可得标准 a 值 20 种，如表 6 - 11 所示。

表 6 - 11　**CA6140 型卧式车床车削英制螺纹表**

$a/(牙/in)$ $u_{基}$ $u_{倍}$	26/28	28/28	32/28	36/28	19/14	20/14	33/21	36/21
1/8	—	14	16	18	19	20		24
1/4	—	7	8	9	—	10	11	12
1/2	3.25	3.5	4	4.5	—	5		6
1	—	—	2		—			3

• 车削径节制螺纹运动平衡式。径节制螺纹用径节 DP 表示。径节表示齿轮或蜗轮折算到每一英寸分度圆直径上的齿数，故径节螺纹的螺距表达式为

$$P_{DP} = \frac{25.4\pi}{DP}(mm)$$

分析径节制螺纹的螺距表达式可发现，由于式中既有特殊因子 π，又有特殊因子 25.4，因此，在车削径节螺纹时既要采用车模数制螺纹的挂轮，还要采用车削英制螺纹的传动路线。径节螺纹运动平衡式如下：

$$L_{DP} = k\frac{25.4\pi}{DP} = 1_{主} \times \frac{58}{58} \times \frac{33}{33} \times \frac{64}{100} \times \frac{100}{97} \times \frac{1}{u_{基}} \times \frac{36}{25} \times u_{倍} \times 12$$

式中，$\frac{64}{100} \times \frac{100}{97} \times \frac{36}{25} \approx \frac{25.4\pi}{84}$，其中包含特殊因子 25.4 和 π。

将上式简化得

$$DP = 7k\frac{u_{基}}{u_{倍}}$$

令 $k=1$，并将 $u_{基}$、$u_{倍}$ 分别代入上式，可得标准径节值 24 种，如表 6 - 12 所示。

表 6-12 CA6140 型卧式车床车削径节制螺纹表

$u_{基}$ \ $DP/(牙/in)$ \ $u_{倍}$	26/28	28/28	32/28	36/28	19/14	20/14	33/21	36/21
1/8	—	56	64	72	—	80	88	96
1/4	—	28	32	36	—	40	44	48
1/2	—	14	16	18	—	20	22	24
1	—	7	8	9	—	10	11	12

CA6140 型车床在车削米制、英制、模数和径节螺纹时的具体调整如表 6-13 所示。

表 6-13 CA6140 型卧式车床车制各种螺纹的工作调整

螺纹种类	调整结果	挂轮机构	离合器状态	移换机构	基本组传动方向
米制螺纹	$P = \dfrac{7}{k} u_{基} u_{倍}$	$\dfrac{63}{100} \times \dfrac{100}{75}$	M_5 结合	轴 XII Z_{25}	轴 XIII → 轴 XIV
模数螺纹	$m = \dfrac{7}{4k} u_{基} u_{倍}$	$\dfrac{64}{100} \times \dfrac{100}{97}$	M_3、M_4 脱开	轴 XV Z_{25}	
英制螺纹	$a = \dfrac{7k}{4} \times \dfrac{u_{基}}{u_{倍}}$	$\dfrac{63}{100} \times \dfrac{100}{75}$	M_3、M_5 结合	轴 XII Z_{25}	轴 XIV → 轴 XIII
径节螺纹	$DP = 7k \dfrac{u_{基}}{u_{倍}}$	$\dfrac{64}{100} \times \dfrac{100}{97}$	M_4 脱开	轴 XV Z_{25}	

· 车削大导程螺纹运动平衡式。当需要车削的螺纹导程大于上述各表所列数值时，可通过扩大螺距机构来实现。具体操作是，将轴 IX 右端的滑移齿轮 Z_{58} 右移，使之与轴 VIII 上的齿轮 Z_{26} 啮合。此时，主轴 VI 至轴 IX 的传动路线为：

$$主轴\ VI - \frac{58}{26} - V - \frac{80}{20} - IV - \begin{bmatrix} \frac{50}{50} \\ \frac{80}{20} \end{bmatrix} - III - \frac{44}{44} - VIII - \frac{26}{58} - IX$$

主轴 VI 至轴 IX 间的传动比为：

$$u_{k1} = \frac{58}{26} \times \frac{80}{20} \times \frac{50}{50} \times \frac{44}{44} \times \frac{26}{58} = 4$$

$$u_{k2} = \frac{58}{26} \times \frac{80}{20} \times \frac{80}{20} \times \frac{44}{44} \times \frac{26}{58} = 16$$

与车削标准螺纹时主轴 VI 至轴 IX 间的传动比 $u = 58/58 = 1$ 相比，传动比分别扩大了 4 倍和 16 倍，即被加工螺纹导程扩大 4 倍或 16 倍。

必须指出：扩大螺距机构的传动齿轮是主运动的传动齿轮，当主轴转速确定后，导程扩大的倍数也随之确定。根据传动分析可知，只有当主轴 VI 上的 M_2 合上，处于低速状态时，才能加工大导程螺纹，这也符合工艺上的要求。

· 车非标准及精密螺纹的运动平衡式。车削非标准或较精密螺纹时，可将离合器 M_3、M_4 和 M_5 全部结合，使轴 XII、轴 XIV、轴 XVII、轴 XVIII（丝杠）联成一体，所要求的螺纹导程值通过选配挂轮得到。由于主轴至丝杠之间的传动路线大为缩短，从而减少了传动的累积误差。如选用较为精确的挂轮，可加工出具有较高精度的螺纹。其运动平衡式为

$$L = 1_{主} \times \frac{58}{58} \times \frac{33}{33} \times u_{挂} \times 12$$

式中：L——被加工螺纹的导程；

$u_挂$——挂轮变速组的传动比。

化简后得换置公式：

$$u_挂 = \frac{ac}{bd} = \frac{L}{12}$$

应用此换置公式，适当地选择挂轮 a、b、c、d 的齿数，可车削出所需的非标准及精密螺纹。

（2）纵向与横向进给传动链。CA6140 型车床的机动进给传动链属外联系传动链。两端件是主轴和刀架，其运动关系为主轴转一转，刀架移动一定位移量。具体分析如下：

纵向与横向机动进给的传动路线表达式

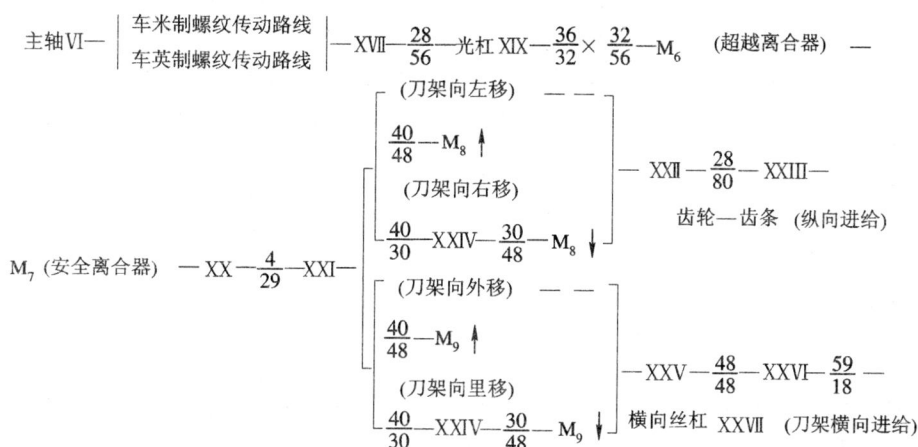

主轴Ⅵ—$\begin{vmatrix} \text{车米制螺纹传动路线} \\ \text{车英制螺纹传动路线} \end{vmatrix}$—ⅩⅦ—$\frac{28}{56}$—光杠ⅩⅨ—$\frac{36}{32} \times \frac{32}{56}$—M$_6$　（超越离合器）—

M_7（安全离合器）—ⅩⅩ—$\frac{4}{29}$—ⅩⅪ—
$\begin{cases} \text{（刀架向左移）} \quad— \\ \frac{40}{48}\text{—M}_8 \uparrow \\ \text{（刀架向右移）} \\ \frac{40}{30}\text{—ⅩⅩⅣ—}\frac{30}{48}\text{—M}_8 \downarrow \\ \text{（刀架向外移）} \quad— \\ \frac{40}{48}\text{—M}_9 \uparrow \\ \text{（刀架向里移）} \\ \frac{40}{30}\text{—ⅩⅩⅣ—}\frac{30}{48}\text{—M}_9 \downarrow \end{cases}$
$\begin{matrix} —ⅩⅫ—\frac{28}{80}—ⅩⅩⅢ— \\ \text{齿轮—齿条（纵向进给）} \\ \\ —ⅩⅩⅤ—\frac{48}{48}—ⅩⅩⅥ—\frac{59}{18} \\ \text{横向丝杠 ⅩⅩⅦ（刀架横向进给）} \end{matrix}$

纵向、横向进给传动链从主轴Ⅵ至进给箱中轴ⅩⅦ的传动路线与车削螺纹时的传动路线相同。轴ⅩⅦ上的滑移齿轮 Z_{28} 处于左位，使 M_5 脱开，从而切断进给箱与丝杠的联系。运动经由齿轮副 28/56 及联轴节传至光杠ⅩⅨ，再由光杠通过溜板箱中的传动机构，分别传至齿轮齿条机构或横向进给丝杠ⅩⅩⅦ，使刀架作纵向或横向机动进给。溜板箱内的双向齿式离合器 M_8 及 M_9 分别用于控制刀架纵、横向机动进给运动的接通、断开及方向的改变。通过四种（米制、英制、常用螺距、扩大螺距）不同的传动路线实现机动进给，从而获得纵向、横向进给量各 64 种。

下面以纵向进给运动为例，介绍四种不同的传动路线及获得的进给量。

① 经由车削正常米制螺纹传动路线传动。其运动平衡式为

$$f_z = l_主 \times \frac{58}{58} \times \frac{33}{33} \times \frac{63}{100} \times \frac{100}{75} \times \frac{25}{36} \times u_基 \times \frac{25}{36} \times \frac{36}{25}$$
$$\times u_倍 \times \frac{28}{56} \times \frac{36}{32} \times \frac{32}{56} \times \frac{4}{29} \times \frac{40}{48} \times \frac{28}{80} \times \pi \times 2.5 \times 12$$

式中，f_z——纵向进给量（mm/r）。

将上式化简得

$$f_z = 0.71 u_基 u_倍$$

通过该传动路线可获得 0.08～1.22 mm/r 的正常进给量共 32 种。

② 经由车削正常英制螺纹传动路线传动。其运动平衡式为

$$f_z = l_{\text{主}} \times \frac{58}{58} \times \frac{33}{33} \times \frac{63}{100} \times \frac{100}{75} \times \frac{1}{u_{\text{基}}} \times \frac{36}{25} \times u_{\text{倍}}$$

$$\times \frac{28}{56} \times \frac{36}{32} \times \frac{32}{56} \times \frac{4}{29} \times \frac{40}{48} \times \frac{28}{80} \times \pi \times 2.5 \times 12$$

将上式化简得

$$f_z = 1.474 \frac{u_{\text{倍}}}{u_{\text{基}}}$$

当 $u_{\text{倍}}=1$ 时，通过该传动路线可获得 $0.86\sim1.58$ mm/r 的较大进给量共 8 种；当 $u_{\text{倍}}$ 为其他值时，所获得进给量与上述经正常米制螺纹传动路线所得进给量重复。

③ 经由扩大螺距机构及英制螺纹传动路线传动。当主轴以 $10\sim125$ r/min 低速旋转时，可通过扩大螺距机构及英制螺纹传动路线，获得 $1.71\sim6.33$ mm/r 的加大进给量共 16 种，以满足低速、大进给量强力切削或宽刃精车的需要。

④ 经由扩大螺距机构及米制螺纹传动路线传动。这时传动链调整如下：

主轴以 $450\sim1400$ r/min 的高转速旋转（其中 500 r/min 除外），即主轴 Ⅵ 到轴 Ⅸ 之间的传动为：

$$\text{Ⅵ} - \frac{50}{63} - \text{Ⅲ} - \frac{44}{44} - \frac{26}{58} - \text{Ⅸ}$$

并取 $u_{\text{倍}}=\frac{1}{8}$，得进给量计算式

$$f_z = 0.0315 u_{\text{基}}$$

通过该传动路线可得到 $0.028\sim0.054$ mm/r 的细进给量共 8 种，以满足高速、小进给量精车的需要。

表 6-14 列出了上述四种传动路线所得的纵向机动进给量及相应传动机构的传动比。

表 6-14　纵向机动进给量 $f_{zh}/(\text{mm/r})$

传动路线类型	细进给量	正常进给量				较大进给量	加大进给量			
							4	16	4	16
$u_{\text{倍}}$ ＼ $u_{\text{基}}$	1/8	1/8	1/4	1/2	1	1	1/2	1/8	1	1/4
26/28	0.028	0.08	0.16	0.33	0.66	1.59	3.16		6.33	
28/28	0.032	0.09	0.18	0.36	0.71	1.47	2.93		5.87	
32/28	0.036	0.10	0.20	0.41	0.81	1.29	2.57		5.14	
36/28	0.039	0.11	0.23	0.46	0.91	1.15	2.28		4.56	
19/14	0.043	0.12	0.24	0.48	0.96	1.09	2.16		4.32	
20/14	0.046	0.13	0.26	0.51	1.02	1.03	2.05		4.11	
33/21	0.050	0.14	0.28	0.56	1.12	0.94	1.87		3.74	
36/21	0.054	0.15	0.30	0.61	1.22	0.86	1.71		3.42	

同样，也可通过上述四种传动路线传动获得横向进给量，不过横向进给量只是纵向进给量的一半。

（3）刀架的快速移动传动链。刀架的快速移动主要是为了减轻工人的劳动强度和缩短辅

助时间。刀架的纵、横向快速移动由安装在溜板箱右侧的快速电动机(0.25 kW，2800 r/min)传动。快速电动机的运动经齿轮副 13/29 传至轴 XX，经与机动进给相同的路线，传至纵向进给齿轮齿条副或横向进给丝杠丝母副，获得刀架在纵向或横向的快速移动。移动方向由溜板箱中的双向离合器 M_8 和 M_9 控制。为了节省辅助时间及简化操作，在刀架快速移动过程中，不必脱开进给运动传动链，由轴 XX 左端的超越离合器 M_6 来保证快速移动与工件进给不发生干涉。

6.2.2　其他车床简介

1. 立式车床

立式车床主要用于加工径向尺寸大而轴向尺寸相对较小，且形状较为复杂的大型或重型工件，是汽轮机、水轮机、重型电机、矿山冶金设备等加工中不可或缺的机床。同时，在一般机械制造厂中使用也很普遍。

立式车床的主轴垂直布置，并有一个直径较大的圆形工作台。工作台面处于水平位置，便于装夹大且笨重的工件。由于工件及工作台的重量由床身导轨承受，大大减轻了主轴及其轴承的载荷，故能长期保持其工作精度。

立式车床分为单柱式和双柱式两类。

图 6-10 所示为单柱式立式车床的外观图。单柱式立式车床主要由底座 1、工作台 2、立刀架 3、侧刀架 4、床身立柱 5、横梁 6 等部件组成。工作台 2 安装在底座 1 的环形导轨上，带动工件绕垂直轴作旋转主运动。立刀架 3 安装在横梁 6 的水平导轨上，横梁 6 又安装在立柱 5 的垂直导轨上。立刀架 3 可沿横梁 6 的水平导轨作横向进给，也可沿刀架滑座的导轨作垂直进给。刀架滑座可向左或右扳转一定角度，以实现刀架斜向进给。立刀架主要用于车削内外圆柱面、内外圆锥面、车端面及车槽等。立刀架上通常带有一个五角形的

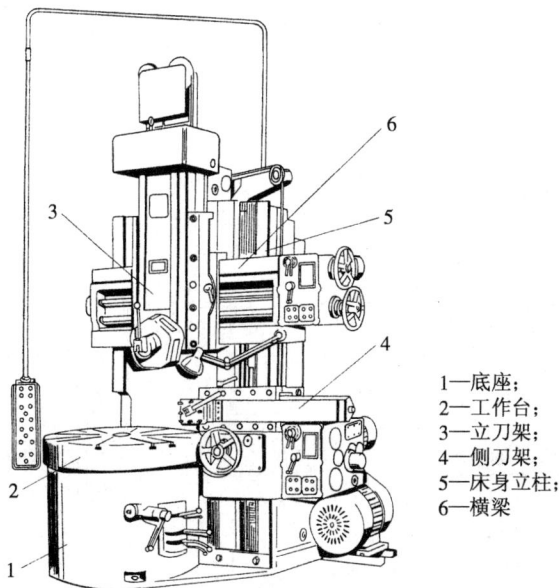

1—底座；
2—工作台；
3—立刀架；
4—侧刀架；
5—床身立柱；
6—横梁

图 6-10　单柱立式车床

转塔刀架，其上除装夹各种车刀外，还可装夹各种孔加工刀具，以进行钻、扩、铰孔等加工。在立柱的垂直导轨上还装有侧刀架 4，它可沿垂直导轨和刀架滑座导轨作垂直或横向进给。侧刀架主要用于车削外圆、车端面、车槽和倒角等。两个刀架在进给方向上都可作快速趋近、退回和调整位置等辅助运动。横梁带动立刀架可沿立柱导轨上下移动，以调整刀具相对工件的位置。横梁移动到所需位置后，可手动或自动夹紧在立柱上。

图 6-11 为双柱式立式车床的外观图。双柱式立式车床主要由底座 1、工作台 2、立刀架 3、横梁 4、顶梁 5、进给箱 6、立柱 7 等部件组成。两个立柱 7 与底座 1、顶梁 5 联结成龙门式框架。横梁 5 上装有两个垂直刀架，可沿横梁的水平导轨和刀架滑座作横向和垂直进给。

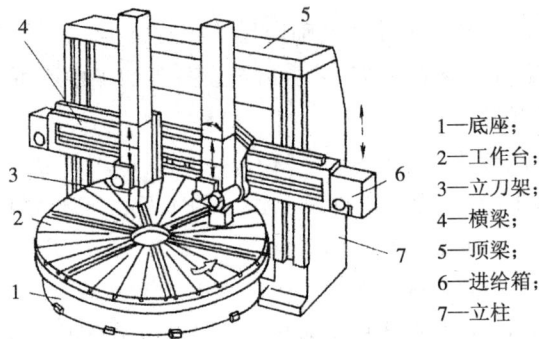

1—底座；
2—工作台；
3—立刀架；
4—横梁；
5—顶梁；
6—进给箱；
7—立柱

图 6-11　双柱立式车床

2. 转塔车床

图 6-12 所示为滑鞍转塔车床的外观图。转塔车床主要由主轴箱 1、前刀架 2、转塔刀架 3、床身 4、溜板箱 5 和进给箱 6 组成。转塔车床主要特点是用转塔刀架取代了卧式车床的尾架。转塔刀架上有六个装刀位置，可沿床身导轨作纵向进给运动。转塔刀架每个刀位上可装一把刀具，当一个刀位完成加工后，转塔刀架快速退回原位，转动 60°，下一个刀位再继续加工。前刀架可纵向进给，也可横向进给，主要用于车削外圆、端面或沟槽等。

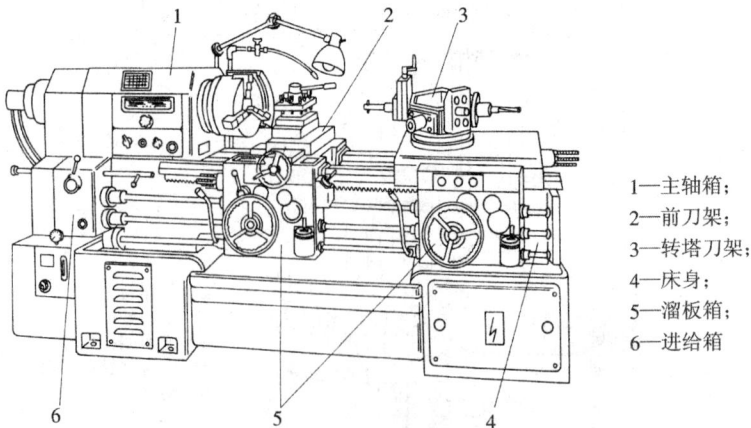

1—主轴箱；
2—前刀架；
3—转塔刀架；
4—床身；
5—溜板箱；
6—进给箱

图 6-12　转塔车床

第 7 章　铣削加工与铣床

7.1　铣 削 加 工

　　铣削是用旋转的铣刀在工件上切削各种表面或沟槽的加工方法。铣削加工的运动特点是铣刀旋转为主运动，工件或铣刀移动为进给运动。铣刀是一种多刃刀具，每个刀齿都相当于一个车刀头，所以切削的基本规律与车削相似。但铣削又是断续的，其切削厚度与切削面积不断变化，所以铣削过程又具有其特殊的规律。铣削加工范围广泛，多用于平面、台阶、沟槽、成形表面和切断等的加工，如图 7-1 所示。

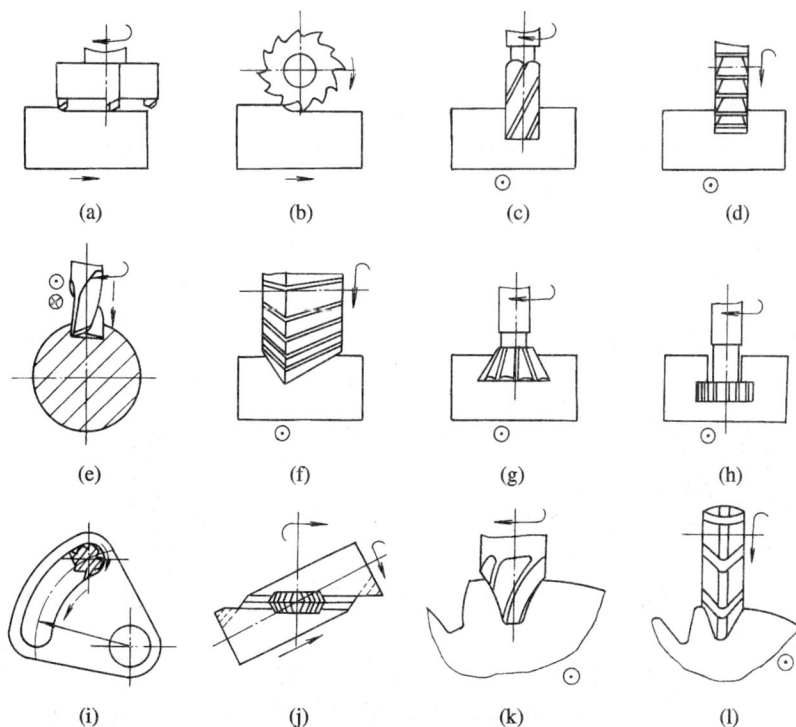

图 7-1　铣削加工的应用

（a）端铣平面；（b）周铣平面；（c）立铣刀铣直槽；（d）三面刃铣刀铣直槽；

（e）铣键槽；（f）铣角度槽；（g）铣燕尾槽；（h）铣 T 型槽；

（i）在圆形工作台上用立铣刀铣圆弧槽；（j）铣螺旋槽；

（k）指状铣刀铣成形面；（l）盘状铣刀铣成形面

7.1.1 铣刀

铣刀种类很多,就其基本形式可归纳为圆柱铣刀和面铣刀两种。铣刀由多个刀齿组成,每个刀齿都可看作是一个绕中心旋转的简单刀头。因此,要想了解整个铣刀,首先应分析清楚一个刀齿的结构参数。

1. 常用铣刀

1)圆柱铣刀

圆柱铣刀主要用于在卧式铣床上加工平面。圆柱铣刀分为粗齿和细齿两种。粗齿圆柱铣刀具有齿数少、强度高、容屑空间大、重磨次数多等特点,适用于粗加工。细齿圆柱铣刀齿数多,工作平稳,适用于精加工。

图 7-2 所示为圆柱铣刀及其几何角度标注图。如图 7-2(a)所示,基面 P_r 是过切削刃选定点并通过铣刀轴线的平面;主剖面 P_o 是垂直于铣刀轴线的端剖面;切削平面 P_s 是过切削刃选定点的切平面。因此,刀齿前角 γ_o 和后角 α_o 在端剖面上;螺旋角 β 相当于刃倾角 λ_s,当 $\beta=0$ 时,就是直齿圆柱铣刀,如图 7-2(b)所示。

因加工和刃磨的需要,通常在图纸上标注法向剖面前角 γ_n,一般取 $\gamma_n=15°$;但检验时通常又测量正交平面前角 γ_o,其换算公式如下:

$$\tan\gamma_n = \tan\gamma_o \cos\beta \tag{7-1}$$

圆柱形铣刀的后角规定在主剖面 P_o 上度量,通常取 $\alpha_o=12°\sim16°$。对于细齿铣刀通常取 $\beta=30°\sim35°$,粗齿铣刀取 $\beta=40°\sim45°$。圆柱铣刀的直径 $d=50$、63、80、100 mm。在选取铣刀直径时,应在保证铣刀心轴具有足够刚度和强度、刀齿具有足够的容屑空间及多次重磨的条件下,尽可能选取较小的直径。

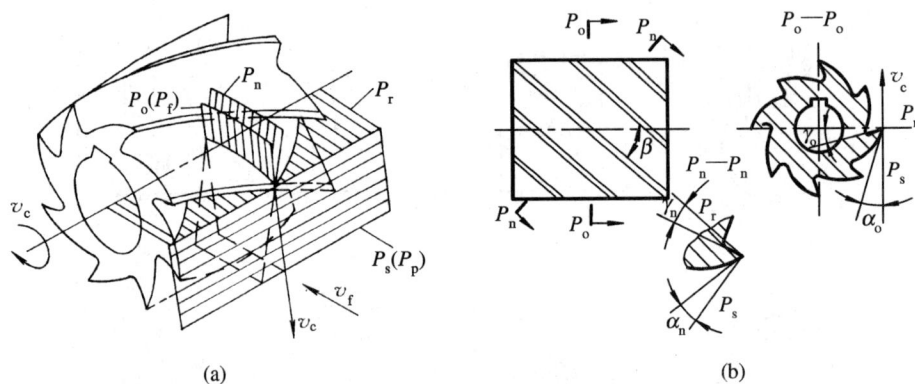

(a) (b)

图 7-2 圆柱铣刀及其角度标注

(a)圆柱铣刀参考系;(b)圆柱铣刀角度

2)面铣刀

面铣刀主要用于在立式铣床上加工平面。面铣刀的切削刃位于圆柱刀体的端头,圆柱或圆锥面上的切削刃为主切削刃,端面上的切削刃为副切削刃。面铣刀加工平面时,多刀齿同时参与切削,又有副切削刃修光,使加工表面粗糙值较小,因此可选用较大的切削用量。小直径面铣刀一般用高速钢制成整体式,如图 7-3(a)所示;大直径面铣刀在刀体上镶焊硬质合金刀头，或采用机械加固式可转位硬质合金刀片，如图 7-3(b)、(c)所示。

面铣刀的一个刀齿可以看作是一把刀尖向下的车刀，其刀齿切削刃都有前角 γ_o、后角 α_o、主偏角 k_r 和刃倾角 λ_s 四个基本角度，具体参照车刀角度的分析。一般情况下，硬质合金面铣刀在加工钢时取 $\gamma_o = -10° \sim 5°$，加工铸铁时取 $\gamma_o = -5° \sim 5°$，通常取 $\alpha_o = 6° \sim 12°$，$\lambda_s = -15° \sim -7°$，$k_r = 45° \sim 75°$。

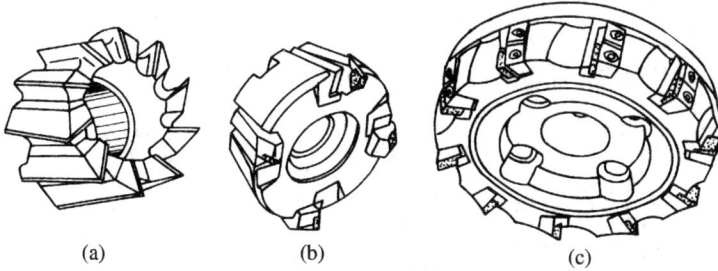

图 7-3　面铣刀

(a) 整体式；(b) 镶焊刀片式；(c) 可转位刀片式

3）立铣刀

立铣刀主要用于加工平面凹槽、台阶面等表面。立铣刀相当于带柄且轴端有副切削刃的小直径圆柱铣刀，如图 7-4 所示。立铣刀圆柱面上的切削刃是主切削刃，端面上的切削刃是副切削刃，且未延至中心，所以不宜作轴向进给。按标准规定，直径 $d = 2 \sim 71$ mm 的立铣刀可制成直柄或削平型直柄；直径 $d = 6 \sim 63$ mm 可制成莫氏锥柄；直径 $d = 25 \sim 80$ mm 可制成 7：24 锥柄；直径 $d = 40 \sim 160$ mm 可制成套式立铣刀。此外，还有可转位和硬质合金立铣刀。

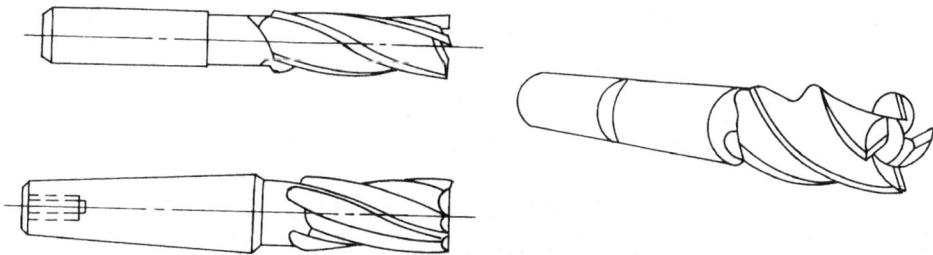

图 7-4　立铣刀

4）键槽铣刀

键槽铣刀主要用于加工圆头封闭键槽。键槽铣刀有两个螺旋刀齿，圆柱面和端面上都有切削刃，其端面切削刃延至中心，可沿轴线进给，如图 7-5 所示。标准规定直柄键槽铣刀直径 $d = 2 \sim 22$ mm，锥柄键槽铣刀直径 $d = 14 \sim 50$ mm。

图 7-5　键槽铣刀

5）三面刃铣刀

三面刃铣刀主要用于加工凹槽和台阶面。三面刃铣刀主要有直齿、错齿和镶齿三种：

图 7-6(a)所示为直齿三面刃铣刀。其主要特点是圆周齿和侧齿的前面是一个平面，可一次加工成形和刃磨，使制造简化。标准规定直径 $d=50\sim200$ mm、厚度 $L=4\sim40$ mm。

图 7-6(b)所示为错齿三面刃铣刀。其主要特点是前角近似等于刃倾角。与直齿三面刃铣刀相比，具有切削平稳，切削力小，排屑容易等优点。

图 7-6(c)所示为镶齿三面刃铣刀。其直径 $d=80\sim315$ mm，厚度 $L=12\sim40$ mm。铣刀的刀体上开有 5°斜齿槽，带齿纹的楔形刀齿便楔紧在齿槽内。

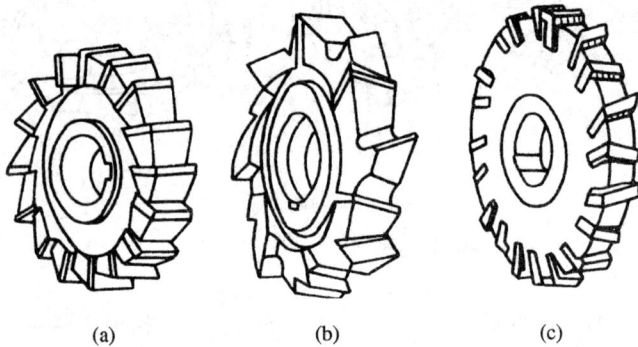

(a)　　　　　　(b)　　　　　　(c)

图 7-6　三面刃铣刀

(a) 直齿；(b) 错齿；(c) 镶齿

6）角度铣刀

角度铣刀主要用于加工带角度的沟槽和斜面。图 7-7(a)所示为单角铣刀，圆锥切削刃为主切削刃，端面切削刃为副切削刃。图 7-7(b)所示为双角铣刀，两圆锥面上的切削刃均为主切削刃。双角铣刀又可分为对称双角铣刀和不对称双角铣刀。

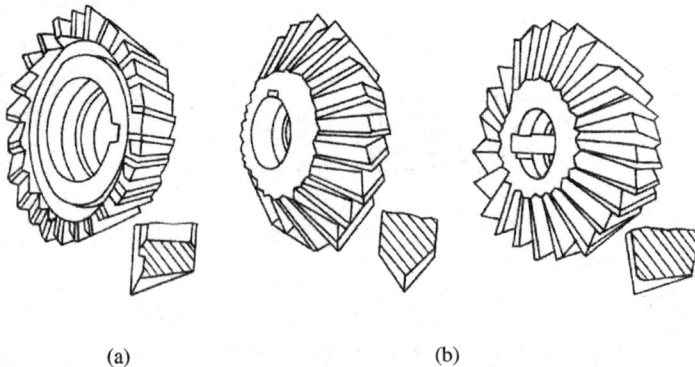

(a)　　　　　　　　　(b)

图 7-7　角度铣刀

(a) 单角；(b) 双角

7）模具铣刀

模具铣刀主要用于加工模具型腔或凸模成形表面。模具铣刀是由立铣刀演变而来，可分为圆锥形立铣刀、圆柱形球头立铣刀和圆锥形球头立铣刀，如图 7-8 所示。模具铣刀的类型和尺寸按工件形状和尺寸选用。

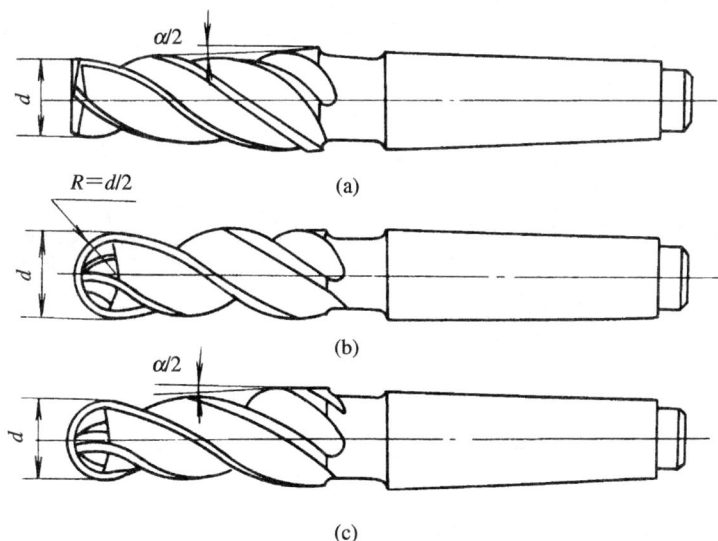

图 7-8 模具铣刀

（a）圆锥形；（b）圆柱球头；（c）圆锥球头

2. 铣刀的安装

铣削加工前应根据铣刀的结构选择合适的安装方法，将铣刀正确地安装并夹紧在主轴上。

1）用刀杆安装铣刀

圆柱铣刀、三面刃铣刀、角度铣刀等带孔的铣刀可通过刀杆将其装夹在主轴上，如图 7-9 所示。刀杆 1 的锥柄与主轴 4 的锥孔的锥度同为 7：24，通过拉杆 5 可将刀杆紧固在主轴的锥孔内，另一端支承在支架上。铣刀通过键套装在刀杆上，轴向位置由固定环 6 确定，由刀杆端部螺母压紧。刀杆的直径与铣刀孔径应相同，尺寸已经标准化，常用的直径有 22、27、32、40、50 mm 五种。

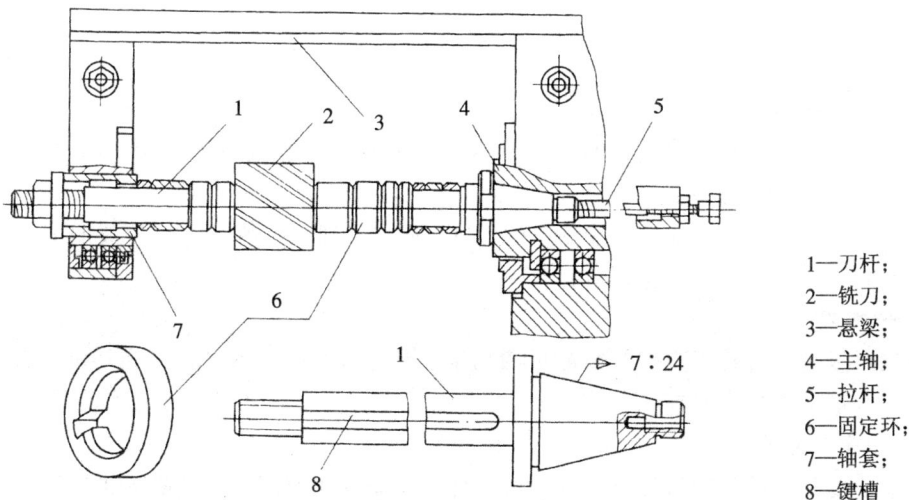

1—刀杆；
2—铣刀；
3—悬梁；
4—主轴；
5—拉杆；
6—固定环；
7—轴套；
8—键槽

图 7-9 用刀杆安装铣刀

2）用中间套和弹簧夹头安装

带锥柄的铣刀如果锥柄尺寸与机床锥孔相符，即可直接将铣刀插入主轴锥孔内，用拉杆紧固。如果铣刀锥柄为莫氏锥度，且尺寸小于主轴锥孔尺寸，则须用中间套（与主轴锥孔相符）安装，如图 7 - 10 所示。

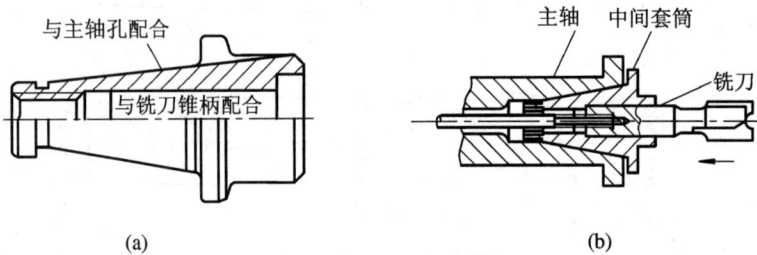

图 7 - 10　用中间套筒安装铣刀
（a）中间套筒；（b）铣刀安装

直柄铣刀的柄部直径较小，可用弹簧夹头装夹，如图 7 - 11 所示。弹簧夹头由夹头体 1、压紧螺母 2、弹簧套筒 3 组成。弹簧夹头外径为锥体，内径为圆柱孔，两端沿轴向各开有三条窄槽。当螺母旋紧时弹簧套筒外锥受力而内径收缩，从而将铣刀柄部夹紧。

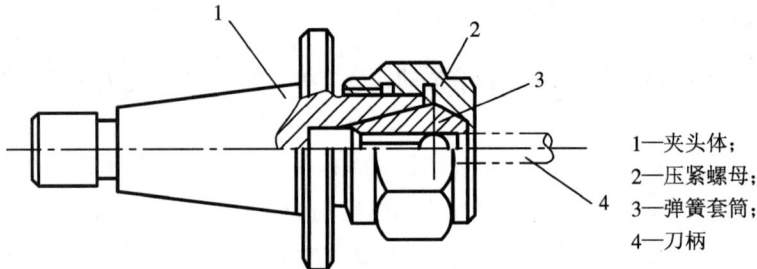

1—夹头体；
2—压紧螺母；
3—弹簧套筒；
4—刀柄

图 7 - 11　用弹簧夹头安装铣刀

7.1.2　铣削用量和切削层参数

1. 铣削用量

铣削用量包括背吃刀量 a_p、侧吃刀量 a_e、铣削速度 v_c 和进给量，如图 7 - 12 所示。

1）背吃刀量 a_p

背吃刀量是指平行于铣刀轴线测量的切削层尺寸。圆周铣削时，a_p 为被加工表面的宽度；端铣时，a_p 为切削层深度。

2）侧吃刀量 a_e

侧吃刀量是指垂直于铣刀轴线测量的切削层尺寸。圆周铣削时，a_e 为切削层深度；端铣时，a_e 为被加工表面宽度。

3）铣削速度 v_c

铣削速度是指铣刀切削刃选定点相对工件主运动的线速度。v_c 可按下式计算：

$$v_c = \pi dn/1000 \tag{7 - 2}$$

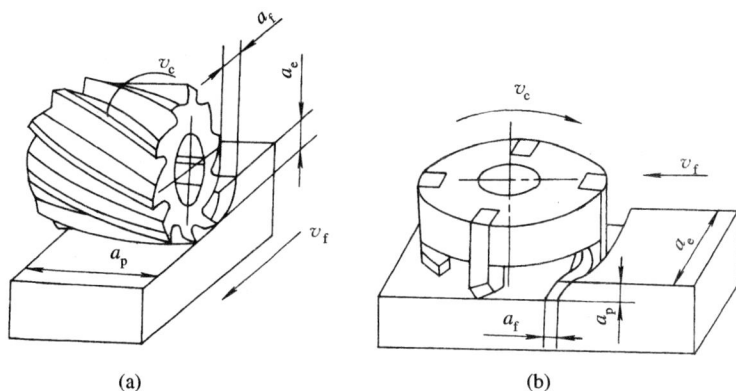

图 7-12　铣削用量要素

（a）圆周铣削；（b）端铣

式中：d——铣刀直径（mm）；

n——铣刀转速（r/min）或（r/s）。

4）铣削进给量有三种表示方法

（1）每齿进给量 a_f：是指铣刀每转一个刀齿，工件沿进给方向的位移量，单位为 mm/z。

（2）每转进给量 f：指铣刀每转一转，工件沿进给方向的位移量，单位为 mm/r。

（3）进给速度 v_f：指在单位时间内工件沿进给方向的位移量，单位为 mm/min。

通常可根据切削条件选择 a_f，然后计算出 v_f，再按 v_f 调整机床。三者关系为：

$$v_f = fn = a_f z n \qquad\qquad (7-3)$$

式中，z 为铣刀刀齿的数目。

2. 铣削切削层

铣削时铣刀相邻两个刀齿在工件上形成的加工表面之间的金属层称为切削层，如图 7-13 所示。

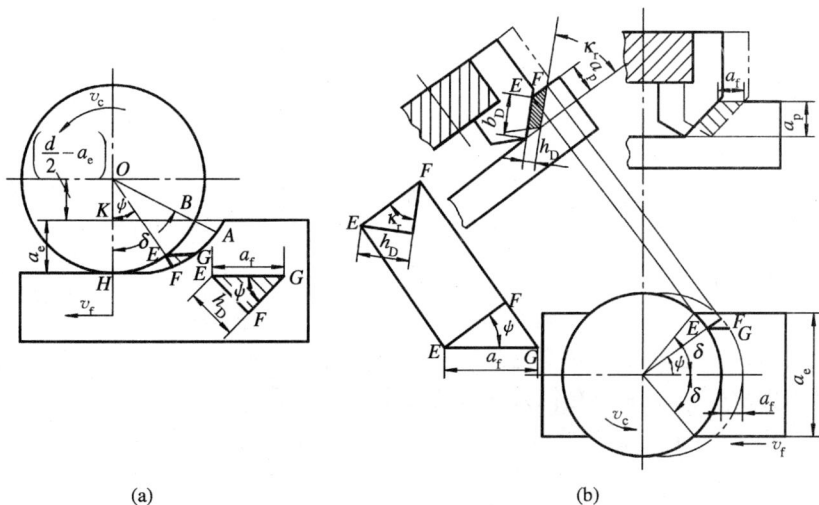

（a）　　　　　　　　　　　　　　　　　（b）

图 7-13　铣削切削层要素

（a）圆柱形铣刀的切削厚度；（b）面铣刀的切削厚度

1）切削厚度 h_D

切削厚度是指相邻两个刀齿所形成的过渡表面间的垂直距离。圆柱铣刀铣削时，当铣削刃转到 F 点时，其切削厚度为：

$$h_D = a_f \sin\psi \qquad (7-4)$$

式中，ψ 为瞬时接触角，刀齿所在位置与切入位置间的夹角。

由式（7-4）可知，刀齿在切入位置 H 点时，$\psi = 0$，$h_D = 0$；刀齿即将离开工件到 A 点时，$\psi = \delta$，$h_D = a_f \sin\delta$，即切削厚度达到最大值，可见铣削时切削厚度随刀齿所在位置不同而变化。

螺旋圆柱铣刀铣削时切削刃是逐渐切入和逐渐切离工件的，切削刃上各点的瞬时接触角不同，因此切削厚度也不相等。

图 7-13(b) 所示为端铣时切削厚度 h_D。刀齿在任意位置时切削厚度为

$$h_D = EF \sin K_r = a_f \cos\psi \sin K_r$$

由于刀齿瞬时接触角由最大变为零，然后由零变为最大，因此刀齿的切削厚度在刚切入工件时最小，然后逐渐增大，到中间位置最大，以后又逐渐减小。

2）切削宽度 b_D

切削宽度是指主切削刃参加切削时的长度，如图 7-12、图 7-13 所示。直齿圆柱铣刀的切削宽度与铣削吃刀量 a_p 相等。而螺旋圆柱铣刀的切削宽度是变化的，随着刀齿切入、切出工件，切削宽度逐渐增大，然后又逐渐减小，因而铣削过程较为平稳。

端铣时每个刀齿的切削宽度保持不变，其值为

$$b_D = \frac{a_p}{\sin K_r} \qquad (7-5)$$

3）平均总切削面积 A_{Dav}

平均总切削面积是指铣刀同时参与切削的各个刀齿的切削层横截面积之和。因铣削时铣削厚度是变化的，而螺旋圆柱铣刀的切削宽度也处于随时变化中，此外，同时工作的刀齿数也在变化，所以铣削总面积也在变化。铣刀的平均总切削面积可按下式计算：

$$A_{Dav} = \frac{a_p a_e a_f Z}{\pi d} \qquad (7-6)$$

7.1.3 铣削力

1. 铣刀所受切削力

铣削时每个工作刀齿的切削位置和切削面积在随时发生变化，因此每个刀齿所承受的切削力的大小和方向也在变化。为便于分析，假定总切削力 F 作用在某个刀齿上，并将其分解为三个互相垂直的分力，如图 7-14 所示。

（1）切向力 F_y：总切削力在铣刀切线方向上的分力，它消耗功率最多，是主切削力。

（2）径向力 F_x：总切削力在铣刀半径方向上的分力，它使刀杆产生弯曲变形。

（3）轴向力 F_z：总切削力在铣刀轴线方向上的分力。

圆周铣削时，F_x 和 F_y 的大小与螺旋圆柱铣刀的螺旋角有关；而端铣时，与面铣刀的主偏角 K_r 有关。

2. 工件所受的切削力

如图 7-14 所示，作用在工件上的切削力 F' 与作用在铣刀上的切削力 F 大小相等，方

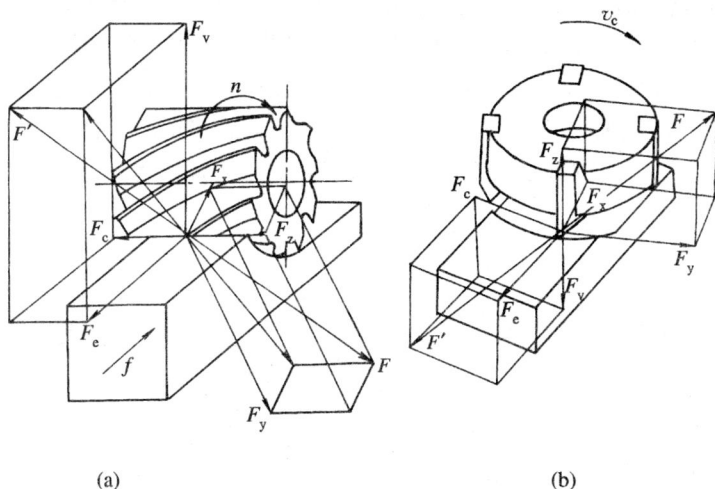

(a)   (b)

图 7 - 14 铣削力

(a) 圆柱形铣刀铣削力；(b) 面铣刀铣削力

向相反。为方便设计与测量，通常按工作台进给方向将总切削力 F' 分解为三个分力。

（1）纵向分力 F_e：总切削力在纵向进给方向的分力，它作用在纵向进给机构上，其方向随铣削方式不同而异。

（2）横向分力 F_c：总切削力在横向进给方向上的分力。

（3）垂直分力 F_v：总切削力在垂直进给方向上的分力。

表 7 - 1 列出了进给力 F_e、F_c、F_v 与切向力 F_y 的比例关系，如果求出了 F_y，即可算出各进给力。

表 7 - 1 各铣削力之间的比值

铣削条件	比 值	对称铣削	不对称铣削	
			逆 铣	顺 铣
端铣削	F_e/F_y	0.3~0.4	0.6~0.9	0.15~0.30
$a_e=(0.4~0.8)d$	F_c/F_y	0.85~0.95	0.45~0.7	0.9~1.00
$a_f=0.1~0.2 \text{ mm/z}$	F_v/F_y	0.5~0.55	0.5~0.55	0.5~0.55
圆柱铣削	F_e/F_y	—	1.0~1.20	0.8~0.90
$a_e=0.05d$	F_c/F_y	—	0.2~0.3	0.75~0.80
$a_f=0.1~0.2 \text{ mm/z}$	F_v/F_y	—	0.35~0.40	0.35~0.40

7.1.4 铣削方式

1. 圆周铣削

圆周铣削有逆铣和顺铣两种方式。

铣削时进给方向的切削分力与工件进给方向相反称为逆铣，如图 7 - 15(a)所示。逆铣时刀齿的切削厚度从零逐渐增大。当铣刀刃口钝圆半径大于瞬时切削厚度时，刀具实际切削前角为负值，刀齿在加工表面上挤压、滑行，使这段表面产生严重的冷硬层。下一个刀齿切入时，又在冷硬层上挤压、滑行，使刀齿容易磨损，同时也使工件表面粗糙度值增大。

铣削时在进给方向的切削分力与工件进给方向相同称为顺铣，如图 7-15(b)所示。顺铣时刀齿的切削厚度从最大开始，避免了挤压、滑行现象。同时，切削力始终压向工作台，避免了工件的上下振动，因而能提高铣刀耐用度和加工表面质量。但顺铣不宜用于铣削带硬皮的工件。

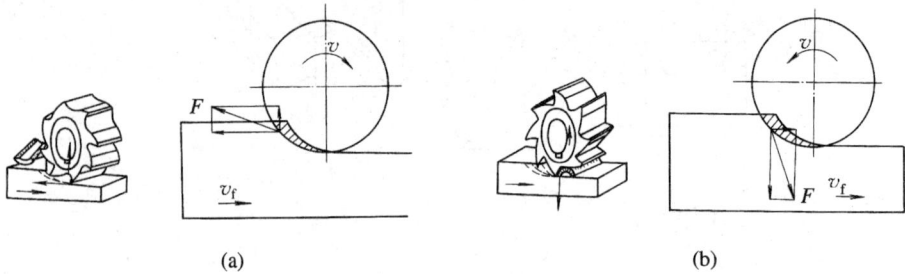

图 7-15　圆周铣削方式

(a) 逆铣；(b) 顺铣

逆铣时工件受到的纵向分力 F_e 与进给运动方向相反，铣床工作台丝杆与螺母始终接触，运动较为平稳。顺铣时工件受到的纵向分力 F_e 与进给运动方向相同，当纵向分力大于工作台摩擦力时，本来由丝杆螺母推动工作台运动变成了由铣刀带动工作台运动。这样丝杆与螺母的间隙就会造成工作台窜动，使铣削进给量不均，甚至还会打刀，因此在没有丝杆螺母间隙消除装置的铣床上，不宜采用顺铣加工，如图 7-16 所示。

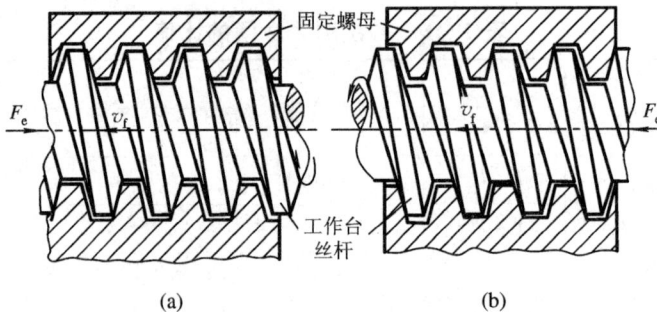

图 7-16　铣削时工作台丝杆与螺母的间隙

(a) 逆铣；(b) 顺铣

2. 端铣削

端铣削有对称铣削和不对称铣削两种方式。

当面铣刀轴线位于铣削弧长的中心位置，顺铣部分等于逆铣部分，称为对称端铣。这种铣削在切入、切出时切削厚度一样，具有较大的平均切削厚度，故一般用较小的 a_f 铣削淬硬钢时，宜用这种铣削方式，如图 7-17(a)所示。

当面铣刀轴线偏置于铣削弧长的一侧，且逆铣部分大于顺铣部分，称为不对称逆铣。这种铣削在切入时切削厚度最小，铣削碳钢和一般合金钢时，可减小切入时的冲击，如图

7-17(b)所示。当面铣刀轴线偏置于铣削弧长的另一侧,且顺铣部分大于逆铣部分,称为不对称顺铣。这种铣削在切出时切削厚度最小,用于铣削不锈钢和耐热合金时,可减小硬质合金的剥落磨损,提高切削速度 $40\% \sim 60\%$,如图 7-17(c)所示。

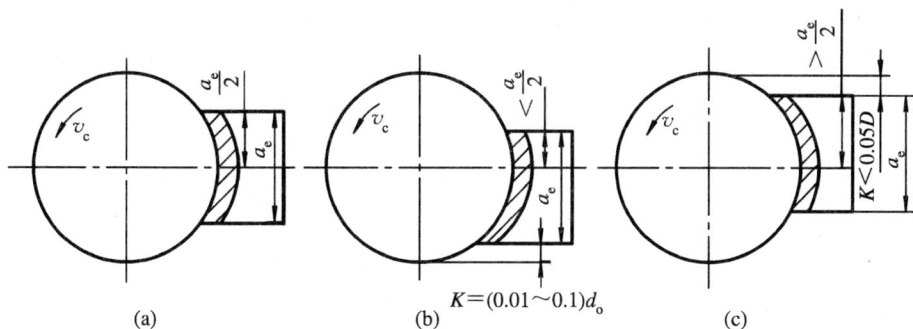

图 7-17　端铣的铣削方式
(a) 对称铣削;(b) 不对称逆铣;(c) 不对称顺铣

7.2　铣　　床

主要用铣刀在工件上加工各种表面的机床称为铣床。通常,铣刀的旋转为主运动,工件或铣刀的移动为进给运动。铣床类型很多,常用的有卧式升降台式铣床、立式升降台铣床、龙门铣床和工具铣床等,其组、系代号及主参数如表 7-2 所示。

表 7-2　常用铣床组、系代号及主参数

	组	系	名　　称	主　参　数	主参数的折算系数
铣床	2	0	龙门铣床	工作台面宽度	1/100
	3	0	圆台铣床	工作台面直径	1/100
	4	3	平面仿形铣床	最大铣削宽度	1/10
	4	4	立式仿形铣床	最大铣削宽度	1/10
	5	0	立式升降台铣床	工作台面宽度	1/10
	6	0	卧式升降台铣床	工作台面宽度	1/10
	6	1	万能升降台铣床	工作台面宽度	1/10
	8	1	万能工具铣床	工作台面宽度	1/10

下面主要介绍 X6132 型万能升降台铣床的用途、组成和传动系统等。

7.2.1　X6132 型万能升降台铣床

X6132 型万能升降台铣床的用途广泛,不同类型的铣刀,配以万能分度头、圆工作台等附件,可加工各种平面、沟槽和成形面,如图 7-1 所示。

1. X6132 型万能升降台铣床的主要参数

X6132 型万能升降台铣床的主参数是工作台面宽度，第二主参数是工作台面长度。主要技术规格如下：

工作台尺寸(长×宽)	1250 mm×320 mm
工作台最大行程	
纵向	800 mm
横向	300 mm
垂直	400 mm
工作台最大回转角度	±45°
T 型槽数	3 条
主轴转速范围(18 级)	30～1500 r/min
主轴端孔锥度	7 : 24
主轴孔径	29 mm
主轴中心线到工作台面距离	30～430 mm
主轴中心线到悬梁距离	155 mm
床身垂直导轨到工作台面中心距离	215～515 mm
刀杆直径	22、27、32 mm
进给量范围(21 级)	
纵向	10～1000 mm/min
横向	10～1000 mm/min
垂直	3.3～333 mm/min
快速进给量	
纵向与横向	2300 mm/min
垂直	766.6 mm/min
主电动机	
功率	7.5 kW
转速	1450 r/min
进给电动机	
功率	1.5 kW
转速	1410 r/min
机床外形尺寸(长×宽×高)	1831 mm×2064 mm×1718 mm

2. X6132 型万能升降台铣床的主要部件

X6132 型万能升降台铣床主要由底座、床身、悬梁、刀杆支架、主轴、工作台、床鞍、升降台、回转盘等组成，如图 7-18 所示。

床身 2 固定在底座 1 上，其内部装有主轴 5 和主变速机构，其上部的燕尾导轨安装有悬梁 3。刀杆支架 4 装在悬梁的一端，用以支承刀杆。工作台 6 可沿回转盘 7 上的燕尾导轨纵向移动，还可随回转盘一起绕床鞍 8 的垂直轴线调整一定角度。床鞍可沿升降台 9 上的矩形导轨作横向移动，升降台还可沿床身侧面导轨作垂直移动。铣床的进给变速机构装在升降台内部。

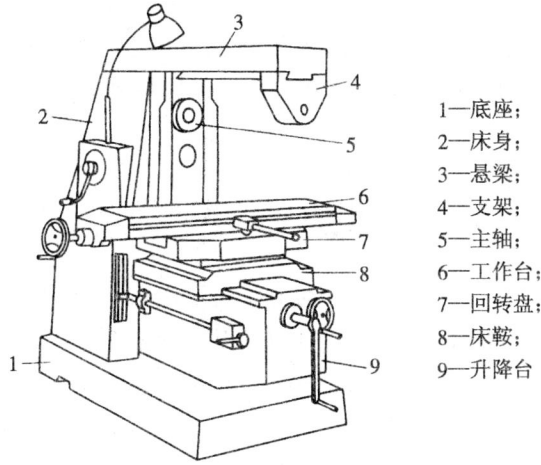

图 7-18　X6132 型万能升降台铣床外观图

1—底座；
2—床身；
3—悬梁；
4—支架；
5—主轴；
6—工作台；
7—回转盘；
8—床鞍；
9—升降台

3. X6132 型万能升降台铣床的传动系统

图 7-19 是 X6132 型万能升降台铣床的传动系统图。该铣床有主运动传动链、进给运动链和快速运动传动链。

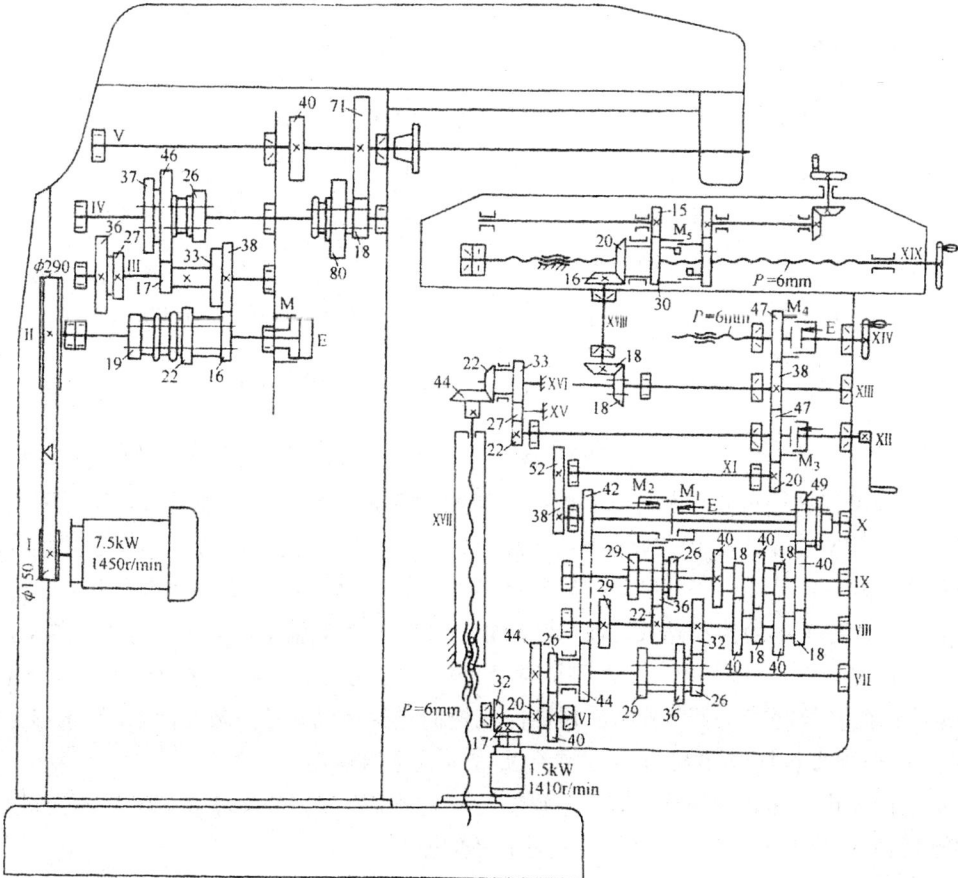

图 7-19　X6132 型万能升降台铣床传动系统图

1) 主运动传动链

主运动传动链的两端件分别是主电动机与主轴。主电动机通过主传动装置使主轴获得所需的转速、转向以及停止前的制动。主运动的传动路线表达式如下：

$$\text{电动机}(7.5\text{ kW}、1450\text{ r/min}) - \text{I} - \frac{\phi150}{\phi290} - \text{II} - \begin{bmatrix} \frac{16}{38} \\ \frac{22}{33} \\ \frac{19}{36} \end{bmatrix} - \text{III} - \begin{bmatrix} \frac{38}{26} \\ \frac{17}{46} \\ \frac{27}{37} \end{bmatrix} - \text{IV} - \begin{bmatrix} \frac{18}{71} \\ \frac{80}{40} \end{bmatrix} - \text{V}(\text{主轴})$$

主运动传动链通过三个串联的齿轮变速组，使主轴获得 $3\times3\times2=18$ 级转速。主轴的换向通过改变主电动机的正、反转实现。主轴停止前的制动由装在轴 II 右端的电磁制动器 M 实现。

2) 进给运动传动链

进给运动传动链分为纵向、横向、垂直进给以及快速移动四条传动链。四条传动链的两端件都是进给电动机和工作台。进给电动机通过进给传动装置使工作台获得纵向、横向、垂直三个方向的进给运动及快速移动。进给运动的传动路线表达式如下：

$$\text{电动机}(1.5\text{ kW}、1410\text{ r/min}) - \frac{17}{32} - \text{VI} -$$

$$\begin{bmatrix} \frac{20}{44} \end{bmatrix} - \text{VII} - \begin{bmatrix} \frac{29}{29} \\ \frac{36}{22} \\ \frac{26}{32} \end{bmatrix} - \text{VIII} - \begin{bmatrix} \frac{29}{29} \\ \frac{22}{36} \\ \frac{32}{26} \end{bmatrix} - \text{IX} - \begin{bmatrix} \frac{40}{49} \\ \frac{18}{40}\times\frac{18}{40}\times\frac{18}{40}\times\frac{18}{40}\times\frac{40}{49} \\ \frac{18}{40}\times\frac{18}{40}\times\frac{40}{49} \end{bmatrix} - M_{1合}(\text{工作进给})$$

$$\frac{40}{26} - \frac{44}{42} - M_{2合}(\text{快速移动})$$

$$- \text{X} - \frac{38}{52} - \text{XI} - \frac{20}{47} - \begin{bmatrix} \frac{47}{38} - \text{XIII} - \begin{bmatrix} \frac{18}{18} - \text{XVIII} - \frac{16}{20} - M_{5合} - \text{XIX}\ (\text{纵向进给}) \\ \frac{38}{47} - M_{4合}\ -\text{XIV}\ (\text{横向进给}) \end{bmatrix} \\ M_{3合} - \text{XII} - \frac{22}{27} - \text{XV} - \frac{27}{33} - \text{XVI} - \frac{22}{44} - \text{XVII}\ (\text{垂直进给}) \end{bmatrix}$$

分析进给传动链可知，进给电动机的运动经齿轮副 17/32 传到轴 VI 后，分为两条传动路线：一条路线经齿轮副 40/26、44/42，经电磁离合器 M_2 直接传动轴 X，是工作台快速移动路线；另一条经 20/44 传动轴 VII，然后经三个齿轮变速组，经电磁离合器 M_1 传动轴 X，是工作台正常进给传动路线。轴 X 经齿轮副 38/52 传动轴 XI 后，又分为两条传动路线：一条经齿轮副 20/47、47/38 传动轴 XIII，再经过相关齿轮副、离合器分别传动纵向丝杠（轴 XIX）或横向丝杠（轴 XIV），使工作台实现纵向或横向进给运动；另一条经齿轮副 20/47、离合器 M_3，传动垂直丝杠（轴 XVII），使工作台实现垂直进给运动。

从理论上讲工作台在纵向、横向、垂直三个方向都可获得 $3\times3\times3=27$ 种不同进给量，但轴 VII 到轴 IX 之间的 9 种传动比中有三种相等，即

$$u_1=\frac{29}{29}\times\frac{29}{29}=1；\quad u_2=\frac{36}{22}\times\frac{22}{36}=1；\quad u_3=\frac{26}{32}\times\frac{32}{26}=1$$

因此，工作台实际获得(3×3−2)×3＝21 种进给量。

纵向、横向、垂直进给运动平衡式分别如下：

$$f_{纵} = n_{电} \times \frac{17}{32} \times \frac{20}{44} \times u_{Ⅶ-Ⅷ} \times u_{Ⅷ-Ⅸ} \times u_{Ⅸ-Ⅹ} \frac{38}{52} \times \frac{20}{47} \times \frac{47}{38} \times \frac{18}{18} \times \frac{16}{20} \times L_{纵}$$

$$f_{横} = n_{电} \times \frac{17}{32} \times \frac{20}{44} \times u_{Ⅶ-Ⅷ} \times u_{Ⅷ-Ⅸ} \times u_{Ⅸ-Ⅹ} \times \frac{38}{52} \times \frac{20}{47} \times \frac{47}{38} \times \frac{38}{47} \times L_{横}$$

$$f_{垂} = n_{电} \times \frac{17}{32} \times \frac{20}{44} \times u_{Ⅶ-Ⅷ} \times u_{Ⅷ-Ⅸ} \times u_{Ⅸ-Ⅹ} \times \frac{38}{52} \times \frac{20}{47} \times \frac{22}{27} \times \frac{27}{33} \times \frac{22}{44} \times L_{垂}$$

式中：$n_{电}$——进给电动机转速(r/min)；

$u_{Ⅶ-Ⅷ}$——轴Ⅶ至轴Ⅷ之间滑移齿轮变速机构传动比；

$u_{Ⅷ-Ⅸ}$——轴Ⅷ至轴Ⅸ之间滑移齿轮变速机构传动比；

$u_{Ⅸ-Ⅹ}$——轴Ⅸ至轴Ⅹ之间滑移齿轮变速机构传动比；

$L_{纵}$、$L_{横}$、$L_{垂}$——分别是纵向、横向、垂直进给丝杠的导程。

将 $u_{Ⅶ-Ⅷ}$、$u_{Ⅷ-Ⅸ}$、$u_{Ⅸ-Ⅹ}$ 分别代入上述三式，即可计算出三个方向的进给量。

同样，可列出工作台纵向、横向、垂直三个方向快速移动的运动平衡式。

工作台纵向、横向、垂直三个方向的进给运动是互锁的，即同时只能接通一个方向的进给运动。进给运动的换向通过改变进给电动机的旋转方向实现。

7.2.2 万能分度头

万能分度头是升降台铣床所配备的重要附件之一，用它可扩展铣床的加工范围。下面以 FW250 型万能分度头为例说明分度头的用途、结构及调整方法。

1. 分度头的用途

(1) 由分度头主轴带动工件绕轴线回转一定角度，完成等分或不等分的分度工作，以加工六角头、花键、直齿圆柱齿轮等。

(2) 通过挂轮机构将分度头主轴与工作台丝杠联系起来，组成一条以分度头主轴与工作台纵向丝杠为两端件的内联系传动链，以加工各种螺旋表面、阿基米德螺线凸轮等。

(3) 用卡盘装夹工件并使工件轴线相对于铣床工作台倾斜一定角度，以加工与工件轴线相交成一定角度的沟槽、平面、直齿锥齿轮、齿形离合器等。

2. 分度头的结构

图 7-20 所示是 FW250 型万能分度头的结构与传动系统图。主轴 10 装在回转体 9 内，回转体以两侧轴颈支承在底座 11 上。这种结构可使主轴轴线在垂直平面内调整一定角度，以适应各种工件的加工。分度头主轴是一空心轴，两端做有莫氏 4 号锥孔。主轴前端莫氏锥孔用于安装心轴或顶尖，外锥定位面用于安装三爪定心卡盘。主轴后端莫氏锥孔用于安装挂轮轴，经挂轮与侧轴 6 连接，实现差动分度。分度头由底座底面上两个定位键 14 在工作台上准确定位，由 T 型螺栓将其紧固在工作台上。

分度头侧轴 6 经挂轮还可与工作台纵向进给丝杠连接，形成分度头主轴与工作台纵向丝杠之间的内联系传动链。分度头主轴分度时，转过的角度由分度手柄 12 借助分度盘 4 上的孔来控制。分度手柄经传动比为 1/1 的齿轮副、1/40 的蜗杆副传动主轴。分度手柄转到所需转数时，将分度定位销 13 插入分度盘相应的孔中，定位销可在手柄另一端的长槽中沿分度盘半径方向移动，以选择不同孔圈。

FW250 型万能分度头备有两块分度盘，每块分度盘前后两面皆有孔，正面 6 圈孔，反面 5 圈孔。它们的孔数分别为

第一块　正面每圈孔数：24，25，28，30，34，37；
　　　　　反面每圈孔数：38，39，41，42，43。
第二块　正面每圈孔数：46，47，49，51，53，54；
　　　　　反面每圈孔数：57，58，59，62，66。

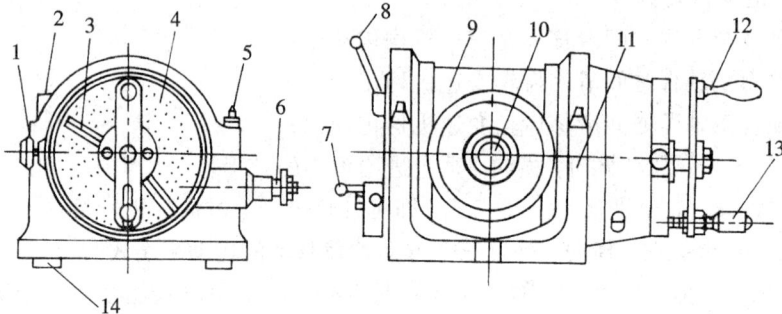

(a)

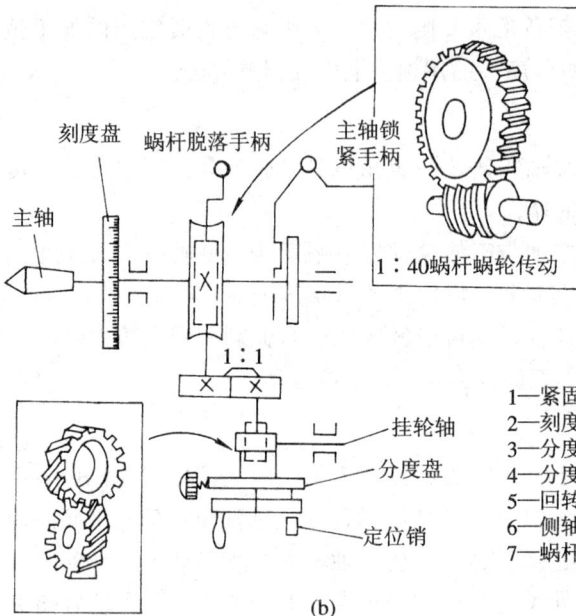

1—紧固螺钉；	8—主轴锁紧手柄；
2—刻度盘；	9—回转体；
3—分度叉；	10—主轴；
4—分度盘；	11—底座；
5—回转体锁紧螺钉；	12—分度手柄；
6—侧轴；	13—定位销；
7—蜗杆脱落手柄；	14—定位键

(b)

图 7-20　FW250 型万能分度头
(a) FW250 型万能分度头结构图；(b) FW250 型万能分度头传动图

3. 分度方法

1）简单分度法

直接利用分度盘进行分度的方法称为简单分度法。这种方法适用于直齿圆柱齿轮、链

轮、花键等零件的加工，主要用在加工件的分度数与分度头传动系统中的 40 可相约的场合。分度时用分度盘紧固螺钉锁定分度盘，拔出定位销转动分度手柄，通过传动系统使分度主轴转过所需的分度数，然后将定位销插入分度盘上与分度数对应的孔中。

由分度头传动系统可知，蜗杆副的传动比为 1：40，即分度手柄转 40 圈，分度头主轴转 1 转。设被加工工件所需分度数为 Z，每次分度时分度头主轴应转过 $1/Z$ 转，此时手柄的转数可按下式求得：

$$n_手 = \frac{1}{Z} \times \frac{40}{1} \times \frac{1}{1} = \frac{40}{Z}$$

为使分度时容易记忆，可将上式写成如下形式

$$n_手 = \frac{40}{Z} = a + \frac{p}{q}$$

式中：a——每次分度时手柄转过的整转数（当 $40/Z < 1$ 时，$a = 0$）；

　　　q——所用孔盘中孔圈的孔数；

　　　p——手柄转过整数转后，在 q 孔的孔圈上转过的孔间距数。

分度时 q 值尽量取分度盘上能实现分度的较大值，可使分度精度高些。为防止由于记忆出错而导致分度操作失误，可调整分度叉 3 的夹角，使两分度叉以内的孔数在 q 孔的孔圈上包含 $(p+1)$ 孔，这样每次分度插销插入孔中时就可清楚地识别。

举例：在铣床上加工齿数 $Z = 32$ 的直齿圆柱齿轮时，用 FW250 型万能分度头的分度情况如下：

$$n_手 = \frac{40}{Z} = \frac{40}{32} = 1 + \frac{1}{4} = 1 + \frac{7}{28}$$

每次分度时，手柄转过 5/4 转，当手柄转过一整转后，就在孔数为 28 的孔圈上再转过 7 个孔距。

2) 差动分度法

当需要分度数为 73、83、113 等时，既不能与 40 相约，分度盘上又没有相应孔数的孔圈，这时就不能用简单分度法，而要用差动分度法，如图 7-21 所示。

当对分度数为 Z（假定 $Z > 40$）的工件进行分度时，手柄应转 $40/Z$ 转，其定位插销相应从 A 转到 C，由于 C 点没有相应的孔，定位销无法插入，故不能用简单分度法。

为了在分度盘现有孔数下进行分度，可选择一个非常接近分度数 Z 的假定分度数 Z_0，再以假定分度数 Z_0 进行分度；手柄转 $40/Z_0$ 转，定位插销相应从 A 转到 B，与分度数 Z 的定位点 C 相差 $\frac{40}{Z} - \frac{40}{Z_0}$ 转。为补偿这一差值，可在手柄转 $40/Z$ 的同时，使分度盘从 B 点转到 C 点。为此，用挂轮 Z_1、Z_2、Z_3、Z_4 将分度头主轴与侧轴联系起来，再经螺旋齿轮副使分度盘回转，以补偿所需角度。中间轮用于改变分度盘的转向，如图 7-21(a)、(b) 所示。因此，当手柄转过所需的 $40/Z_0$ 转时，经上述传动路线使分度盘也转 $\frac{40}{Z} - \frac{40}{Z_0}$ 转，定位插销即可准确定位。

差动分度时手柄轴与分度盘之间的运动关系如下

$$手柄转 \frac{40}{Z_0} 转 —— 分度盘转 \frac{40}{Z} - \frac{40}{Z_0} 转$$

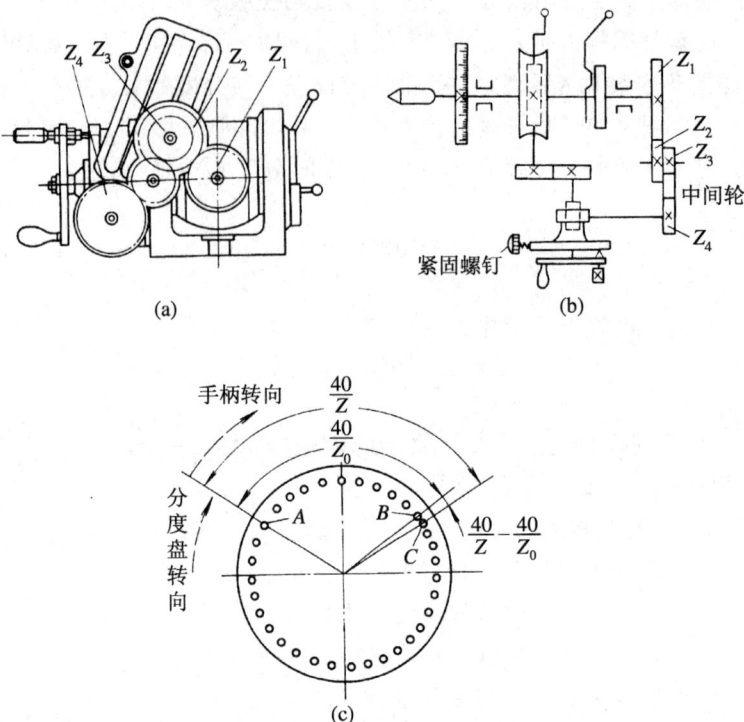

图 7-21　差动分度法

（a）差动分度挂轮；（b）差动分度传动；（c）差动分度原理

差动传动链运动平衡式

$$\frac{40}{Z} \times \frac{1}{1} \times \frac{1}{40} \times \frac{Z_1}{Z_2} \times \frac{Z_3}{Z_4} \times \frac{1}{1} = \frac{40}{Z} - \frac{40}{Z_0} = \frac{40(Z_0 - Z)}{ZZ_0}$$

整理上式得挂轮配换公式：

$$\frac{Z_1}{Z_2} \times \frac{Z_3}{Z_4} = \frac{40(Z_0 - Z)}{Z_0}$$

式中：Z——实际分度数；

Z_0——假定分度数。

注意：选取的 Z_0 应接近 Z，可与 40 相约，且有相应的挂轮，使得调整计算易于实现。当 $Z_0 > Z$ 时，分度盘旋转方向与手柄转向相同；当 $Z_0 < Z$ 时，分度盘旋转方向与手柄转向相反。

FW250 型万能分度头配备有 12 个挂轮，分别是：25（两个）、30、35、40、50、55、60、70、80、90 和 100。

举例：应用 FW250 型万能分度头在铣床上加工 $Z = 73$ 的直齿圆柱齿轮，具体分度如下：

因齿数 73 无法与 40 相约，分度盘又无 73 孔的孔圈，故只能用差动分度法。

取假定分度数 75，于是

$$n_手 = \frac{40}{Z_0} = \frac{40}{75} = \frac{8}{15} = \frac{16}{30}$$

计算出挂轮数为

$$\frac{Z_1}{Z_2} \times \frac{Z_3}{Z_4} = \frac{40(Z_0 - Z)}{Z_0} = \frac{40(75-73)}{75} = \frac{80}{75} = \frac{16}{15} = \frac{4 \times 4}{3 \times 5} = \frac{80 \times 40}{60 \times 50}$$

因 $Z_0 > Z$，所以分度盘旋转方向应与手柄转向相同。

4. 铣螺旋槽的调整计算

在万能升降台铣床上使用分度头加工螺旋槽，分度头主轴与工作台纵向丝杠之间应形成加工螺旋槽所需的内联系传动链，即工件转一转，工作台准确移动一个导程的运动关系。与此同时，还要保证工件轴线与刀具旋转平面之间夹角为工件的螺旋角 β，对于多条螺旋槽的工件，在加工完一条螺旋槽后，还要进行分度。具体调整计算如下：

（1）工件装夹在分度头主轴顶尖与顶尖座之间，其轴线与工作台运动方向一致。铣右旋螺旋槽时，工作台绕垂直轴线逆时针偏转一个 β 角，使切削方向与螺旋槽方向一致。同样，铣左旋螺旋槽时，工作台绕垂直轴线顺时针偏转一个 β 角，如图 7-22(a)所示。

（2）工作台纵向丝杠通过 Z_1、Z_2、Z_3、Z_4 与分度头主轴连接，如图 7-22(b)所示。当工作台纵向进给时，经挂轮及分度头内部的传动机构使分度头主轴旋转，实现加工螺旋槽的运动要求。整个加工过程中定位插销应插在分度盘的定位孔中，不能随意拔出。

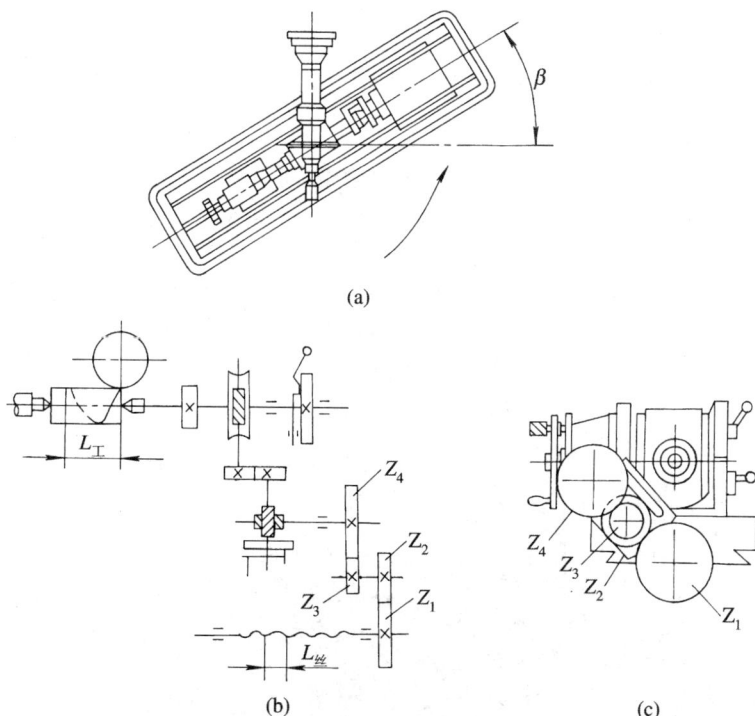

(a)

(b)　　　　　　　　　　　　(c)

图 7-22　铣削螺旋槽的调整

（a）工作台偏转 β；（b）、（c）铣螺旋槽的传动系统

工作台纵向移动与分度头主轴旋转的运动关系：

分度头主轴带动工件转一转——工作台带动工件纵向移动一个工件导程 $L_工$；

分度头主轴与工作台的运动平衡式：

$$\frac{L_{\text{工}}}{L_{\text{丝}}} \times \frac{Z_1}{Z_2} \times \frac{Z_3}{Z_4} \times \frac{1}{1} \times \frac{1}{1} \times \frac{1}{40} = 1$$

化简后得挂轮配换公式:

$$\frac{Z_1}{Z_2} \times \frac{Z_3}{Z_4} = \frac{40L_{\text{丝}}}{L_{\text{工}}}$$

式中:$L_{\text{工}}$——工件螺旋导程(mm);

$L_{\text{丝}}$——工作台纵向丝杠导程(mm)。

螺旋槽导程按下式计算:

$$L_{\text{工}} = \frac{\pi D}{\tan\beta}$$

式中:β——工件螺旋角;

D ——工件计算直径;

$L_{\text{工}}$——工件螺旋槽导程。

(3) 对于多条螺旋槽,加工完一条螺旋槽后,按简单分度法对工件进行分度。

(4) 加工不同旋向的螺旋槽,工件的旋转方向也不同。正确的确定介轮,可保证在加工中工件的正确转向。

7.2.3　其他铣床简介

1. 立式升降台铣床

立式升降台铣床主要由立铣头 1、主轴 2 、工作台 3、床鞍 4 和升降台 5 组成,如图 7-23 所示。立式升降台铣床与卧式升降台铣床的区别仅在于主轴为立式布局。主轴 2 安装在立铣头 1 内,可沿轴线进给或手动调整位置。立铣头在垂直平面内可向左或向右回转

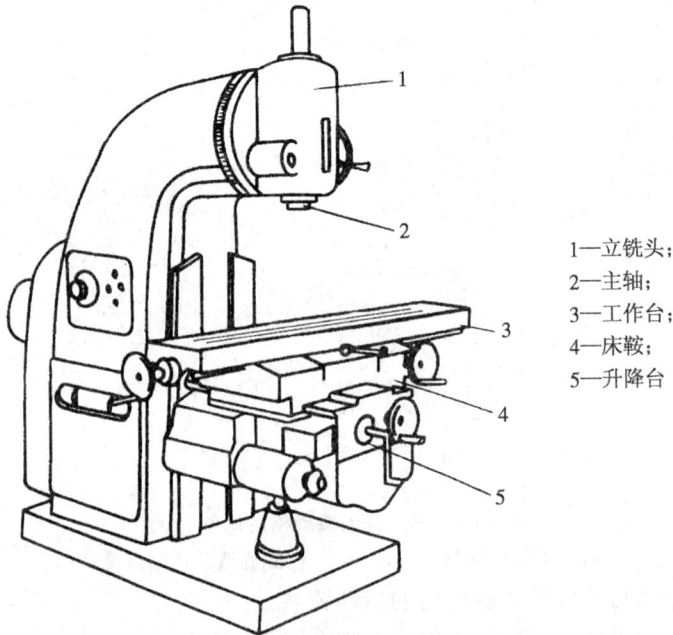

1—立铣头;
2—主轴;
3—工作台;
4—床鞍;
5—升降台

图 7-23　立式升降台铣床

45°，使主轴相对工作台面倾斜成所需角度，以扩大加工范围。立式铣床的其他部件，如工作台、床鞍、升降台等的结构与卧式升降台铣床相同。

立式铣床上可安装面铣刀或立铣刀加工平面、沟槽、斜面、台阶等表面。

2. 龙门铣床

龙门铣床主要由床身、工作台、立柱、横梁、水平铣头、垂直铣头等组成，如图 7-24 所示。立柱 5、7 和顶梁 6 构成龙门式框架，两个垂直铣头 4、8 和两个水平铣头 2、9 分别安装在横梁 3 和两个立柱的导轨上，可沿各自导轨作调整移动。每个铣头都是一个独立的主传动部件，包括单独电动机驱动、传动机构、变速机构、操纵机构等。工作台 1 安装在床身 10 的导轨上，加工时工作台 1 带动工件作纵向进给运动。各铣刀的切深运动由主轴套筒带动主轴做轴向移动来实现。

龙门铣床是一种大型高效能通用机床，主要用于加工各类大型工件上的平面、沟槽，借助于附件还可完成对斜面、孔的加工。在龙门铣床上不仅可进行粗加工、半精加工，而且还可进行精加工，因此广泛地用于大批量的生产场合。

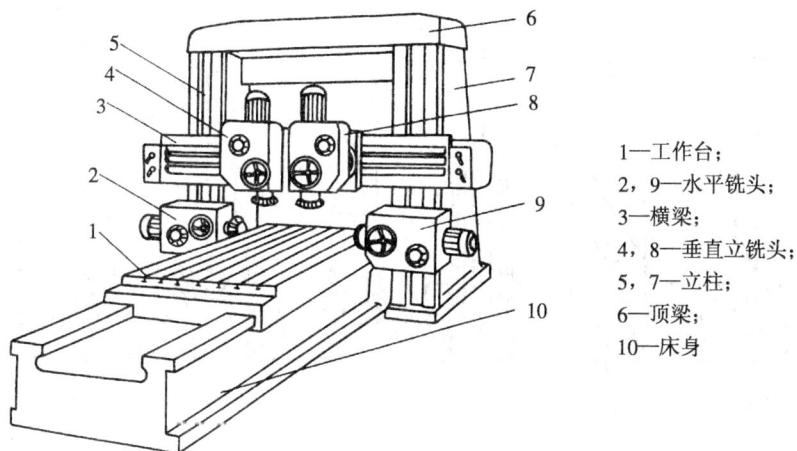

1—工作台；
2，9—水平铣头；
3—横梁；
4，8—垂直立铣头；
5，7—立柱；
6—顶梁；
10—床身

图 7-24　龙门铣床

第8章 钻削加工与钻床

8.1 钻 削 加 工

用钻头或扩孔钻、锪钻、铰刀在工件上加工孔的方法称为钻削加工。常见的钻削加工有钻孔、扩孔、锪孔、铰孔等，如图8-1所示。钻削加工一般在台式钻床、立式钻床、摇臂钻床上进行，也可以在车床、铣床、镗床或专用机床上进行。此外，利用钻夹具还可以钻削有一定相互位置精度的孔系。

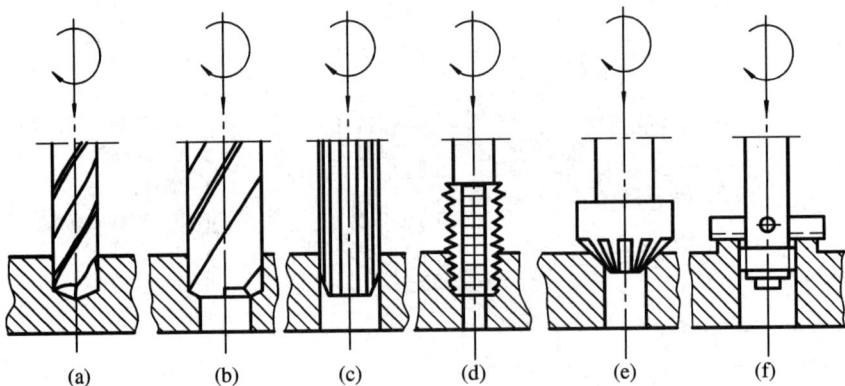

图8-1 钻削加工的范围
(a) 钻孔；(b) 扩孔；(c) 铰孔；(d) 攻螺纹；(e) 锪埋头孔；(f) 锪端面

8.1.1 钻孔

用钻头在实体材料上加工孔的方法称为钻孔。在钻床上钻削时，钻头的旋转运动为主运动，钻头的轴向移动为进给运动。钻孔常用于孔的粗加工，精度等级一般在 IT12～IT11，表面粗糙度 Ra 为 $50\sim12.5~\mu m$。

钻头的种类很多，常用的有中心钻、扁钻、麻花钻和深孔钻等，其中，麻花钻最为典型，应用也最为广泛。

1. 麻花钻

1）麻花钻的组成

麻花钻由柄部、颈部和工作部分组成，如图8-2所示。

（1）柄部：用于安装并传递钻削力和扭矩。钻头直径小于13 mm时，采取圆柱柄，钻削时由钻卡夹持；钻头直径大于12 mm时，采用圆锥柄，钻削时直接插入钻套。扁尾主要是为了防止钻削时锥柄在钻套中打滑。

（2）颈部：用于连接柄部和工作部分，是磨削钻头外圆时的退刀槽和打印标志之处。

（3）工作部分：由导向和切削两部分组成。导向部分是麻花钻的螺旋槽部分。**螺旋槽**是排屑通道，两条棱边起导向作用。切削部分是钻头前端有切削刃的部分。切削部分由两个前刀面、后刀面、副后刀面组成，如图 8-3 所示。前刀面是螺旋面；后刀面由刃磨决定，可以是螺旋面或特殊曲面等；副后刀面是刃带棱面。前刀面与后刀面相交形成两条主切削刃，前刀面与棱边相交形成两条副切削刃，两后刀面相交形成横刃。

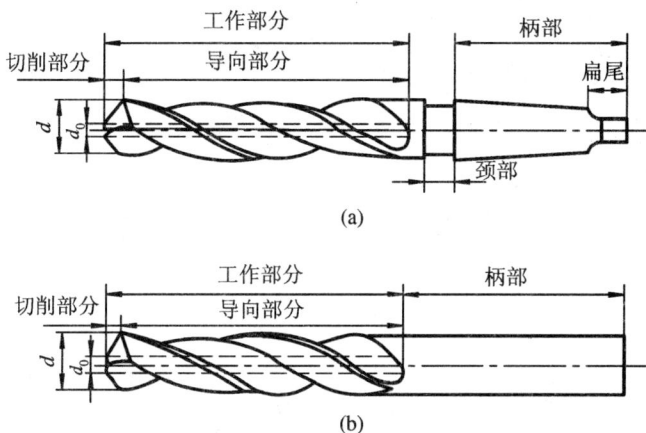

图 8-2　麻花钻的组成

（a）锥柄麻花钻；（b）直柄麻花钻

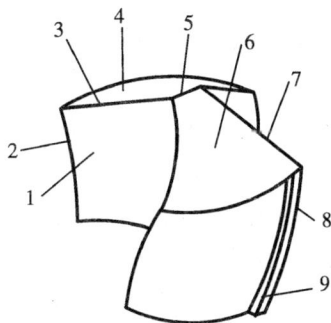

1—前刀面；2，8—副切削刃；3，7—主切削刃；
4，6—后刀面；5—横刃；9—副后刀面

图 8-3　麻花钻切削部分的组成

2）麻花钻结构参数

麻花钻的结构参数是指在钻头制造中控制的参数，是决定麻花钻几何形状的独立参数。

（1）直径 d：是指在切削部分测量的两刃间垂直距离。直径选用标准系列尺寸。直径向尾部方向成倒锥，其倒锥量为 $(0.05 \sim 0.12)/100$ mm。

（2）钻心直径 d_0：是指与两条螺旋槽沟底相切圆的直径。钻芯直径影响着钻头的刚性和容屑截面。当 $d>13$ mm 时，$d_0=0.125\sim0.15d$。为提高钻头刚性，钻芯直径从切削部分到尾部成正锥。一般钻芯正锥量为$(1.4\sim2)/100$mm。

（3）螺旋角 β：麻花钻外缘螺旋线与钻头轴线的夹角称为螺旋角，相当于副切削刃的刃倾角，如图 8-4 所示。主切削刃任意点 x 的螺旋角 β_x 可由下式计算：

$$\tan\beta_x = \frac{2\pi r_x}{L} = \frac{2\pi r r_x}{Lr} = \frac{r_x}{r}\tan\beta$$

式中：r_x——切削刃上 x 点的半径（mm）；

r——钻头半径（mm）；

L——螺旋槽导程（mm）。

上式说明，麻花钻在不同直径处螺旋角不等，越靠近中心处螺旋角越小。标准麻花钻直径在 9 mm 内，$\beta=18°\sim30°$；直径在 $9\sim100$ mm 内，$\beta=30°$，直径愈大则螺旋角愈大。麻花钻螺旋角一般为右旋。

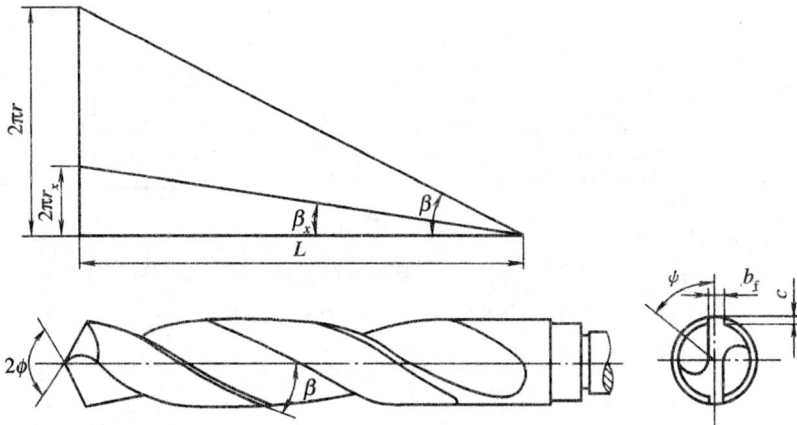

图 8-4　麻花钻螺旋角

3）麻花钻几何角度

（1）顶角 2ϕ：是指麻花钻两主切削刃在中剖面投影的夹角。标准麻花钻的顶角一般为 118°。顶角越小主切削刃越长，单位切削刃上的负荷减小，轴向力小，定心作用较好。如果顶角过小，则强度减弱，扭矩增大，钻头容易折断。

（2）主切削刃角度：主要有主偏角、前角和后角等。主切削刃上各点的主偏角、前角、后角沿主切削刃是变化的。其中前角在外缘处最大，约为 30°，靠近横刃处约为 -30°；后角外缘处最小约为 10°，在横刃与主切削刃交接处最大，约为 25°。

（3）横刃角度：主要有横刃斜角、横刃前角和横刃后角。其中，横刃斜角一般为 50°～ 55°；横刃前角一般为 -54°～-60°，横刃后角一般为"90°-前角"。

要详细了解麻花钻几何角度，请参阅有关资料。

2. 钻削过程

1）钻削用量与切削层参数

（1）钻削用量：是指钻削深度 a_p、进给量 f、切削速度 v，如图 8-5 所示。因钻头有两条主切削刃，故：

切削深度 a_p(mm)　　　　　　　　$a_p = d/2$

每刃进给量 f_z(mm/z)　　　　　　$f_z = f/2$

切削速度 v(m/min)　　　　　　　$v = \pi d n / 1000$

式中：d——钻头的直径(mm)

　　　f——钻头进给量(mm/r)

　　　n——工件或钻头转速(r/min)

（2）钻削切削层参数：钻削切削层参数包括：

切削宽度 b_D(mm)　　　　　　　$b_D \approx d/(2\sin\phi)$

切削厚度 h_D(mm)　　　　　　　$h_D \approx f\sin\phi/2$

每刃切削面积 A_{De}(mm²)　　　　$A_{De} = fd/4$

总切削面积 A_D(mm²)　　　　　　$A_D = fd/2$

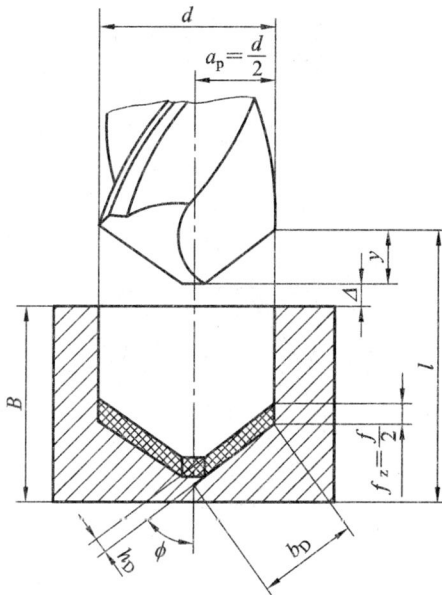

图 8-5　钻削用量与钻削参数

2）钻削用量选择

（1）钻头直径：由工艺尺寸决定，尽可能一次钻出所要求的孔。当机床性能不允许时，才采用先钻孔再扩孔的工艺。确实需要扩孔的，钻孔直径取孔径的 50%～70%。

（2）进给量：钻头进给量一般受钻头的刚性与强度限制。只有大直径钻头才受机床进给机构动力与工艺系统刚性的限制。普通钻头进给量可按下面经验公式估算：

$$f = (0.01 \sim 0.02)d$$

合理修磨的钻头进给量可选用 $f = 0.03d$，直径小于 3～5 mm 的钻头，常用手动进给。

（3）切削速度：高速钢钻头的切削速度推荐按表 8-1 数值选用，也可参考有关手册、资料选取。

表 8-1 高速钢钻头切削速度(m/min)

加工材料	低碳钢	中高碳钢	合金钢不锈钢	铸铁	铝合金	铜合金
钻削速度 v	25～30	20～25	15～20	20～25	40～70	20～40

3) 钻削力

钻头的每一个切削刃都会产生切削力，包括切向力(主切削力)、背向力(径向力)和进给力(轴向力)。当左右切削刃对称时，背向力抵消，最终构成对钻头影响的是进给力 F_f 与钻削扭矩 M_c，如图 8-6 所示。

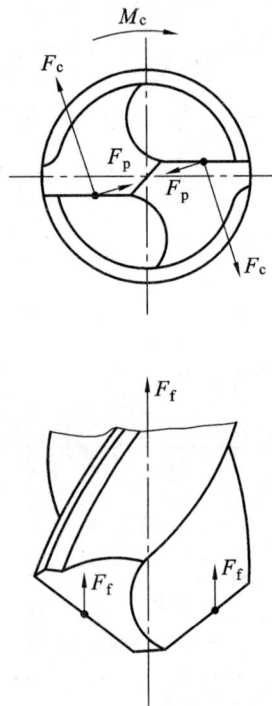

图 8-6 钻削力

通过钻削实验，测量钻削力，可知影响钻削力的因素与规律。钻头各切削刃上产生切削力的比例大致如表 8-2 所示。

表 8-2 钻削力的分配

钻削力 ＼ 切削刃	主切削刃	横刃	刃带
进给力	40%	57%	3%
扭矩	80%	8%	12%

3. 麻花钻的修磨

麻花钻的主要缺陷是：主切削刃各点的前角相差较大，从外缘到钻心处，有+30°～−30°，故切削条件较差；主切削刃各点切削速度的大小方向差别极大，故断屑和排屑困难；横刃较长，其前角为负值，故钻削轴向力大、定心性差；主切削刃与棱边交接处切削速度最高，副后角为零，故磨损最快。但对麻花钻进行合理地修磨可有效改善其结构上的缺陷。

麻花钻的修磨是指将普通麻花钻按不同的加工要求对横刃、主切削刃、前后刀面进行附加的刃磨。钻头修磨源于手工，经多年实践，目前已将合理修磨而创造出来的先进钻头进行定型，用专用机床或夹具进行刃磨。

1）修磨横刃

修磨横刃的目的是增大钻尖部分的前角、缩短横刃长度，以降低进给力。图 8-7(a)所示为十字形修磨。横刃磨出十字形，长度不变，刃倾角仍为零度，但显著增大了横刃的前角。图 8-7(b)所示为内直刃修磨，将钻尖磨出内直刃，既缩短了横刃长度，又增大了钻心处的前角，同时也加大了钻尖的容屑空间。这样既保证钻尖的强度，又显著降低了钻削的进给力。

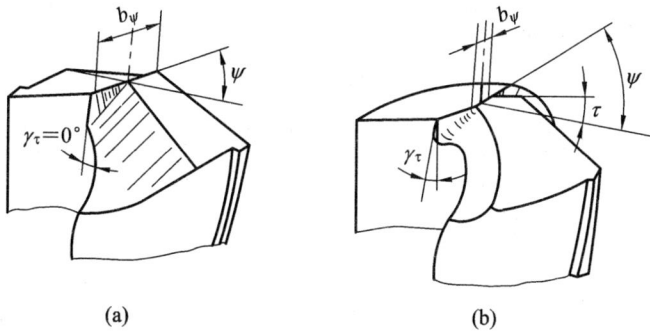

图 8-7　修磨横刃
(a) 十字形修磨；(b) 内直刃修磨

2）修磨主切削刃

修磨主切削刃的目的是改变刃形或顶角，以增大前角，控制分屑和断屑。

图 8-8(a)所示是磨出了内凹的圆弧刃，加强钻头的定心作用，有助分屑和断屑。这种修磨形式可用于不规则的毛坯扩孔以及薄板的钻孔。

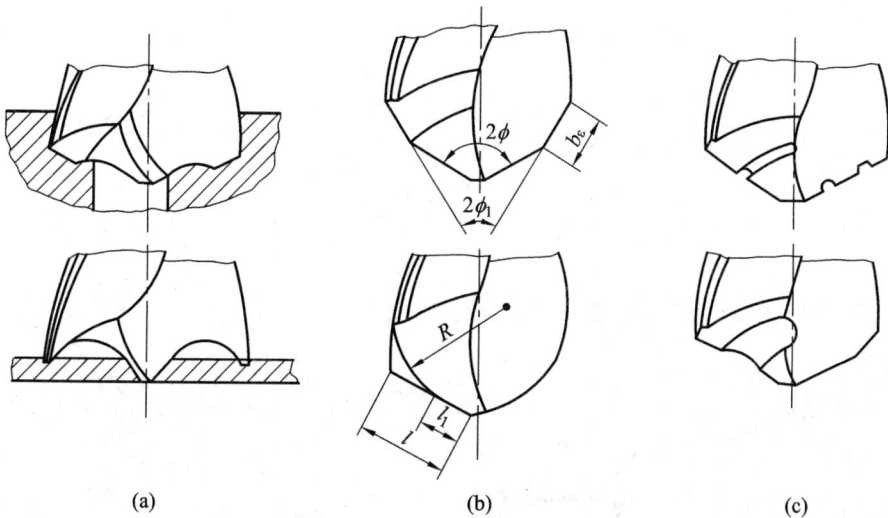

图 8-8　主切削刃的修磨
(a) 内凹圆弧刃；(b) 多重顶角或凸圆弧刃；(c) 分屑槽

　　图 8-8(b)所示是磨出双重或多重顶角,或磨出外凸圆弧刃。这样可改善钻刃外缘处的散热条件,提高钻头寿命。

　　图 8-8(c)所示是磨出分屑槽,便于排屑。分屑槽可交错开、单边开或磨出阶梯刃。

　　3)修磨前刀面

　　修磨前刀面的目的是改变前角的分布,增大或减小前角,或改变刃倾角。

　　图 8-9(a)所示是将外缘磨出倒棱前面。减小前角,增大进给力,避免钻孔时"扎刀"现象。适用于钻黄铜、塑料和胶木。

　　图 8-9(b)所示是沿切削刃磨出倒棱,增加刃口强度,适用于钻削较硬的材料。

　　图 8-9(c)所示是在前刀面磨出卷屑槽,增大前角,适用于切削软材料。

　　图 8-9(d)所示是在前刀面磨出大前角及正的刃倾角,控制切屑向孔底方向排出,适用于精钻扩孔。

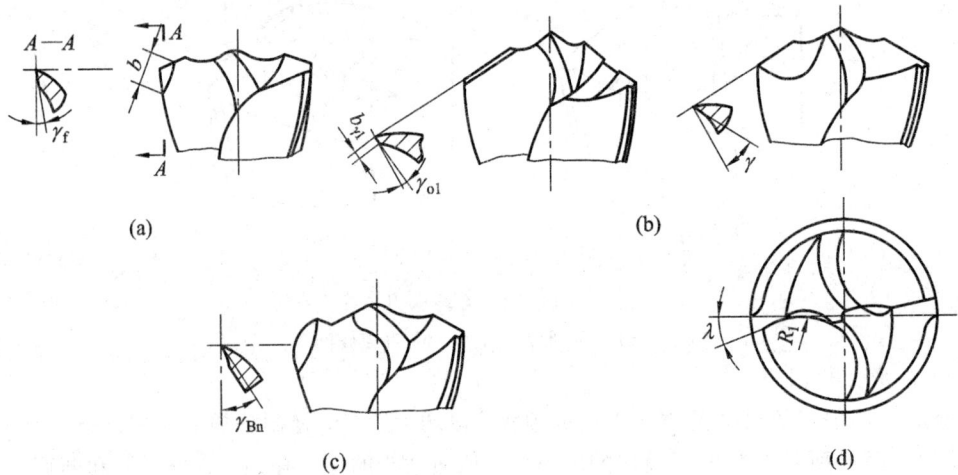

图 8-9　修磨前刀面

(a)外缘倒棱前面;(b)切削刃倒棱;(c)磨出卷屑槽;(d)大前角及正刃倾角

　　4)修磨后刀面及刃带

　　修磨后刀面的目的是在不影响钻刃强度下,增大后角,以增大钻槽容屑空间,改善冷却效果。如图 8-10 所示,将后面磨出双重后角。修磨刃带的目的是减少刃带宽度,磨出副后角,以减少刃带与孔壁的摩擦。

　　以上修磨形式在实用中通常同时选用两种或三种组合使用。

　　4. 深孔钻削

　　深径比 $L/D \geqslant 5$ 的孔为深孔。其中,对于 $L/D=$ 5~20 的孔称为普通深孔,其加工可用深孔刀具或加长麻花钻在车床或钻床上进行;对于 $L/D=20\sim100$ 的孔称为特殊深孔,其加工需专用深孔刀具在深孔加工机床上进行。

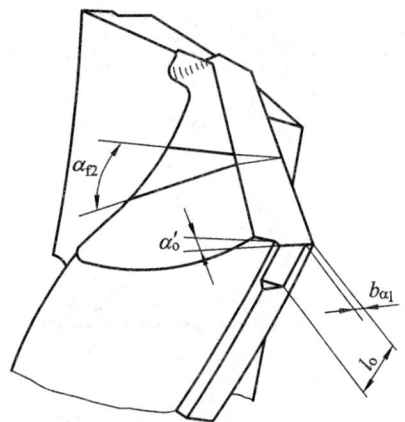

图 8-10　修磨后刀面及刃带

　　钻削深孔时，一般工件作旋转的主运动，钻头作轴向进给运动。

　　钻削深孔时，由于切削液不易到达切削区域，切削热不易散出，排屑困难，加之刀具细长，刚性差，所以钻孔时容易产生引偏和振动。为保证深孔加工的质量和刀具的耐用度，深孔钻必须要解决好排屑、冷却、润滑和导向等问题。

　　根据切削液输入方式不同，深孔钻可分为内排屑深孔钻、外排屑深孔钻和喷吸钻等。

　　1）错齿内排屑深孔钻

　　图 8-11 所示为错齿内排屑式深孔钻的工作原理图。钻头由钻体、分布在不同圆周上的三个切削刃（1、2、3）和两个导向块（A、B）组成，如图 8-11（a）所示。钻孔时高压切削液通过钻杆与孔壁之间的间隙输入切削区，起冷却润滑作用；同时，通过钻头体内的排屑孔（C、D）和钻杆的内孔把切屑排出，如图 8-11（b）所示。交错排列的刀齿可以实现分屑，便于切屑排出。分布在钻头前端圆周上的硬质合金条，使钻头支承在孔壁上，起导向作用。

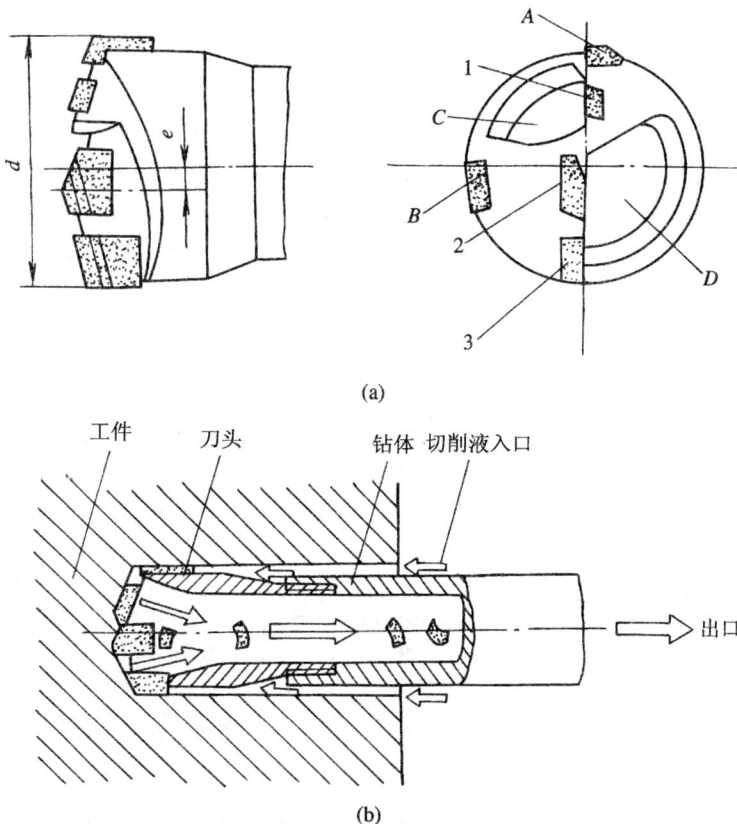

(a)

(b)

图 8-11　内排屑深孔钻工作原理图

（a）钻头结构；（b）工作原理

　　2）外排屑深孔钻

　　图 8-12 所示为外排屑深孔钻工作原理图。采用外排屑深孔钻时，具有压力的切削液从钻杆与钻头的内孔（月牙形）中进入切削区，实现冷却与润滑；同时切屑从钻头及钻杆外表面与孔壁所形成的扇形排屑槽中排出。因切屑是从钻头体外排出，故称外排屑。这种深

孔钻适合于加工孔径 2～20 mm，精度为 IT l0～IT8，表面粗糙度 Ra 为 3.2～0.8 μm，$L/D > 100$ 的深孔。

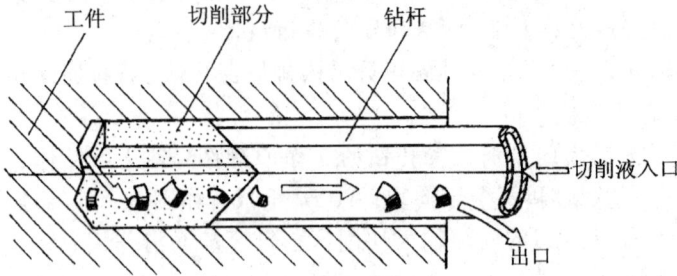

图 8-12　外排屑深孔钻工作原理图

3）喷吸钻

喷吸钻利用了流体喷射效应，即当高压流体经过一个狭小的通道（喷嘴）高速喷射时，射流周围便形成了低压区，使切削液排出的管道产生压力差，而形成一定"吸力"，从而加速切削液和切屑的排出。

图 8-13 所示是喷吸钻工作原理图。喷吸钻由钻头 4、内管 5 和外管 6 三部分组成。工作时具有一定压力的切削液，进入联接器 7，其中 2/3 切削液通过内管和外管之间的间隙，经钻头上的 6 个均布的径向小孔输入到切削区，用于冷却与润滑；1/3 切削液经内管壁上的月牙小槽喷入管内，使内管前、后端形成压力差而产生"吸力"，从而加速切削液和切屑的排出。

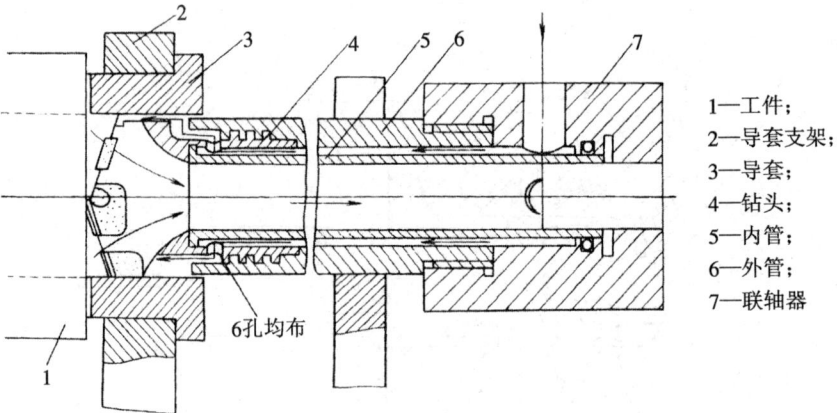

1—工件；
2—导套支架；
3—导套；
4—钻头；
5—内管；
6—外管；
7—联轴器

图 8-13　喷吸钻工作原理图

5. 钻削的特点

（1）刀具刚性差。钻削刀具由于受被加工孔的限制，长径比大，故刚性较差。

（2）钻孔排屑困难。钻削多在半封闭状态下进行，容屑空间小，故排屑不畅。

（3）加工直观性差。钻削过程难以观察，只能根据切屑形状、振动等判断加工情况。

（4）钻头规格品种多。钻削刀具多为定尺寸刀具，致使刀具规格、品种繁多。

8.1.2　扩孔与锪孔

1. 扩孔

用扩孔钻扩大工件上孔径的加工方法称为扩孔。扩孔常用于孔的终加工或铰孔、磨孔前的预加工。一般情况下,扩孔的精度可达 IT10～IT9,表面粗糙度值 Ra 可达 $6.3～3.2\ \mu m$。

扩孔钻主要有两种类型,即整体锥柄扩孔钻和套装式扩孔钻,如图 8-14 所示。按国家标准(GB1141—84、GB1142—84)的规定,凡直径为 $\phi10～\phi32$ mm 的扩孔钻,常制成整体结构,其切削部分采用高速钢,如图 8-14(a)所示;直径为 $\phi25～\phi80$ mm 的扩孔钻,一般为套装结构,其切削部分常采用高速钢或镶焊硬质合金,如图 8-14(b)、(c)所示。

扩孔钻作为终加工孔使用时,其直径应等于扩孔后孔的基本尺寸;作为铰孔前的预加工使用时,其直径应等于铰孔后的基本尺寸减去铰削余量。

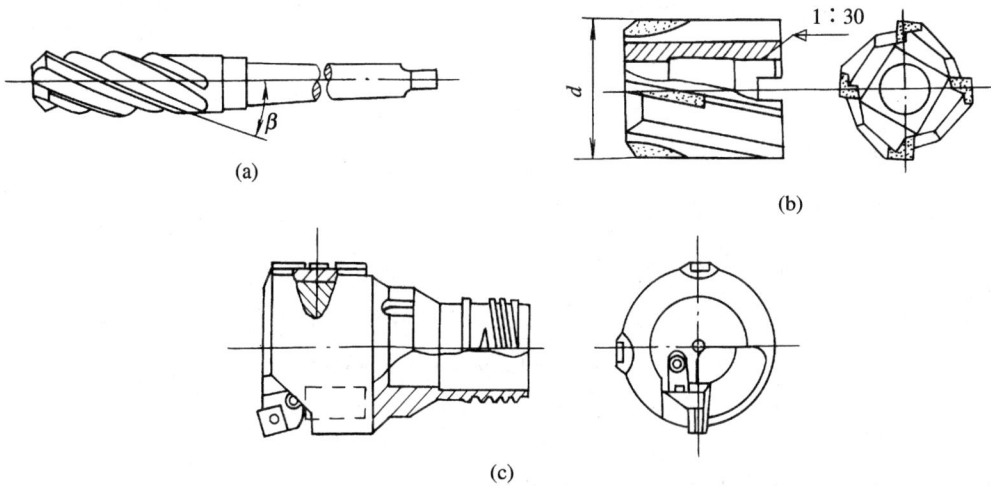

图 8-14　扩孔钻

(a) 整体锥柄扩孔钻;(b) 镶齿套式扩孔钻;(c) 硬质合金可转位式扩孔钻

扩孔与钻孔相比较主要有以下优点:

(1) 因扩孔钻刀齿较多,一般有 3、4 个,每个刀齿周边上有一条螺旋棱带,故导向性好,切削平稳。

(2) 因扩孔钻中心部位不切削,无横刃,切屑薄而窄,不易划伤孔壁,故切削条件较钻孔得到明显改善。

(3) 因扩孔钻容屑槽较浅,钻芯厚度大,刀体强度高,刚性好,故对孔的形状误差有一定的校正作用。

2. 锪孔

用锪钻加工各种沉头螺钉孔、锥孔、凸台面称为锪孔。锪孔一般在钻床上进行。图 8-15 所示为锪孔的几种形式,其中,图 8-15(a)所示为带导柱的平底锪钻,适用于加工六角螺栓、带垫圈的六角螺母、圆柱头螺钉的沉头孔;图 8-15(b)、(c)所示为带导柱和不带导柱的锥面锪钻,用于加工锥面沉孔。图 8-15(d)所示为端面锪钻,用于加工凸台。锪钻上常

带有定位导柱 d_1，用来保证被锪孔或端面与原孔的同轴或垂直度。

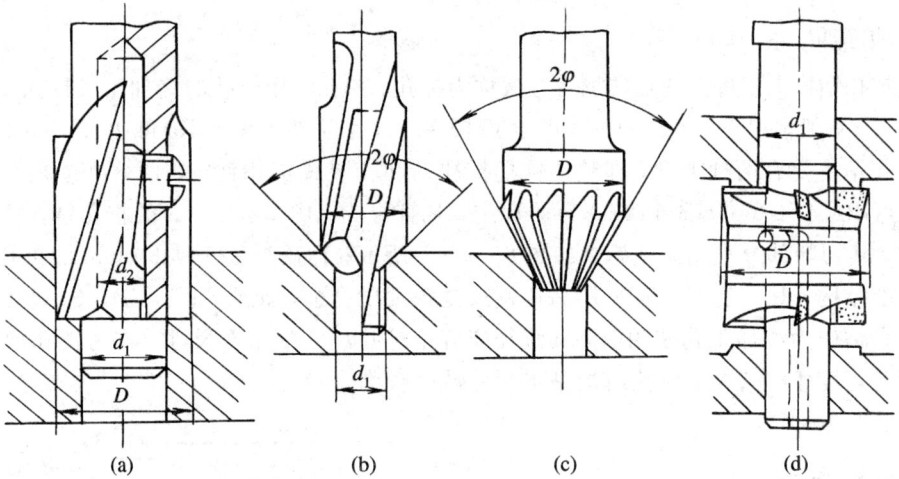

图 8-15 锪孔

(a) 平底锪钻；(b) 锥面锪钻(带导柱)；(c) 锥面锪钻(不带导柱)；(d) 端面锪钻

8.1.3 铰孔

用铰刀对中、小尺寸的孔进行半精加工或精加工的方法称为铰孔。铰孔可加工圆孔、锥孔，可以手铰也可机铰。铰刀是孔的精加工刀具，用于高精度孔的半精加工。因铰刀齿数多、槽底直径大，其导向性及刚度好，制造精度高，加之孔加工余量小，故铰孔的精度等级一般可达 IT8～IT6，表面粗糙度值 Ra 可达 $1.6\sim0.4~\mu m$。

图 8-16 所示为圆柱铰刀的结构图。圆柱铰刀由工作部分、颈部和柄部三部分组成，其中，工作部分又分为切削部分和校准部分。

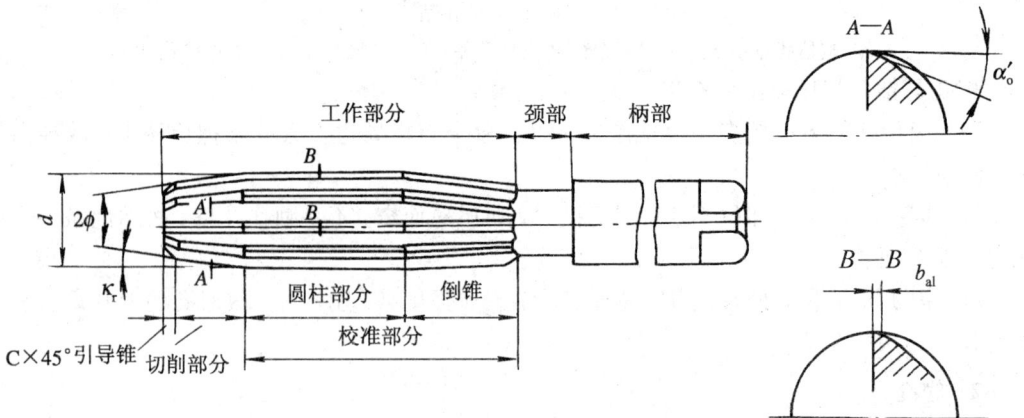

图 8-16 圆柱铰刀的结构和几何参数

切削部分的前端是引导锥，即图中 $C(0.5\sim2.5~mm)\times45°$，其功用是为了便于引导铰刀进入孔内并保护切削刃。切削部分担负着切除余量的任务，主偏角 κ_r 的大小影响着导向、切削厚度和径向与轴向切削力的大小。κ_r 越小，轴向力越小，导向性越好，切削厚度越小，径向力越大，切削锥部越长。一般手用铰刀 $\kappa_r=30'\sim1°30'$；机用铰刀加工韧性材料时 $\kappa_r=12°\sim15°$，加工脆性材料时 $\kappa_r=3°\sim5°$；加工不通孔所用的铰刀，为减小孔底圆锥部长度取 $\kappa_r=45°$。

校准部分的功用是校准、导向、熨压和刮光。为此，校准部分的后面留有 $b_{a1}=0.2\sim0.4$ mm 的刃带，同时也是为了保证铰刀直径的尺寸精度和较小的径向圆跳动误差。为减轻校准部分与孔壁的摩擦和孔径的扩大，校准部分的一部分或全部制成倒锥形，其倒锥量为 $(0.005\sim0.006)/100$ mm。

因铰孔余量很小，切屑很薄，前角作用不大，一般 $\gamma_o=0°$。加工韧性高的金属时，为减小切屑变形可取 $\gamma_o=5°\sim10°$。铰刀的后角一般取 $\alpha_o=6°\sim8°$。

按使用方式的不同铰刀可分为手用铰刀和机用铰刀，如图 8-17 所示。

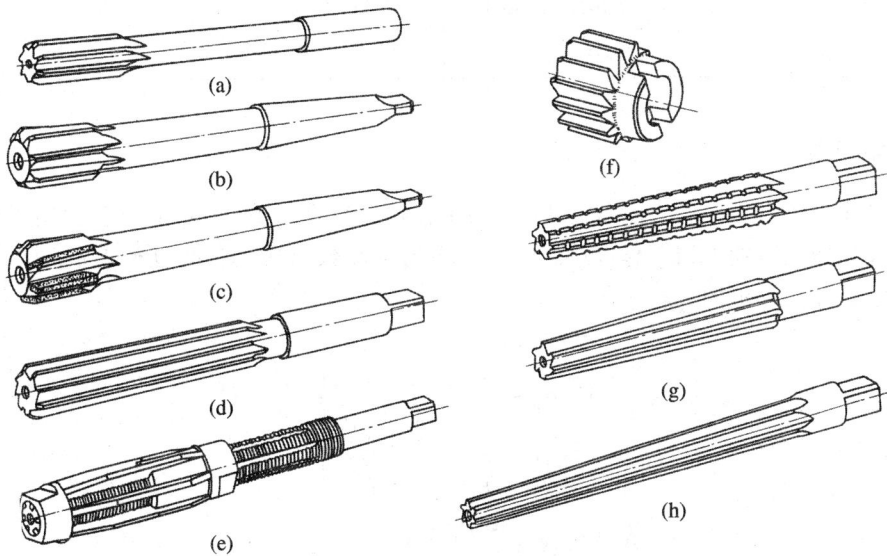

图 8-17 铰刀的基本类型

(a) 直柄机用铰刀；(b) 锥柄机用铰刀；(c) 硬质合金锥柄机用铰刀；

(d) 手用铰刀；(e) 可调节手用铰刀；(f) 套式机用铰刀；

(g) 直柄莫氏锥度铰刀；(h) 手动 1:50 锥度销子铰刀

和钻孔、扩孔一样，只要工件与刀具之间有相对的旋转运动和轴向进给运动，就可进行铰削加工。因此，车床、钻床、镗床和铣床都可完成铰孔加工。铰削较适合于加工钢、铸铁和有色金属等材料，但不宜加工硬度高的材料(如淬火钢、冷硬铸铁等)。

8.2 钻 床

用钻头在工件上加工孔的机床称为钻床。通常钻头的旋转为主运动，钻头轴向移动为进给运动。钻床是应用最广泛的孔加工机床，常用的有台式钻床、立式钻床和摇臂钻床等，其组、系代号及主参数见表 8-3。

表 8-3 常用钻床组、系代号及主参数

类	组	系	机床名称	主　参　数	主参数的折算系数
钻床	1	3	立式坐标镗钻床	工作台面宽度	1/10
	2	3	深孔钻床	最大钻孔直径	1/10
	3	0	摇臂钻床	最大钻孔直径	1
	3	1	万向摇臂钻床	最大钻孔直径	1
	4	0	台式钻床	最大钻孔直径	1
	5	0	圆柱立式钻床	最大钻孔直径	1
	5	1	方柱立式钻床	最大钻孔直径	1
	5	2	可调多轴立式钻床	最大钻孔直径	1
	8	1	中心孔钻床	最大工件直径	1

8.2.1　台式钻床

台式钻床简称台钻，是一种小型钻床，加工孔径一般小于 12 mm。台钻主要用于电器、仪表工业及机械制造业的钳工作业中。台式钻床的主参数以最大钻孔直径表示。图 8-18 所示为台式钻床的外形图。

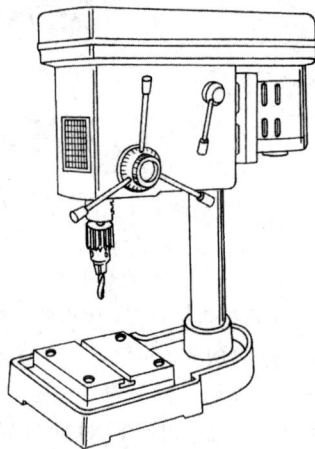

图 8-18　台式钻床

8.2.2　立式钻床

图 8-19 所示为 Z5135 型立式钻床外形图。立式钻床主要由电动机、立柱、底座、工作台、主轴、进给箱、主轴箱等组成。电动机 6 通过主轴箱 5 中的传动装置带动主轴 3 旋转，通过进给箱 4 可使主轴获得所需的进给运动。主轴箱和进给箱的变速机构可变换主轴的转速和进给量。根据加工的需要工作台和进给箱可沿立柱导轨做调整移动。

在立式钻床上钻完一个孔后，需要移动工件调整到另一孔的中心。因此，这种钻床适合于加工中、小型工件。

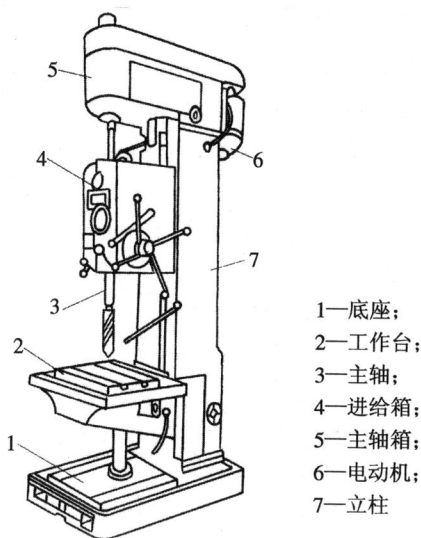

1—底座；
2—工作台；
3—主轴；
4—进给箱；
5—主轴箱；
6—电动机；
7—立柱

图 8-19　立式钻床

8.2.3　摇臂钻床

摇臂钻床与立式钻床的最大区别是，主轴可以在水平面上调整位置，使刀具能很方便地对准被加工孔的中心，而工件则固定不动。为适应机械制造业不同需要，摇臂钻床有多种型式。下面主要介绍 Z3040 型摇臂钻床。

1. Z3040 型摇臂钻床的主要技术参数

主参数：最大钻孔直径　　　　　　　　　　　40 mm
第二主参数：主轴中心线至立柱中心线的距离
　　最大　　　　　　　　　　　　　　　　1600 mm
　　最小　　　　　　　　　　　　　　　　350 mm
主轴箱水平移动距离　　　　　　　　　　　1250 mm
主轴端面到底座工作面距离
　　最大　　　　　　　　　　　　　　　　1250 mm
　　最小　　　　　　　　　　　　　　　　350 mm
摇臂升降距离　　　　　　　　　　　　　　600 mm
摇臂升降速度　　　　　　　　　　　　　　1.2 m/min
摇臂回转角度　　　　　　　　　　　　　　360°
主轴前锥孔　　　　　　　　　　　　　　　莫氏 4 号
主轴转速范围　　　　　　　　　　　　　　25~2000 r/min
主轴进给量范围　　　　　　　　　　　　　0.04~3.2 mm/r
主轴行程　　　　　　　　　　　　　　　　315 mm
主电动机功率　　　　　　　　　　　　　　3 kW
摇臂升降电动机功率　　　　　　　　　　　1.1 kW

2. Z3040 型摇臂钻床的主要组成部分

图 8 - 20 所示为 Z3040 型摇臂钻床的外形图。其主要由底座、立柱、摇臂、主轴箱等部件组成。主轴箱 5 安装在摇臂 4 的水平导轨上，可沿导轨做横向移动以及绕摇臂立柱 3 做回转运动。这样可使主轴 6 很方便地调整到机床工作范围的任何位置。为适应不同高度工件的需要，摇臂可沿立柱作上下移动。工件可根据其大小装夹在工作台 7 或底座 1 上。

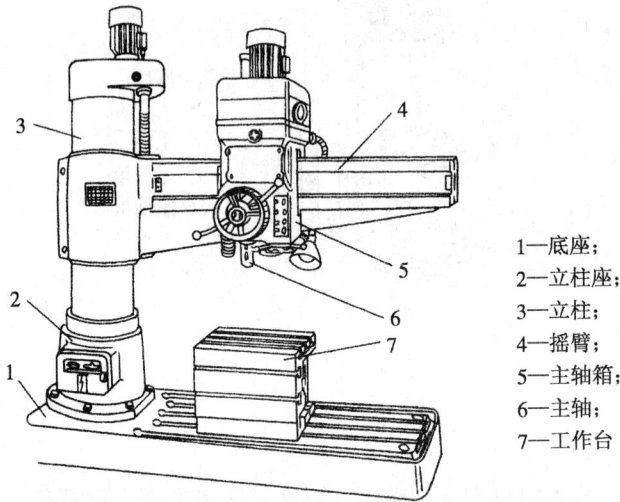

1—底座；
2—立柱座；
3—立柱；
4—摇臂；
5—主轴箱；
6—主轴；
7—工作台

图 8 - 20　Z3040 型摇臂钻床

3. Z3040 型摇臂钻床的传动系统

摇臂钻床具有以下运动：主轴的旋转主运动和轴向进给运动，主轴箱沿摇臂的水平移动，沿立柱的上下移动以及绕立柱的回转运动。其中，后三种为辅助运动。

图 8 - 21 所示为 Z3040 型摇臂钻床的传动系统图。

Z3040 型摇臂钻床主传动系统和进给系统由同一电动机驱动，主变速机构和进给变速机构均装在主轴箱内。

1）主运动

主运动传动结构式：

$$\text{电动机}\ \text{I} - \frac{35}{55} - \text{II} - M_1 - \begin{bmatrix} \dfrac{37}{42} \\[2mm] \dfrac{36}{36} - \dfrac{36}{38} \end{bmatrix} - \text{III} - \begin{bmatrix} \dfrac{29}{47} \\[2mm] \dfrac{38}{38} \end{bmatrix} - \text{IV} - \begin{bmatrix} \dfrac{20}{50} \\[2mm] \dfrac{39}{31} \end{bmatrix} - \text{V} - \begin{bmatrix} \dfrac{44}{34} \\[2mm] \dfrac{22}{44} \end{bmatrix} - \text{VI} - M_3 -$$

$$\begin{bmatrix} \dfrac{20}{80} \\[2mm] \dfrac{61}{39} \end{bmatrix} - \text{VII（主轴旋转）}$$

主电动机由轴 I 经齿轮副 35/55 将运动传至轴 II，轴 II 装有双向多片摩擦离合器 M_1，M_1 向上通过齿轮副 37/42 传至轴 III，M_1 向下则通过齿轮副 36/36、36/38 传至轴 III，从而控制主轴的正转或反转。轴 III 至轴 VI 间有三组双联滑移齿轮组，使轴 VI 分别获得 8 级转速，轴 VI 上装有内齿离合器 M_3，M_3 向上通过齿轮副 20/80 使主轴 VII 获得 8 级慢速，M_3 向下则通过齿轮副 61/39 使主轴 Ⅶ 又获得 8 级快速。由此可知，主轴 Ⅶ 共获得 16 级正转和 16 级反转转速。当轴 Ⅱ 离合器 M_1 处于中间位置时，即断开主传动联系，通过制动器 M_2 轴使主轴制动。

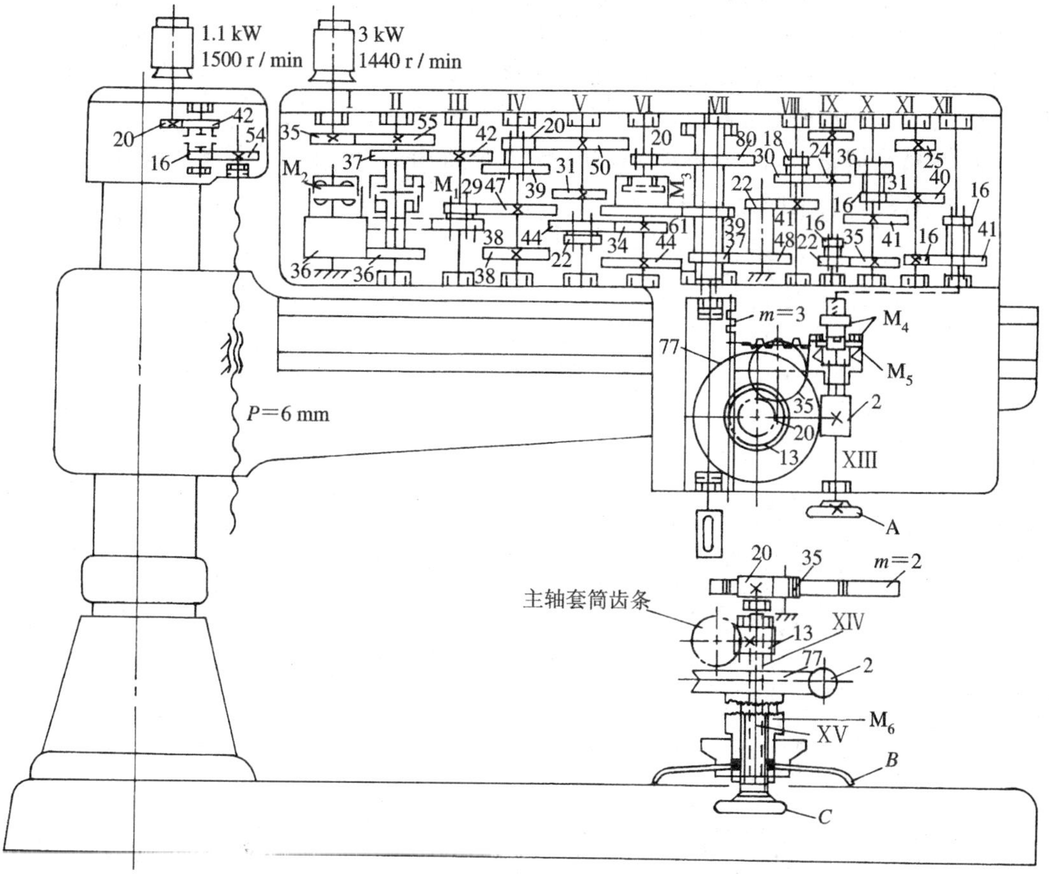

图 8-21　Z3040 型摇臂钻床的传动系统图

2）进给运动

进给运动传动结构式：

$$主轴\ Ⅶ - \frac{37}{48} \times \frac{22}{41} - Ⅷ - \begin{bmatrix} \dfrac{18}{36} \\[2mm] \dfrac{30}{24} \end{bmatrix} - Ⅸ - \begin{bmatrix} \dfrac{16}{41} \\[2mm] \dfrac{22}{35} \end{bmatrix} - Ⅹ - \begin{bmatrix} \dfrac{31}{25} \\[2mm] \dfrac{16}{40} \end{bmatrix} - Ⅺ - \begin{bmatrix} \dfrac{40}{16} \\[2mm] \dfrac{16}{41} \end{bmatrix} - Ⅻ - M_5 - M_4 -$$

$$Ⅷ - \frac{2}{77} - ⅩⅣ - \frac{13}{齿条} - Ⅶ（主轴轴向移动）$$

主轴的轴向进给运动由齿轮齿条机构带动主轴套筒的移动来实现。主轴 Ⅶ 通过齿轮副 37/48、22/41 将运动传至轴 Ⅷ，轴 Ⅷ 至轴 Ⅻ 有四组双联齿轮，使轴 Ⅻ 获得 16 级转速。轴 Ⅻ 经安全离合器 M_5、内齿离合器 M_4，将运动传至轴 Ⅷ，然后经蜗杆蜗轮副 2/77、离合器 M_6 使轴 ⅩⅣ 上的 $Z=13$ 齿轮传动齿条，从而使主轴套筒带动主轴一起作轴向进给运动。

脱开离合器 M_4，合上离合器 M_6，可用手轮 A 使主轴作微量的轴向进给或调整。将离

合器 M_4 和离合器 M_6 全部脱开，可用手柄 B 使主轴作手动粗进给，或使主轴作快速上下移动。

3）辅助运动

（1）主轴箱的水平移动。由手轮 C 通过轴 XV、齿轮副 20/35，带动 $Z=35$ 齿轮在摇臂上的齿条上滚动，从而带动主轴箱沿摇臂导轨作水平移动。

（2）摇臂的升降运动。装在主柱顶部的升降电动机经齿轮副 20/42、16/54 带动升降丝杠转动，使固定在摇臂上的螺母连同摇臂一起作垂直移动。

（3）摇臂的回转运动。当松开内外立柱的夹紧机构后，用手推动摇臂可使外立柱绕内立柱回转，摇臂回转范围为 360°。

第 9 章　镗削加工与镗床

9.1　镗　削　加　工

镗削是指用镗刀在工件上切削已有预制孔的加工方法。镗削加工时，镗轴带动镗刀作旋转主运动，进给运动则由镗轴带动镗刀作轴向移动或由工作台带动工件移动来实现。

镗削主要用来加工直径 80 mm 以上的孔、孔内环形槽及有较高位置精度的孔系等。此外，在镗床上还可以钻孔、扩孔、铰孔及铣平面；在卧式镗床的平旋盘上安装车刀还可以车削端面、短圆柱面及内外螺纹。镗削适合加工形状、位置精度较高的孔系，如箱体类零件。镗削加工的精度等级可达 IT8～IT6，表面粗糙度值 Ra 可达 6.3～0.8 μm。

9.1.1　镗刀

镗刀种类很多，一般可分为单刃镗刀、双刃镗刀和镗刀头。

1. 单刃镗刀

单刃镗刀实际上是将类似车刀的刀头装夹在镗刀杆上，这种镗刀只有一个切削刃，结构简单，制造方便，通用性好。单刃镗刀刀头的横截面有圆形和方形两种。圆形截面的刀头和刀杆上孔槽制造较容易。方形刀头与刀杆孔槽的接触面积大，刀齿刚度好，所以在实际中使用居多。

图 9-1 所示为刀头在镗杆上的安装形式。刀头倾斜安装时，可以加工不通孔，一般安装倾斜角 $\delta=10°～45°$，如图 9-1(a)所示。刀头垂直安装时，用于加工通孔，如图 9-1(b)所示。图 9-1(c)、(d)所示为加工阶梯孔镗刀。

刀头在镗杆上的悬伸量不宜过长，以免刚性不足，同时也要注意有足够的容屑空间。一般情况下，镗孔直径 D_s，镗杆直径 D 和刀头横截面边长 B（或直径 d）三者的关系，可参考式$(D_s-D)/2=(1～1.5)B$ 选定。

单刃镗刀刚性较差，切削时易引起振动，所以主偏角较大，以减小径向力 F_p。镗削铸件或精镗时，一般取 $\kappa_r=90°$；粗镗钢件时，取 $\kappa_r=60°～75°$。镗杆上装刀孔通常对称于镗杆轴线，为避免工件材质不均等原因造成轧刀现象，在装刀时可使镗刀刀尖略高于工件孔中心 h，一般 $h=D_s/20$ 或更大些。

图 9-2 所示为常见的微调镗刀。刀头体为圆柱形状，其外圆有精密螺纹与调整螺母 3 配合，刀头后端有螺纹孔，通过内六方螺钉 5 及垫圈 6 将刀头紧固在镗杆 4 上的圆柱孔内。调整时可将螺钉 5 稍稍松开，转动调整螺母 3，刀头即沿其轴线移动而达到预定尺寸。刀头体上有导向键 7 与镗杆圆柱孔内的键槽配合，使刀头在移动时不产生转动。

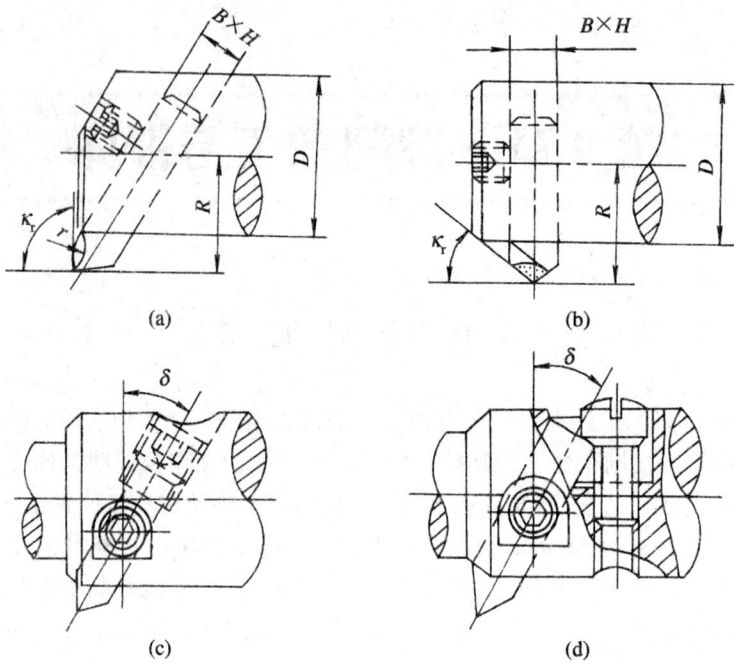

(a)　　　　　　　　　　　　(b)

(c)　　　　　　　　　　　　(d)

图 9-1　单刃镗刀

（a）盲孔镗刀；（b）通孔镗刀；（c）阶梯孔镗刀；（d）阶梯孔镗刀

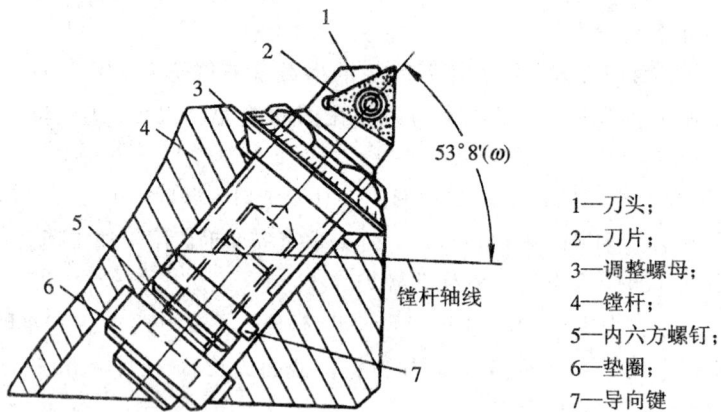

1—刀头；
2—刀片；
3—调整螺母；
4—镗杆；
5—内六方螺钉；
6—垫圈；
7—导向键

图 9-2　微调镗刀

2. 双刃镗刀

双刃镗刀又称为镗刀块，常用的有固定式和浮动式两种。

双刃镗刀具有两个对称的切削刃，切削时作用在镗杆的径向力相互平衡，切削过程比较平稳。双刃镗刀镗削时，工件孔径尺寸由镗刀尺寸保证。镗刀块可以是整体高速钢、镶焊硬质合金或机夹硬质合金刀块。

图 9 - 3(a)所示为常见的固定式镗刀块，图 9 - 3(b)所示为镗刀块在镗杆上的装夹形式。镗孔时镗刀块装夹在镗杆上，相对轴线的垂直度、平行度、对称度都有较高要求，以免造成被加工孔径的扩大。当镗削通孔时，$\kappa_r = 45°$，镗削台阶孔时，$\kappa_r = 90°$。这种镗刀适用于粗镗、半精镗直径大于 40 mm 的孔。

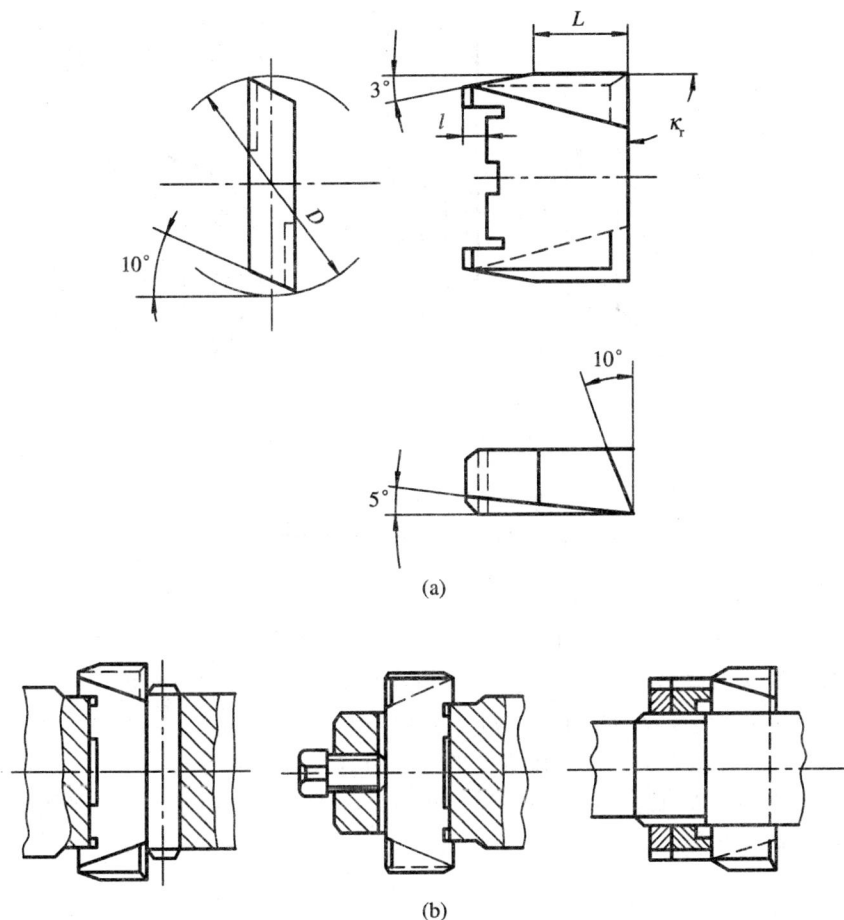

(a)

(b)

图 9 - 3　固定式镗刀片及其装夹

(a) 镗刀块；(b) 装夹型式

图 9 - 4 所示为浮动镗刀的结构形式及使用情况。浮动镗刀主要由刀块 1、刀体 2、调节螺钉 3、斜面垫板 4 和刀片夹紧螺钉 5 组成，如图 9 - 4(a)所示。刀块 1 由高速钢或硬质合金制造而成。镗孔时浮动镗刀以间隔配合状态装入镗杆的方孔中，通过两端切削力保持平衡位置，自动补偿因镗刀块的安装、机床主轴及镗杆径向圆跳动所引起的误差。用浮动镗刀加工的孔，其尺寸精度和表面质量均较高，其加工精度可达 IT7～IT6，加工铸件孔表面粗糙度值 Ra 可达 $0.8～0.2\,\mu m$，加工钢件孔表面粗糙度值 Ra 可达 $1.6～0.4\,\mu m$。但浮动镗刀无法纠正孔的直线度误差和位置误差。

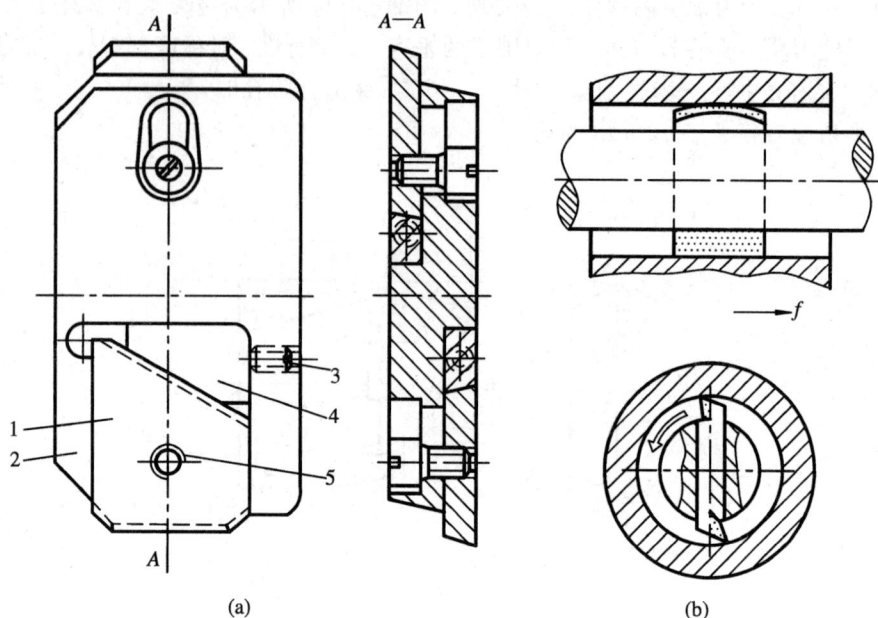

1—刀块；2—刀体；3—调节螺钉；4—斜面垫板；5—刀片夹紧螺钉

图 9-4　浮动镗刀及使用

（a）浮动镗刀；（b）使用情况

3. 镗刀头

图 9-5 所示为深孔镗刀头。镗刀头主要由前后导向块、刀体、调节螺钉等组成。前导向块 2 由两块硬质合金组成，后导向块 4 由四块硬质合金组成，其中前导向块的轴向位置在刀尖后 2 mm 左右。镗刀的尺寸由螺钉 3 调整，由对刀块 1 控制。刀体 5 右端的内螺纹用于与刀杆联接。这种镗刀头一般采用推镗的进给方式和前排屑方式。

镗刀头适于加工大直径的孔，不但适应单件小批量生产，更适合于大批量生产，且生产效率和加工精度都较高。

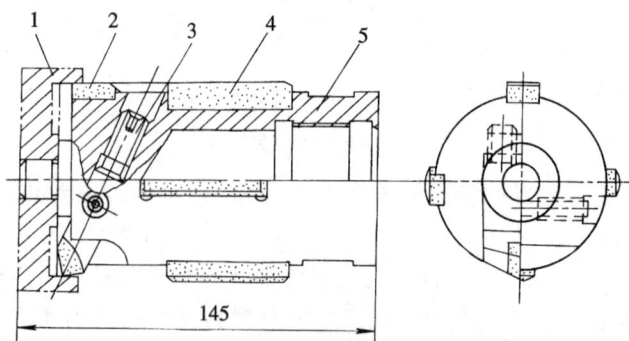

1—对刀块；2—前导向块；3—调节螺钉；4—后导向块；5—刀体

图 9-5　深孔镗刀头

9.1.2　镗削加工

1. 单一表面孔的镗削加工

（1）镗削直径不大且较深的孔时，可将镗刀安装在镗轴上，镗轴带动镗刀作旋转主运动的同时作轴向进给运动，如图 9 – 6(a)所示。

（2）镗削直径较大且较浅的孔时，可将镗刀安装在平旋盘溜板上，当平旋盘带动镗刀作旋转时，移动平旋盘溜板带动镗刀切入一定深度，然后工作台带动工件作进给运动，如图 9 – 6(b)所示。

（3）在加工端面时，刀具安装在平旋盘溜板上，平旋盘带动镗刀旋转的同时刀具随平旋盘溜板作径向进给运动，如图 9 – 6(c)所示。

（4）在钻孔、扩孔时，在主轴上依次安装钻头、扩孔钻、铰刀等，主轴带动刀具作旋转运动的同时作进给运动，如图 9 – 6(d)所示。

（5）在镗削螺纹时，将螺纹镗刀通过特制刀架安装在平旋盘溜板上，由平旋盘带动刀具旋转，工作台带动工件严格按刀具转一转移动一个导程的规律作进给运动，如图 9 – 6(e)所示。图 9 – 6(f)所示为加工较长内螺纹的示意图。

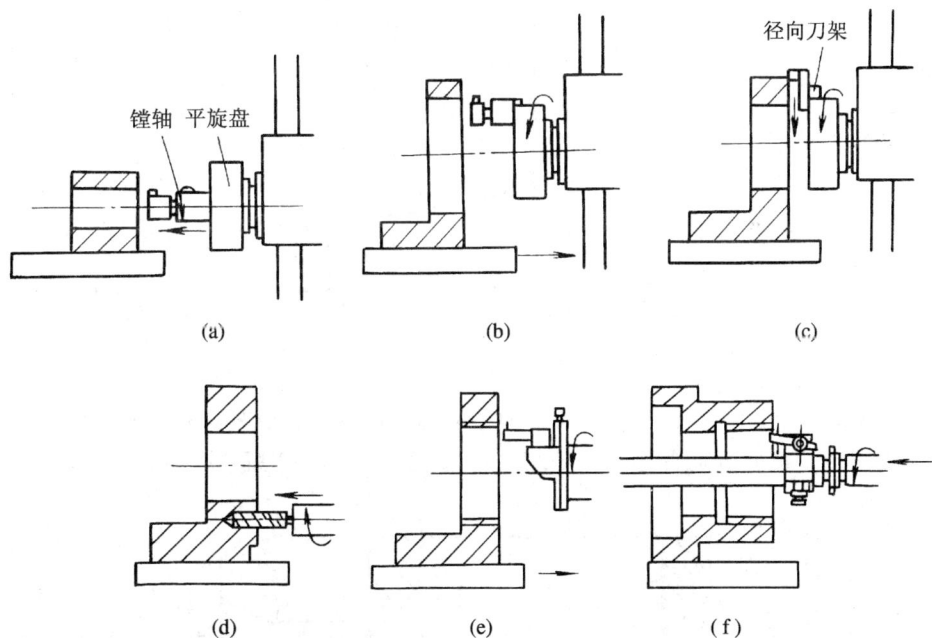

图 9 – 6　单一表面孔的镗削
(a) 镗小而深的孔；(b) 镗大而浅的孔；(c) 加工端面；
(d) 钻、扩孔；(e) 镗螺纹；(f) 镗较长螺纹

2. 孔系的镗削加工

（1）镗削同轴孔时，将镗杆一端插入主轴的锥孔，另一端支承在后立柱上，主轴带动镗杆(镗刀)作旋转主运动，工作台带动工件作纵向进给运动。若同轴两孔直径不相等，可

在镗杆相应位置上装两把镗刀，对两孔同时或先后镗削，如图9-7所示。

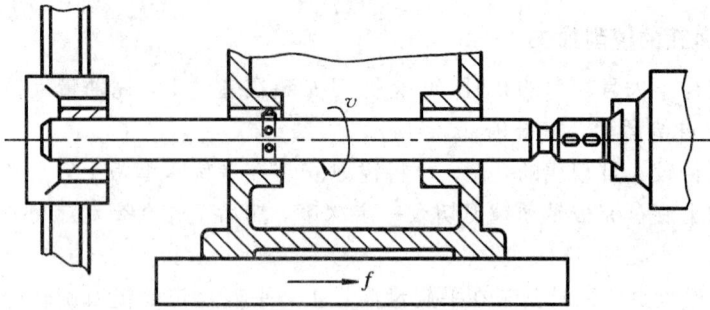

图9-7　镗削同轴孔系

（2）镗削平行孔时，若两平行孔的轴线在同一水平面内，一个孔加工完后，将工作台横向移动一个孔距，即可加工另一孔。若两孔在同一垂直平面内，一个孔加工完后，将主轴箱垂直移动一个孔距，即可加工另一孔，如图9-8所示。

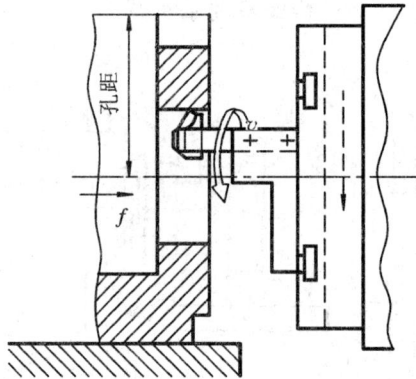

图9-8　镗削平行孔系

（3）镗削垂直孔时，当一个方向的孔加工完后，将工作台调转90°，再加工第二个孔。如果是交叉孔系，可通过垂直移动主轴箱进行调整，如图9-9所示。

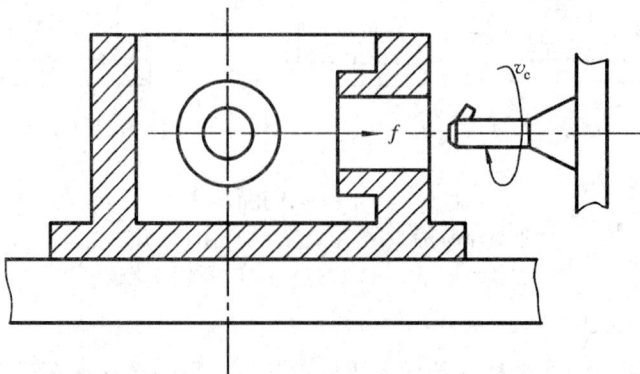

图9-9　镗削垂直孔系

3. 镗削加工的特点

（1）镗床有多个部件都能作进给运动，使其在工艺上具有多功能性，显示出较强的适应能力。不但可以加工圆柱孔、平面、V形槽、螺纹以及中心孔等，还能加工多种零件，也可方便地实现孔系的加工。

（2）镗削加工以刀具的旋转作为主运动，与以工件旋转为主运动的加工方式相比较，特别适合加工箱体、机架等结构复杂的大型零件。

（3）镗孔的最大特点是能够修正上道工序造成的孔轴线偏移、歪斜等缺陷。

9.2　镗　　床

主要用镗刀在工件上加工已有预制孔的机床称为镗床。通常镗刀旋转为主运动，镗刀或工件的移动为进给运动。镗床种类很多，主要有立式镗床、卧式镗床、坐标镗床、落地镗床、精镗床等。常见镗床类、组、系代号及主参数如表 9-1 所示。

表 9-1　常用镗床组、系代号及主参数

类	组	系	机床名称	主参数	主参数的折算系数
镗 床	4	1	立式单柱坐标镗床	工作台面宽度	1/10
	4	2	立式双柱坐标镗床	工作台面宽度	1/10
	4	6	卧式坐标镗床	工作台面宽度	1/10
	6	1	卧式镗床	镗轴直径	1/10
	6	2	落地镗床	镗轴直径	1/10
	6	9	落地镗铣床	镗轴直径	1/10
	7	0	单面卧式精镗床	工作台面宽度	1/10
	7	1	双面卧式精镗床	工作台面宽度	1/10
	7	2	立式精镗床	最大镗孔直径	1/10

下面主要介绍卧式镗床、坐标镗床和落地镗床的结构及其特点。

9.2.1　卧式镗床

卧式镗床在镗床类机床中应用最为普遍，其工艺范围非常广泛，除镗孔外，还可钻孔、扩孔和铰孔，可铣削平面、成型面和各种形状的沟槽，可车削端面、短的外圆柱面、内外环形槽和螺纹等。卧式镗床可在一次安装中完成大部或全部加工工序，因此特别适用加工尺寸较大、形状复杂的零件，如各种箱体、床身、机架等。卧式镗床的主参数以镗轴直径表示。

图 9-10 所示为卧式镗床的外形图。卧式镗床主要由床身、主轴箱、工作台、平旋盘和前、后立柱等组成。主轴箱 1 安装在前立柱 2 的垂直导轨上，可沿导轨上下移动。主轴箱上安装有镗轴 3、平旋盘 4 和主运动及进给运动的变速机构。工作台部件由下滑座 7、上滑座 6 和工作台 5 组成。工作台可随下滑座沿床身 8 的导轨作纵向移动，也可随上滑座沿下滑座的导轨作横向移动。后立柱 10 的垂直导轨上装有支架 9，用来支承镗杆，以增加其刚性。

支架可沿后立柱的垂直导轨上下移动，以保持与镗轴同轴。后立柱还可根据镗杆长度作纵向位置的调整移动。

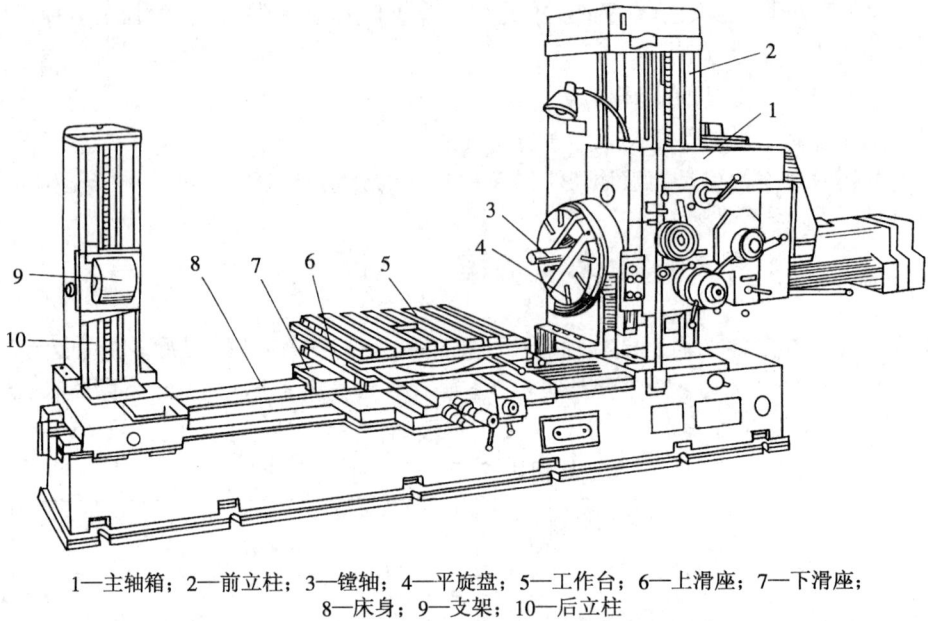

1—主轴箱；2—前立柱；3—镗轴；4—平旋盘；5—工作台；6—上滑座；7—下滑座；
8—床身；9—支架；10—后立柱

图 9-10　卧式镗床

卧式镗床工作时，刀具装夹在镗轴 3 或平旋盘 4 的溜板上作旋转主运动；工件装夹在工作台上作纵向或横向进给运动。根据加工的要求，镗轴旋转的同时也可带动刀具作轴向进给运动；平旋盘旋转的同时溜板带动刀具作径向进给运动。

9.2.2　坐标镗床

坐标镗床是一种用于加工精密孔系的高精度机床，其主要特点是具有坐标位置的精密测量装置。依靠坐标测量装置可精确地确定工件台、主轴箱等移动部件的位移量，以实现工件和刀具的精确定位。坐标镗床主要零部件的制造和装配精度要求很高，具有良好的刚度和抗振性。坐标镗床除镗孔外，还可进行钻孔、扩孔、铰孔、锪端面、铣平面和加工沟槽等。坐标镗床镗削的尺寸精度可达 IT5 以上，位置精度可达 0.002～0.01 mm；因其具有很高的定位精度，故也可用于精密刻线、精密划线、孔距及直线尺寸的精密测量等。

坐标镗床是一种用途广泛的精密机床。不但用于单件生产的工具车间，而且也用于生产车间的成批精密加工，如在飞机、汽车和机床等制造业中加工箱体零件的精密孔系。

坐标镗床按其布局形式的不同，可分为单柱、双柱和卧式等型式。

图 9-11 所示为立式单柱坐标镗床外形图，其主要由工作台、主轴、主轴箱、立柱、床鞍和床身组成。主轴箱 3 安装在立柱 4 的垂直导轨上，可上下调整位置，以适应加工不同高度的工件。主轴 2 安装在主轴套筒中，在主轴作旋转主运动的同时，套筒带动其作轴向进给运动。工作台 1 安装在床鞍 5 的导轨上，床鞍 5 又安装在床身 6 的导轨上。镗孔时工作台以纵向和横向移动调整坐标位置。但在铣削时，工作台作纵向和横向进给运动。

单柱坐标镗床的工作台三面敞开，操作方便，一般适用中、小型坐标机床。

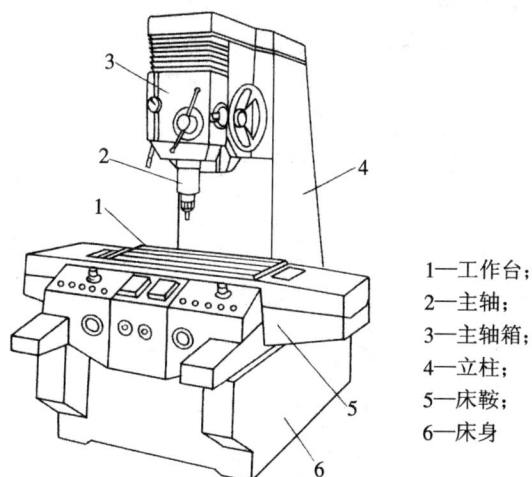

图9-11 立式单柱坐标镗床

1—工作台；
2—主轴；
3—主轴箱；
4—立柱；
5—床鞍；
6—床身

图9-12所示为立式双柱式坐标镗床的外形图，主要由工作台、横梁、立柱、顶梁、主轴箱、主轴和床身组成。主轴箱5安装在横梁2的水平导轨上，横梁2安装在立柱3、6的垂直导轨上，工作台1安装在床身8的导轨上。镗孔时坐标位置的调整由主轴箱沿横梁导轨的横向移动和工作台沿床身导轨的纵向移动实现。

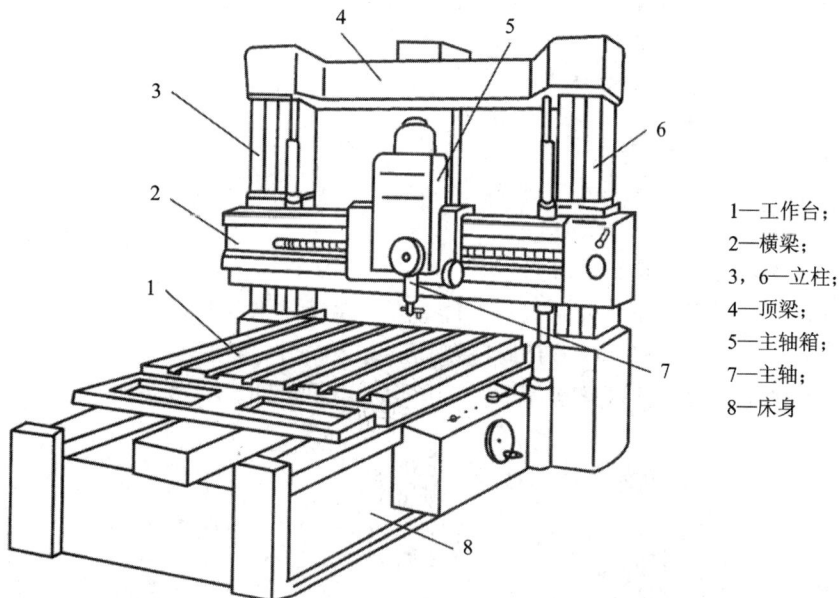

图9-12 立式双柱坐标镗床

1—工作台；
2—横梁；
3，6—立柱；
4—顶梁；
5—主轴箱；
7—主轴；
8—床身

图9-13所示为卧式坐标镗床的外形图，主要由上、下滑座、回转工作台、主轴、主轴箱、立柱和床身组成。其主要特点是主轴水平布置，与工作台台面平行。工作台由回转工作台2、上滑座1和下滑座7组成。回转工作台可作精密分度回转，也可分别在上滑座或下滑座的带动下作横向或纵向移动。主轴3安装在主轴箱5中，在作旋转运动的同时，也可

作轴向移动，以及在主轴箱带动下作垂直移动。机床工作时，主运动由主轴的旋转实现，进给运动由主轴轴向移动或工作台横向移动实现；坐标位置的确定则由工作台的纵向移动和主轴箱的垂直移动实现。

卧式坐标镗床具有较好的工艺性能，工件的高度不受限制，且安装方便；利用回转工作台的分度，可在工件的一次装夹中完成多方位的孔与平面加工。因此，近年来这类坐标镗床应用越来越广泛。

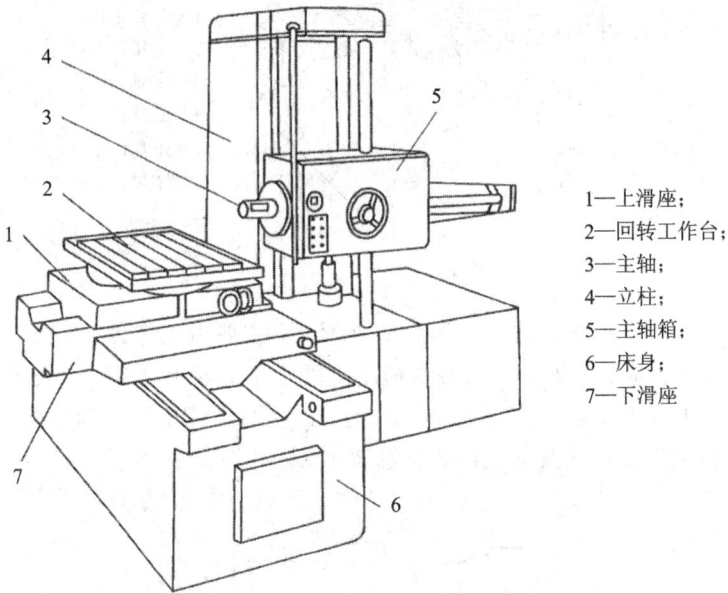

1—上滑座；
2—回转工作台；
3—主轴；
4—立柱；
5—主轴箱；
6—床身；
7—下滑座

图 9-13　卧式坐标镗床

9.2.3　落地镗床

图 9-14 所示为落地镗床的外形图，主要由床身、平台、立柱、滑座等组成。落地镗床属于重型机床，主要用于加工大而重的工件。落地镗床的主参数以镗轴直径表示，其镗轴一般在 125 mm 以上。这种机床的布局特点是没有工作台，被加工工件直接装夹在落地镗床的平台上，加工过程中的调整运动和加工运动全由机床部件的移动来完成。

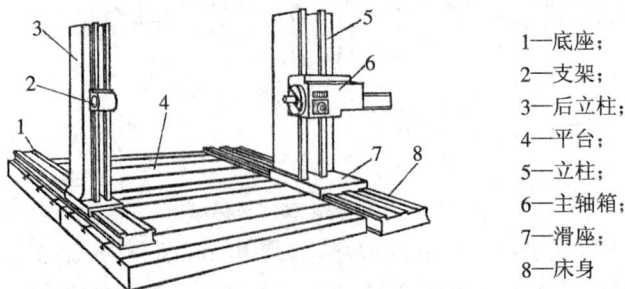

1—底座；
2—支架；
3—后立柱；
4—平台；
5—立柱；
6—主轴箱；
7—滑座；
8—床身

图 9-14　落地镗床

　　有些庞大且笨重的工件，有时不但需要镗孔，而且还要加工平面等，因此，在落地镗床的基础上，发展了以铣削为主的落地镗铣床，如图 9-15 所示。

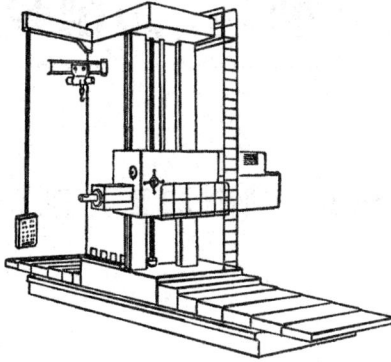

图 9-15　落地镗铣床

第 10 章 刨削、拉削及其机床

10.1 刨削加工与刨床

10.1.1 刨削加工

1. 刨削的应用

刨削是以刨刀的往复直线运动与工件(或刀架)的间歇进给运动而实现切削的加工方法。刨削可以加工平面、平行面、垂直面、台阶、沟槽、斜面、曲面等,如图 10-1 所示。刨削加工精度可达 IT9～IT8,最高可达 IT6,表面粗糙度值 Ra 可达 6.3～1.6 μm,最低 Ra 可达 0.8 μm,可基本满足一般平面的加工要求。

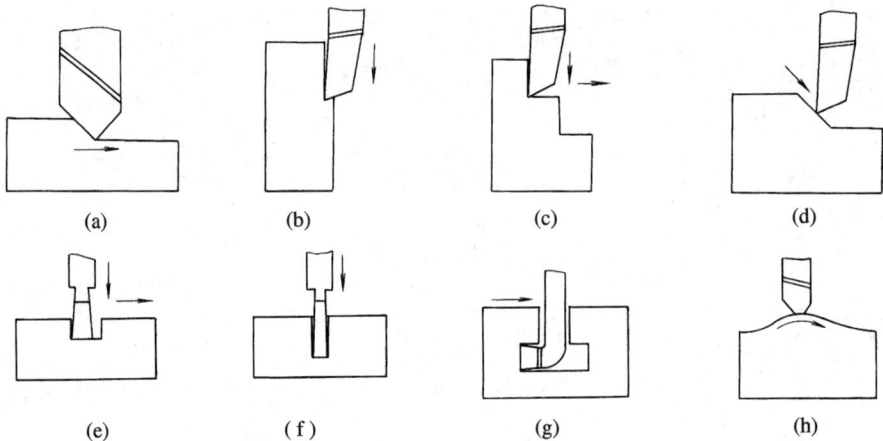

图 10-1 刨削加工示意图
(a) 刨平面;(b) 刨垂直面;(c) 刨台阶;(d) 刨斜面;
(e) 刨直角沟槽;(f) 切断;(g) 刨 T 型槽;(h) 刨曲面

2. 刨削的运动

刨削的运动因机床的不同而异,如图 10-2 所示。在牛头刨床上刨削时,刀具的直线往复移动是主运动,工件的横向间歇移动是进给运动,如图 10-2(a)所示。在龙门刨床上刨削时,工件的直线往复移动是主运动,刀具的横向间歇移动是进给运动,如图 10-2(b)所示。刨刀或工件前进时为切削行程(或称工作行程),返程时不切削称为空行程。空行程时刨刀需抬起让刀,以避免刀具与工件摩擦。

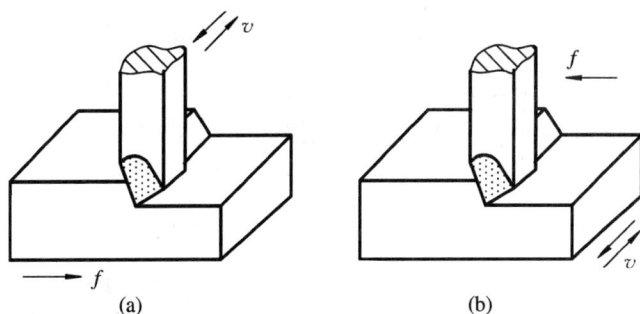

图 10 - 2　刨削运动
(a) 牛头刨床上刨削；(b) 龙门刨床上刨削

3. 刨削的特点

(1) 在主运动的同时没有进给运动，刀具角度不因切削运动变化而变。

(2) 加工过程为断续切削，刀具在空行程中可得到自然冷却。

(3) 主运动是往复运动，回程时不切削，限制了切削速度的提高。

(4) 一般生产率比较低，但在加工狭长表面时，采用多件、多刀等方法，生产率也可提高。

10.1.2　刨刀

1. 刨刀的种类

刨刀可按加工表面的形状和用途分类，也可按刀具的形状和结构分类。

(1) 按加工表面的形状和用途，刨刀可分为平面刨刀、偏刀、切刀、角度刀和样板刀等；其中，平面刨刀用于刨削水平面；偏刀用于刨削垂直面、台阶面和外斜面等；切刀用于切断和刨削直槽等；弯切刀用于刨削 T 形槽；角度刀用于刨削燕尾槽和内斜面等；样板刀用于刨削 V 型槽和特殊形状的表面。具体可参照图 10 - 1 分析。

(2) 按刀具的形状和结构，刨刀可分为左刨刀和右刨刀、直头刨刀和弯头刨刀、整体刨刀和组合刨刀等。图 10 - 3 所示为直头刨刀和弯头刨刀的工作示意图。当刨削力过大或刨削较硬的工件时，直头刨刀的刀杆受力变形向后弯曲，刀尖容易啃入已加工表面，发生"扎刀"或"崩刀"现象，影响已加工表面的粗糙度，如图 10 - 3(a)所示。弯头刨刀切削时不易产生上述"扎刀"或"崩刀"现象，如图 10 - 3(b)所示。

图 10 - 4 所示为一种宽刃精刨刀的结构图。刨刀刃宽小于 50 mm 时，刀片材料采用硬质合金(YG6，YG8)；刨刀刃宽大于 50 mm 时，刀片材料采用高速钢。刀片安装前角一般为 $-10°\sim-15°$，后角为 $3°\sim15°$。刨刀刃磨后应对前、后刀面进行研磨，使表面粗糙度 Ra 值小于 $0.1\ \mu m$。

2. 刨刀的角度

刨刀的几何角度及其选取原则基本与车刀相同。因刨削过程中冲击较大，为使切入冲击力不作用在刀尖上而作用在刀刃上，故刨刀的前角比车刀的前角约小 $5°\sim10°$，刃倾角约为 $-10°\sim20°$，主偏角一般在 $45°\sim75°$。

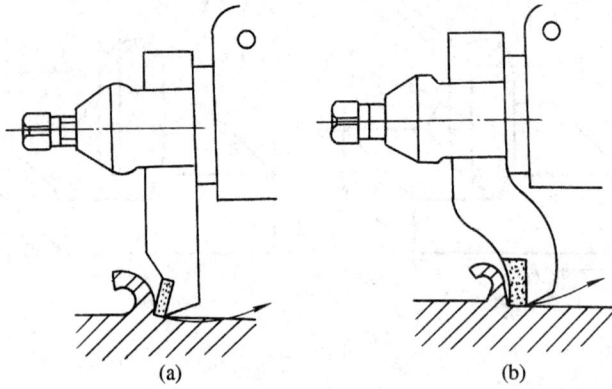

图 10-3 直头刨刀和弯头刨刀
（a）直头刨刀；（b）弯头刨刀

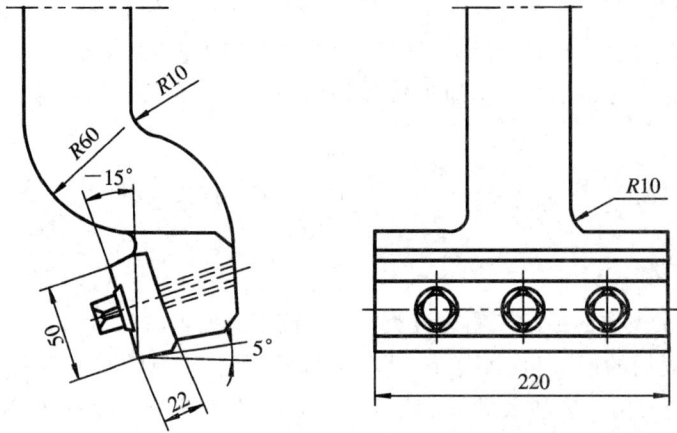

图 10-4 宽刃精刨刀

10.1.3 刨床

用刨刀加工工件表面的机床称为刨床。刨床类机床主要有牛头刨床、龙门刨床和插床等，其组、系代号及主参数，如表 10-1 所示。

表 10-1 常用刨插床组、系代号及主参数

类	组	系	机床名称	主参数	主参数的折算系数
刨插床	1	0	悬臂刨床	最大刨削宽度	1/100
	2	0	龙门刨床	最大刨削宽度	1/100
	5	0	插床	最大插削长度	1/10
	6	0	牛头刨床	最大刨削长度	1/10
	8	8	模具刨床	最大刨削长度	1/10

1. 牛头刨床

牛头刨床主要由床身、滑枕、刀架、工作台、横梁等组成，因其滑枕和刀架形似牛头而得名，如图 10-5 所示。牛头刨床的主运动是刀架带动刨刀作直线往复移动。刀架 2 安装在滑枕 3 的前端，滑枕 3 安装在床身 4 顶部的导轨上，由床身内部的曲柄摇杆机构传动。通过调整变速手柄 5 可改变滑枕的运动速度，行程长度可通过滑枕行程调节手柄 6 调节。刀具安装在刀架前端的抬刀板上，转动刀架上的手轮，可使刀架沿刀架座的垂直导轨上下移动，以调整刨削深度。调整刀架座可使刀架绕水平轴左右偏转 60°，用以刨削斜面或斜槽。滑枕回程时，抬刀板可将刨刀抬起，避免了刀具擦伤已加工表面。工件装夹在工作台 1 上，可沿横梁 8 上的导轨作间歇的横向进给运动。横梁 8 带动工作台可沿床身的竖直导轨上下移动，以调整工件与刨刀的相对位置。

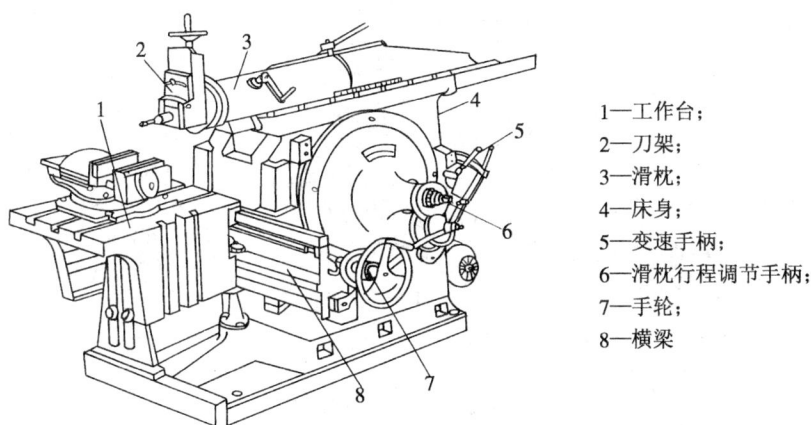

1—工作台；
2—刀架；
3—滑枕；
4—床身；
5—变速手柄；
6—滑枕行程调节手柄；
7—手轮；
8—横梁

图 10-5　牛头刨床

牛头刨床的传动方式有机械传动和液压传动两种。机械传动方式中，以曲柄摇杆机构最为常见。曲柄摇杆机构传动时，滑枕的工作速度和空行程速度都是变值，如图 10-6(a) 所示。液压传动时，滑枕的工作速度和空行程速度都是定值，如图 10-6(b) 所示。

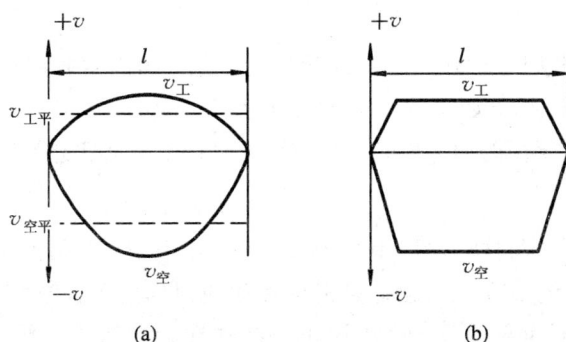

图 10-6　滑枕速度图
(a) 机械传动的速度图；(b) 液压传动的速度图

2. 龙门刨床

龙门刨床主要由侧刀架、立刀架、横梁、立柱、工作台和床身组成。龙门刨床因"龙门"式框架而得名，如图 10-7 所示。龙门刨床的主运动是工作台 9 带动工件沿床身 1 的水平导轨作直线往复移动。横梁 2 上的立刀架 5、6 可沿横梁导轨作间歇的横向进给运动，用于刨削工件的水平面。立刀架上的溜板可使刨刀上下移动，作切入运动或刨削竖直平面。此外，刀架溜板还能绕水平轴调整至一定的角度，用于加工斜面。装在左、右立柱上的侧刀架 1 和 8 可沿立柱导轨作垂直方向的间歇进给运动，用于刨削工件的竖直平面。横梁可沿立柱导轨升降，以调整刀具与工件的位置。各个刀架都装有自动抬刀机构，在工作台回程时，刀板自动抬起，避免擦伤已加工表面。

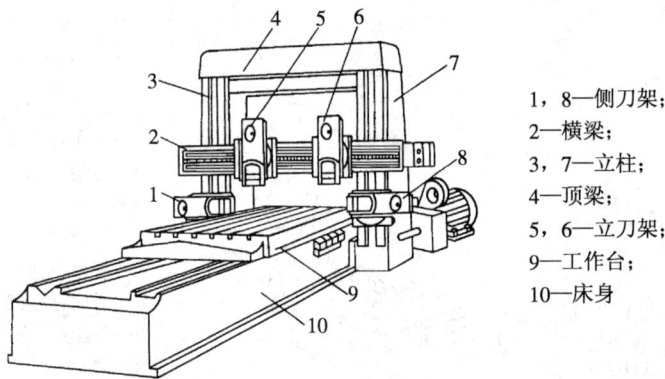

1，8—侧刀架；
2—横梁；
3，7—立柱；
4—顶梁；
5，6—立刀架；
9—工作台；
10—床身

图 10-7　龙门刨床

龙门刨床的主参数是最大刨削宽度，例如 B2012A 型龙门刨床的最大刨削宽度为 1250 mm。与牛头刨床相比，龙门刨床体形大、刚性好、传动平稳、工作行程长，因此主要用于加工大型或重型零件的各种平面、沟槽和导轨面，也同时加工多个中、小型零件。

10.1.4　插床

1. 插削加工

插削是指用插刀相对工件作垂直运动的加工方法。插削主要用于加工工件的内表面，如键槽、花键、多边形孔等，如图 10-8 所示。插削生产率低，只用于单件小批量生产，成批生产中已被拉削替代。插削的加工精度一般为 IT9～IT8，表面粗糙度 Ra 为 6.3～1.6 μm。

2. 插床

图 10-9 所示为插床的外形图。其主要由床身、上下滑座、圆工作台、滑枕、立柱等组成。插床又称为"立式刨床"，其主运动是滑枕带动插刀作上下往复直线运动。滑枕 5 向下移动为工作行程，向上为空行程。滑枕导轨座绕立柱上的销轴，可在小范围内调整角度（β），以加工倾斜表面。下滑座 2 和上滑座 3 可分别带动工件实现横向和纵向进给运动。圆工作台 4 可沿圆周方向作间歇进给运动，其分度由分度装置 8 实现。

插床的主参数是最大插削长度。插床加工范围较广，加工费用较低，多用于工具、模具、修理或试制车间。

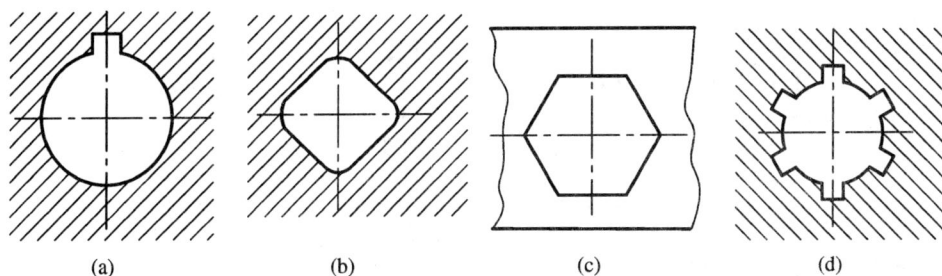

图 10 - 8　插削加工示意图
（a）插键槽；（b）插方孔；（c）插六方形孔；（d）插花键孔

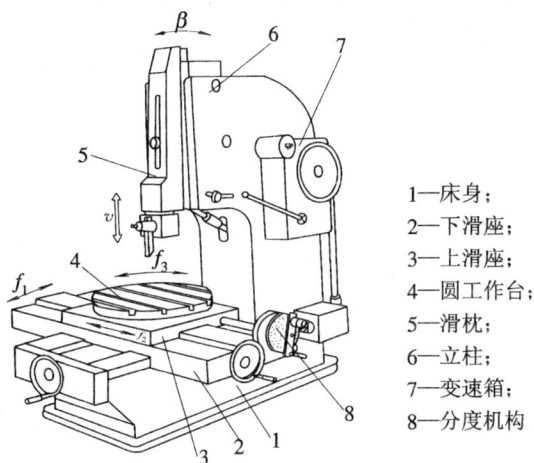

1—床身；
2—下滑座；
3—上滑座；
4—圆工作台；
5—滑枕；
6—立柱；
7—变速箱；
8—分度机构

图 10 - 9　插床

10.2　拉削加工与拉床

10.2.1　拉削加工

拉削是指用拉刀进行切削的一种加工方式。拉刀是一种多齿刀具，它的后一个（或一组）刀齿高出前一个（或一组）刀齿，因而用拉刀拉削时可一层一层地从工件上切去金属，以获得所需的加工表面。拉削的精度可达 IT9～IT7，表面粗糙度值 Ra 可达 3.2～0.5 μm。拉削主要用于成批、大量生产中。图 10 - 10 所示为拉削加工的典型截面形状。

1. 拉削过程

拉削的主运动为拉刀与工件的相对运动，一般为直线移动。拉削的进给运动是靠后一刀齿的齿升量（前后刀齿的高度差）来实现的，如图 10 - 11 所示。拉削一次行程可切除被加工表面的全部余量，获得所要求的加工表面。如果拉刀在切削时受压而不受拉，则称为推削加工，刀具亦称为推刀。推削加工一般用于修光和校正孔的变形。

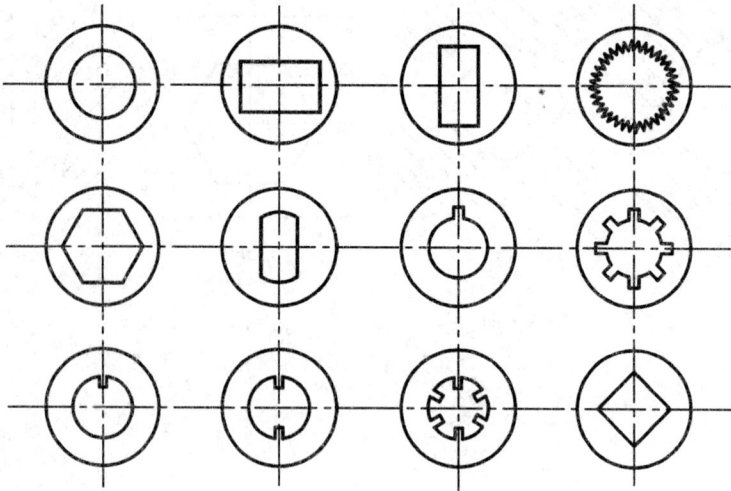

图 10 - 10　拉削的典型截面

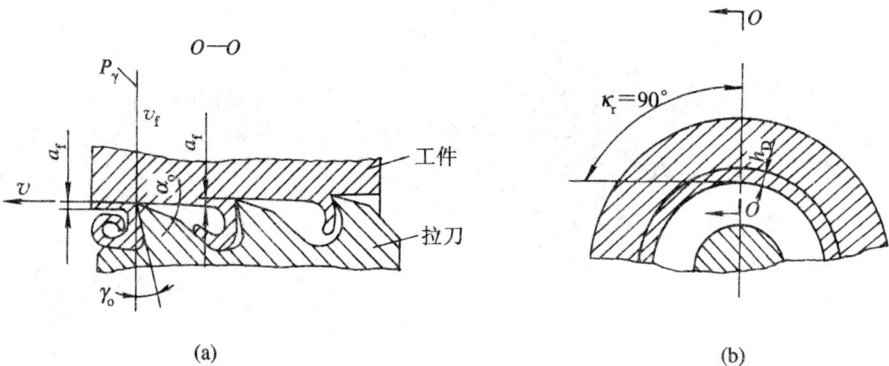

图 10 - 11　拉削过程

2. 拉削要素

（1）拉削速度 v：拉刀直线移动的速度。

（2）进给量或齿升量 a_f：相邻两齿径向高度之差。

（3）切削厚度 h_D：在基面 P_r 内平行于过渡表面的切削层尺寸。当 $\kappa_r = 90°$ 时，$h_D = a_f$。

（4）切削宽度 b_D：在基面 P_r 内沿过渡表面所度量的切削层尺寸。同廓圆孔拉刀的 $b_D = \pi D$，其中 D 为拉刀刀齿的直径。

（5）切削面积：在基面内切削层的面积 $A_D = a_f b_D = h_D b_D$，切削总面积 $A_{D\Sigma} = A_D Z_e$。其中 Z_e 为同时工作的齿数。

3. 拉削方式

1）分层拉削

分层拉削是将拉削余量一层一层地顺序切下的一种拉削方式。分层拉削可分为同廓拉削和渐成拉削，如图 10 - 12 所示。

（1）同廓式拉削是各刀齿的廓形与被加工表面最终要求的形状相似，工件表面的形状和尺寸,决定于拉刀最后一个精切齿和校准齿的形状与尺寸,如图 10 - 12(a)所示。同廓拉削的优点是切削厚度 h_D 小,切削宽度 b_D 大,拉削的表面粗糙度值小,适用加工余量较少且均匀的中小尺寸的圆孔和精度要求较高的成形表面。

(2)渐成式拉削是各刀齿廓形与被拉削表面的最终形状不同,被加工表面的形状和尺寸由各刀齿的副切削刃形成,如图 10 - 12(b)所示。对于加工较复杂的成形表面,这种拉刀制造比同廓式拉刀更简单。由于已加工表面会出现副切削刃交接的痕迹,故此种拉削加工表面的质量较差。

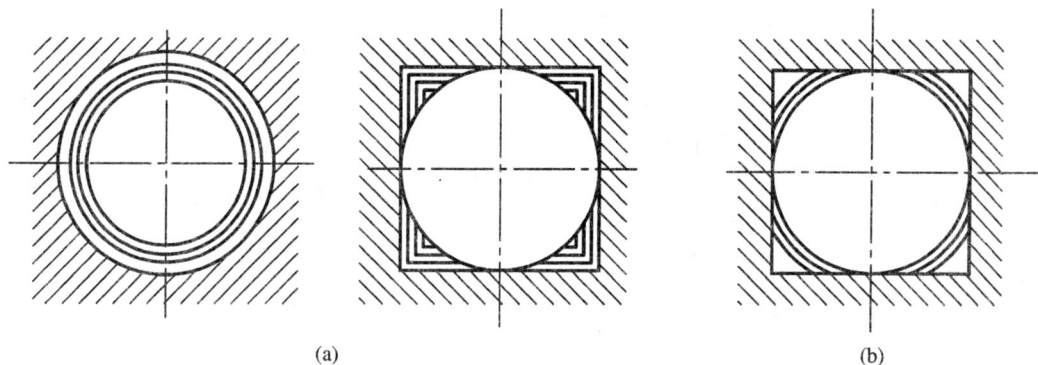

(a)

(b)

图 10 - 12 分层拉削方式

(a)同廓拉削方式;(b)渐成拉削方式

2)分块拉削

分块拉削是把加工余量分为若干层,每层被各刀齿分段切除。分块拉削可分为轮切式和综合轮切式,如图 10 - 13 所示。

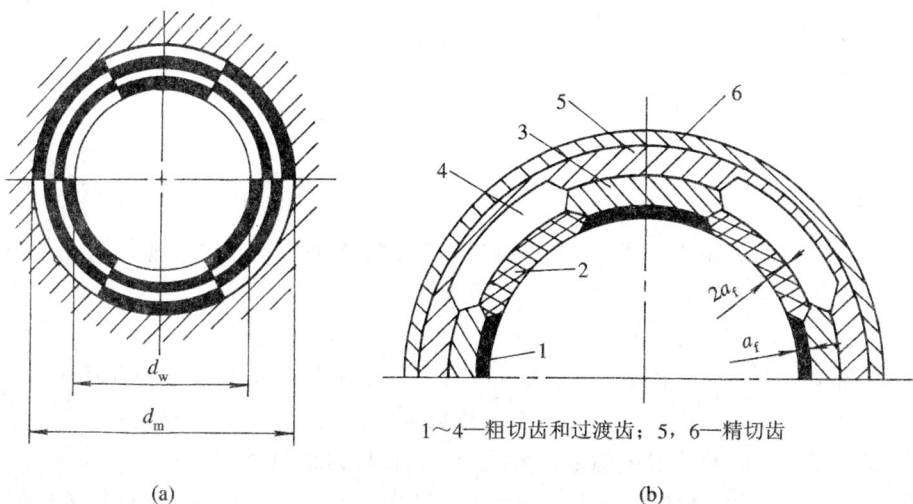

(a)

(b)

1~4—粗切齿和过渡齿;5,6—精切齿

图 10 - 13 分块拉削方式

(a)轮切拉削方式;(b)综合拉削方式

(1)轮切式:拉刀的切削部分由若干齿组组成,每个齿组有 2~5 个刀齿。每个齿组切除一层加工余量,而每个刀齿则切除该层加工余量中的一段,如图 10 - 13(a)所示。轮切式

拉刀拉削时 h_D 大，b_D 小，故拉刀上的刀齿较少，长度较短，切削效率较高，适用于加工尺寸大、余量大的内孔。

（2）综合轮切式：综合式拉削是吸取了轮切式与同廓式拉削的优点而形成的一种拉削方式，如图 10-13(b)所示。综合轮切式拉刀的粗切齿和过渡齿制成轮切式结构，精切齿则采用同廓式结构，这样既缩短了拉刀长度，提高了生产率，又能获得好的表面质量。我国生产的圆孔拉刀多采用这种结构。

4. 拉削特点

拉削和其他切削形式相比较，具有以下主要特点：

（1）生产率高。拉削同时切削的刀齿多，切削刃长，一次行程能完成粗、半精及精加工。

（2）加工精度较高。拉削精度可达 IT8～IT7 级，表面粗糙度值 Ra 可达 $0.5\sim0.8\ \mu m$。

（3）拉刀耐用性高。拉削速度低，拉刀磨损慢，因此耐用度高。

（4）拉床的结构简单。拉削时通常只有一个主运动，进给运动由刀齿升量完成，因此拉床结构简单，操作方便。

10.2.2　拉刀

1. 拉刀的种类

1）按被加工表面分类

按被加工表面的部位可分为内拉刀和外拉刀，如图 10-14 所示。

2）按拉刀结构分类

按拉刀结构可分为整体拉刀、焊接拉刀、装配拉刀和镶齿拉刀。图 10-15 所示为装配拉刀和镶齿拉刀。

3）按使用方法分类

拉刀按使用方法可分为拉刀和推刀。推刀是在推力作用下工作，主要用于校正与修光硬度低于 45HRC 且变形量小于 0.1 mm 的孔。推刀与拉刀结构相似，但它的齿数小，长度短。

2. 拉刀的结构

拉刀的种类很多，结构也各不相同，但其组成部分却基本相同。现以圆孔拉刀为例，介绍拉刀的结构及其作用，如图 10-16 所示。

（1）前柄 l_1：是拉刀的夹持部分，用于传递拉力。

（2）颈部 l_2：直径相对较小，便于柄部穿过拉床的档壁，也是打标记的地方。

（3）过渡锥 l_3：引导拉刀逐渐进入工件预制孔中。

（4）前导部 l_4：引导拉刀正确地进入孔中，防止拉刀歪斜。

（5）工作部 l_5：包括切削部分和校准部分。其中，切削部分担负全部余量的切削，由粗切齿、过渡齿和精切齿三部分组成；校准部分起光整和校准作用，并可作为精切齿的后备齿，各齿形状与尺寸完全一致，用以提高加工精度和减小表面粗糙度值。

（6）后导部 l_6：保持拉刀最后的正确位置，防止拉刀的刀齿在切离后因下垂而损坏已加工表面或刀齿。

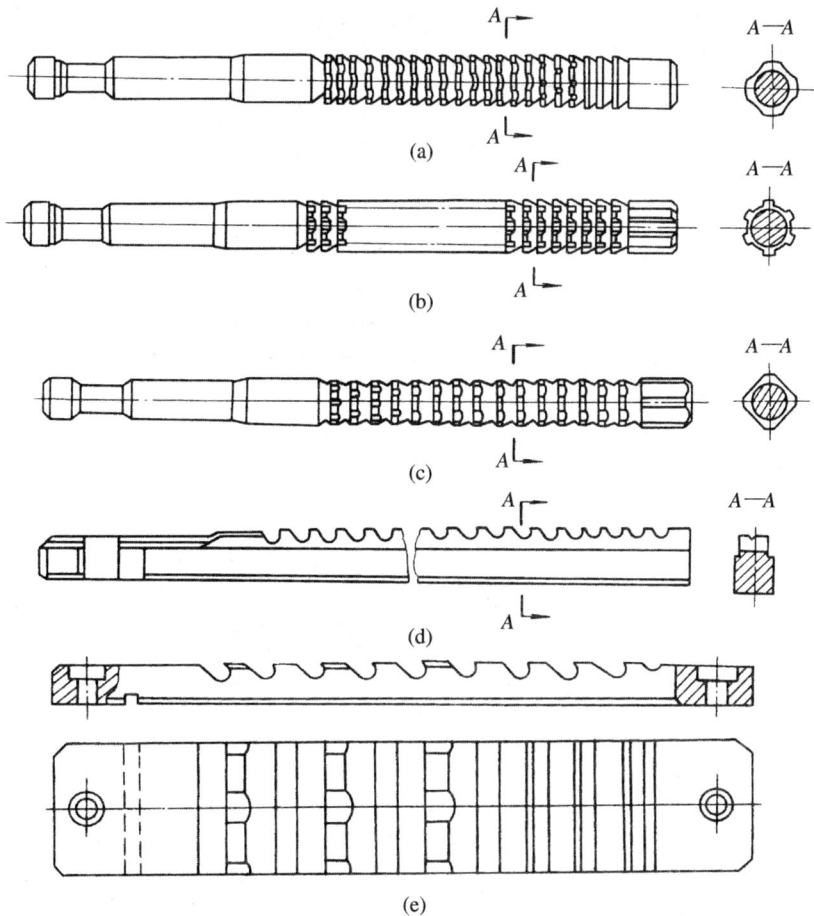

图 10-14　各种内拉刀和外拉刀

（a）圆拉刀；（b）花键拉刀；（c）四方拉刀；（d）键槽拉刀；（e）外平面拉刀

（7）后柄 l_7：用于支撑并防止拉刀下垂，特别是对于又长又重的拉刀。

拉刀每个齿上都有前角 $\gamma_。$、后角 $\alpha_。$ 以及后角为 $0°$ 的刃带；相邻齿之间为容屑槽。

3. 拉刀的合理使用

1）防止拉刀断裂及刀齿损坏

拉削时因刀齿受力过大、拉刀强度不够，是损坏拉刀和刀齿的主要原因。为了使拉削顺利，可采取如下措施：

（1）要求预制孔精度 IT10～IT8、表面粗糙度值 Ra≤5 μm，预制孔与定位端面垂直度偏差不超过 0.05 mm。

（2）检查拉刀的制造精度，对于外购拉刀应进行齿升量、容屑空间和拉刀强度的检验。

（3）对于难加工材料，采取适当热处理，以改善材料的可加工性。

（4）保管、运输拉刀时，应防止拉刀弯曲变形和碰坏刀齿。

2）消除拉削的表面缺陷

拉削表面产生鳞刺、纵向划痕、压痕、环状波纹和啃刀等是常见的缺陷。消除这些缺

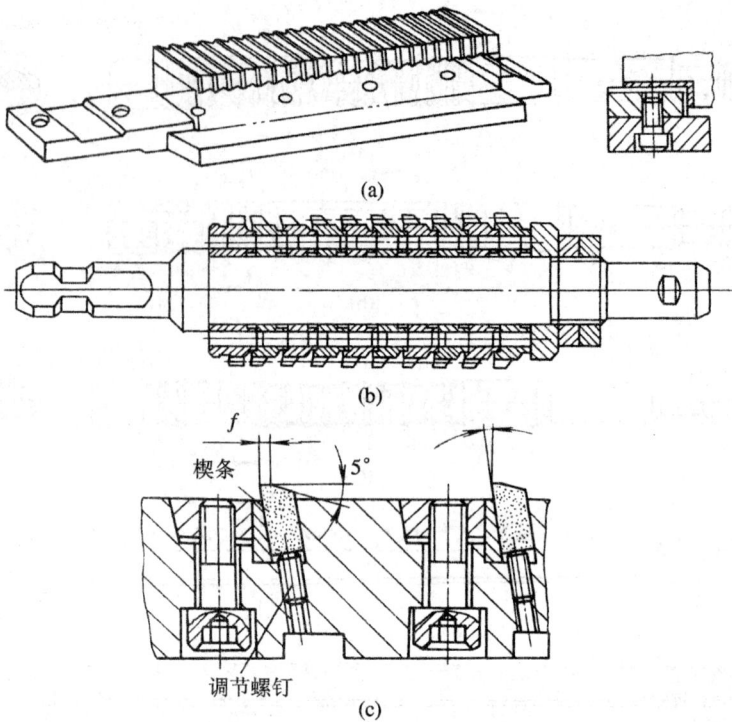

图 10-15 装配拉刀和镶齿拉刀

(a) 组合直角平面拉刀；(b) 装配内齿轮拉刀；(c) 镶齿硬质合金拉刀

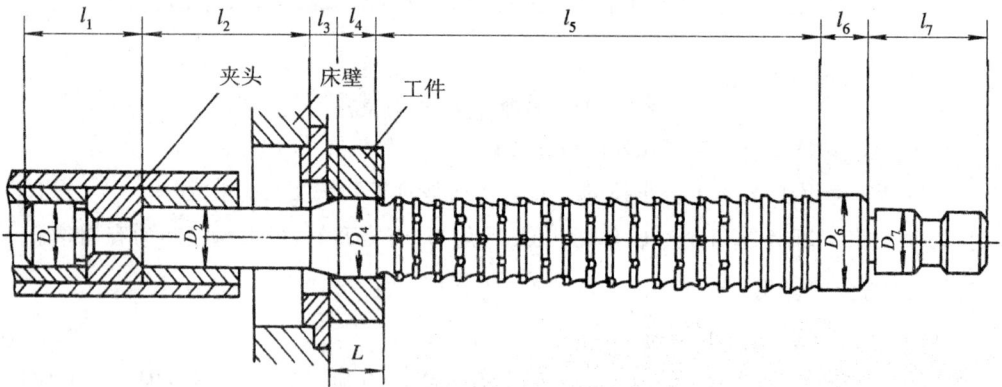

图 10-16 拉刀组成与工作状态示意图

陷，提高拉削表面质量的主要途径有：

（1）提高刀齿刃磨质量。要注意保持刀齿刃口锋利，防止微纹产生，各齿的前角、刃带宽应保持一致。

（2）保持稳定的拉削。增加同时工作齿数，减小精切齿和校准齿距或做成不等分布的齿距，提高拉削系统刚度。

（3）合理选用拉削速度。拉削速度是影响拉削表面质量、拉刀磨损和拉削效率的重要因素。图 10-17 所示为拉削速度 v_c 与表面粗糙度值 R_z 的关系。以拉削 45 钢为例，因积屑瘤的影响，$v_c<3$ m/min 时，拉削表面粗糙度 R_a 小；$v_c=10\sim20$ m/min 时，拉削表面粗糙度 R_a 增大；v_c 超过 20 m/min 时，表面粗糙度 R_a 随拉削速度 v_c 提高而减小，实验表明 $v_c\geqslant40$ m/min 时，可达到很小的表面粗糙度值，且可提高拉刀的寿命。

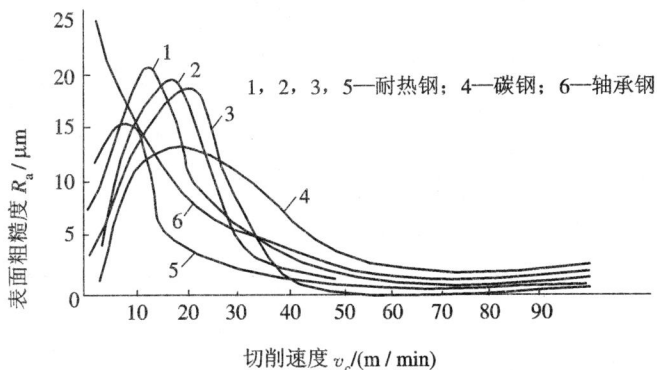

图 10-17　拉削速度与表面粗糙度的关系

（4）合理选用切削液。拉削碳素钢、合金钢时，宜选用极压乳化油、硫化油和加极压添加剂的切削油，对提高拉刀寿命、减小拉削表面粗糙度值均有良好的作用。

3）提高拉刀重磨质量

拉削时，若达不到拉削质量，且拉刀后面磨损量 $VB\geqslant0.3$ mm 和切削刃局部崩刃长 $\Delta L\geqslant0.1$ mm 等情况下，均应对拉刀进行重磨。

图 10-18 所示为在万能工具磨床或拉刀磨床上用碟形砂轮对圆拉刀前刀面刃磨的示意图。砂轮和拉刀绕各自的轴线旋转，并使砂轮周边与前刀面上的 m 点接触，m 点是拉刀前刀面与槽底圆弧间的交点。为减少砂轮的接触面积，砂轮的锥面与前刀面的夹角为 $5°\sim15°$。砂轮的轴线与拉刀轴线的夹角 β 为 $35°\sim55°$，两者轴线应保持在同一垂直平面内。为了避免砂轮对拉刀槽底产生过切现象，砂轮直径不应太大，通常按下式确定：

$$R=r_m\sin(\beta-\gamma_o)/\sin\gamma_o \qquad (11-1)$$

式中：R——砂轮半径；

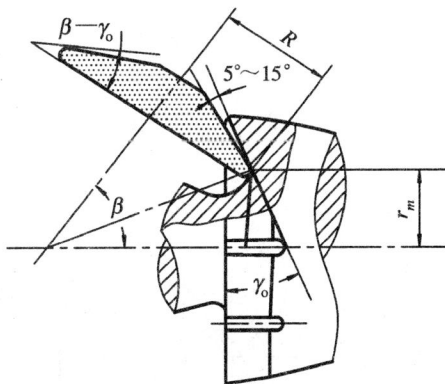

图 10-18　圆拉刀的刃磨

　　　　r_m——拉刀 m 点的半径；

　　　　β——砂轮轴线与拉刀轴线的夹角；

　　　　γ_o——拉刀切削刃前角。

10.2.3　拉床

用拉刀加工工件各种内、外表面的机床称为拉床。拉刀的直线或螺旋运动为主运动，进给运动由拉刀的阶梯刀齿实现。按拉削表面的不同拉床可分为内表面拉床（内拉床）和外表面拉床(外拉床)。按结构和布局形式不同又可分为立式拉床、卧式拉床等。拉床的组、系代号及主参数如表 10-2 所示。拉床的主运动通常采用液压驱动。拉床的主参数是额定拉力。

表 10-2 常用拉床组、系代号及主参数

类	组	系	机床名称	主参数	主参数的折算系数
拉床	3	1	卧式外拉床	额定拉力	1/10
	4	3	连续拉床	额定拉力	1/10
	5	1	立式内拉床	额定拉力	1/10
	6	1	卧式内拉床	额定拉力	1/10
	7	1	立式外拉床	额定拉力	1/10

1. 卧式拉床

图 10-19 所示为卧式内拉床的外形图，主要由床身、液压缸、支承座、滚柱和护送夹头等组成。床身内水平安装有液压缸，通过活塞杆带动拉刀水平移动，实现拉削的主运动。拉削时，工件可直接以其端面紧靠支承座定位，也可采用球面垫圈定位，如图 10-20 所示。

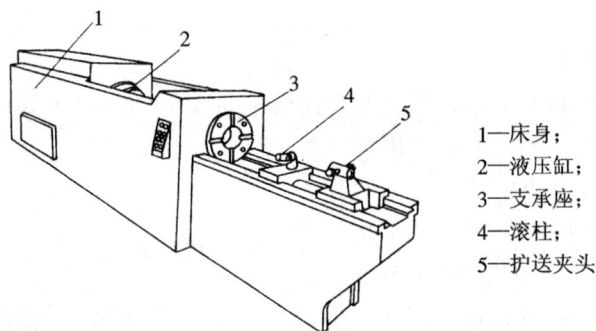

1—床身；
2—液压缸；
3—支承座；
4—滚柱；
5—护送夹头

图 10-19 卧式内拉床

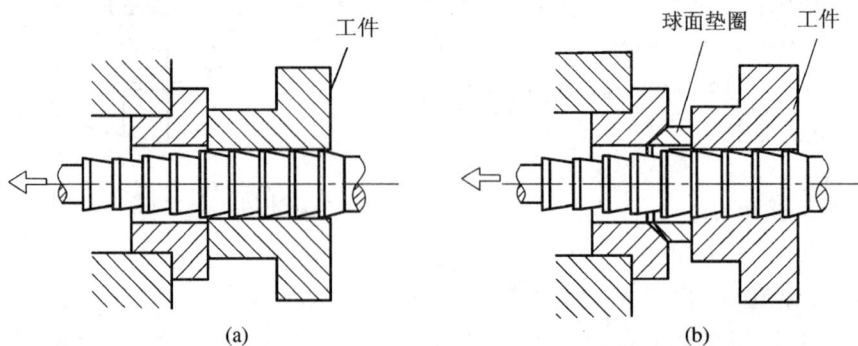

(a)   (b)

图 10-20 工件的定位
(a) 直接在支承座上定位；(b) 采用球面垫圈定位

2. 立式拉床

图 10-21 所示为立式内拉床外形图，主要由上、下支架、工作台和滑座组成。这种拉床可通过拉刀或推刀加工工件的内表面。用拉刀加工时，工件以其端面紧靠在工作台 2 的上表面；拉刀被支承在支架 3 上，自上而下插入工件的预制孔及工作台的孔中，并将其下端刀柄夹持在下支架 1 上。液压缸带动滑座 4，通过支架 1、3 带动拉刀移动并进行拉削加工。

图 10-22 所示为立式外拉床外形图，主要由工作台 1、滑块 2、床身 4 等部件组成，主要用于拉削工件的外表面。

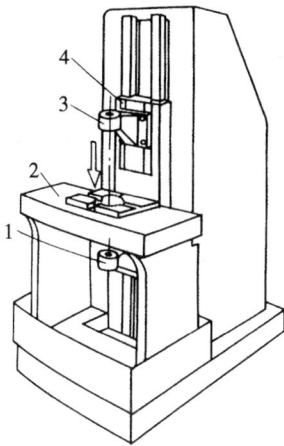

1—下支架；
2—工作台；
3—上支架；
4—滑座

图 10-21 立式内拉床

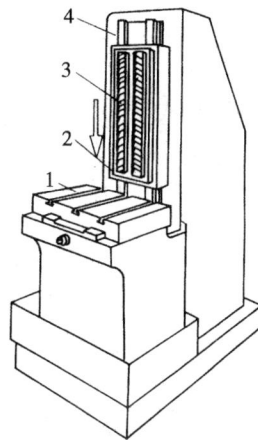

1—工作台；
2—滑块；
3—拉刀；
4—床身

图 10-22 立式外拉床

第 11 章　磨削加工与磨床

11.1　磨 削 加 工

　　磨削是用砂轮等磨具或磨料为刀具，以很高的切削速度，对工件进行细微切削的一种加工方法。磨削加工能获得很高的加工精度，通常可达 IT6～IT5，表面粗糙度值 Ra 可达 1.25～0.32 μm。磨削几乎可以加工所有的材料和各种复杂形状的工件表面，不仅适用于精磨和超精磨，也适用于粗磨和荒磨。

11.1.1　砂轮

1. 砂轮构成要素

　　砂轮是由磨料和结合剂以适当的比例混合，经压缩再烧结而成的，如图 11-1 所示。砂轮由磨粒、结合剂和气孔三个要素组成。磨粒相当于切削刀具的切削刃，起切削作用；结合剂使各磨粒位置固定，起支持磨粒作用；气孔则有助于排除切屑。砂轮的性能由磨料、粒度、结合剂、硬度及组织等五个参数决定。

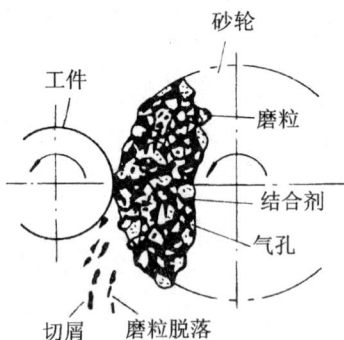

图 11-1　砂轮及其构造

　　1）磨料

　　常用的磨料有氧化铝(刚玉类)、碳化硅、立方氮化硼和人造金刚石等，其代号、性能及适用范围，详见表 11-1。

表 11－1　常用磨料的性能与适用范围

系别	名　称	代号	成　分	硬度/HV	颜　色	适用范围
刚玉类	棕刚玉	A	Al_2O_3>95.5%	2000～2200	棕褐色	碳钢、合金钢
	白刚玉	WA	Al_2O_3>98.5%	2200～2400	白色	淬火钢、高速钢
	铬刚玉	PA	Al_2O_3>97.5%	2000～2200	玫瑰色或紫红色	淬火钢的内磨、高速钢、齿轮磨削
	微晶刚玉	MA	与棕刚玉相似	2000～2200	浅黄或白色	不锈钢、轴承钢
	单晶刚玉	SA	与白刚玉相似	—	浅黄或白色	不锈钢
碳化硅类	黑色碳化硅	C	—	2840～3320	黑色	铸铁、黄铜
	绿色碳化硅	GC	—	2840～3320	绿色	硬质合金
立方氮化硼		CBN	BN	8000～9000	—	难加工材料
人造金刚石		SD	C	10 060～11 000	—	硬质合金

2）粒度

粒度是表示磨料颗粒大小的参数，其大小由粒度号表示。国家标准规定，固结磨具用磨料粒度的表示方法为：粗磨料 F4～F220（用筛分法区别，F 后的数字表示为每英寸筛网长度上筛孔的数目）和微粉 F230～F1200（用沉降法区别，主要用光电沉降仪区分）。表 11－2 所列为常用粒度号及应用。

表 11－2　常用磨料粒度号及应用

类别		粒　度　号	应用范围
磨粒	粗粒	F4，F5，F6，F8，F10，F12，F14，F16，F20，F22，F24	荒磨
	中粒	F30，F36，F40，F46	一般磨削。加工表面粗糙度 Ra 可达 0.8 μm
	细粒	F54，F60，F70，F80，F90，F100	半精磨，精磨和成形磨削。加工表面粗糙度 Ra 可达 0.8～0.1 μm
	微粒	F120，F150，F180，F220	精磨，精密磨，超精磨，刃磨刀具，珩磨
微粉		F230，F240，F280，F320，F360，F400，F500，F600，F800，F1000，F1200	精磨，精密磨，超精磨，螺纹磨，超精密磨，精磨的加工表面粗糙度 Ra 可达 0.05～0.01 μm

3）结合剂

结合剂是将磨粒粘结成各种砂轮的材料。结合剂的种类及其性质，决定了砂轮的硬度、强度以及耐腐蚀的能力。表 11－3 所列为常用结合剂的种类、代号、特性及用途。

表 11－3　常用结合剂的种类、代号、特性及用途

名称	代　号	材　料	特点与用途
陶瓷	V	黏土、长石	刚性大，气孔多。适于各种磨削加工
树脂	B	酚醛树脂	耐高温、高弹性。适用切断磨削、螺纹磨削
橡胶	R	生橡胶硫磺	可制成薄的切断砂轮
金属	J	青铜	属于强结合剂，热传导大。用于金刚石砂

4）硬度

砂轮的硬度是指结合剂粘结磨粒的牢固程度，表示磨粒从砂轮上脱落的难易程度。磨粒不易脱落的，称为硬砂轮；反之，称为软砂轮。磨削软材料时宜选用硬砂轮，磨削硬材料时宜选用软砂轮；粗磨宜选用软砂轮；精磨则选用硬砂轮。

砂轮硬度分为 7 级，分别用不同字母表示，详见表 11-4 所示。

表 11-4　砂轮硬度等级及选用

大级名称	超软		软			中 软		中		中 硬			硬		超硬
小级名称	超软		软1	软2	软3	中软1	中软2	中1	中2	中硬1	中硬2	中硬3	硬1	硬2	超硬
代号	D	E	F	G	H	J	K	L	M	N	P	Q	R	S	T	Y
选择	磨未淬硬钢选用 L～N，磨淬硬钢选用 H～K，高表面质量磨削时选用 K～L，刃磨硬质合金刀具选用 H～J														

5）组织

组织是表示砂轮内部结构松紧程度的参数。砂轮总体中磨粒所占的比例越小，气孔越多，砂轮就越疏松。气孔既可以容纳切屑，还可以把切削液带入磨削区，降低磨削温度。粗磨时宜选用较疏松的砂轮；精磨时宜选用较紧密的砂轮。表 11-5 所列为砂轮组织等级及适用范围。

表 11-5　砂轮组织等级及适用范围

类别	紧 密				中 等				疏 松					大气孔	
组织号	0	1	2	3	4	5	6	7	8	9	10	11	12	13	14
磨粒率/(%)	62	60	58	56	54	52	50	48	46	44	42	40	38	36	34
适用范围	重负荷、成形、精密磨削、间断及自由磨削，或加工硬脆材料				外圆、内圆、无心磨削及工具磨削，淬火钢工件及刀具刃磨等				粗磨及磨削韧性大、硬度低的工件，适合磨削薄壁、细长工件，或砂轮与工件接触面大以及平面磨削等					有色金属及塑料橡胶等非金属以及热敏性大的合金	

2. 砂轮形状与代号

表 11-6 所列为常用砂轮形状、代号及用途，供选用时参考。

表 11-6　常用砂轮形状、代号及其用途

名称	代号	断面形状	形状尺寸标记	主要用途
平面砂轮	1		$1-D \times T \times H$	磨外圆、内孔、平面及刃磨刀具

名　称	代号	断面形状	形状尺寸标记	主要用途
筒形砂轮	2	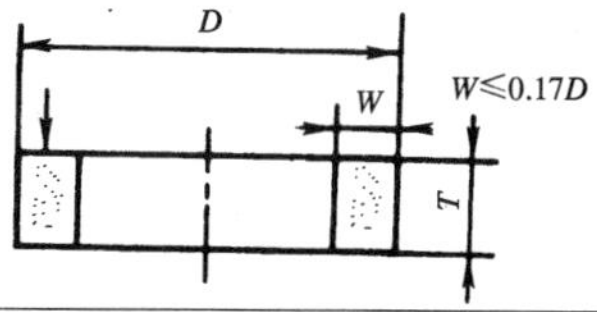	$2-D \times T-W$	端磨平面
双斜边砂轮	4	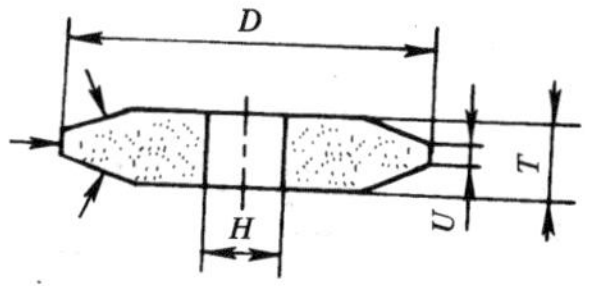	$4-D \times T/U \times H$	磨齿轮及螺纹
杯形砂轮	6	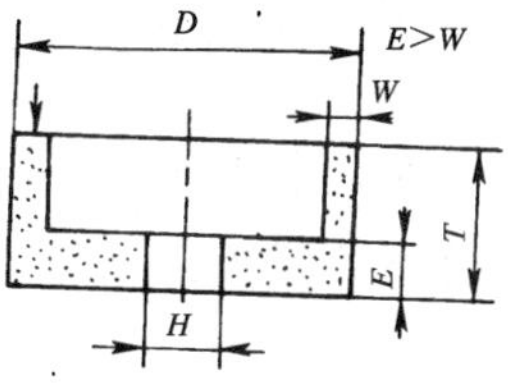	$6-D \times T \times H-W,E$	端磨平面，刃磨刀具后刀面
碗形砂轮	11	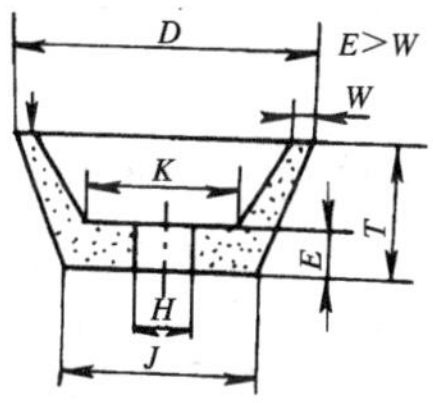	$11-D/J \times T \times H-W,E,K$	端磨平面，刃磨刀具后刀面
碟形一号砂轮	12a	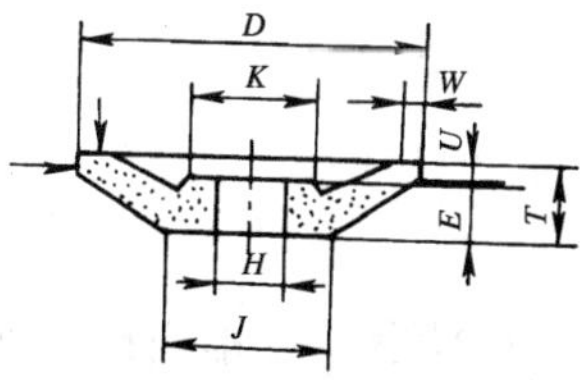	$12a-D/J \times T/U \times H-W,E,K$	刃磨刀具前刀面
薄片砂轮	41	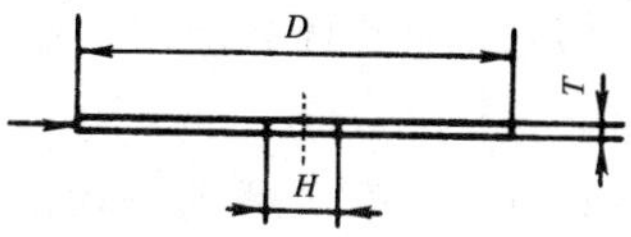	$41-D \times T \times H$	切断及磨槽

注：图中箭头表示基本工作面。

根据磨具标准 GB/T2484—94 规定，砂轮各特性参数以代号形式表示，其次序是：砂轮形状、尺寸、磨料、粒度、硬度、组织、结合剂、最高工作速度。例如砂轮 $1-300 \times 50 \times 65-WA60M5-V-30$ m/s，其含义是：1 表示形状代号，$300 \times 50 \times 65$ 分别表示外径 D、厚度 T 和内径 H，WA 表示磨料为白刚玉，60 表示粒度号，M 表示硬度，5 表示组织号，V 表示结合剂为陶瓷，30 表示允许的最高圆周速度为 30 m/s。

11.1.2 磨削过程

1. 磨削运动

图 11-2 所示为磨削外圆的示意图。

1) 主运动

磨削的主运动是砂轮的旋转运动。砂轮的切线速度即为磨削速度 v_c(单位为 m/s)。

2) 进给运动

磨削外圆的进给运动有三种,即:

(1) 工件旋转的圆周进给运动,进给速度为工件的切线速度 v_w(单位为 mm/min);

(2) 工件的纵向进给运动,进给量用工件每转相对砂轮的轴向移动量 f_a(单位为 mm/r)表示,进

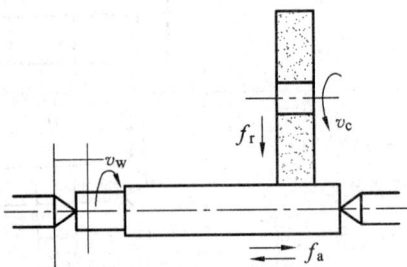

图 11-2 外圆磨削方式及其运动

给速度 v_f(单位为 mm/min)为 nf_a(n 为工件的转速,单位为 r/min)。

(3) 砂轮的径向切入运动,切入量用工作台每单行程砂轮切入工件的深度 f_r(单位为 mm/单行程或双行程)表示。

3) 磨削用量

外圆磨削常用的磨削用量为:

(1) 磨削速度 v_c:25~50 m/s(用于氧化铝或碳化硅砂轮),80~150 m/s(用于 CBN 砂轮或人造金钢石砂轮)。

(2) 圆周进给速度 v_w:粗磨 20~30 mm/min;精磨 20~60 mm/min。

(3) 纵向进给量 f_a:粗磨 $(0.3~0.7)B$ mm/r;精磨 $(0.3~0.4)B$ mm/r(B 为砂轮宽度,单位为 mm)。

(4) 横向切入量 f_r:粗磨 0.015~0.05 mm/单行程或 0.015~0.05 mm/双行程;精磨 0.005~0.01 mm/单行程或 0.005~0.01 mm/双行程。

2. 磨削机理

砂轮表面上分布着为数众多的磨粒,磨粒形状各异,排列极不规则,其高低和间距随机分布。每个磨粒相当于一个刀齿,因此磨削也可以看作是具有极多微小刀齿的铣刀在作超高速铣削。若砂轮表面的磨粒锋利就容易切入工件,且磨削力、磨削热小;反之,则磨削力、磨削热大。

砂轮磨粒切削时,磨粒的前角平均为 $-65°$~$-80°$,磨削一段时间后会增大至 $-85°$,因此,磨削是一种负前角切削。负前角切削是磨削的一大特点,磨削过程的许多物理现象均与此有关。

众多磨粒中有锋利的,有较锋利的,有钝化的三种。较为锋利的磨粒比较凸起,切入工件较深,切削厚度较大,起切削作用,如图 11-3(a)所示。比较钝的磨粒凸起较小,只能在工件表面刻划出细微的沟痕,并无明显的切削作用,只挤压出细微的沟槽,使金属向两边塑性流动,造成了沟槽两边微微隆起,如图 11-3(b)所示。已钝化的磨粒凹下,既不切削,也不刻划,只起摩擦抛光作用,如图 11-3(c)所示。由此可见,磨削过程实质就是切

削、刻划和摩擦抛光的综合作用过程。

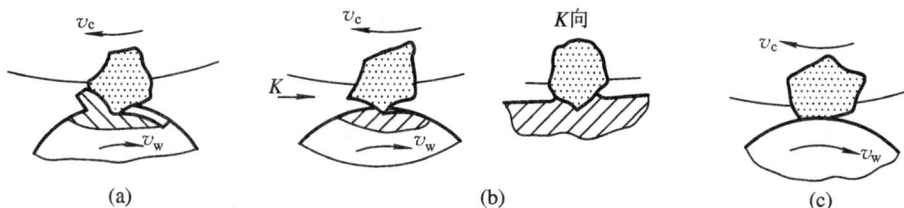

图 11-3　磨粒的切削、刻划和抛光
（a）切削作用；（b）刻划作用；（c）抛光作用

　　磨粒的切削过程又可划分为滑擦、刻划、切削三个阶段，如图 11-4 所示。磨削开始时，磨粒压向工件表面，使工件产生弹性变形，这时磨粒在工件表面滑擦一段距离，称为滑擦阶段。随着挤入深度增加，磨粒与工件表面间压力增大，逐渐由弹性变形过渡到塑性变形，此时，磨粒与工件作剧烈挤压，在工件表面刻划出沟痕，称为刻划阶段。当挤压深度增大到一定值时，被切处已达到一定温度，切屑形成并沿磨粒前面流出，称为切削阶段。

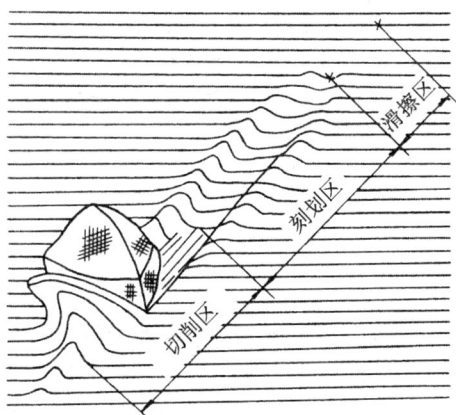

图 11-4　磨粒的切削过程

3. 磨削力

　　图 11-5 所示为外圆磨削时作用在工件上的磨削力示意图。外圆磨削时，作用在工件上的磨削力 F 可分解为三个相互垂直的分力：即沿主运动方向的主磨削力 F_c（F_z），沿纵向进给方向的进给磨削力 F_f（F_x）和沿磨削深度方向的切深磨削力 F_p（F_y）。其中，$F_f = (0.1 \sim 0.2)F_c$，$F_p = (1.6 \sim 3.2)F_c$。可见，切深磨削力 F_p 很大是磨削的显著特征之一。这主要是因为磨粒以负前角切削，刃口钝圆半径与切削厚度之比相对很大，加之砂轮与工件接

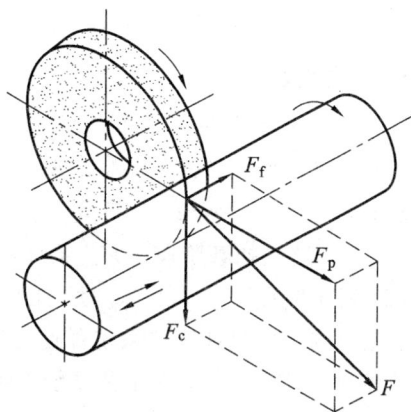

图 11-5　磨削加工中的磨削力

触宽度较大等所致。因为切深磨削力 F_p 很大，使工件变形大，对磨削精度和生产率的影响也较大。

4. 磨削温度

磨削温度是指磨削过程中磨削区域的平均温度，约在 400～1000℃ 之间。图 11-6 所示为平面磨削时的热量分布图。由于磨削时切削速度很高，切削刃很钝，所以切除单位体积切削层所消耗的功率约为车、铣等切削加工的 10～20 倍，磨削所消耗的功率大部分转变为热量，经由工件、砂轮、磨屑和切削液带走。因砂轮导热性差，所以带走热量少（约为 10%～15%）。磨削热量传入磨屑也不多（约为 10% 以下），因磨屑热容量小，在空气中氧化呈火花飞出。磨削的大部分热量传给了工件，使工件上的磨削区域形成高温。

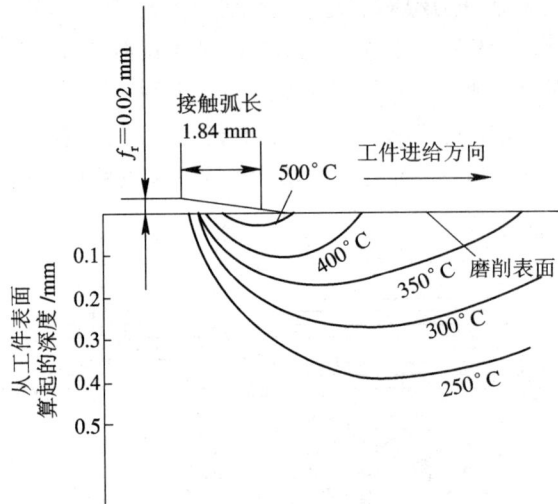

图 11-6　平面磨削时接触点的温度

磨削温度影响着工件表面的加工硬化，烧伤和裂纹，使工件热膨胀，翘曲，从而形成内应力；为此，磨削时应采用切削液进行冷却，并冲走磨屑和碎落的磨粒。

磨削温度主要与磨削深度 f_r、磨削速度 v_c 和圆周进给速度 v_w 有关。f_r 增加，磨削面积增大，磨削厚度增大，v_c 增加，挤压与摩擦速度增大；这都会使磨削热量增加，从而使磨削温度升高。其中，f_r 影响最大。而 v_w 的增加，对磨削温度基本无影响。

5. 磨削阶段

图 11-7 所示为在切深磨削力 F_p 作用下引起系统变形的磨削过程。

(1) 初磨阶段。开始磨削时，砂轮以名义磨削深度 $a_{P名}$（刻度盘显示的径向进给量）切入，因工艺系统刚性所致，实际切入深度 $a_P \ll a_{P名}$。随着行程次数的增加，a_P 逐渐增加，直至 $a_P \approx a_{P名}$，这是初磨阶段。工艺系统刚性越差，初磨阶段越长。

(2) 稳定阶段。当 $a_P \approx a_{P名}$ 时，工件直径按行程次数以 $2a_{P名}$ 的速度减小，这是磨削的正常状态。因工件是在工艺系统弹性变形的状态下磨削，所以当全部余量磨去时，工件并未达到精度要求。为此，在工艺系统弹性变形恢复过程中，虽停止切入（即 $a_{P名}=0$），但磨削仍在继续。

(3) 光磨阶段。当砂轮停止进给，工作台继续往复运动，工艺系统的弹性变形逐渐恢

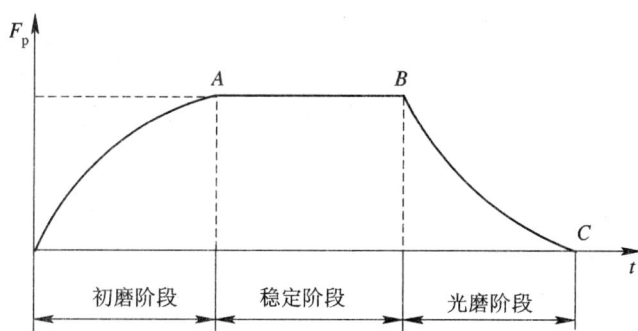

图 11 - 7　磨削循环

复，虽 $a_{P名}=0$，然而此时 $a_P \neq 0$，但逐渐在减小。当系统完全恢复，砂轮磨削完全无火花，切深 $a_P=0$，称为无火花磨削，即光磨阶段。无火花磨削对磨削精度、表面粗糙度和生产率均有重要影响。

11.1.3　砂轮的磨损及修整

1. 砂轮的磨损

砂轮磨损与损耗具有以下几种形态：

（1）磨粒逐渐磨钝变平。特别在磨削钢材时，用较硬的砂轮、磨削用量较小，磨粒容易变钝，其结果使磨削力增大，磨削温度升高。

（2）磨粒断裂而碎裂。磨削时骤热骤冷且变化频率高，在磨粒中产生很大热应力，磨粒最易因热疲劳而碎裂。

（3）砂轮轮廓失真。结合剂破裂引起磨粒脱落，致使砂轮轮廓失真。砂轮硬度太软最易发生失真现象。用低硬度砂轮磨削时，磨粒最易破碎和脱落。

（4）砂轮表面堵塞。高温高压下被磨削材料粘附在磨粒上，磨下的磨屑也会嵌入砂轮气孔中，气孔被堵塞，致使砂轮表面变光，失去切削能力。

砂轮的自砺作用是指因砂轮磨粒脱落，新磨粒出现的一种现象。砂轮能磨削高硬度的材料，主要依靠本身的自砺作用。然而，砂轮磨粒脱落过快，也会增大砂轮的损耗量。

砂轮耐用度是指从砂轮修整后到下一次再修整的期间，是砂轮实际磨削的时间。

2. 砂轮的修整

砂轮表面变钝或堵塞，应采用修整的方法，使其产生新的磨粒，同时对砂轮表面形状进行校正。

图 11 - 8(a)所示是用金刚石笔修整砂轮的示意图。砂轮修整一般可采用精密修整和普通修整两种。

（1）精密修整采用小的进给量和切入深度，使修整后的磨粒能细密地排列在砂轮工作表面上。但是用量过小，则使磨粒间隔变小，略有变钝，也会导致砂轮耐用度缩短。

（2）普通修整采用较大的进给量和切入深度，使磨粒脱落较多，平均间隔变大，可提高砂轮磨削能力。

图 11 - 8(b)所示是用金刚石滚轮修整成形砂轮。滚轮表面的金刚石颗粒通过金属烧结

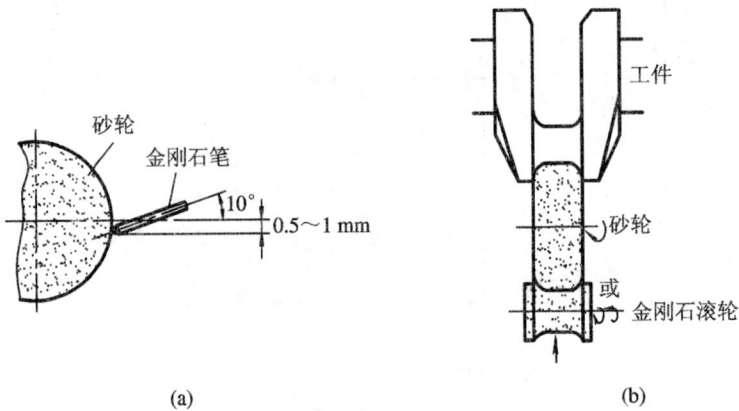

图 11-8　砂轮的修整

（a）用金刚石笔修整砂轮；（b）用金刚石滚轮修整成形砂轮

法或金属电镀法制成。修整时金刚石滚轮单独驱动，相对于砂轮顺向或逆向旋转，同时作切入进给，切入量为 0.5～1 μm。修整结束后滚轮退出。

11.1.4　磨削表面质量

1. 磨削表面粗糙度

磨削与一般切削加工方法相比，可以得到很小的表面粗糙度值，如高精度外圆磨床的精密磨削表面粗糙度值 Ra 可控制到 0.01 μm。影响磨削表面粗糙度的因素很多，一般来说，磨削深度、工件速度、工作台进给量增大，表面粗糙度增大；砂轮速度、砂轮宽度增大，表面粗糙度将变小。

2. 表面烧伤

磨削时在工件表面局部有时会出现各种带色斑点，这种现象被称为烧伤。烧伤是在高温下磨削表面生成的氧化膜，氧化膜依其厚度的不同，其反射光线的干涉也不同，因而呈现不同颜色，如黄、褐、紫、青等。这种现象和金属回火时温度变化所出现的颜色变化完全相同。一般情况下当温度高于 500℃时，就会产生表面烧伤现象。

当工件磨削表面热应力大于工件材料的强度时，就会产生龟裂，即所谓的磨削裂纹。磨削裂纹在工件表面成不规则的网状，其深度约 0.5 mm 左右。产生裂纹的主要原因是受热产生热应力的结果。

表面烧伤破坏了零件表面组织，影响零件的使用性能和寿命。避免烧伤就要减少磨削热，加速热传散。具体就是要合理选用砂轮，合理选择切削用量，采取良好的冷却液等。

3. 表面残余应力

残余应力是指零件在去除外力的热源作用后，存在于零件内部的并保持零件内部平衡的应力。磨削后工件表面残余应力是由相变应力、热应力和塑变应力合成的。

（1）相变应力。磨削淬硬的轴承钢时，磨削温度使表层组织中的残余奥氏体转变为回火马氏体，体积膨胀，于是里层产生残余拉应力，表层产生残余压应力。这种由相变引起的残余应力称为相变应力。

（2）热应力。磨削导热性差的材料，表层与里层温度相差较多，表层温度迅速升高又受冷却液的急速冷却，表层收缩受到里层的牵制，结果里层产生的残余压应力，表层产生残余拉应力。这种由热胀冷缩不均匀引起的残余应力称为热应力。

（3）塑变应力。磨粒在切削、刻划磨削表面后，**在磨削速度方向**，表面存在残余拉应力；在垂直磨削速度方向，表面上存在着残余压应力。**这种由塑性变形引起的残余应力称为塑变应力。**

表面残余应力会降低零件疲劳强度，易产生裂纹等，应尽量减少或避免。减小表面残余应力比较有效的措施是，采用立方氮化硼砂轮，减少砂轮切入量，采用切削液以及增加光磨次数等。

11.1.5　砂带磨削

用高速运动的砂带为磨削工具，磨削各种形状表面的方法称为砂带磨削。砂带磨削是由砂带磨床带动砂带高速运动实现的，可磨削平面、外圆柱面和成形面等。砂带磨床一般由砂带、张紧轮、接触轮、承载轮、导轮等组成。

图 11-9 所示为砂带磨削的几种形式。砂带由基体、结合剂和磨粒组成，如图 11-10 所示。常用的基体是牛皮纸、布（斜纹布、尼龙纤维、涤纶纤维）和纸-布组合体。纸基砂带平整，磨出的工件表面粗糙度值小；布基砂带承载能力高；纸-布基砂带则综合了两者的优点。砂带上结合剂有两层，底胶把磨粒粘结在基体上，复胶固定磨粒位置，结合剂常用的是树脂。砂带上仅有一层经过精选且粒度均匀的磨粒，通过静电植砂，使其锋刃向上，切削刃具有较好的等高性。因此，砂带磨削切除率高，磨削表面质量好。

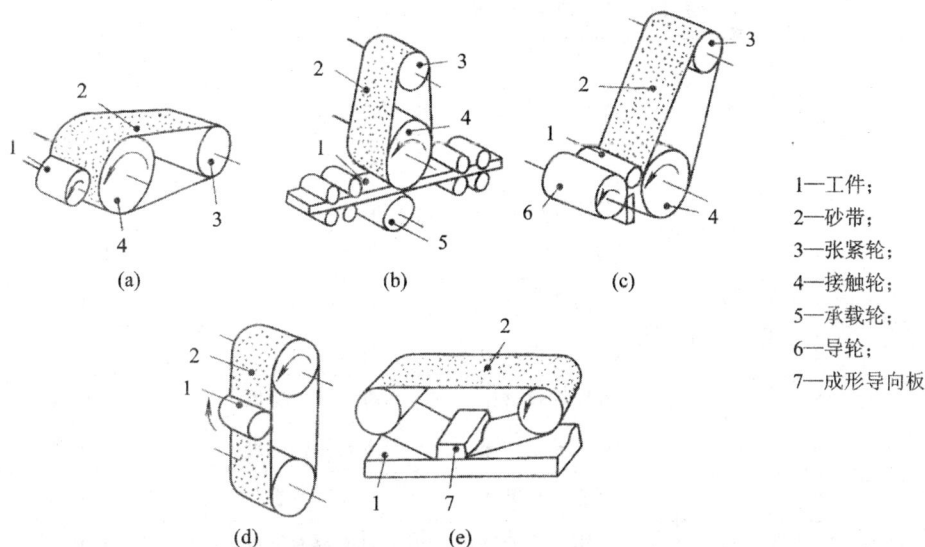

1—工件；
2—砂带；
3—张紧轮；
4—接触轮；
5—承载轮；
6—导轮；
7—成形导向板

图 11-9　砂带磨削的几种形式

（a）磨外圆；（b）磨平面；（c）无心磨；（d）自由磨削；（e）成形磨削

砂带磨削发展非常快，目前发达国家的砂带磨削已占磨削加工量的一半左右。砂带磨削具有以下特点：

（1）砂带上磨粒锋利，砂带磨削面积比较大，因此生产率比铣削和砂轮磨削都要高

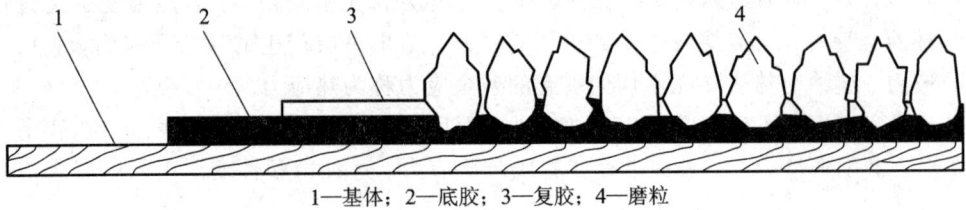

1—基体；2—底胶；3—复胶；4—磨粒

图 11-10 砂带的结构

很多。

(2) 砂带具有弹性，磨粒可退让，磨削温度低，工件不会烧伤和变形，加工质量好。

(3) 砂带柔软，能贴住成形表面磨削，适合磨削复杂的型面。

(4) 砂带磨床结构简单，功率消耗少，但占用空间大，噪声较大。

(5) 不能磨削小直径的深孔、不通孔、柱坑孔、阶梯外圆和齿轮等。

(6) 砂带需经常更换，消耗量大。

砂带磨削除磨削金属外，还可磨削木材、皮革、橡胶、石材和陶瓷等。

11.2 磨　床

用磨具或磨料加工工件表面的机床统称为磨床。通常磨具的旋转为主运动，工件或磨具的移动为进给运动。磨床的种类很多，主要有外圆磨床、内圆磨床、平面磨床、工具磨床、刀具刃具磨床和专门化磨床。其组系代号及主参数如表 11-7 所示。

表 11-7　常用磨床组、系代号及主参数

类	组	系	机床名称	主参数	主参数的折算系数
磨床	1	0	无心外圆磨床	最大磨削直径	1
	1	3	外圆磨床	最大磨削直径	1/10
	1	4	万能外圆磨床	最大磨削直径	1/10
	1	5	宽砂轮外圆磨床	最大磨削直径	1/10
	2	1	内圆磨床	最大磨削孔径	1/10
	2	5	立式行星内圆磨床	最大磨削孔径	1/10
	5	0	落地导轨磨床	最大磨削宽度	1/100
	5	2	龙门导轨磨床	最大磨削宽度	1/100
	6	0	万能工具磨床	最大回转直径	1/10
	7	1	卧轴矩台平面磨床	工作台面宽度	1/10
	7	3	卧轴圆台平面磨床	工作台面直径	1/10
	7	4	立轴圆台平面磨床	工作台面直径	1/10

本节主要以 M1432A 型万能外圆磨床为例介绍磨床的用途、性能、传动及主要部件。

11.2.1　M1432A 型万能外圆磨床

1. 机床的用途

M1432A 型外圆磨床主要用于磨削圆柱形面、内外圆锥面、阶梯轴的轴肩和端面以及简单的成形回转体表面等。这类外圆磨床万能性大，但磨削效率较低，自动化程度也不高，适用于工具、机修车间的单件、小批量生产。万能外圆磨床属于普通精度级机床，加工精度和表面粗糙度，如表 11-8 所示。

表 11-8　万能外圆磨床(最大磨削长度 1000 mm)的加工质量

加 工 方 法	圆度/μm	圆柱度/μm	表面粗糙度 Ra/μm
精磨外圆，工件支承在前、后顶尖上，不用中心架 工件尺寸：直径 60 mm，长度 500 mm	3	5	0.16~0.32
精磨外圆，工件装夹在卡盘上，不用中心架 工件尺寸：直径 50 mm，悬伸长度 150 mm	5	—	0.16~0.32
精磨内孔，工件装夹在卡盘上，不用中心架 工件尺寸：孔径 62.5 mm，长度 125 mm	5	—	0.32~0.63

2. 机床的布局

图 11-11 所示为 M1432A 型万能外圆磨床的外形图。它主要由以下部件组成。

床身 1：机床的基础支承件，用以支承机床的各部件。

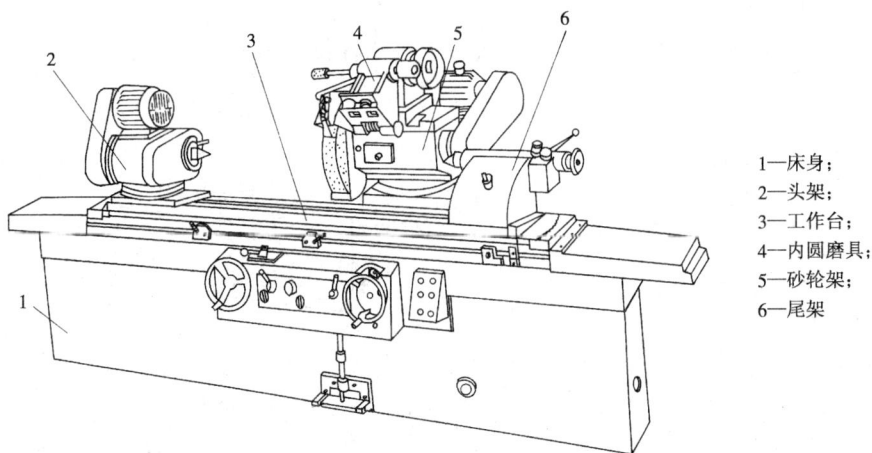

1—床身；
2—头架；
3—工作台；
4—内圆磨具；
5—砂轮架；
6—尾架

图 11-11　M1432A 型万能外圆磨床外形图

头架 2：用于装夹工件并带动工件转动。当头架体座回转一个角度时，可磨削短圆锥面；当头架体逆时针回转 90°时，可磨削小平面。

工作台 3：由上、下工作台组成。上工作台可绕下工作台的心轴在水平面内调整某一角度，用以磨削锥度较小的长圆锥面。工作台面上装有头架和尾架，随工作台一起沿床身导轨作纵向往复移动。

内圆磨具 4：用于支承磨内孔的砂轮主轴。内圆磨具主轴由单独的电动机驱动。

砂轮架 5：用于支承并传动砂轮主轴旋转。砂轮架装在滑鞍上，回转角度为±30°。当需要磨削短圆锥面时，砂轮架可调到一定角度。

尾座6：尾座上的后顶尖和头架前顶尖一起，用于支承工件。

3. 机床的主要技术性能

主参数是工件的最大磨削直径	320 mm
外圆磨削直径	8～320 mm
外圆最大磨削长度（共三种）	1000 mm；1500 mm；2000 mm
内圆磨削直径	30～100 mm
内圆最大磨削长度	125 mm
磨削工件最大重量	150 kg
砂轮尺寸和转速	ϕ400 mm×50 mm×ϕ203 mm 1670 r/min
头架主轴转速	6 级　　50～224 r/min
内圆砂轮转速	10 000～15 000 r/min
工作台纵向移动速度	0.05～4 m/min
机床外形尺寸（三种规格）	
长度	3200 mm；4200 mm；5200 mm
宽度	1800～1500 mm
高度	1420 mm
机床重量（三种规格）	3200 kg；4500 kg；5800 kg

4. 机床的运动

图 11-12 所示为 M1432A 型万能外圆磨床上几种典型表面的加工示意图。

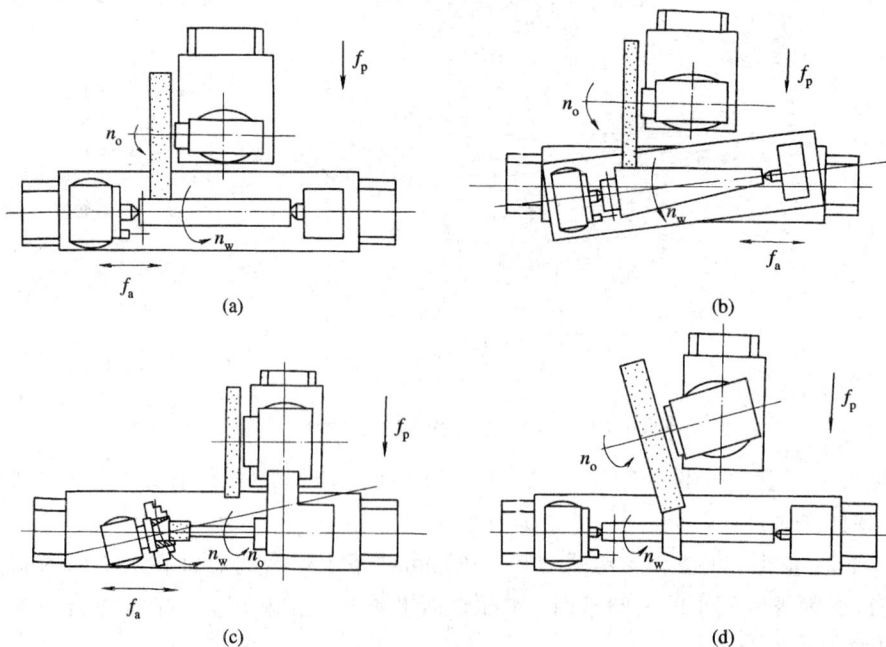

图 11-12　M1432A 型万能外圆磨床典型加工示意图
(a) 纵磨法磨削外圆柱面；(b) 纵磨法磨削长圆锥面；
(c) 切入法磨削内圆锥面；(d) 切入法磨削短圆锥面

从图中分析可知，机床应具有下列运动：

(1) 主运动。主运动是磨削外圆时砂轮的旋转运动；磨削内圆时砂轮的旋转运动。磨外圆和磨内圆的主运动分别由两台电动机驱动，并设有互锁机构。

(2) 进给运动。进给运动是工件旋转运动；工件纵向往复移动；砂轮横向移动（纵磨时为间歇进给，切入磨时为连续进给）。

(3) 辅助运动。辅助运动是指砂轮快速进退时，工作台手动移动及尾座套筒的退回。

5. 机床的传动

M1432A 型万能外圆磨床的运动是由机械传动和液压传动联合实现的。除了工作台的纵向往复运动、砂轮架快速进退、尾座顶尖套缩回是液压传动外，其余运动都是由机械传动实现。有的 M1432A 型万能外圆磨床在纵磨时，砂轮可以自动切入。下面主要分析 M1432A 型万能外圆磨床的机械传动。

1) 机械传动系统

图 11－13 所示为 M1432A 型万能外圆磨床的机械传动系统图。

(1) 外圆磨削主运动传动链。外圆磨削时，砂轮主轴的旋转主运动由砂轮电动机 (1440 r/min，4 kW) 经 4 根 V 型带直接驱动。砂轮主轴转速为 1670 r/min。

(2) 内圆磨削主运动传动链。内圆磨削时，砂轮主轴的旋转主运动由内圆砂轮电动机 (2840 r/min，1.1 kW) 经平皮带直接驱动。更换皮带轮可使内圆砂轮主轴得到两种转速，分别是 10 000 r/min 和 15 000 r/min。

(3) 工件圆周进给传动链。工件圆周进给运动由头架上的双速电动机(700/1350 r/min，0.55/1.1 kW) 经 V 型带驱动塔轮，再经两级 V 型带传动，使头架的拨盘转动，再经拨盘拨动工件或通过卡盘带动工件作圆周进给运动。圆周进给运动传动结构式如下：

$$
电动机 — I — \begin{bmatrix} \dfrac{\phi48}{\phi164} \\[4pt] \dfrac{\phi111}{\phi109} \\[4pt] \dfrac{\phi130}{\phi90} \end{bmatrix} — II — \dfrac{\phi61}{\phi184} — III — \dfrac{\phi68}{\phi177} — IV — 拨盘 — 卡盘 — 工件
$$

从传动结构式可以计算出 6 级圆周进给量。

(4) 手动工作台往复运动传动链。磨削阶梯轴的台阶或调整机床时，可以手动工作台移动。

为避免工作台纵向移动时带动手轮 A 快速转动碰伤操作人员，机床采用了自动和手动的互锁机构。轴 Ⅵ 上的互锁液压缸和液压系统相通，当液压驱动工作台移动时，压力油同时进入液压缸，推动活塞使轴 Ⅵ 上的双联齿轮移动，齿轮 Z_{18} 与 Z_{72} 脱开，手轮 A 与工作台手动机构脱开。当工作台不用液压驱动时，手动互锁油缸通回油，在弹簧的作用下，齿轮 Z_{18} 与 Z_{72} 重新啮合，转动手轮 A 便可实现工作台纵向移动。其传动结构式如下：

$$
手轮 A — V — \frac{15}{72} — VI(油缸接回油) — \frac{18}{72} — VII — \frac{18}{齿条} — 工作台移动
$$

(5) 砂轮架的横向进给运动传动链。机床的横向进给运动可由手动实现粗、细两种进给。有的 M1432A 型万能外圆磨床由液压系统通过柱塞式液压缸 G 驱动，实现周期的自动进给。

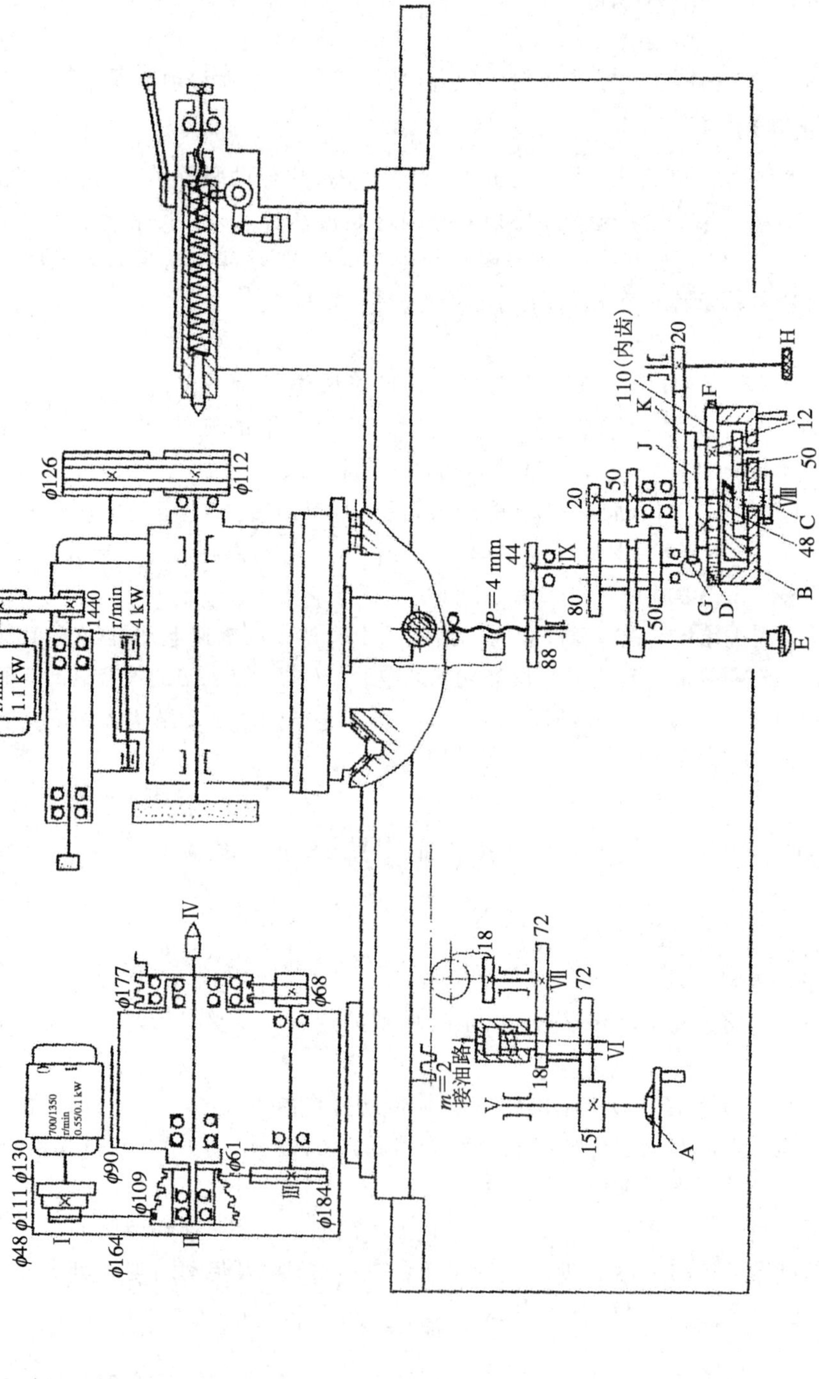

图 11-13 M1432A 型万能外圆磨床机械传动系统图

横向手动分粗进给和细进给两种。粗进给时手柄 E 前推，轴 Ⅸ 上齿轮 Z_{50} 与轴 Ⅷ 上的齿轮 Z_{50} 啮合，同时 Z_{80} 与 Z_{20} 脱开；此时，转动手轮 B，经齿轮副 50/50 和 44/88、丝杠丝母，砂轮架作横向粗进给。手轮 B 一转，砂轮架横向移动 2 mm。手轮 B 上的刻度盘 D 分为 200 格，每格进给量为 0.01 mm。手动细进给时，手柄 E 拉回图示位置，齿轮 Z_{80} 与齿轮 Z_{20} 啮合，而 Z_{50} 与 Z_{50} 脱开，转动手轮 B，经齿轮副 20/80、44/88、丝杠丝母，砂轮架作横向细进给。手轮 B 一转，砂轮架横向移动 0.5 mm，刻度盘 D 每格进给量为 0.0025 mm。横向进给传动结构式如下：

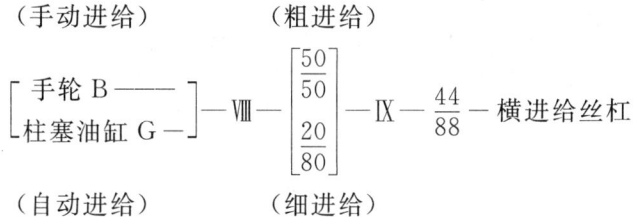

$$\begin{array}{cc}\text{(手动进给)} & \text{(粗进给)} \\[6pt] \left[\begin{array}{l}\text{手轮 B}\\ \text{柱塞油缸 G}\end{array}\right]-\text{Ⅷ}-\left[\begin{array}{c}\dfrac{50}{50}\\[6pt]\dfrac{20}{80}\end{array}\right]-\text{Ⅸ}-\dfrac{44}{88}-\text{横进给丝杠} \\[10pt] \text{(自动进给)} & \text{(细进给)} \end{array}$$

（6）定程磨削。当磨削一批工件时，为了简化操作和节省时间，通常在试磨第一个工件达到要求直径后，可调整刻度盘上的挡块 F 的位置，使它在横向进给到所需直径时，正好与固定在床身前罩上的定位爪相碰。因此，磨削后续工件时，只须手动横向进给手轮或开动液压自动进给，当挡块 F 碰到定位爪上时，停止进给，即可达到所需的磨削直径。利用定程磨削可减少测量工件尺寸的次数。

当砂轮磨损或修整后，由挡块 F 控制的工件直径变大了。这时必须调整砂轮架进给的终点位置，即调整刻度盘 D 上挡块 F 的位置。调整方法是：拔出旋钮 C，使它与手轮 B 上的销子脱开，再顺时针转动旋钮 C，经齿轮副 48/50、12/110，带动刻度盘 D 逆时针转动。刻度盘 D 转过的格数应根据砂轮直径减小所引起工件尺寸变化量确定。调整妥当后，将旋钮 C 再推入手轮 B 的销子上，使旋钮 C 和手轮 B 成为一个整体。

旋钮 C 端面沿圆周均布 21 个销孔，每转过一个孔距，砂轮架附加横向进给量为 0.01 mm 或 0.1125 mm。

2）液压传动系统

（请参阅《液压传动》等教材）

11.2.2　其他磨床

1. 普通外圆磨床

同规格的普通外圆磨床与万能外圆磨床外形基本相同，主要区别是外圆磨床的头架和砂轮架都不能绕垂直轴调整角度，头架主轴固定不动，没有内圆磨具。因此，普通外圆磨床只能用于磨削外圆柱面和锥度较小的圆锥面。

普通外圆磨床的万能性虽不如万能外圆磨床，但因其部件层次减少，结构简化，刚度有所增加，尤其头架主轴不动，工件支承在"死"顶尖上，提高了头架主轴组件的刚度和工件旋转精度。

2. 内圆磨床

内圆磨床主要用于磨削圆柱孔和圆锥孔，其主要参数是最大磨削孔径。主要类型有普通内圆磨床、行星式内圆磨床、无心内圆磨床及专用内圆磨床。

图 11-14 所示是普通内圆磨床的磨削方法。其中，图(a)为纵磨内孔，图(b)为切入磨内孔，图(c)和图(d)为采用专门的端磨装置，在一次装夹中磨削内孔和端面。

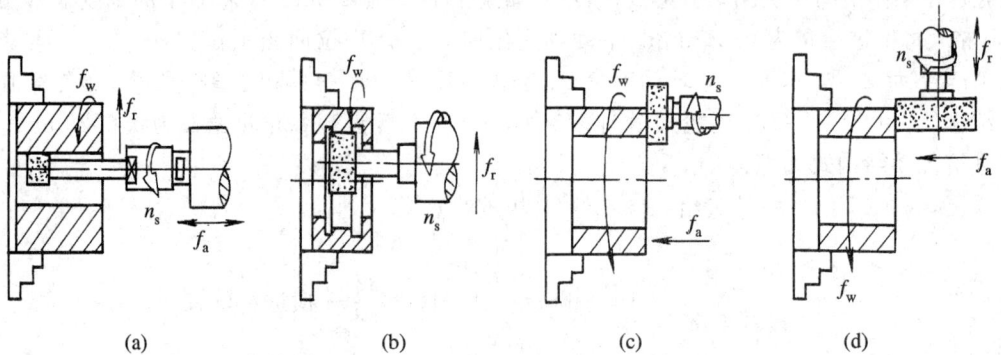

图 11-14　普通内圆磨床的磨削方法
(a) 纵磨内孔；(b) 切入磨内孔；(c)、(d) 磨端面

图 11-15 所示是普通内圆磨床的外形图，主要由床身、工作台、头架、砂轮架和滑鞍组成。头架 3 通过底板安装在工作台 2 上，由工作台带动作纵向往复直线移动；头架还可绕底板的垂直轴转动一定角度，以磨削圆锥孔。砂轮架 4 安装在滑鞍 5 上，随滑鞍作横向进给；横向进给可以手动也可以液动。工作台往复一次，砂轮架横向进给一次。

内圆磨床的加工精度为：对于最大磨削孔径为 $50\sim200$ mm 的机床，如磨削孔径为机床最大磨削孔径的 $1/2$、磨削深度为机床最大磨削深度的 $1/2$ 时，精磨后能达到圆度 0.006 mm，圆柱度 0.005 mm，表面粗糙度 $Ra=0.32\sim0.63$ μm。

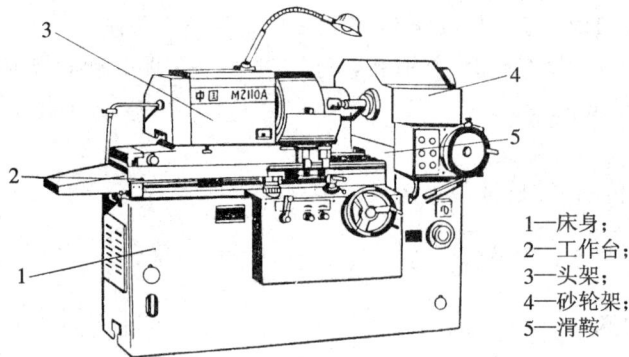

1—床身；
2—工作台；
3—头架；
4—砂轮架；
5—滑鞍

图 11-15　普通内圆磨床外形图

3. 平面磨床

平面磨床主要用于磨削各种零件的平面。根据砂轮工作面的不同，平面磨床可分为圆周磨削和端面磨削两类。根据工作台形状不同，平面磨床又可分为矩形工作台和圆形工作台两类。为此，普通平面磨床主要有下列四种类型。

(1) 卧轴矩台式平面磨床。砂轮旋转为主运动，工作台纵向往复移动和砂轮架间歇横向移动是进给运动，砂轮垂直移动是切入运动，如图 11-16(a)所示。

(2) 卧轴圆台式平面磨床。砂轮旋转是主运动，圆工作台转动是圆周进给运动，砂轮架连续径向移动是进给运动，砂轮架间歇垂直移动是切入运动。此外，圆工作台的回转中心线可倾斜，以磨削锥面，如图 11 - 16(b)所示。

(3) 立轴圆台式平面磨床。砂轮旋转是主运动，圆工作台转动是圆周进给运动，砂轮架连续径向移动是进给运动，砂轮架间歇垂直移动为切入运动，如图 11 - 16(c)所示。

(4) 立轴矩台式平面磨床。砂轮旋转是主运动，工作台纵向往复移动是进给运动，砂轮垂直移动为切入运动，如图 11 - 16(d)所示。

上述四种类型中，圆周磨削与端面磨削相比，端面磨削的砂轮直径较大，能同时磨削出工件的全宽，磨削面积大，生产率高。但端面磨削时砂轮与工件接触面大，冷却困难，不易排屑，故加工精度和表面粗糙度稍差。圆台与矩台相比，圆台式平面磨床由于连续进给，生产率稍高。但圆台式只适于磨削小零件和大直径的环形零件端面，不能磨削矩形零件。而矩台式可方便地磨削各种零件及直径小于矩台宽度的环形零件。

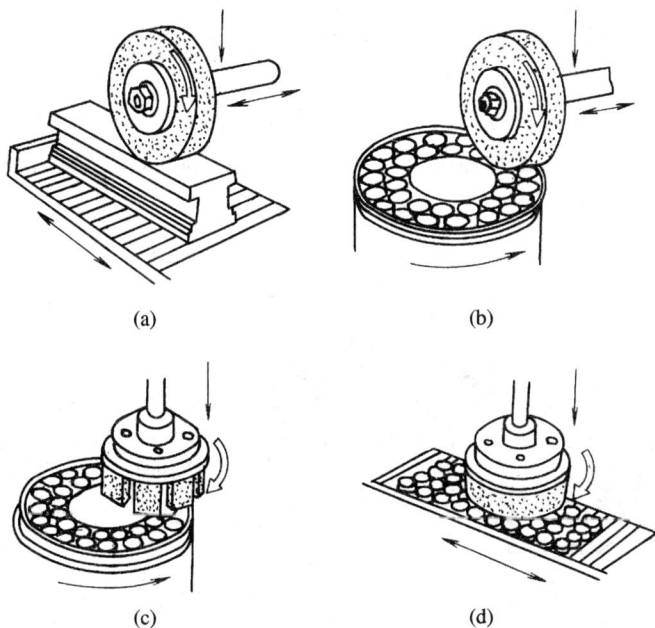

图 11 - 16　平面磨床加工示意图
(a) 卧轴矩台；(b) 卧轴圆台；(c) 立轴圆台；(d) 立轴矩台

图 11 - 17 是卧轴矩台式平面磨床的外形图，主要由床身、工作台、砂轮架、滑座和立柱等组成。卧轴矩台式平面磨床的主电动机为内连式电动机，砂轮主轴就是内连式电动机轴，电动机定子装在砂轮架 3 的壳体内。砂轮架 3 可沿滑座 4 的燕尾导轨作横向间歇进给移动，同时也可与滑座 4 一起沿立柱 5 的导轨作间歇的垂直移动。工作台 2 安装在床身 1 的导轨上，可沿导轨作纵向往复移动。

卧轴矩台式平面磨床的加工质量为：

(1) 普通精度平面磨床。试件精磨后，加工面对基面的平行度为 0.015 mm/1000 mm，表面粗糙度 Ra 为 0.63~0.32 μm。

(2) 高精度级平面磨床。试件精磨后，加工面对基面的平行度为 0.005 mm/1000 mm，

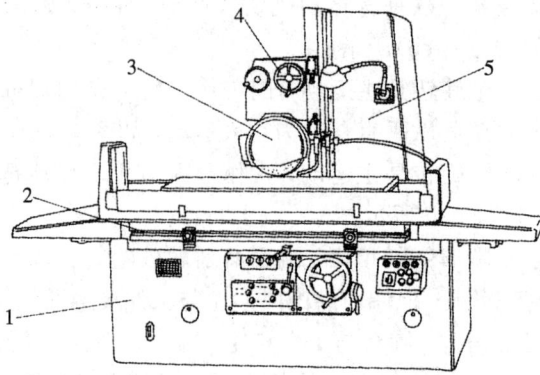

1—床身；
2—工作台；
3—砂轮架；
4—滑座；
5—立柱

图 11 - 17 卧轴矩台式平面磨床外形图

表面粗糙度 Ra 为 $0.04 \sim 0.01 \mu m$。

图 11 - 18 所示为立轴圆台平面磨床外形图，主要由床身、工作台、砂轮架和立柱等组成。砂轮主轴安装在砂轮架 3 上，由内连异步式电机直接驱动，可沿立柱 4 的导轨作间歇的垂直切入移动。圆工作台 2 除作圆周进给运动外，还可沿床身导轨纵向移动。这种平面磨床因砂轮直径大，常采用镶片砂轮。使用这种砂轮磨削时，冷却液容易冲入切削区，砂轮不易堵塞。

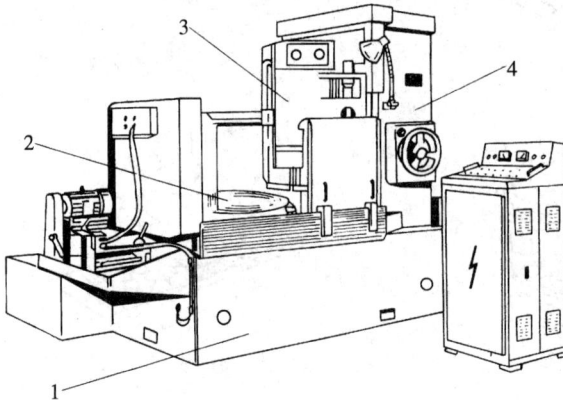

1—床身；
2—工作台；
3—砂轮架；
4—立柱

图 11 - 18 立轴圆台平面磨床外形图

第12章　齿轮加工与齿轮加工机床

12.1　齿轮加工

齿轮是应用十分广泛的机械零件之一，其中以渐开线圆柱齿轮应用最多。就齿形加工原理而言，有成形和展成两种加工方法。

12.1.1　成形法加工

1. 成形法加工原理

成形法加工齿轮时，刀具的切削刃形状与被加工齿轮的齿槽横截面形状相同。这种成型刀具有单齿廓成形铣刀、多齿廓齿轮推刀和齿轮拉刀。

图 12-1 所示为用单齿廓成形齿轮刀具在普通铣床上加工齿轮的示意图。加工时工件安装在分度头上，铣刀作旋转主运动，工作台带动工件作直线进给运动；加工完一个齿槽，分度头将工件转过一个齿，再加工另一个齿槽，直至加工出所有齿槽。

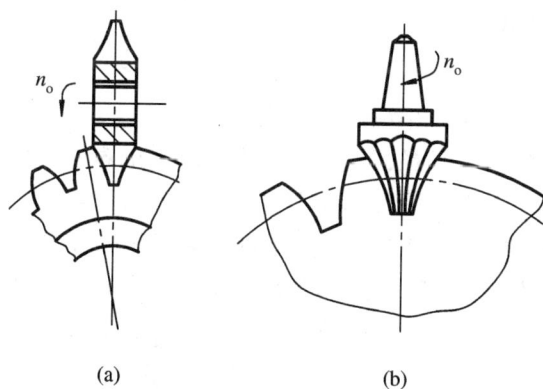

(a)　　　　　　　　　　(b)

图 12-1　成形齿轮铣刀加工齿轮
(a) 盘铣刀加工；(b) 指状铣刀加工

2. 成形齿轮铣刀及选用

常用的成形齿轮刀具有盘形铣刀(见图 12-1 (a))和指状铣刀(见图 12-1(b))。

用模数盘铣刀加工齿轮时，齿轮的齿廓精度由铣刀切削刃形状保证。当加工齿轮模数、压力角相同，而齿数不同时，齿槽形状各不相同。因此，要加工出准确的齿廓，每一个模数所对应的每一齿数的齿轮，就要相应地用一种形状的铣刀，这样将使铣刀的数量非常之多。在实际生产中为减少模数盘铣刀的数量，常用一把铣刀加工模数、压力角相同，而齿数在一定范围内的齿轮。

标准模数盘铣刀的模数在 0.3～8 mm 时，每套由 8 个号铣刀组成；模数在 9～16 mm 时，每套由 15 个号铣刀组成。每个刀号所能加工的齿轮齿数范围如表 12－1 所示。

表 12－1 盘形齿轮铣刀刀号

刀号	1	2	3	4	5	6	7	8
加工齿数的范围	12～13	14～16	17～20	21～25	26～34	35～54	55～134	135 以上

标准齿轮铣刀的模数、压力角和加工齿数范围都标记在铣刀的端面上。由于每号铣刀的齿形均按所加工齿数范围内最少齿数的齿形设计，因此，在加工该范围内其他齿数的齿轮时，就会产生一定的齿廓误差。

单齿廓成形法一般用于单件小批量生产和修配场合中，加工齿轮的精度为 IT12～IT9级，齿面粗糙度值 Ra 为 6.3～3.2 μm。

多齿廓成形法加工齿轮主要是用齿轮拉刀或齿轮推刀同时加工齿轮的所有齿槽。其主要特点是可获得较高的生产率和较高的加工精度，但一种模数和齿数的齿轮，须制造一套结构复杂的刀具，成本高，只适用大批量生产的场合。

12.1.2 展成法加工

展成法加工是利用一对齿轮啮合或齿轮与齿条啮合的原理，使其中一个作为刀具，在啮合过程中逐步切削工件齿面的方法。实际中应用最为广泛的展成法加工有滚齿加工和插齿加工。

1. 滚齿原理与齿轮滚刀

1）滚齿原理

滚齿是外啮合圆柱齿轮加工中应用最多的一种切齿方法。图 12－2(a)所示为用齿轮滚刀加工齿轮的原理图。滚刀外形酷似蜗杆，沿其轴向开出容屑槽，以形成前刀面及前角，经铲齿和铲磨，以形成后刀面与后角。因蜗杆的法向截面近似于齿条形状，当滚刀旋转时，就相当于一根齿条在移动。如果被切齿轮与移动齿条互相啮合并转动，滚刀切削刃的一系列连续位置的包络线就形成了被切齿轮的齿廓曲线，如图 12－2(b)所示。

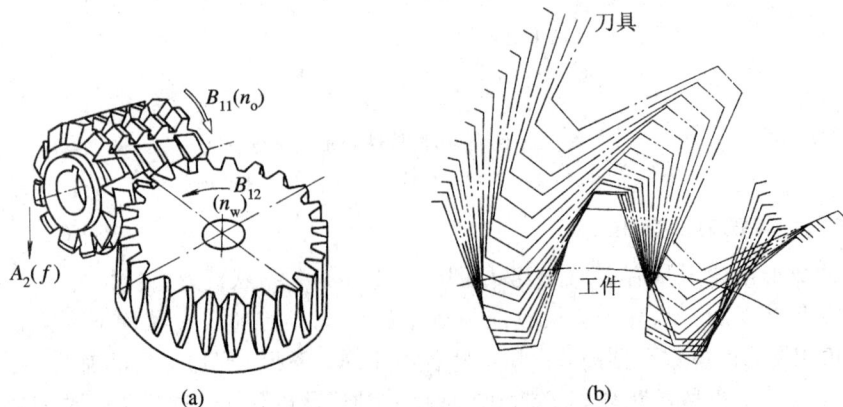

图 12－2 滚齿原理示意图
(a)滚齿原理；(b)滚齿包络线

滚齿的成形运动是由滚刀的旋转运动和工件的旋转运动组成的复合运动($B_{11}+B_{12}$)，为了滚切出全齿宽，滚刀还应沿工件轴向作进给运动 A_2。

滚齿的通用性较好，即一把滚刀可加工模数相同而齿数不同的直齿轮或斜齿轮。滚齿的加工尺寸范围较大，可从仪器仪表中的小模数齿轮到矿山、化工机械中的大型齿轮。

滚齿通常用于齿形的粗加工和半精加工，也可用于精加工。当用 AA 级齿轮滚刀和高精度滚齿机时，可直接加工出 7 级精度以上的齿轮。滚齿时齿面是由滚刀的刀齿包络而成，因参加切削的刀齿齿数有限，因而齿面的表面质量一般不高。为提高加工精度和齿面质量，宜将粗、精滚齿分开。精滚加工余量一般为 0.5～1 mm，且应取较高的切削速度和较小的进给量。

2）齿轮滚刀

齿轮滚刀实质上是一个螺旋齿圆柱齿轮，因其齿数很少，螺旋角很大，故外形像一个蜗杆，如图 12 - 3 所示。一般称滚刀齿数为头数，并以螺旋升角代替螺旋角。滚齿时，滚刀与被加工齿轮相当于一对空间交错轴的斜齿轮相啮合。

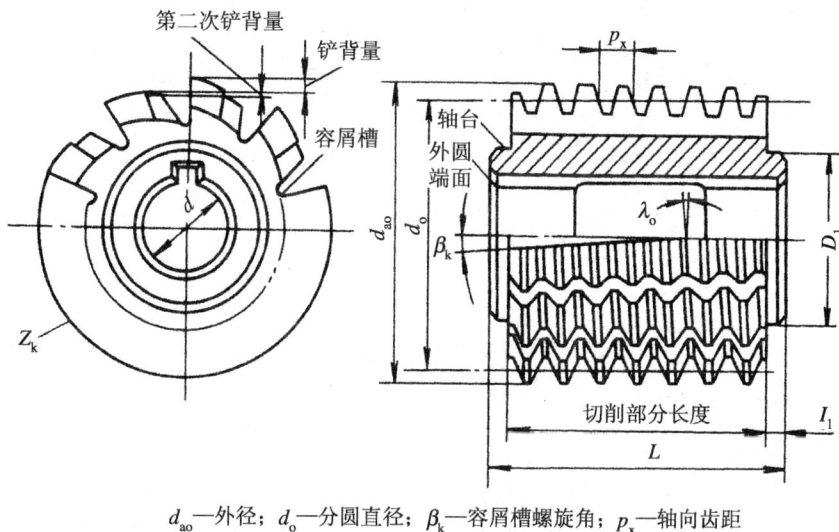

d_{ao}—外径；d_o—分圆直径；β_k—容屑槽螺旋角；p_x—轴向齿距

图 12 - 3　齿轮滚刀

滚刀虽然形似蜗杆，但作为刀具它必须具有容屑槽和前、后角。沿滚刀纵向开槽以形成容屑槽、前刀面和切削刃。容屑槽方向与滚刀轴线平行的称为直槽滚刀；容屑槽方向与滚刀齿纹方向垂直的称为螺旋槽滚刀。滚刀一周的容屑槽数又称为滚刀的圆周齿数。

容屑槽开后即形成了刀齿的前面和三个切削刃（顶刃和左右侧刃），各切削刃的后角均需采用铲齿（或铲磨）方法形成。铲齿后顶刃的后面沿齿纹方向呈前高后低；左右两侧刀刃后面均向蜗杆实体方向退缩，刀齿厚度在同一圆柱面上呈现为前宽后窄，从而形成了侧刃的后角，如图 12 - 4 和图 12 - 5 所示。

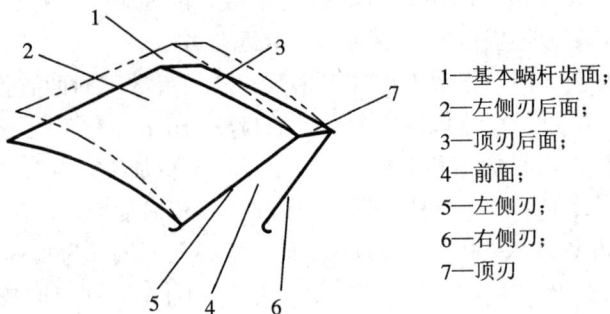

1—基本蜗杆齿面；
2—左侧刃后面；
3—顶刃后面；
4—前面；
5—左侧刃；
6—右侧刃；
7—顶刃

图 12 - 4　刀齿形状

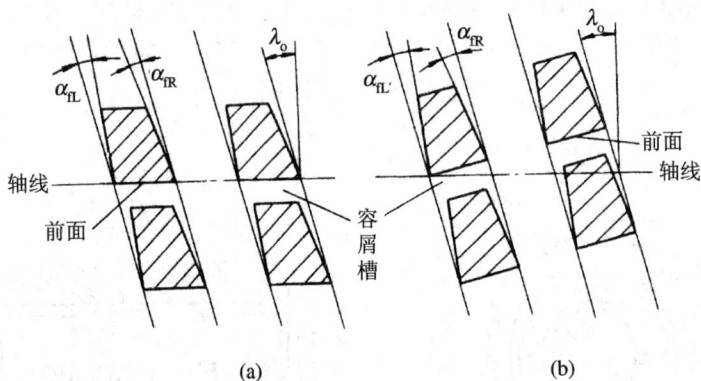

(a)　　　　　　　　　　(b)

图 12 - 5　滚刀分圆柱展开

(a) 直槽；(b) 螺旋槽

2. 插齿原理与齿轮插刀

1) 插齿原理

插齿刀实质上是一个端面磨有前角，齿顶和齿侧均磨有后角的渐开线齿轮。插削齿轮时，插刀与齿坯相当一对齿轮作无间隙的啮合运动，同时又沿被加工齿轮轴线方向作高速直线往复运动。插齿刀每往复一次仅切出齿槽中很小的一部分，齿槽的齿面曲线是由插齿刀切削刃多次切削的包络线所形成的，如图 12 - 6 所示。

2) 插齿刀

插齿刀可以加工各种圆柱齿轮，但主要用于加工阶梯齿轮、带台肩的齿轮、内齿轮等。插齿刀结构形状有盘形、碗形、筒形和带柄结构等，如图 12 - 7 所示。

图 12 - 8 所示为插齿刀的几何角度和齿面形状。插齿刀的齿形面是其侧后面。由于切削时需要后角，因此侧后面被设计成渐开线螺旋面，左侧为右旋渐开螺旋面，右侧为左旋渐开螺旋面。插齿刀的齿顶刃的后面设计成圆锥面，以形成齿顶后角。插齿刀的前面被设计成内锥面，锥母线与切削基面间的夹角即是齿顶前角。

插齿刀用完之后需要对前面重新刃磨。因插齿刀的齿顶刃后面是锥面，侧刃后面是两个旋向相反的螺旋面，所以刃磨之后会使齿顶圆直径和齿厚变小，如图 12 - 8(b)所示。根据插齿刀的工作原理，这种变化必须符合变位齿轮原理才能加工出正确的渐开线齿轮。据

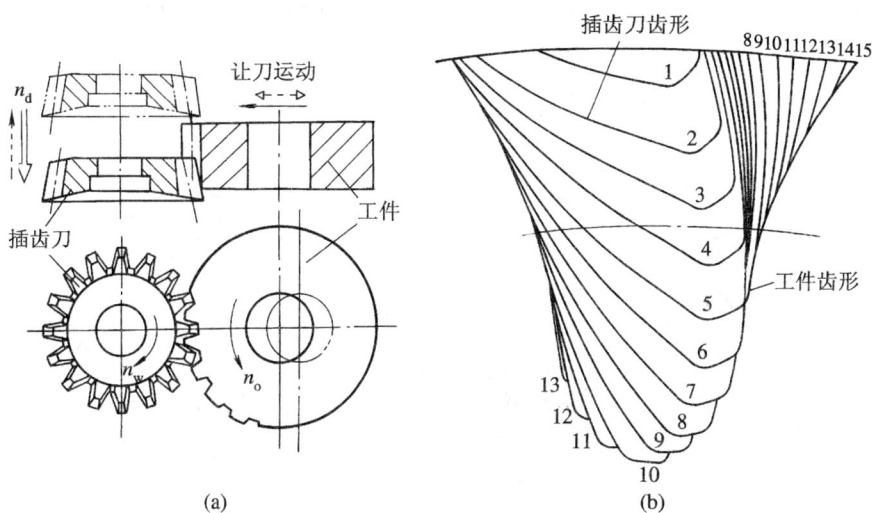

图 12 - 6　插齿原理

（a）插齿原理；（b）插齿包络线

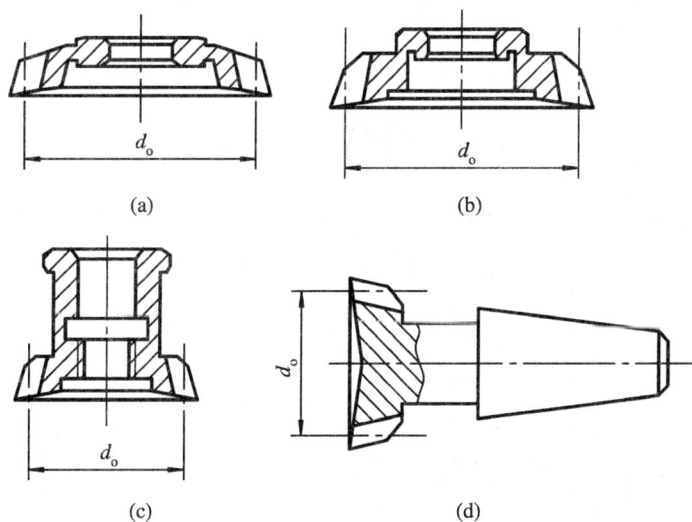

图 12 - 7　插齿刀的结构形状

（a）盘形插齿刀；（b）碗形插齿刀；（c）筒形插齿刀；（d）锥柄插齿刀

此，插齿刀从前至后各截面参数应相当于不同变位系数的变位齿轮，这才是插齿刀的本质所在。

插齿刀使用时，其模数、分度圆压力角等参数要与被加工齿轮相同，其齿向要与被加工齿轮相适应。

我国标准插齿刀结构为盘形和碗形，其精度分为 AA 级、A 级和 B 级三个等级，分别适用于加工标准 GB10095 中的 7 级、8 级和 9 级齿轮。锥柄插齿刀精度分为 A 级和 B 级两个等级，分别适用于加工 GB10095 中的 8 级和 9 级齿轮。如果机床精度好，在精心操作下，A 级插齿刀也可加工出 7 级精度的齿轮。

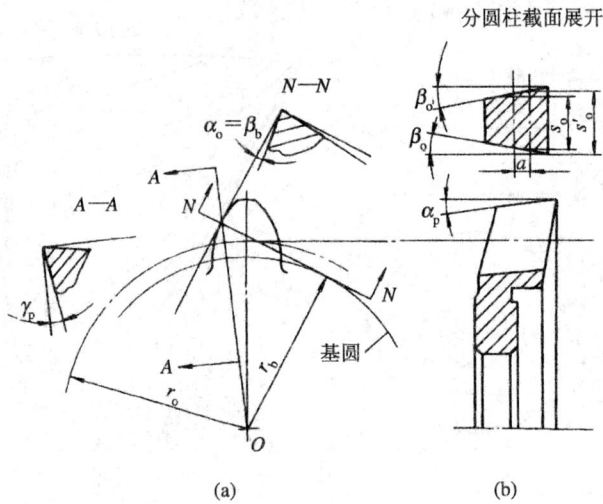

图 12-8　插齿刀的几何角度和齿面
(a) 正视；(b) 剖视

插齿时可能会出现以下情况：插出的齿轮副啮合时发生过度曲线干涉；加工的齿轮出现根切；加工的齿轮径向间隙不符合设计要求。因此，在选用插齿刀时要依据插齿刀和被加工齿轮参数，校验上述情况是否会发生，若有一种情况发生，则所选用插齿刀不适宜加工该齿轮。

12.2　齿轮加工机床

齿轮加工机床种类繁多，一般可分为圆柱齿轮加工机床和圆锥齿轮加工机床两大类。主要齿轮加工机床的组、系代号及主参数如表 12-2 所示。本节主要讨论应用广泛的滚齿加工机床。

表 12-2　常用齿轮加工机床组、系代号及主参数

类	组	系	机床名称	主　参　数	主参数的折算系数
齿轮加工机床	2	0	弧齿锥齿轮磨齿机	最大工件直径	1/10
	2	2	弧齿锥齿轮铣齿机	最大工件直径	1/10
	2	3	直齿锥齿轮刨齿机	最大工件直径	1/10
	3	1	滚齿机	最大工件直径	1/10
	4	2	剃齿机	最大工件直径	1/10
	4	6	珩齿机	最大工件直径	1/10
	5	1	插齿机	最大工件直径	1/10
	6	0	花键轴铣床	最大铣削直径	1/10
	7	0	碟形砂轮磨齿机	最大工件直径	1/10
	7	1	锥形砂轮磨齿机	最大工件直径	1/10
	7	2	蜗杆砂轮磨齿机	最大工件直径	1/10

12.2.1　滚齿机

滚齿机的型号很多，这里主要介绍应用较为普遍的 Y3150E 型滚齿机。Y3150E 型滚齿机是一中型通用滚齿机，主要用于加工直齿和斜齿圆柱齿轮，也可以加工蜗轮。机床主参数以最大加工直径表示。

1. Y3150E 型滚齿机的主要技术规格

最大加工直径	500 mm
最大加工模数	8 mm
最大加工宽度	250 mm
工件最少齿数	$Z_{min} = 5 \times k$（滚刀头数）
主轴孔锥度	莫氏 5 号
允许安装的最大滚刀尺寸（直径×长度）	$\phi 160mm \times 160$ mm
滚刀最大轴向移动距离	55 mm
滚刀可换心轴直径规格	22、27、32 mm
滚刀主轴转速（9 级）	40～250 r/min
刀架轴向进给量（12 级）	0.4～4 mm/工作台每转
主电动机功率、转速	4 kW、1430 r/min

2. Y3150E 型滚齿机的组成

图 12-9 所示为 Y3150E 型滚齿机的外形图，其主要由立柱、刀架体及溜板、后立柱、工作台、床身等组成。立柱 1 固联在床身 10 上，刀架溜板 2 安装在立柱的垂直导轨上，可沿导轨作垂直移动，刀架体 4 安装在刀架溜板 2 上，可绕自身的水平轴线转动。滚刀安装在刀杆 3 上，并随主轴作旋转主运动。工件安装在工作台 8 的心轴 6 上，随同工作台一起转动。后立柱 7 和工作台 8 一起安装在床鞍 9 上，可随床鞍沿机床水平导轨移动，用于调整径向位置或作径向进给运动。

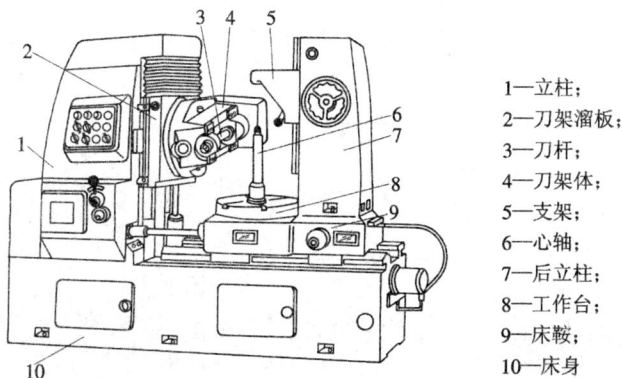

1—立柱；
2—刀架溜板；
3—刀杆；
4—刀架体；
5—支架；
6—心轴；
7—后立柱；
8—工作台；
9—床鞍；
10—床身

图 12-9　Y3150E 型滚齿机外形图

3. Y3150E 型滚齿机的传动

1）传动系统

图 12-10 所示为 Y3150E 型滚齿机的传动系统图。加工圆柱齿轮除需要滚刀旋转与工

件旋转复合而成的展成运动外，还需要主运动、轴向进给运动，以及加工斜齿圆柱齿轮时形成螺旋线的附加运动。因此，滚齿机的传动主要由主运动传动链、展成运动传动链、垂直进给运动传动链、附加运动传动链组成。对于运动较多，传动复杂的传动系统，应在认真分析形成表面所需运动的基础上，确定实现各运动的传动链、各传动链的端件及其运动关系。然后根据传动系统写出传动路线表达式，列出运动平衡式，最后确定其换置公式。

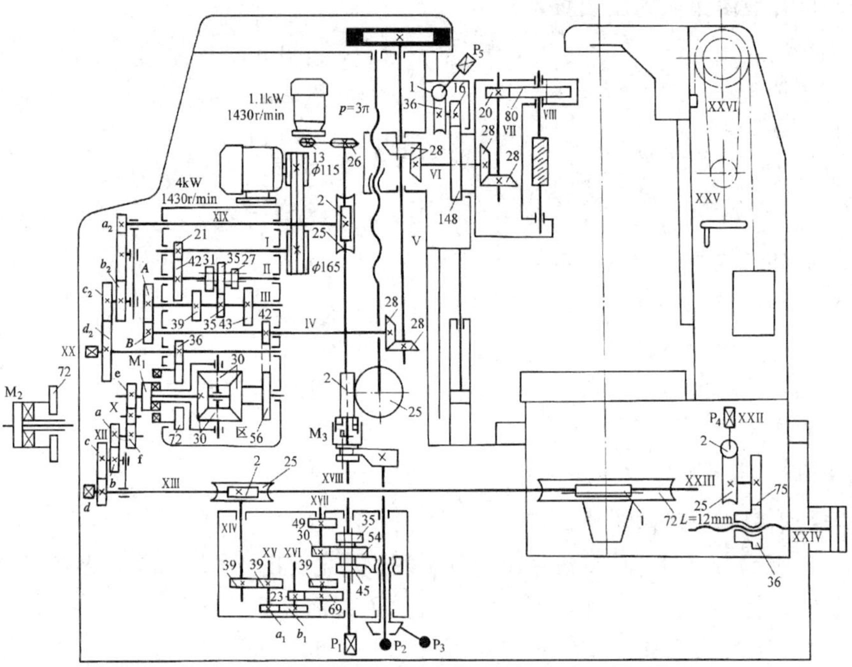

图 12 - 10　Y3150E 型滚齿机传动系统图

Y3150E 型滚齿机的传动路线表达式如下所示。

$$\text{电动机(4 kW、1430 r/min)}—\frac{\phi115}{\phi165}—\text{I}—\frac{21}{42}—\text{II}—\begin{bmatrix}\frac{31}{39}\\ \frac{35}{35}\\ \frac{27}{43}\end{bmatrix}—\text{III}—\frac{A}{B}—\text{IV}—\frac{28}{28}—\text{V}—\frac{28}{28}—\text{VI}—\frac{28}{28}—\text{VII}—\frac{20}{80}—\text{VIII(滚刀主轴)}$$

$$\text{IV}—\frac{42}{56}—\text{合成机构}—\text{X}—\frac{e}{f}—\text{XII}—\frac{a}{b}\cdot\frac{c}{d}—\text{XIII}—\frac{1}{72}—\text{工作台主轴}$$

$$\text{XIII}—\frac{2}{25}—\text{XIV}—\begin{bmatrix}\text{(换向)}\\ \frac{39}{39}—\text{XV}\\ ——\end{bmatrix}—\frac{a_1}{b_1}—\text{XVI}—\frac{23}{69}—\text{XVII}—\begin{bmatrix}\frac{39}{45}\\ \frac{30}{54}\\ \frac{49}{35}\end{bmatrix}—\text{XVIII}—M_3—\frac{2}{25}—\text{XXI (刀架轴向进给丝杠)}$$

$$P=3\pi$$

$$\text{合成机构}—\frac{36}{72}—\text{XX}—\frac{c_2}{d_2}—\begin{bmatrix}\text{(换向)}\\ \text{惰轮}\ \frac{a_2}{b_2}\ \text{惰轮}\\ —\frac{a_2}{b_2}—\end{bmatrix}—\text{XIX}—\frac{2}{25}—\text{XVIII}—\frac{13}{26}—\text{快速电动机(1.1 kW、1430 r/min)}$$

2）加工直齿圆柱齿轮

图 12-11 所示为加工直齿圆柱齿轮传动原理图。从图中分析可知，加工直齿圆柱齿轮时需要滚刀的旋转主运动、形成渐开线的展成运动和滚刀的垂直进给运动三条传动链。

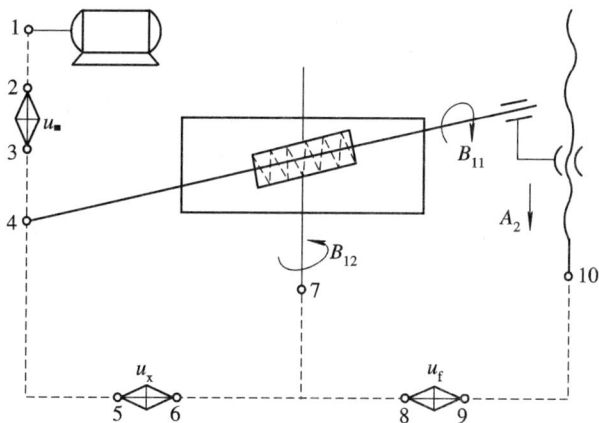

图 12-11　加工直齿圆柱齿轮传动原理图

（1）主运动传动链。

主运动传动链的两端件是：电动机——滚刀主轴Ⅷ；

运动关系是：$n_{电}$（r/min）—$n_{刀}$（r/min）。

运动平衡式是：

$$1430 \times \frac{115}{165} \times \frac{21}{42} \times u_{Ⅱ-Ⅲ} \times \frac{A}{B} \times \frac{28}{28} \times \frac{28}{28} \times \frac{28}{28} \times \frac{20}{80} = n_{刀}$$

由上式可得换置公式是：

$$u_v = u_{Ⅱ-Ⅲ} \times \frac{A}{B} = \frac{n_{刀}}{124.583} \qquad (12-1)$$

式中：$u_{Ⅱ-Ⅲ}$——轴Ⅱ-Ⅲ之间的可变传动比，共三种：$u_{Ⅱ-Ⅲ}$＝27/43，31/39，35/35。

A/B——主运动变速挂轮齿数比，共三种：A/B＝22/44，33/33，44/22。

因此，滚刀共有转速 9 级，如表 12-3 所示。

表 12-3　滚刀主轴转速

A/B	22/44			33/33			44/22		
$u_{Ⅱ-Ⅲ}$	27/43	31/39	35/35	27/43	31/39	35/35	27/43	31/39	35/35
$n_{刀}$/(r·min^{-1})	40	50	63	80	100	125	160	200	250

滚刀的转速确定后，即可由上表调整变速箱中滑移齿轮的啮合位置和挂轮的齿数。

（2）展成运动传动链。

展成运动传动链的两端件是：滚刀主轴——工作台；

运动关系是：滚刀主轴转一转时，工件转 $K/Z_工$ 转，其中 K 为滚刀的头数，$Z_工$ 为被切齿轮的齿数。

运动平衡式是：

$$1 \times \frac{80}{20} \times \frac{28}{28} \times \frac{28}{28} \times \frac{28}{28} \times \frac{42}{56} \times u_{合成} \times \frac{e}{f} \times \frac{ac}{bd} \times \frac{1}{72} = \frac{K}{Z_{工}}$$

运动平衡式中的 $u_{合成}$ 是合成机构用于滚切直齿轮的传动比，这时合成机构离合器 M_1 连接，$u_{合成}=1$。由上式可得展成运动传动链换置公式：

$$u_x = \frac{ac}{bd} = \frac{f}{e} \frac{24K}{Z_{工}} \tag{12-2}$$

式中 f/e 挂轮用于工件齿数 $Z_{工}$ 在较大范围内变化时，调整 u_x 的数值，以便选取合适的挂轮。因为在使用单头滚刀时，能加工的最小齿数为 5，最大齿数为 250，所以置换公式中的分子与分母的倍数相差过大，必然会出现小齿轮带动很大齿轮的现象，或者相反。这种情况对挂轮齿数的选择与安装都不利。

根据被加工齿轮的齿数，f/e 有如下三种选择：

当 $5 \leqslant Z_{工}/K \leqslant 20$ 时，取 $e=48$，$f=24$；

当 $21 \leqslant Z_{工}/K \leqslant 142$ 时，取 $e=36$，$f=36$；

当 $143 \leqslant Z_{工}/K$ 时，取 $e=24$，$f=48$；

在展成运动传动链中，工作台旋转方向由滚刀的螺旋线方向及其转动方向确定，如图 12-12 所示。

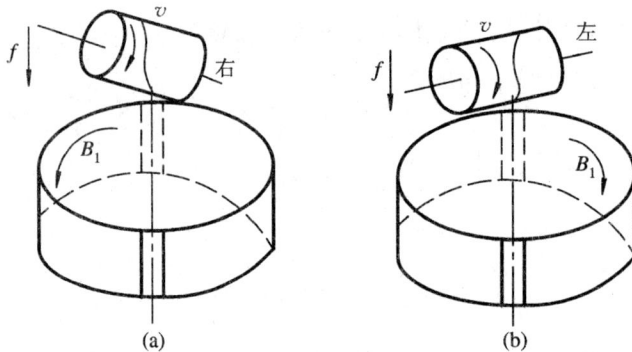

图 12-12　加工直齿圆齿轮刀具与工件的运动方向

（3）垂直进给运动传动链。

垂直进给运动传动链的两端件是：工作台——刀架；

运动关系是：工作台转一转，刀架垂直进给 f；

运动平衡式是：

$$1 \times \frac{72}{1} \times \frac{2}{25} \times \frac{39}{39} \times \frac{a_1}{b_1} \times \frac{23}{69} \times u_{XⅦ-XⅧ} \times \frac{2}{25} \times 3\pi = f$$

整理上式得出换置公式为

$$u_f = \frac{a_1}{b_1} u_{XⅦ-XⅧ} = \frac{f}{0.4608\pi} \tag{12-3}$$

式中：f——刀架垂直进给量（mm/r）；

a_1/b_1——轴向进给挂轮；

$u_{XⅦ-XⅧ}$——进给箱轴 XⅦ—XⅧ 之间的可变传动比，共有三种：$u_{XⅦ-XⅧ}=49/35，30/54，39/45$。

垂直进给量可根据工件材料、加工精度和表面粗糙度等条件选取。垂直进给量 f 确定后，可根据进给量从说明书中查出进给挂轮和变速手柄的位置。

　　3）加工斜齿圆柱齿轮

　　图 12-13 是滚切斜齿圆柱齿轮的传动原理图。从图中分析可知，滚切斜齿圆柱齿轮所需的运动与滚切直齿圆柱齿轮的差别仅在于形成导线的运动不同，直齿的导线为直线，而斜齿的导线为螺旋线。因此，只要在滚切直齿圆柱齿轮的基础上，增加滚刀沿工件的轴向移动与工件的附加转动而形成螺旋线的复合运动（滚刀轴向移动一个导程，工件附加一转），就可滚切斜齿轮。刀架直线移动 A_{21} 与工件的附加旋转 B_{22} 之间是一条内联系传动链，这条传动链称为附加运动传动链。除此之外，其他的传动链与滚切直齿圆柱齿轮时相同。

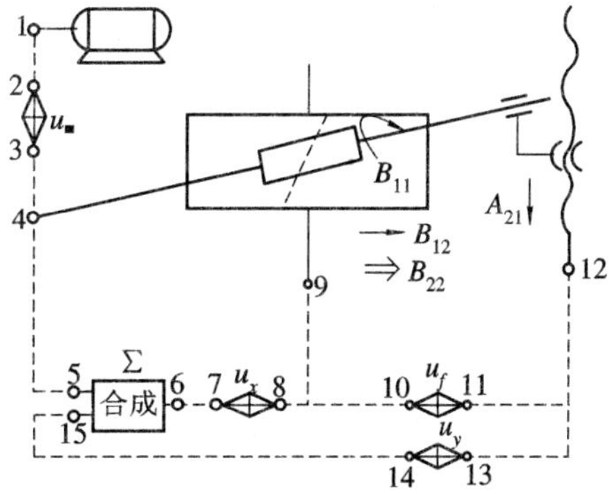

图 12-13　加工斜齿圆柱齿轮的传动原理图

　　（1）主运动传动链。滚切斜齿圆柱齿轮的主运动与滚切直齿圆柱齿轮相同。

　　（2）展成运动传动链。滚切斜齿圆柱齿轮时的展成运动传动链与滚切直齿圆柱齿轮展成运动传动链相同。但是因为滚切斜齿圆柱齿轮时需要运动合成，所以合成机构用离合器 M_2 联接，其传动比 $u_{合成} = -1$。代入运动平衡式后得出的换置公式

$$u_x = \frac{ac}{bd} = -\frac{f}{e} \frac{24K}{Z_工} \qquad (12-4)$$

　　因使用合成机构后，轴的旋转方向改变，所以在安装展成运动传动链的分齿挂轮时，要按机床使用说明书的规定选用惰轮。

　　（3）垂直进给运动传动链。滚切斜齿圆柱齿轮的垂直进给运动传动链与滚切直齿圆柱齿轮时相同。因为滚切斜齿圆柱齿轮时，滚刀是沿工件螺旋线齿槽方向进给，实际的进给量比垂直进给量略大。所以，在按齿轮模数、加工要求等选定垂直进给量后，应再乘以修正系数，见表 12-4。

表 12-4　进给量修正系数

斜齿圆柱齿轮螺旋角	15°	30°	45°	60°
滚刀与工件螺旋线同向	0.87	0.78	0.63	0.54
滚刀与工件螺旋线异向	0.72	0.65	0.5	0.45

　　（4）附加运动传动链。如图 12-13 所示，附加运动传动链是由"滚刀刀架—12—13—u_y—14—15—[合成]—6—7—u_x—8—9—工作台"所构成的。它是在滚刀沿工件轴向进给运动的同时，给工作台附加一个旋转运动，即滚刀移动一个导程时，工作台在展成运动的基础上再附加一转。因此，滚切斜齿圆柱齿轮时，形成螺旋线的运动是在形成展成运动所需工作台旋转的基础上逐渐加到工作台中，在时间上是相同的，在空间上需通过同一根轴传给工作台。

　　附加运动传动链的两端件是：滚刀架——工作台；

　　运动关系是：刀架沿轴向移动一个导程 L 时，工件附加转动 ±1 转。

运动平衡式是：

$$\frac{L}{3\pi} \times \frac{25}{2} \times \frac{2}{25} \times \frac{a_2 c_2}{b_2 d_2} \times \frac{36}{72} \times u_{合成2} \times \frac{e}{f} \times \frac{ac}{bd} \times \frac{1}{72} = \pm 1$$

式中：$u_{合成2}$——运动合成机构在附加运动传动链中的传动比，$u_{合成2} = 2$；

L——被加工斜齿圆柱齿轮螺旋线的导程（mm），$L = \frac{\pi m_n z_工}{\sin\beta}$（其中 m_n 为法向模数（mm））；

β——被加工齿轮的螺旋角（°）；

$\frac{ac}{bd}$——展成运动换置机构的传动比，$u_x = \frac{ac}{bd} = -\frac{f}{e} \frac{24K}{Z_工}$。

经整理上式，得传动链的换置公式

$$u_{x2} = \frac{a_2 c_2}{b_2 d_2} = \pm 9 \frac{\sin\beta}{K} \tag{12-5}$$

上式中的"±"号表示工件附加运动 B_{22} 的旋转方向，它取决于被加工齿轮的螺旋线方向，如图 12-14 所示。当滚刀垂直向下运动时，若加工右旋斜齿圆柱齿轮，工件应作逆时针的附加运动；若加工左旋斜齿圆柱齿轮，工件应作顺时针的附加运动。图中的虚线箭头表示了工件的附加运动。

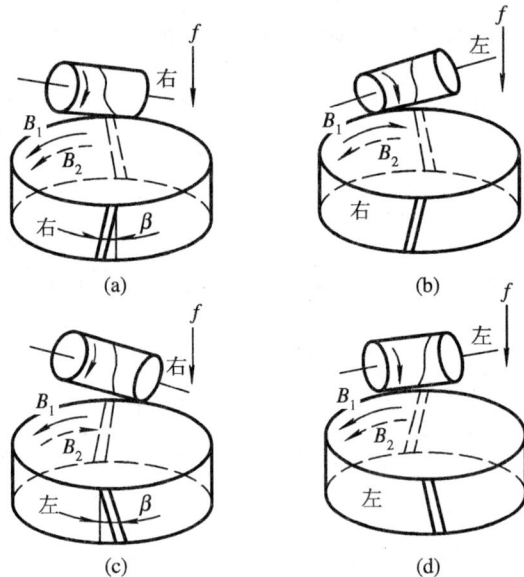

图 12-14　加工斜齿圆柱齿轮时刀具与工件相对运动方向
（a）右旋滚刀加工右旋齿轮；（b）左旋滚刀加工右旋齿轮；
（c）右旋滚刀加工左旋齿轮；（d）左旋滚刀加工左旋齿轮

因附加运动传动链属内联系传动链，其传动误差直接影响了斜齿圆柱齿轮的齿向精度。因此，计算挂轮齿数时，应保证传动误差在允许值的范围内；也可以采取相互啮合的斜齿圆柱齿轮成对加工的方法来保证工件齿向精度的一致性。

（5）运动合成机构。在 Y3150E 型滚齿机上加工斜齿圆柱齿轮时，需要通过运动合成机构将展成运动和附加运动合成为工件的运动。图 12-15 所示为 Y3150E 型滚齿机运动合成机构工作原理。该机构由模数 $m=3\text{ mm}$，齿数 $Z=30$，螺旋角 $\beta=0°$ 的四个弧齿锥齿轮组成，有两个自由度，运动分别由 Z_x 和 Z_y 输入，经合成后由轴 X 输出。

当加工斜齿圆柱齿轮时，合成机构按图 12-15(a)调整。在 X 轴上先装上套筒 G，套筒 G 与轴 X 用键连接，再将离合器 M_2 空套在套筒 G 上，使 M_2 的端面齿与空套齿轮 Z_y 的端面齿及转臂 H 的端面齿同时啮合。此时，经齿轮 Z_y 传入的运动通过 M_2 传递给转臂 H。

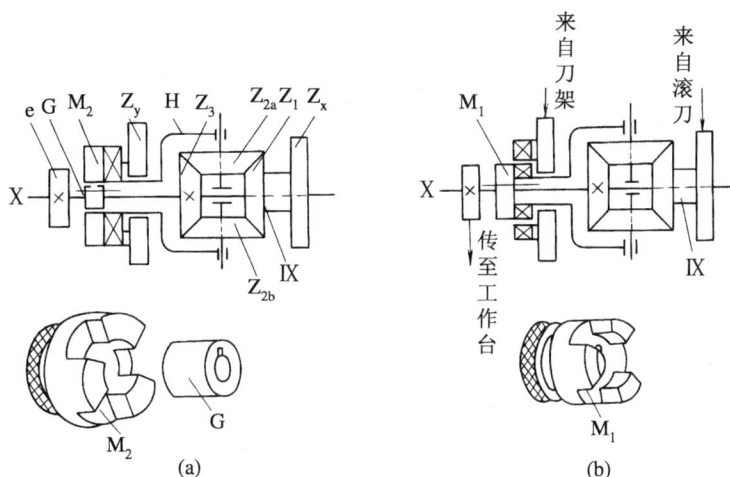

图 12-15　Y3150E 型滚齿机运动合成机构

(a) M_2 结合；(b) M_1 结合

根据行星机构的传动原理对合成机构进行分析(此处从略)后得出以下结构：

X 轴与齿轮套轴 IX 的传动比为

$$u_{合成1}=\frac{n_X}{n_{IX}}=-1$$

X 轴与转臂的传动比为

$$u_{合成2}=\frac{n_X}{n_H}=2$$

因此，在加工斜齿圆柱齿轮时，展成运动和附加运动分别由齿轮套轴 IX 与齿轮 Z_y 输入到合成机构，其传动比分别为 $u_{合成1}=-1$ 及 $u_{合成2}=2$，经合成由 X 轴上的齿轮 e 传出。

加工直齿圆柱齿轮时，工件不需要附加运动，合成机构按图 12-15(b)调整。卸下离合器 M_2 及套筒 G，在轴上装离合器 M_1。通过端面齿和键使转臂 H 与 X 轴连接为一体。此时 4 个锥齿轮之间无相对转动，齿轮 Z_x 的转动经齿轮套轴 IX 直接传至 X 轴，$u_{合成}=n_X/n_{IX}=1$，即 X 轴与齿轮套轴 IX 同速同向转动。

4) 加工齿数大于 100 的质数直齿圆柱齿轮

由前述可知，在 Y3150E 型滚齿机上滚切直齿圆柱齿轮时，展成运动传动链分齿挂轮的换置公式为

$$u_x=\frac{ac}{bd}=\frac{24K}{Z_工}\quad(当\ 21\leqslant Z_工\leqslant142\ 时)$$

$$u_x=\frac{ac}{bd}=\frac{48K}{Z_工}\quad(当\ Z_工\geqslant143\ 时)$$

当被加工齿轮的齿数 $Z_{\text{工}}$ 为质数时，因质数不能分解因子，因此 b 和 d 两个分齿挂轮中须有一个齿轮的齿数选用这个质数或它的整倍数，才能加工出这个质数齿的齿轮。一般滚齿机备有齿数在 100 以下的质数齿交换齿轮，所以对于齿数在 100 以下的质数齿齿轮，都能选到合适的挂轮。但对于齿轮大于 100 以上的质数齿齿轮，如齿数为 101、103、107、109、113 等，就选不到所需的分齿挂轮了。

在加工直齿圆柱齿轮时，展成运动传动链两端件的运动关系是，滚刀转一转，工件转 K/Z 转。现在 Z 是大于 100 的质数，挂轮中又没有合适的齿轮可供选用，因此先选一个接近于 Z 的齿数 Z_0，用 Z_0 调整展成运动传动链。选择 Z_0 的条件是可以利用机床现有挂轮。这时展成运动传动两端件的运动关系为：滚刀转一转，工件转 K/Z_0 转。工件运动误差为 $\Delta = \left(\dfrac{K}{Z} - \dfrac{K}{Z_0}\right)$ 转。为补偿这一误差，可通过附加运动传动链，在工件转 K/Z 转时，通过合成机构使工件再附加转 $\left(\dfrac{K}{Z} - \dfrac{K}{Z_0}\right)$ 转。最终实现滚刀转一转，工件转 K/Z 转，从而加工出齿数为 Z 的直齿圆柱齿轮。

（1）主运动传动链。加工齿数大于 100 的质数直齿圆柱的主运动与加工直齿圆柱齿轮相同。

（2）垂直进给传动链。加工齿数大于 100 的质数直齿圆柱的垂直进给运动与加工直齿圆柱齿轮时相同。

（3）展成运动传动链。

传动链两端件：滚刀——工作台；

两端件的运动关系：滚刀转一转，工件转 K/Z_0 转。

运动平衡式为

$$1 \times \frac{80}{20} \times \frac{28}{28} \times \frac{28}{28} \times \frac{28}{28} \times \frac{42}{56} \times u_{\text{合成}} \times \frac{e}{f} \times \frac{ac}{bd} \times \frac{1}{72} = \frac{K}{Z_0}$$

式中：$u_{\text{合成}} = -1$，将其代入上式，得换置公式

$$\frac{ac}{bd} = -\frac{24K}{Z_0} \quad \left(\text{当} \frac{f}{e} = \frac{36}{36} \text{时}\right)$$

$$\frac{ac}{bd} = -\frac{48K}{Z_0} \quad \left(\text{当} \frac{f}{e} = \frac{48}{24} \text{时}\right)$$

（4）附加运动传动链。

传动链两端件：工作台——工作台；

两端件的运动关系为：工件转 $\dfrac{K}{Z}$ 转，工件附加转 $\left(\dfrac{K}{Z} - \dfrac{K}{Z_0}\right)$ 转。

运动平衡式为

$$\frac{K}{Z} \times \frac{72}{1} \times \frac{2}{25} \times \frac{39}{39} \times \frac{a_1}{b_1} \times \frac{23}{69} \times u_{\text{Ⅶ-Ⅷ}} \times \frac{2}{25} \times \frac{a_2 c_2}{b_2 d_2} \times \frac{36}{72} \times u_{\text{合成2}} \times \frac{e}{f} \frac{ac}{bd} \times \frac{1}{72} = \frac{K}{Z} - \frac{K}{Z_0}$$

式中：$u_{\text{合成}} = 2$；

$$\frac{ac}{bd} = -\frac{f}{e} \frac{24K}{Z_0}; \quad \text{又 } u_f = \frac{a_1}{b_1} u_{\text{ⅩⅦ-ⅩⅧ}} = \frac{f}{0.4608\pi}$$

代入上式，整理后得换置公式为

$$\frac{a_2 c_2}{b_2 d_2} = \frac{625 \times (Z - Z_0)}{32 \times u_f \times K} \tag{12-6}$$

式中：Z_0——所选接近于被加工齿数 Z 的数值；

f——滚刀垂直进给量（mm/r）。

附加运动的旋转方向与所选定的 Z_0 有关，当 $Z_0 > Z$ 时，由于 $\frac{K}{Z_0} < \frac{K}{Z}$，所以附加运动应使工件加快旋转，即附加运动方向与工件的展成运动方向相同。反之，当 $Z_0 < Z$ 时，附加运动的旋转方向与展成方向相反。在加工前，可开动刀架快速做移动运动观察附加运动旋转方向是否正确。

5）刀架快速移动传动链

启动快速电动机可使刀架做快速升降，用于调整刀架位置及在进给前后实现快进和快退。此外，在加工斜齿圆柱齿轮时，启动快速电动机，经附加运动传动链传动工作台旋转，以便检查工作台附加运动的方向是否正确。

刀架快速移动的传动路线如下：快速电动机—13/26—M_3—2/25—ⅩⅪ（刀架轴向进给丝杠）。刀架快速移动的方向可通过控制快速电动机的旋转方向来变换。启动快速电动机之前，必须先用手柄 P_3 将轴 ⅩⅧ 上的三联滑移齿轮移到空档位置，脱开轴 ⅩⅦ 和 ⅩⅧ 之间的联系。为了确保安全，机床设有电气互锁装置，保证只有当操纵手柄 P_3 放在"快速移动"的位置上时，才能启动快速电动机。

应当特别注意的是，在加工一个斜齿圆柱齿轮的整个过程中，展成运动的传动链和附加运动传动链不能脱开。例如，在第一刀初切完后需将刀架快速向上退回，以便进行第二次切削，绝不可分开展成运动传动链和附加运动传动链中的挂轮和离合器，否则，会使工件产生乱牙及斜齿被破坏等现象，并可能造成刀具及机床的损坏。

6）挂轮齿数的选择

从滚齿机的传动和调整计算分析中可知，在滚切圆柱齿轮时，需确定主运动、展成运动、轴向进给运动和附加运动等挂轮的齿数。其中主运动、轴向进给运动传动链属外联系传动链。因其挂轮的传动比只确定滚刀旋转的快慢和进给量大小，影响滚刀的耐用度、轮齿表面的粗糙度，几乎不影响渐开线齿形和轮齿的分布，所以，在选择主运动挂轮和轴向进给挂轮时允许取近似值。

展成运动属于复合运动，实现这个运动的传动链为内联系传动链，其挂轮传动比的误差将影响渐开线齿形和轮齿的分布，所以展成运动挂轮传动比不允许取近似值。为了在有限的挂轮范围内保证展成运动传动比的准确，在调整过程中，应首先选定展成挂轮。

附加运动属于复合运动的内联系传动链，其挂轮传动比直接影响斜齿轮螺旋角的误差，因此附加挂轮必须按一定的精度要求进行配算。但是，换置公式有无理数 $\sin\beta$，给计算和选配挂轮 $\frac{a_2 c_2}{b_2 d_2}$ 带来困难。因挂轮有限，其齿数也有一定范围，所以只能近似配算。实际获得的附加运动挂轮传动比与换置公式计算出来的理论传动比的误差，对于加工 8 级精度斜齿轮，要准确到小数点后第四位数字；对于 7 级精度斜齿轮，要准确到小数点后第五位数字。

在 Y3150E 型滚齿机上，展成运动、垂直进给运动和附加运动三条传动链，共用一套配换齿轮，模数为 2，齿数分别是：20（两个），23，24，25，26，30，32，33，34，35，37，40，41，43，45，46，47，48，50，52，53，55，57，58，59，60（两个），61，62，65，67，70，71，73，75，79，80，83，85，89，90，92，95，97，98，100。

　　配算挂轮的方法有查表法和计算法两种。查表法所得挂轮传动比的精度不一定能满足使用要求，但方便可行；用计算法确定挂轮，应将理论传动比的小数化成能分解因数的近似分数，再将分子和分母分解为挂轮的齿数。

4．机床的工作调整

1）滚刀旋转方向和展成运动方向的确定

　　滚切齿轮时，不仅要解决各传动链两端件相对运动的数量关系，即准确的配算挂轮，而且还需要确定各运动的方向。

　　图 12 - 16 所示为滚刀与展成运动旋转方向的示意图。在滚刀与被切齿轮作啮合运动时，滚刀的旋转方向由滚刀安装后的前、后刀面的位置所确定。展成运动方向（工作台旋转方向）可由以下方法确定：当选用右旋滚刀时，用左手法则判定展成运动方向。其方法是四指表示滚刀的旋转方向，大拇指所指方向为切削点上齿轮的速度方向，此时工作台带动工件逆时针回转，如图 12 - 16(a)所示。当选用左旋滚刀时，用右手法则判定展成运动方向。其方法是四指表示滚刀旋转方向，大拇指所指方向为切削点上齿轮的速度方向，此时工作台带动工件作顺时针方向回转，如图 12 - 16(b)所示。从上述分析可知，当滚刀旋转方向一定时，展成运动的方向只与滚刀的螺旋线方向有关。

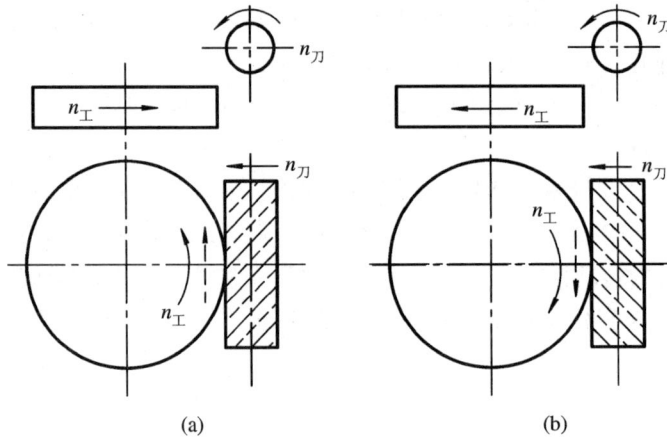

图 12 - 16　滚刀和展成运动的旋转方向

（a）右旋滚刀；（b）左旋滚刀

2）滚刀安装角度的确定

　　在滚齿机上滚切齿轮就相当于一对螺旋齿轮的啮合。为此，滚刀轴线应与齿轮端面倾斜一个 $\gamma_安$ 角（安装角）如图 12 - 17 所示。安装角 $\gamma_安$ 可按下式计算

$$\gamma_安 = \beta_f + \lambda_f$$

式中：β_f——被切齿轮的螺旋角；

　　　　λ_f——滚刀的螺旋升角。

　　滚切直齿圆柱齿轮时，因 $\beta_f = 0$，滚刀安装角 $\gamma_安 = \lambda_f$，如图 12 - 17(a)所示。

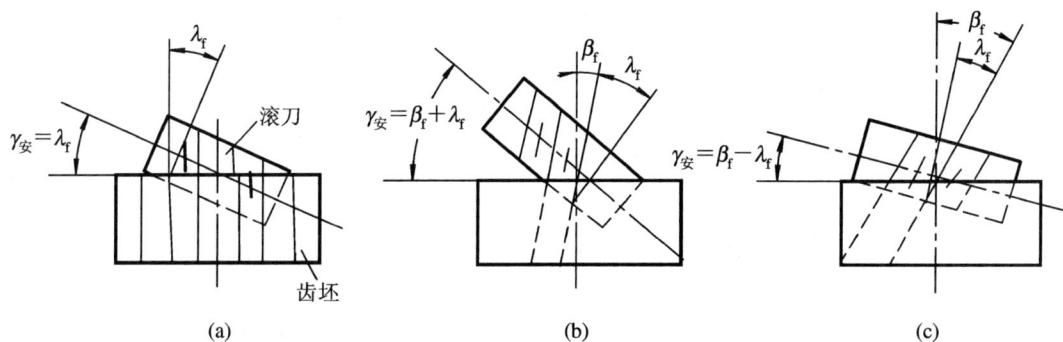

图 12 - 17　滚刀的安装角

(a) $\gamma_{安}=\lambda_f$；(b) $\gamma_{安}=\beta_f+\lambda_f$；(c) $\gamma_{安}=\beta_f-\lambda_f$

滚切斜齿圆柱齿轮时，当滚刀与被切齿轮的螺旋方向相反时取 $\gamma_{安}=\beta_f+\lambda_f$，相同时取 $\gamma_{安}=\beta_f-\lambda_f$，如图 12 - 17(b)、(c)所示。

3) 滚刀的对中

为使被切齿轮的两侧面形状对称，在安装滚刀时要对中。对中时，滚刀的前刀面处于水平位置，同时使一个刀齿或刀槽的对称中心线通过齿坯的中心，如图 12 - 18 所示。滚刀的对中是通过调整主轴部件的轴向位置来实现的。

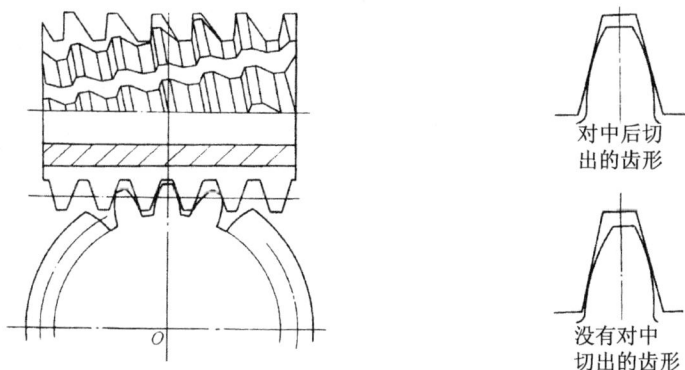

图 12 - 18　滚刀对中

一般对 8 级以下精度的齿轮，可用试切法对中。即滚刀在齿坯上先切出一圈很浅的刀痕，观察刀痕的两侧是否对称，如不对称，微调滚刀的轴向位置，再换一个位置试切，直至两侧刀痕对称为止。对于 7 级以上精度的齿轮，可用对中架对中，如图 12 - 19 所示。对中时，使用与滚刀模数相同的对中样板，调整滚刀主轴的轴向位置，使得对中样板紧贴齿槽两侧刀刃即可。

4) 工件装夹

在滚齿加工中，工件的安装形式很多，它不仅与工件的形状、大小、精度要求等有关，而且还受到生产批量、装备条件的限制。最为常用的安装形式是如图 12 - 20(a)所示的夹具安装。其中，1 是压盖，2 是心轴，3 是垫圈，4 是钢套，5 是底座。在加工较大直径的齿

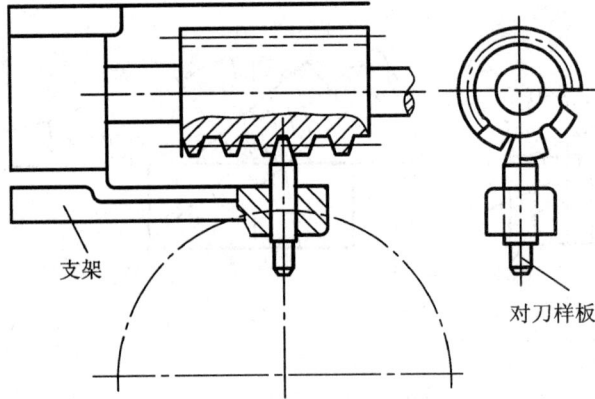

图 12 - 19　用对中架对中

轮时,一般采用直径较大的底座,并在靠近加工部位的轮缘处夹紧,如图 12 - 20(b)所示。图中 E 为定位端面。

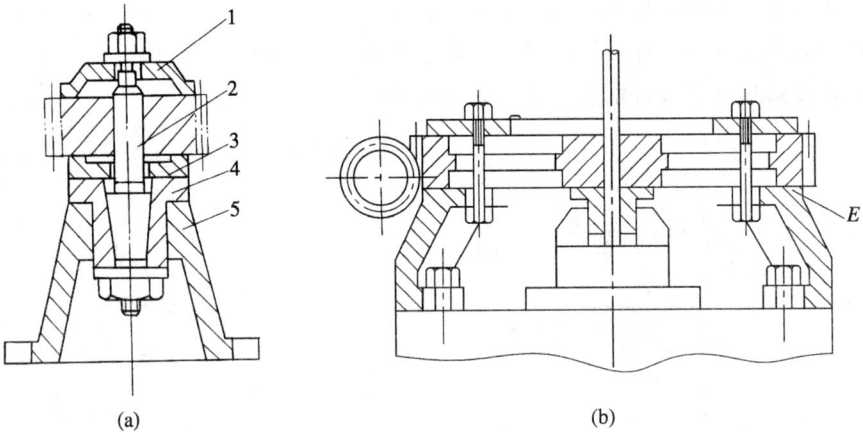

(a)　　　　　　　　　　　　　　　　(b)

1—压盖;2—心轴;3—垫圈;4—钢套;5—底座

图 12 - 20　工件的装夹
(a)加工一般齿轮;(b)加工较大齿轮

12.2.2　插齿机

插齿机是圆柱齿轮加工中常用的机床,不但可加工外啮合圆柱齿轮,而且特别适合加工内啮合齿轮和多联齿轮。

1. 插齿机传动原理图

图 12 - 21 所示为插齿机传动原理图。从插齿原理可知,在插齿机上加工直齿圆柱齿轮时,必须具备以下运动。

1)主运动

插齿刀的上、下往复运动为插齿的主运动,向下为切削运动,向上为退刀运动。电动机 M—1—2—u_V—3—5—曲柄偏心盘 A，是插齿刀的主运动传动链，其中 u_V 是其换置机构，用于调节插齿刀每分钟往复行程数。

2）展成运动

插齿刀—蜗杆蜗轮副 B—9—8—10—u_c—11—12—蜗杆蜗轮副 C，是展成运动传动链。其中 u_c 是调节插齿刀与工件之间传动比的换置机构。在加工过程中，为使插齿刀和工件保持一对齿轮的啮合关系，即在刀具转过一个齿时，工件也应准确地转过一个齿。

3）圆周进给运动

圆周进给运动是插齿刀的回转运动，插齿刀每往复行程一次，同时回转一个角度。曲柄偏心盘 A—5—4—6—u_s—7—8—9—插齿刀主轴套上的蜗杆蜗轮副 B，是圆周进给运动传动链，其中 u_s 是其换置机构，用于调节插齿刀进给量。圆周进给量越小，包络线密度越大，渐开线齿形的精度越高，刀具负荷也越小，但是生产率也就越低。圆周进给量用插齿刀每往复行

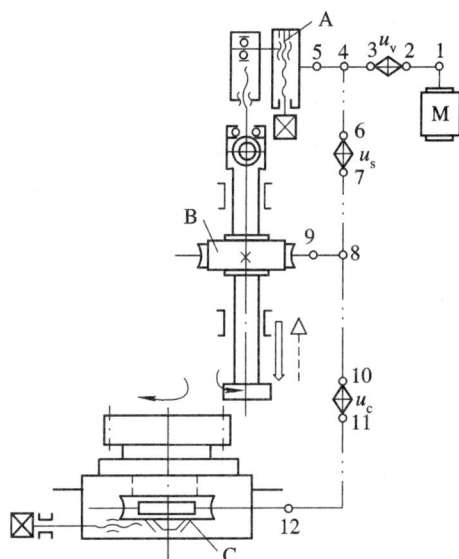

图 12 - 21　插齿机传动原理图

程中，刀具在分度圆上转过的弧长表示，其单位为 mm/往复行程。

4）径向切入运动

为了逐渐切至工件的全齿深，插齿刀必须要有径向切入运动。当径向切入达到全齿深后，机床便自动停止切入运动，工件旋转一整转，即可加工出全部完整的齿面。

5）让刀运动

为了避免插齿刀在回程时擦伤已加工表面和减少刀具磨损，刀具与工件应让开一段距离；当插齿刀重新开始工作行程时，刀具与工件又应立即恢复到原位。这种让开和恢复原位的运动称为让刀运动。由于工作台的惯量大，让刀的往复频度较高，容易引起振动，因而不利于切削速度的提高。但因为主轴的惯量较小，所以大尺寸和一些新型号的插齿机都采用刀具主轴座的摆动实现让刀运动，可有效减小让刀产生的振动。

上述径向切入运动及让刀运动由于不直接参与表面的形成过程，故在图 12 - 21 中未表示出来。

2. 插齿加工方法

插齿机在插削直齿圆柱齿轮时，插齿刀与工件作展成运动的同时，工件相对插齿刀连续作径向切入运动，直至全齿深。之后刀具与工件继续对滚，直至轮齿全部切削完毕，这种方法称为一次切入法。除此之外，也可采用二次或三次切入法。采用两次切入法时，第一次切入量为全齿深的 90%，工件与插齿刀对滚一转，完成粗切；第二次切入全齿深后，工件与插齿刀再对滚一转，完成插齿的精加工。三次切入法和二次切入法相似，只是第一次切入量为全齿深的 70%，第二次切入量为全齿深的 27%，第三次切入量为全齿深的 3%。

3. 插齿加工与滚齿加工的比较

(1) 插齿刀的齿形没有近似造型偏差,刀齿可通过高精度的磨齿机磨削而获得精确的渐开线齿形,因此插齿加工的齿形精度高于滚齿。

(2) 插齿加工时插齿刀沿轮齿全长连续切下切屑;而滚齿加工时滚刀切削刃每次只在轮齿长度方向切出一小段齿形,整个齿长是由滚刀多次断续切削而成的。因而,插齿加工获得的表面粗糙度值较小。

(3) 插齿加工时,可通过减少圆周进给量来增加形成渐开线齿形包络线的折线数量,从而比滚齿更能提高齿形精度及减小表面粗糙度值。

(4) 由于插齿刀本身制造时的齿距累积误差、刀具安装误差及插齿工艺系统刚性差等原因,使插齿刀旋转时会出现较大的转角误差。因此,插齿加工的公法线长度变动量比滚齿加工要大些。

(5) 插齿加工时,刀具作直线往复运动,使插齿速度的提高受到限制,又因有空行程,因此一般情况下插齿加工的生产率低于滚齿加工。

(6) 插齿加工斜齿轮必须更换成倾斜导轨,辅助时间较长,不如滚切斜齿轮方便。另外,插齿也不能加工蜗轮。

12.2.3 剃齿、磨齿

对于 6 级精度以上的齿轮往往要在滚齿、插齿之后,需经过热处理,再进行精加工。常用的齿面精加工方法有剃齿、磨齿和珩齿等。

1. 剃齿加工

剃齿常用于对未淬火圆柱齿轮的精加工,生产率较高,是软齿面精加工中应用最广泛的方法。剃齿精度可达 IT8~IT6 级,齿面表面粗糙度值 Ra 可达 $0.8~0.4\ \mu m$。

1) 剃齿原理

剃齿刀是一个高精度的斜齿圆柱齿轮,在齿侧面开有许多容屑槽,从而形成剃齿刀的切削刃,图 12-22 所示为盘形剃齿刀。

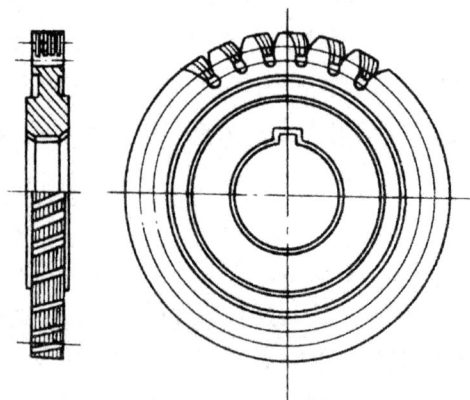

图 12-22 盘形剃齿刀

图 12-23 所示为剃齿加工原理图,图中 1 为工件,2 为剃齿刀,3 为工作台。剃齿加工时剃齿刀作正反向旋转运动,工件作轴向往复运动,工件往复一次作径向进给运动。剃齿

加工时，被剃齿轮安装在剃齿机工作台两顶尖之间，与剃齿刀相啮合，并由剃齿刀带动作旋转运动，同时随工作台作纵向往复运动，每次往复后作径向进给运动。当剃齿刀带动被剃齿轮作双面无侧隙对滚时，二者沿齿向和齿形方向产生相对滑移，利用剃齿刀沿齿向开出的切削刃，在工件齿向切下一层很薄的切屑。工件的齿面方向因剃齿刀无刃槽，虽有相对滑动，但却不起切削作用。

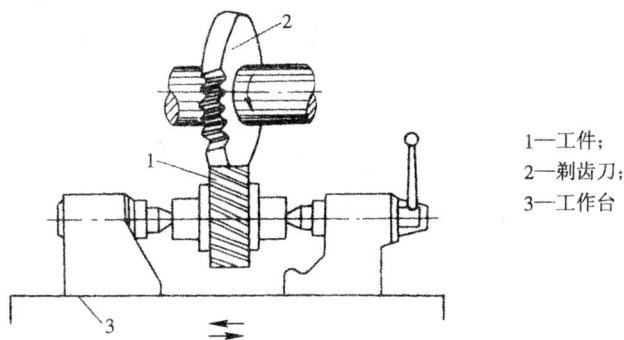

1—工件；
2—剃齿刀；
3—工作台

图 12 - 23　剃齿原理

2）剃齿刀选用

剃齿刀有盘形、齿条形和加工蜗轮用的蜗杆剃齿刀等几种，其中应用最为广泛的是盘形剃齿刀。剃齿刀的精度分为 A、B、C 三级，分别加工 6、7、8 级精度的齿轮。剃齿刀分度圆直径随模数大小有三种：85 mm、180 mm 和 240 mm，其中分度圆直径为 240 mm 的剃齿刀应用较普遍。分度圆螺旋角有 5°、10°和 15°三种，直齿轮加工多选用 15°，斜齿轮及多联齿轮中的小齿轮加工多选用 5°。剃齿刀螺旋角方向有左旋和右旋两种，选用时应与被加工齿轮的旋向相反。

一般常用的高速钢剃齿刀在加工钢件齿轮时，剃齿刀的圆周速度为 $v_0 = 130 \sim 145$ m/min；工作台纵向进给量 $f = 0.1 \sim 0.3$ mm/齿轮每转；工作台径向进给量 $f_\tau = 0.02 \sim 0.04$ mm/双行程。齿轮的齿厚余量很小，约在 0.08～0.18 mm 之间，一般可在 4～6 次往复行程内被切除。在达到预定值后停止径向进给，再进行 4～6 次纵向往复光整行程即可。剃齿一般仅需 1～3 min 便可加工一个齿轮。剃齿刀刃磨一次大约能加工 1500 个齿轮，一把剃齿刀大约可加工 10 000 个齿轮。

2. 磨齿加工

1）磨齿原理

一般磨齿机都采用展成法来磨削齿面，常见的有大平面砂轮磨齿机、碟形双砂轮磨齿机、锥面砂轮磨齿机和蜗杆砂轮磨齿机。按分度方式又可分为连续分度和单齿分度展成法磨齿机。

（1）连续分度：以连续分度展成工作的磨齿机也称为蜗杆砂轮型磨齿机，其工作原理如图 12 - 24(a)所示。砂轮为蜗杆状，相当于滚刀。磨齿加工时，砂轮与工件必须保持严格的展成运动关系。为磨出全齿宽，砂轮还需沿齿轮轴线方向进给。因砂轮的转速很高（约 2000 r/min），相应的工件转速也较高，因此磨削效率高，适合于大量生产中小模数齿轮的精加工。蜗杆砂轮磨削齿轮的加工精度一般为 6 级，其主要取决于机床传动链精度和蜗杆砂轮的形状精度。

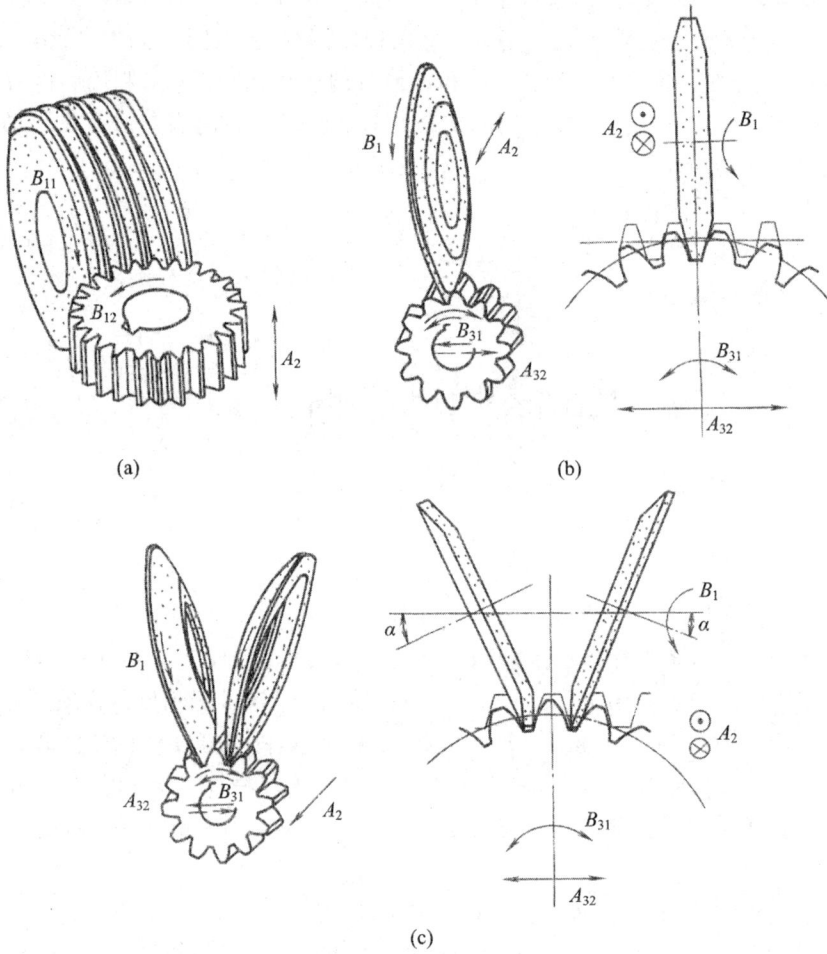

图 12 - 24 展成法磨齿机的工作原理

(a) 蜗杆砂轮；(b) 锥形砂轮；(c) 蝶形砂轮

(2) 单齿分度：单齿分度展成磨齿机按砂轮的形状又可分为锥形砂轮和碟形砂轮两种类型，如图 12 - 24(b)、(c)所示。这种磨齿机有一个共同的工作原理，即利用齿条和齿轮的啮合原理实现对轮齿的磨削。

图 12 - 24(b)所示为锥形砂轮磨齿原理。锥形砂轮型磨齿机是利用齿条齿轮啮合原理实现对轮齿的磨削，其砂轮截面形状是按照齿条的齿廓修整的。当砂轮旋转(B_1)，并沿工件齿线方向作直线往复运动(A_2)时，砂轮两侧面的母线就形成了假想齿条的一个齿廓。通过机床传动链强制被磨削齿轮在假想的齿条上作无间隙纯滚动，即被磨削齿轮在转过 1/Z 转(B_{31})时(转一个齿)，其轴线移过一个齿距(πm)的距离(A_{32})，便可磨出齿轮上的一个齿面。

在锥形砂轮磨齿机上磨削齿轮时，是按单齿分度展成法磨削的，每一个齿槽的两侧面均需分别磨削。工件向左滚动时，磨削左侧齿面，向右滚动时，磨削右侧齿面。工件往复滚动一次，磨完一个齿槽的两个侧齿面。之后工件退离砂轮进行分度，分度时工件在不作直线移动的情况下绕其轴线转过一个齿。可见，工件上全部轮齿齿面需经过多次分度和磨削才能完成。

图 12-24(c)所示为双蝶形砂轮磨齿原理，也是按单齿分度展成法磨削轮齿。两个蝶形砂轮的端平面(是宽度约为 0.5 mm 的工作棱边所构成的环形平面)形成假想齿条一个轮齿的两个齿侧面，同时磨削齿槽的两个齿侧面。磨削过程中的成形运动和分度运动与锥形砂轮磨齿基本相同，但轴向进给运动通常是由工件完成的。因为蝶形砂轮工作棱边很窄，磨削接触面积小，磨削力和磨削热很小；加之机床配有砂轮自动修整和自动补偿装置，使砂轮始终保持锐利和良好的工作精度，因而磨削精度高，可达 4 级，是各类磨齿机中精度最高的一种。但因其砂轮刚度较差，磨削用量小，所以生产率较低。

为了提高磨齿精度，磨齿机一般采用钢带滚圆盘机构实现展成运动，如图 12-25 所示。工件 11 装夹在主轴 10 上，主轴 10 支承在横向滑板 2 上，主轴后端通过分度机构 9 与滚圆盘 7 联接。在滚圆盘上有两根水平方向收紧的钢带 4、8，一端固定在滚圆盘上，另一端分别固定在支架 6 的两端，支架被固定在纵向溜板 5 上。当曲柄盘 3 驱动横向滑板作垂直于工件轴线的横向直线往复运动时，滚圆盘在收紧钢带的约束下，带动工件一起模拟齿轮在齿条节线上作纯滚动，实现了展成运动。设钢带厚度为 δ，滚圆盘半径为 $r_{盘}$，将钢带长度不变的中间层作为纯滚动的节线，那么滚圆半径可按下式 $r_{滚} = r_{盘} + \delta/2$ 计算。滚圆半径必须满足被磨齿轮作纯滚动的节圆半径要求，当被加工齿轮参数变化时，作纯滚动的节圆半径也应随之发生变化，须调整滚圆半径以满足加工要求。一个往复纯滚动磨出两齿侧面后，被磨齿轮横向移动脱离砂轮，进行一次分度，然后再进行下一齿槽的磨削。利用滚圆盘实现展成运动可以大大缩短传动路线，且没有间隙，减小传动误差，提高了加工精度。

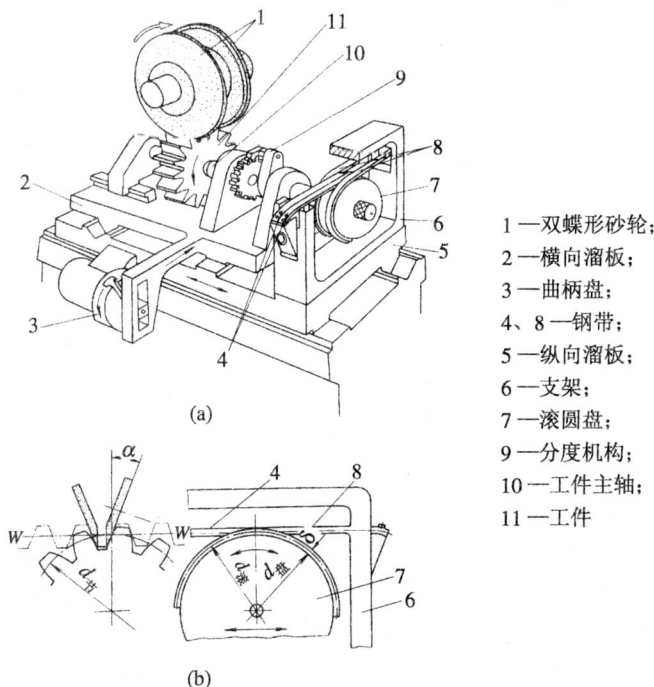

1—双蝶形砂轮；
2—横向溜板；
3—曲柄盘；
4、8—钢带；
5—纵向溜板；
6—支架；
7—滚圆盘；
9—分度机构；
10—工件主轴；
11—工件

图 12-25　滚圆盘机构工作原理

2）磨齿的特点

磨齿加工的主要特点是：加工精度高，一般条件下加工精度可达 IT6～IT4 级，表面粗糙度值 Ra 可达 0.8～0.2 μm。因为磨齿加工采用强制啮合的方式，不仅修正误差的能力强，而且还可以加工表面硬度很高的齿轮。但是，磨齿加工的效率低、机床复杂、调整困难，故加工成本较高，主要应用于齿轮精度要求很高的场合。

第13章　数控机床与编程

13.1　数控加工的范围与特点

13.1.1　数控机床加工范围

数控加工多应用于加工工件形状比较复杂、精度要求高，以及产品更换频繁、生产周期短的场合。数控机床的加工范围包括：

（1）形状复杂、加工精度要求高的工件；

（2）公差带小、互换性高、要求精确复制的工件；

（3）用普通机床加工时，要求设计制造复杂专用工装或需要较长时间调整的工件；

（4）价值高或非常重要的工件；

（5）小批量生产的工件；

（6）一次装夹需加工多部位（如钻、镗、铰、攻螺纹及铣削加工联合进行）的工件。

13.1.2　数控加工特点

在数控机床上加工工件是按照事先编制好的程序自动地进行加工，只要改变加工程序就能加工不同形状的工件。与普通机床加工相比，数控机床加工具有以下特点：

（1）具有加工复杂形状的能力。数控机床不仅可控制多轴运动，还可多轴联动，使刀具在三维空间中实现任意轨迹，因此，可完成复杂型面的加工。

（2）加工质量高。数控加工用数字程序控制实现自动加工，排除了人为误差，且加工误差可由数控系统自动进行补偿校正，因此数控加工可大大提高加工质量。

（3）加工效率高。与普通机床加工比较，数控加工一次装夹可实现多工序加工，且可采用较大切削用量，一般情况下可提高生产率2～3倍，加工复杂工件时可提高效率十几倍甚至几十倍。

（4）适应能力强。数控机床是按照编制好的程序实现自动加工，当改变加工对象时，只需改变加工程序，几乎不需要制造专用工装夹具，因此，数控机床可适应不同类型零件的加工。

（5）减轻劳动强度、改善劳动条件。数控加工实现自动或半自动加工，许多辅助动作由机床自动完成，这样就大大减轻了操作者的劳动强度，改善了劳动条件。

（6）有利于生产管理。数控加工技术的应用，使机械加工的大量前期工作与机械加工过程联为一体，使计算机辅助设计（CAD）、计算机辅助工艺规程（CAPP）及计算机辅助制造(CAM)的一体化成为现实,宜于实现现代化的生产管理。

13.2 典型数控机床

13.2.1 数控车床

数控车床适用于加工轴类或盘类零件,尤其是形状复杂的轴类或盘类零件。数控车床在结构上与普通车床相似,只是在进给系统上与普通车床有着本质的差别。数控车床采用伺服电动机经滚珠丝杠传动溜板箱和刀架,实现纵向(Z 向)和横向(X 向)的进给运动。所以,数控车床的传动大为简化,加工精度和自动化程度亦大大提高。

为实现螺纹加工,数控车床主轴安装有脉冲编码器,主轴的运动经同步齿形带 1:1 传到脉冲编码器。当主轴旋转时,脉冲编码器给数控系统发出检测脉冲信号,使主轴与刀架保持加工螺纹的运动关系,即主轴转一转,刀架准确移动一个工件导程。

1. 数控车床组成

数控车床有水平床身、斜床身、水平床身斜滑板和立床身四种布局,如图 13-1 所示。数控车床多采用回转式刀架,其中卧式回转刀架的回转轴垂直于主轴,一般为四工位;立式回转刀架的回转轴平行于主轴,有 6 工位、8 工位、10 工位、12 工位等。

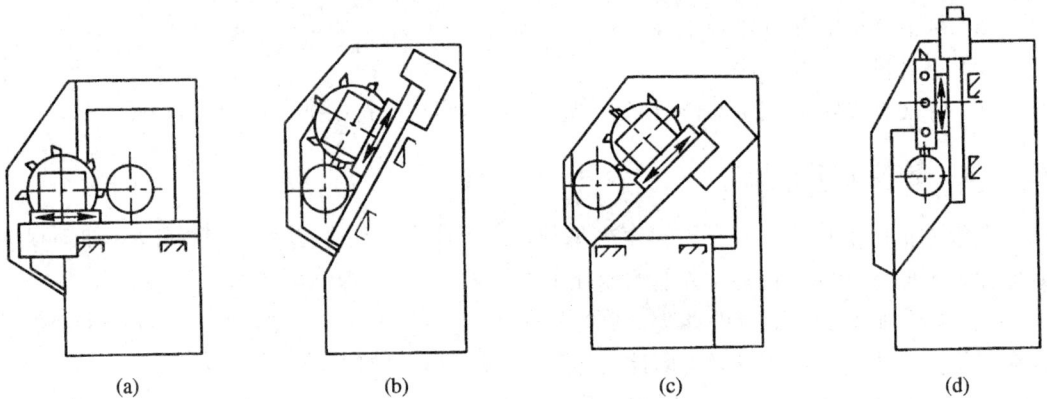

| (a) | (b) | (c) | (d) |

图 13-1 数控车床床身和导轨的布局形式
(a) 水平床身;(b) 斜床身;(c) 水平床身斜滑板;(d) 立床身

MJ-50 型数控车床是一种比较典型的全功能数控车床。主要用来加工轴类零件的内外圆柱面、圆锥面、螺纹表面、成型回转体表面等,还可以对盘类零件进行钻孔、扩孔、铰孔等加工。

图 13-2 所示为 MJ-50 型数控车床的外形图,其主要由以下部件组成:1 是脚踏开关,用于操纵主轴卡盘 3 的夹紧与松开;2 是对刀仪,用于机内对刀。当检测刀具时,对刀仪转臂 9 摆出,其上端的接触式传感器测头对所用刀具进行检测;检测完成后对刀仪的转臂摆回原位(图示),而测头被锁在对刀仪防护罩 7 中;3 是主轴卡盘,用于装夹工件,其夹紧与松开由主轴尾端的液压缸驱动;4 是主轴箱,用于安装主轴,主轴由交流伺服电动机驱动;5 是机床的防护门,可以配置为手动,也可配置为气动;6 是液压系统的压力表;8

是防护罩；10 是操作面板；11 是回转刀架，有 10 工位，装在滑板 13 的倾斜导轨上；12 是尾座，装在床身的右上方；14 为平床身，其矩形导轨上支承着倾斜 30°的滑板 13。滑板上分别装有 X 轴和 Z 轴的进给传动装置。

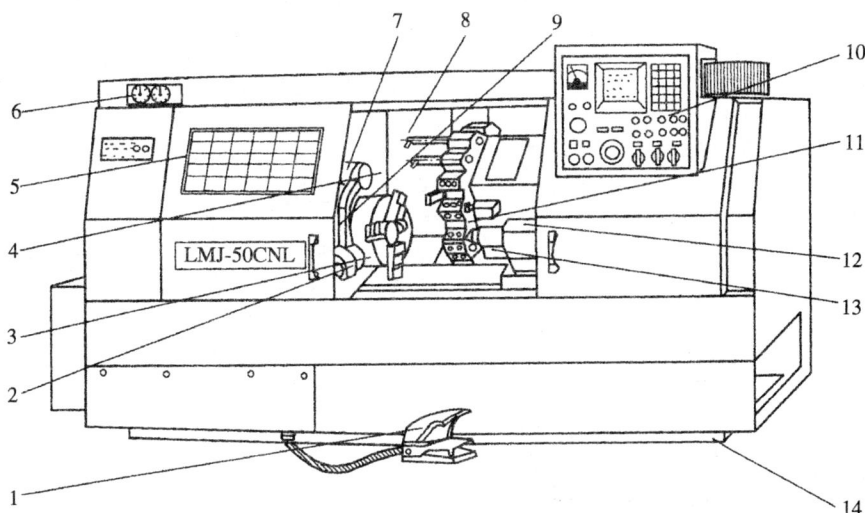

1—脚踏开关；2—对刀仪；3—主轴卡盘；4—主轴箱；5—机床防护门；6—压力表；7—对刀仪防护罩；
8—导轨防护罩；9—对刀仪转臂；10—操作面板；11—回转刀架；12—尾座；13—滑板；14—床身

图 13-2 MJ—50 数控车床外观图

2. 数控车床传动

图 13-3 所示为 MJ—50 型数控车床的传动系统，包括主运动传动和进给运动传动。

1) 主运动

主轴旋转为主运动，由功率为 11/15 kW 的直流伺服电动机，经一级 1∶1 的带传动驱动，其转速由电气系统无级变速。由于主传动链中没有齿轮传动机构，所以提高了主轴精度，噪声小，维修方便。

图 13-4 所示为主轴功率扭矩特性，其中曲线 M 为扭矩与转速的关系曲线，曲线 N 表示功率与转速的关系。当机床处在连续运转状态下，主轴转速在 437～3500 r/min 范围内，应能传递电动机的全部功率 11 kW，是主轴的恒功率区 Ⅱ。在这个区域内主轴的最大输出扭矩(245 N·m)随着转速的增高而变小。当主轴转速在 35～437 r/min 范围内，各级转速并不需要传递全部功率，但主轴的输出扭矩不变，是主轴的恒扭矩区 Ⅰ。在这个区域内，主轴所能传递的功率随着转速的降低而降低。图中，虚线所示为电动机超载(允许超载 30 min)时的功率扭矩特性曲线，电动机的超载功率为 15 kW，超载的最大输出扭矩为 334 N·m。

2) 进给运动

MJ—50 型数控车床的进给传动系统由 X 轴进给传动链和 Z 轴进给传动链组成。

X 轴进给运动由功率为 0.9 kW 的交流伺服电动机驱动，经 20/24 的同步齿形带传动滚珠丝杠，由丝杠螺母带动回转刀架移动。X 轴滚珠丝杠螺距为 6 mm。

Z 轴进给运动由功率为 1.8 kW 的交流伺服电动机驱动，经 24/30 的同步齿形带传动

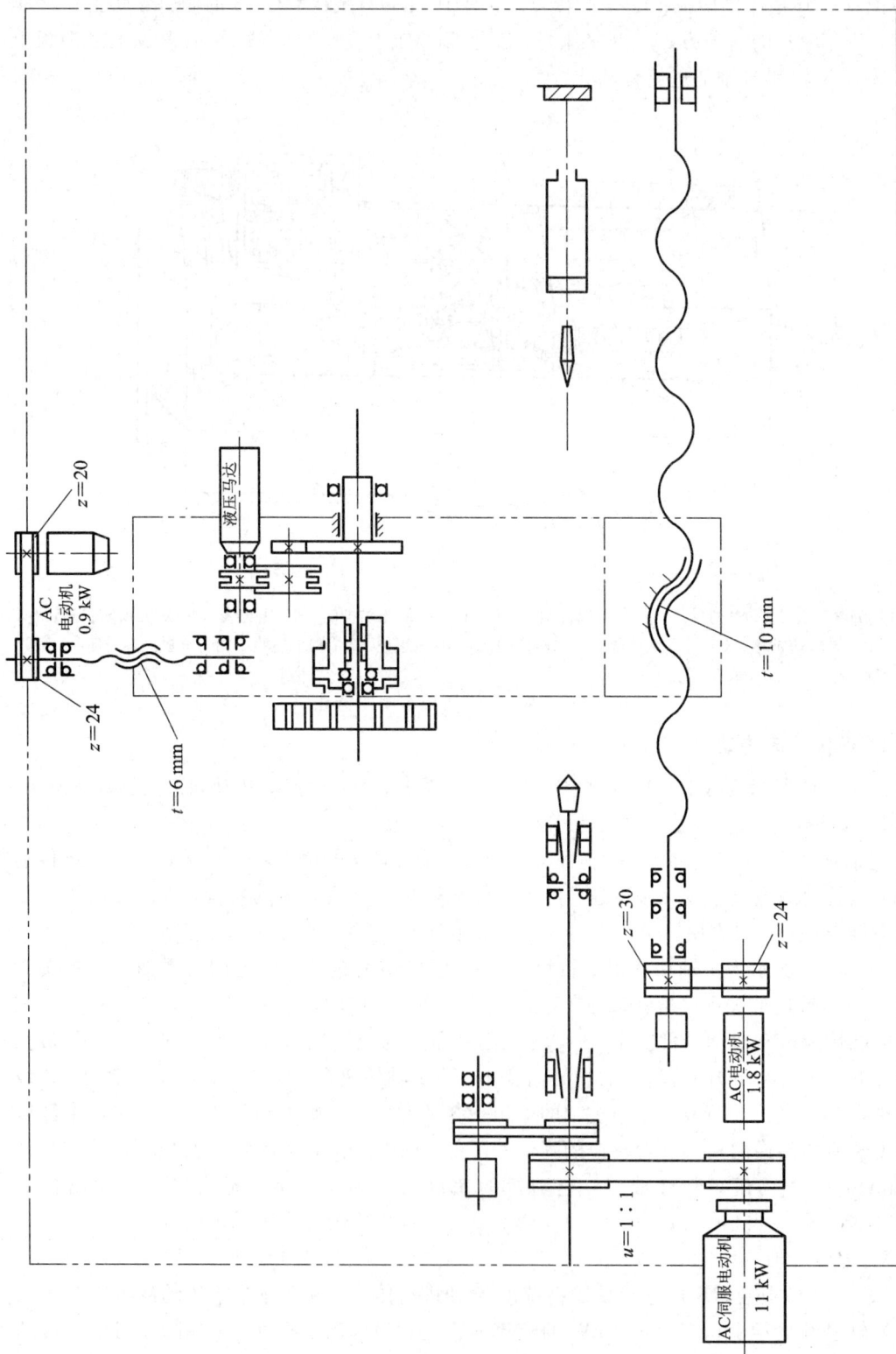

图13-3　MJ-50数控车床传动系统图

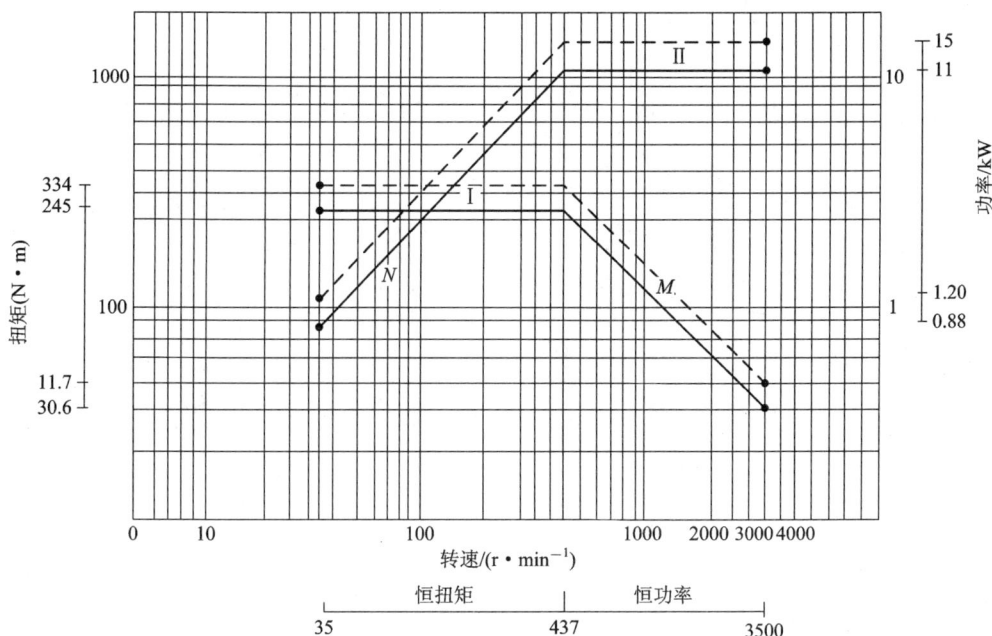

图 13-4　主轴功率扭矩特性

滚珠丝杆，由丝杆螺母带动滑板移动。Z 轴滚珠丝杆螺距为 10 mm。

刀架的快速移动和进给运动为同一传动路线。

数控车床的进给传动系统是控制 X、Z 坐标轴伺服系统的主要组成部分。它可将伺服电动机的旋转运动转化为刀架的直线运动，而且移动精度要求很高，X 轴的最小位移量为 0.005 mm(直径编程)，Z 轴最小位移量为 0.001 mm。采用滚珠丝杆螺母传动副，可以有效地提高进给系统的灵敏度、定位精度并可防止爬行。

13.2.2　数控铣床

数控铣床是一种用途广泛的机床，一般分为立式和卧式两种。数控铣床多为三坐标、两轴联动的机床，也称两轴半控制。一般情况下，数控铣床是用来加工平面曲线轮廓的。对于有特殊要求的数控铣床，可增加一个回转的 A 坐标或 C 坐标，即增加一个数控分度头或数控回转工作台，构成四坐标控制，这样就可用来加工螺旋槽、叶片等立体曲面零件。

1. 数控铣床组成

XK5040A 型数控铣床是典型的立式数控铣床，其外形布局如图 13-5 所示。床身 6 固定在底座 1 上，其上安装并支承着机床的各部件。操纵台 10 上有 CRT 显示器、操作按钮和各种开关及指示灯。纵向工作台 16、横向滑板 12 安装在升降台 15 上，分别通过纵向进给伺服电动机 13、横向进给伺服电动机 14 和垂直升降进给伺服电动机 4 的驱动，完成 X、Y、Z 轴的进给。强电柜 2 内装有机床电气部分的接触器、继电器等。变压器箱 3 安装在床身立柱的后面。数控柜 7 内装有机床数控系统。8、11 为纵向行程限位开关；挡铁 9 为纵向参考点的设定挡铁。主轴变速手柄和按钮 5 用于调整主轴转速，控制主轴的正转、反转、停止以及冷却液的开、停等。

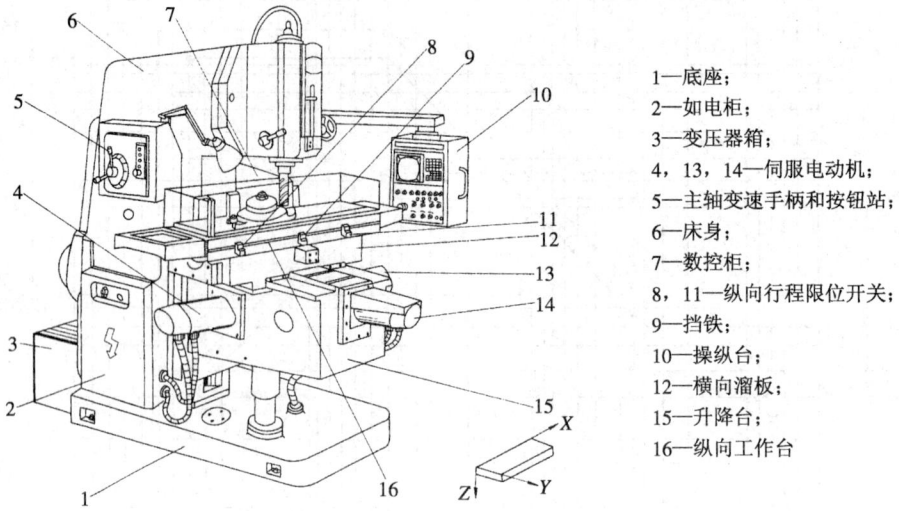

1—底座；
2—如电柜；
3—变压器箱；
4，13，14—伺服电动机；
5—主轴变速手柄和按钮站；
6—床身；
7—数控柜；
8，11—纵向行程限位开关；
9—挡铁；
10—操纵台；
12—横向溜板；
15—升降台；
16—纵向工作台

图 13-5　XK5040A 型数控铣床的组成

2. 数控铣床传动系统

图 13-6 所示为 XK5040A 型数控铣床的传动系统，包括主运动传动和进给运动传动。

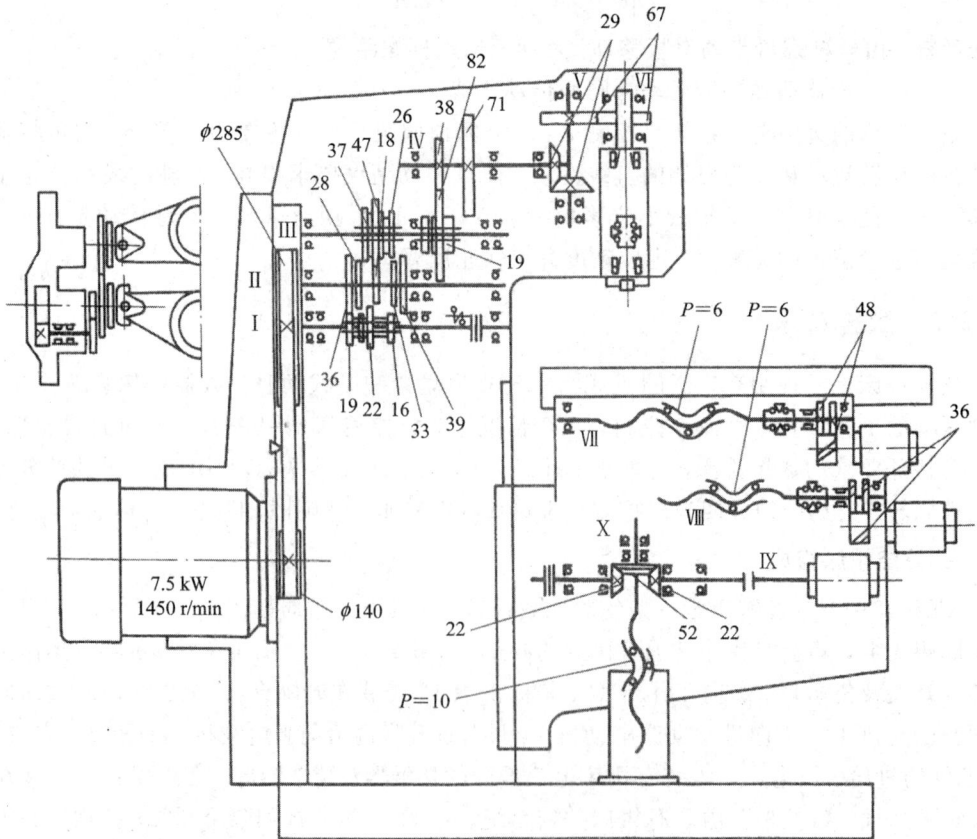

图 13-6　XK5040A 型数控铣床的传动系统图

1）主运动

主运动由 7.5 kW、1450 r/min 的主电动机驱动，经 140/285 的 V 型带传动，再经 Ⅰ～Ⅱ 轴间的三联滑移齿轮变速组，Ⅱ～Ⅲ 轴间的三联滑移齿轮变速组，Ⅲ～Ⅳ 轴间的双联滑移齿轮变速组传到轴 Ⅳ，再经 Ⅳ～Ⅴ 轴间的一对锥齿轮副及 Ⅴ～Ⅵ 轴间的一对圆柱齿轮传至主轴 Ⅵ，使主轴获得 18 级转速。主运动传动路线表达式如下：

$$\text{电动机}-\frac{\phi140}{\phi285}-\text{I}-\begin{bmatrix}\frac{16}{39}\\[4pt]\frac{19}{36}\\[4pt]\frac{22}{33}\end{bmatrix}-\text{II}-\begin{bmatrix}\frac{18}{47}\\[4pt]\frac{28}{37}\\[4pt]\frac{39}{26}\end{bmatrix}-\text{III}-\begin{bmatrix}\frac{19}{71}\\[4pt]\frac{82}{38}\end{bmatrix}-\text{IV}-\frac{29}{29}-\text{V}-\frac{67}{67}-\text{VI}（\text{主轴}）$$

2）进给运动

进给运动包括工作台纵向、横向和垂直三个方向的进给，分别由三个伺服电动机驱动。

纵向、横向进给运动，分别由两台 FB—15 直流伺服电动机驱动，经由圆柱斜齿轮副、滚珠丝杆螺母副，带动刀架作纵向、横向进给。

垂直进给运动由 FB—25 直流伺服电动机驱动，经锥齿轮副、滚珠丝杆螺母副，带动刀架作垂直进给。驱动垂直进给的伺服电动机带有制动器，当断电时刹车，以防止升降台因自重而下滑。

13.2.3　加工中心

加工中心（Maching Center）是一种备有刀库并能自动更换刀具，在一次装夹后，对工件进行多工序加工的数控机床，其集铣、钻、镗等加工于一体，特别适合加工箱体、壳体以及模具型腔等非回转体类工件。

1. 概述

1）加工中心的工艺特点

（1）刀库中存放着不同数量的各种刀具和检具，加工过程中可由程序自动选用和交换，连续对工件表面自动进行钻孔、扩孔、铰孔、镗孔、攻螺纹、铣削等多工步的加工，使工序高度集中。

（2）一般带有自动分度工作台，使工件一次装夹后，自动完成多个平面或多个角度位置的加工。若带有交换工作台，则可实现工件在工作位置的工作台上加工的同时，另外的工件在装卸位置的工作台上装卸，不影响正常的加工工件。

（3）控制系统功能较多，其最少可实现两轴联动控制，实现刀具运动的直线插补和圆弧插补，多的可实现五轴联动、六轴联动，保证刀具实现复杂加工。

（4）具备各种固定加工循环、刀具半径自动补偿、刀具长度自动补偿、刀具破损报警、过载超程自动保护、故障自动诊断、工件加工过程图形显示等功能，提高了加工效率。

2）加工中心的结构特点

（1）刚度高、抗振性好。为满足高自动化、高速度、高精度、高可靠性的加工要求，一般的加工中心的刚度系数比普通机床高 50% 以上。

(2) 结构传动简单。主轴无级调速，传动简单，调速范围宽；伺服电机直接驱动滚珠丝杠副，进给传动简单，精度高，速度快，一般可达 15 m/min，最高可达 100 m/min。

(3) 采用钢导轨，淬火硬度≥57HRC，与导轨配合面贴塑，能长期保持导轨的精度。

(4) 拥有刀库和换刀机构，使加工中心的功能和自动化加工的能力更强。

(5) 用数控系统对刀具加工进行控制，对刀库实行管理。

3) 加工中心的分类

(1) 按机床布局可分为卧式、立式加工中心。

卧式加工中心是指主轴轴线为水平设置的加工中心。通常有可分度回转的分度工作台。卧式加工中心一般有 3～5 个运动坐标，常见的是三个直线运动坐标(x、y、z轴)加一个回转运动坐标，能使工件在一次装夹后完成除安装面和顶面以外的其余四个面的加工，最适合箱体类零件的加工。

立式加工中心是指主轴轴线为垂直设置的加工中心。多为固定立柱式，工作台为长方形无分度回转功能，适合加工盘类零件。具有三个直线运动坐标，并可在工作台上安装一个水平轴的数控转台用于加工螺旋类零件。

(2) 按功能特征可分为镗铣、钻削和复合加工中心。

镗铣加工中心是指以镗铣为主的加工中心。适用于箱体、壳体以及各种复杂零件的特殊曲面轮廓的加工。适用于多品种小批量的生产场合。

钻削加工中心是指以钻削为主的加工中心。适用于中小型零件的钻孔、扩孔、铰孔、攻螺纹及连续轮廓铣削等多工序的加工。

复合加工中心是指五面复合加工中心，即指在工件一次装夹后，能完成除安装底面外的五个面的加工。常见的五面加工中心有两种形式。一种是主轴可作 90°或相应角度的转动，变形为立式或卧式加工中心；另一种是工作台带着工件做 90°转动，主轴并不改变方向而实现五面加工。

2. 加工中心的组成

1) 图 13-7 所示为立式加工中心外形图

立式加工中心的机床整体布局基本上是由一台立式铣床，加上数控装置和自动换刀装置组成。机床为三坐标：装在床身 1 上的滑座 2 作横向运动(Y轴)；工作台 3 在滑座 2 上作纵向运动(X轴)；主轴箱 9 在立柱 5 的导轨上作升降运动(Z轴)，立柱 5 固定在床身的后部。在立柱左侧前部装有自动换刀装置(刀库 7 和自动换刀机械手 8)，刀库容量为 16 把刀具，可以完成各种孔加工和铣削加工。在立柱的左侧是数控柜 6，内有电源变压器和伺服装置等，机床总电源从柜后下方电缆引入口送入。操作面板 10 悬伸在机床的右前方，操作者通过面板上的按键和各种开关按钮实现对机床的控制；同时机床的各种工作状态信号可在操作面板上显示出来。

2) 图 13-8 所示为卧式加工中心外形图

卧式加工中心与立式加工中心的主要区别在于主轴水平的设置。卧式加工中心一般有 3～5 个坐标轴，常配一个回转轴。其刀库容量较大，有的可存放几百把刀具。卧式加工中心特别适宜加工箱体类零件，适合批量工件的生产。

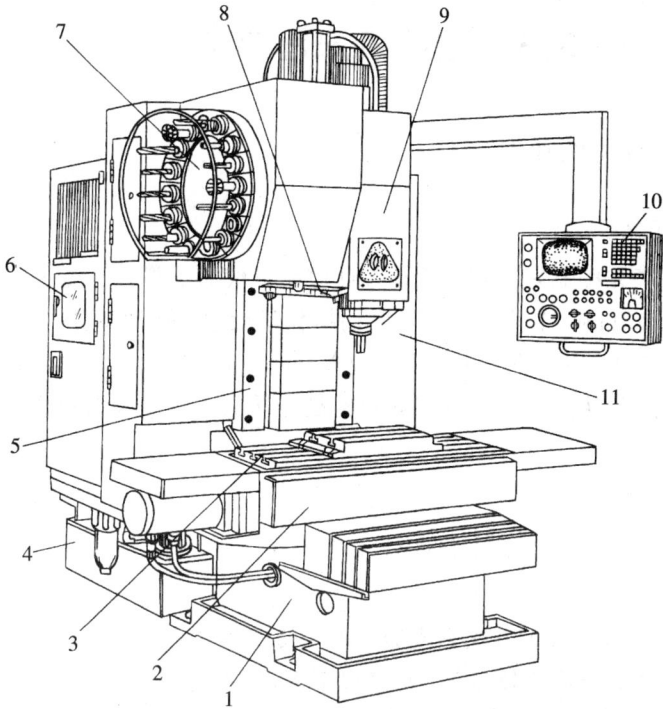

1—床身；2—滑座；3—工作台；4—润滑装置；5—立柱；6—数控柜；
7—刀库；8—自动换刀机械手；9—主轴箱；10—操作面板；11—驱动电柜

图 13 - 7　立式加工中心

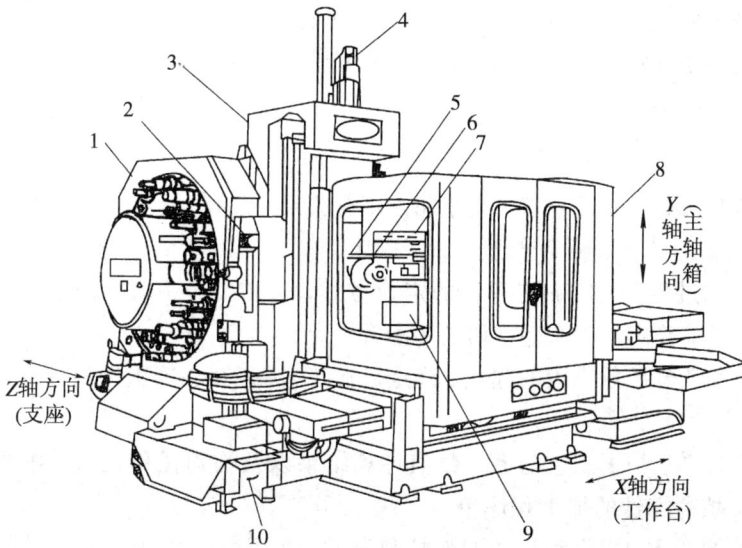

1—刀库；2—换刀装置；3—支座；4—Y轴伺服电动机；5—主轴箱；
6—主轴；7—数控装置；8—防溅挡板；9—回转工作台；10—切屑槽

图 13 - 8　卧式加工中心

13.3　数控机床程序编制

13.3.1　数控编程的基础知识

1. 数控编程的概念

数控机床是按照事先编制好的加工程序，自动地对被加工零件进行加工。编程人员把零件的工艺过程、运动轨迹、工艺参数以及辅助操作等信息，按照规定的指令代码及程序格式记录在控制介质（如穿孔纸带、磁带、磁盘等）上，通过输入装置输入到数控系统，使数控机床自动加工。这种从分析零件图到获得控制介质的全过程叫数控程序的编制，简称数控编程。

2. 数控编程的方法

数控编程的方法主要有手工编程和自动编程两种。

1）手工编程

由操作者或编程人员以人工方式完成加工程序的编制。对于点位加工或由直线及圆弧组成的简单轮廓的加工，计算比较简单，程序段不多，采用手工编程较为合适。

2）自动编程

自动编程是指借助计算机完成数控加工程序的编制。程序员根据零件图样的要求，使用数控语言编写零件的源程序，输入计算机，由计算机自动计算刀具轨迹，编写零件加工程序单、并通过通信方式送入数控机床，指挥机床加工。对于形状复杂的零件，特别是具有非圆曲线、列表曲线及多维曲面的零件，需要进行繁琐的计算，程序段很多，易出错也难以校核，有时甚至无法用手工计算，宜用自动编程。

3. 编程内容和步骤

以手工编程为例。

（1）分析零件图样。通过对零件轮廓形状、有关尺寸精度、形位公差、表面粗糙度及材料和热处理等要求的分析，确定合适的加工机床。

（2）确定工艺过程。包括确定零件的定位方式，选用工装夹具，确定对刀方法、对刀点，选择走刀路线，确定加工余量、切削用量等。

（3）数值计算。包括各线段的起点、终点、节点、圆弧圆心等坐标的计算及对拟合误差的分析等。

（4）编写程序单。根据工艺过程、数值计算结果以及辅助操作要求，按照数控系统规定的程序格式，填写零件的加工程序单。

（5）制作控制介质。根据程序单制作控制介质。我国数控机床上使用的控制介质一般是穿孔纸带。

（6）程序校验与首件试切。程序单和控制介质须经校验和试切才可正式使用。一般为空行程校验或屏幕模拟加工。检查刀具运动轨迹的图形，以及刀具与夹头、尾座等是否有运动干涉。检查完毕后，可进行首件试切。首件试切合格，方可正式使用。

4. 程序的结构与格式

数控机床不同，其程序格式不同。因而编程人员在编程之前须充分了解机床的程序格式。

1）程序的结构

一个完整的程序由程序号、程序内容和程序结束三部分组成。例如：

　　O0030　　　　　　　　　　　　　　程序号

　　N0001 G92 X—40.0 Y—40.0；⎫

　　……　　　　　　　　　　　　　⎬　程序内容

　　N0007 G00 X—40.0 Y—40.0；⎭

N0008 M02；　　　　　　　　　　　　程序结束

（1）程序号。程序号是为了区别存储器中的程序，在 EIA 代码系统中一般采用英文字母 O 加上几位数字组成。

（2）程序内容。程序内容是程序的核心，由多个程序段组成，每个程序段又由一个或多个指令构成。

（3）程序结束。程序结束是以指令 M02（用纸带时 M30）作为整个程序结束的标志。

2）程序段格式

程序段是代表控制信息的字的集合。以某个顺序排列的字符集合称为字。数控信息是以字为单位处理的。在一个程序段中，字的书写规则称为程序段格式。目前广泛应用的是文字—地址程序段格式，其格式如下：

N—G—X—Y—Z—…… F—S—T—M—

文字地址符说明：

（1）程序段号 N：代表程序段的序号，用来检索程序段。程序段号位于程序段之首，用地址码 N 和后面的若干位数字表示。

（2）准备功能字 G：准备功能指令由字母 G 和后续两位数字组成，表示不同机床的操作动作。我国 JB3208—83 标准规定从 G00 到 G99 共 100 种代码，详见表 13-1。G 代码分为模态代码和非模态代码。模态代码表示该代码一经指定，直到以后程序段中出现同一组的另一代码才失效。而非模态代码只在指定的本程序段中有效。

标准中的"不指定"代码，用作修订标准时指定新功能。"永不指定"代码，则说明标准中永不使用。这两类 G 代码，可由机床数控系统生产厂商自行定义新功能，但须在系统的操作说明书中说明。

（3）尺寸字 X、Y、Z 等：尺寸字用来给定机床坐标轴位移的方向和数值，由地址码、正负号及数值构成。

尺寸字的地址码主要有：用于指定到达点直线坐标尺寸的 X、Y、Z、U、V、W、P、Q、R；用于指定到达点角度坐标的 A、B、C；用于指定零件圆弧轮廓的圆心坐标尺寸 I、J、K；用于指令补偿号的 D、H 等。

（4）进给功能字 F：用来规定机床进给速度，表示方法主要有每分钟进给量（mm/min）和每转进给量（mm/r）。进给速度一经指定，对后续程序都有效，直到指令新的进给速度为止。

表 13 - 1　JB3208—83 准备功能 G 代码

代码	功　能	代码	功　能	代码	功　能
G00	点定位	G41	刀具补偿（左）	G61	准确定位 2（粗）
G01	直线插补	G42	刀具补偿（右）	G62	快速定位（粗）
G02	顺时针方向圆弧插补	G43	刀具偏置（正）	G63	攻丝
G03	逆时针方向圆弧插补	G44	刀具偏置（负）	G64~G67	不指定
G04	暂停	G45	刀具偏置＋/＋	G68	刀具偏置，内角
G05	不指定	G46	刀具偏置＋/－	G69	刀具偏置，外角
G06	抛物线插补	G47	刀具偏置－/－	G70~G79	不指定
G07	不指定	G48	刀具偏置－/＋	G80	固定循环注销
G08	加速	G49	刀具偏置 0/＋	G81~G89	固定循环
G09	减速	G50	刀具偏置 0/－	G90	绝对尺寸
G10~G16	不指定	G51	刀具偏置＋/0	G91	增量尺寸
G17	XY 平面选择	G52	刀具偏置－/0	G92	预置寄存
G18	ZX 平面选择	G53	直线偏移，注销	G93	时间倒数，进给率
G19	YZ 平面选择	G54	直线偏移 X	G94	每分钟进给
G20~G32	不指定	G55	直线偏移 Y	G95	主轴每转进给
G33	螺纹切削，等螺距	G56	直线偏移 Z	G96	恒线速度
G34	螺纹切削，增螺距	G57	直线偏移 XY	G97	每分钟转数（主轴）
G35	螺纹切削，减螺距	G58	直线偏移 XZ	G98~G99	不指定
G36~G39	永不指定	G59	直线偏移 YZ		
G40	注销刀补/刀偏	G60	准确定位 1（精）		

（5）主轴功能字 S：用于指定主轴转速，当转速指定后，对后续程序段都有效，直到指令值改变为止。主轴转速指令方法有指定每分钟转数（r/min）和指定切削速度（m/min）。

（6）刀具功能字 T：用于指令加工中所用刀具号及自动补偿号。自动补偿主要指刀具的刀位偏差、刀具长度补偿及刀具半径补偿。

（7）辅助功能字 M：用于指令数控机床辅助装置的开关动作或状态，如主轴转、停，切削液开、关，刀具更换等。M 指令有 M00 到 M99 共 100 种，详见表 13 - 2。

（8）程序段结束：写在每一程序段之后，表示程序段结束。当用 EIA 标准代码时，结束符为"CR"，ISO 标准代码用"NL"或"LF"，有的用符号";"或" * "表示。

表 13-2　JB3208—83 辅助功能 M 代码

代码	功　能	代码	功　能	代码	功　能
M00	程序停止	M15	正运动	M49	进给率修正旁路
M01	计划停止	M16	负运动	M50	3 号冷却液开
M02	程序结束	M17～M18	不指定	M51	4 号冷却液开
M03	主轴顺时针方向	M19	主轴定向停止	M52～M54	不指定
M04	主轴逆时针方向	M20～M29	永不指定	M55	刀具直线位移，位置 1
M05	主轴停止	M30	纸带结束	M56	刀具直线位移，位置 2
M06	换刀	M31	互锁旁路	M57～M59	不指定
M07	2 号冷却液开	M32～M35	不指定	M60	更换工件
M08	1 号冷却液开	M36	进给范围 1	M61	工件直线位移，位置 1
M09	冷却液关	M37	进给范围 2	M62	工件直线位移，位置 2
M10	夹紧	M38	主轴速度范围 1	M63～M70	不指定
M11	松开	M39	主轴速度范围 2	M71	工件角度位移，位置 1
M12	不指定	M40～M45	如有需要作为齿轮换挡，此外不指定	M72	工件角度位移，位置 2
M13	主轴顺时针方向，冷却液开	M46～M47	不指定	M73～M89	不指定
M14	主轴逆时针方向，冷却液开	M48	注销 M49	M90～M99	永不指定

5. 数控机床的坐标系及运动方向的规定

1）数控机床的坐标轴

规定数控机床坐标轴主要是为了准确地描述机床的运动，简化程序的编制方法，并使所编程序具有互换性。我国在 JB3051—82 中规定了各种数控机床的坐标轴和运动方向。

（1）坐标轴和运动方向命名原则：

① 标准坐标系采用右手直角笛卡尔坐标系，如图 13-9 所示。图中大拇指的方向为 X 轴正方向，食指为 Y 轴的正方向，中指为 Z 轴的正方向。

② 永远假定刀具相对于静止的工件而运动。

③ 机床某一部件运动的正方向是增大工件与刀具之间距离的方向。

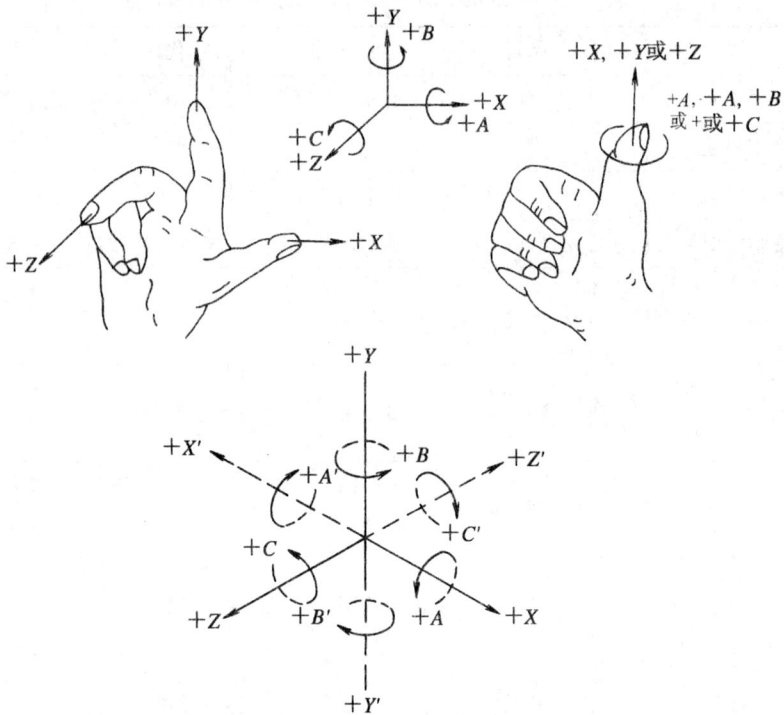

图 13-9 右手直角笛卡尔坐标系

④ 机床旋转坐标运动的正方向是按照右旋螺纹旋入工件的方向。

（2）坐标轴的指定：

① Z 轴：规定机床主轴为 Z 轴，由它提供切削功率。如果机床没有主轴（如数控刨床），则取 Z 轴为垂直于工件装夹表面方向；如果一个机床有多个主轴，则取常用主轴为 Z 轴。

② X 轴：通常水平轴为 X 轴，平行于工件的装夹表面。对于工件旋转的机床（如车床），X 轴的方向取水平的径向。其正方向为刀具远离工件旋转中心的方向。对于刀具旋转的机床，若 Z 轴是垂直的，从主轴向立柱看时，X 轴正方向指向右；若 Z 轴是水平的，从主轴向工件方向看，X 轴正方向指向右。刀具和工件均不旋转的机床，X 坐标平行于主要切削方向，并以切削方向为正方向。

③ Y 轴：垂直于 X、Z 轴，根据 X、Z 轴，按右手直角笛卡尔坐标系确定。

④ 旋转坐标 A、B、C：分别表示其轴线平行于 X、Y、Z 轴的旋转坐标。其正方向是表示在 X、Y、Z 正方向上按照右旋螺纹前进的方向。

⑤ 附加坐标：若在 X、Y、Z 直线运动之外，还有平行于它们的运动，可分别指定为 U、V、W，若还有第三组运动的，则分别指定为 P、Q、R。

2）机床坐标系与工件坐标系

（1）机床坐标系：是机床上固有的坐标系，坐标原点（机床出厂时，此原点已被设定）称为机床原点。机床原点是机床上一个固定不变的点，一般为各个坐标轴移动的极限位置。

（2）工件坐标系：编程时使用，由编程人员在工件上设定一原点，建立工件坐标系。同样的工件可建立多种不同的工件坐标系。

13.3.2　数控加工的工艺知识

1. 工件装夹方法及对刀点、换刀点的确定

1）零件的安装与夹具的选择

（1）定位安装的基本原则。

① 定位基准尽量与设计基准、工艺基准、编程计算的基准保持一致，以减小定位误差。

② 尽量减少装夹次数，尽可能在一次定位装夹后，加工出全部待加工面。

③ 避免采用占机人工调整式加工方案，以充分发挥数控机床的效能。

（2）选择夹具的基本原则。

① 要保证夹具的坐标方向与机床坐标方向相对固定。

② 力求结构简单，大力推广组合夹具，可调式夹具及其他通用夹具。

③ 零件的装卸要快速、方便、可靠。

④ 夹具上各零件不妨碍机床对零件各表面的加工。

⑤ 尽量选择采用液压、电动和气动方式控制和调整的夹具。

（3）常用夹具类型。

① 组合夹具的标准化程度及精度都较高，特别适用于数控铣床加工。

② 多工位夹具可同时装夹多个工件，适用于加工中心等机床的批量加工。

③ 液压、电动及气动夹具适用于自动控制的定位和夹紧。

2）对刀点与换刀点的确定

在编写数控加工程序时，需要确定对刀点和换刀点的位置。数控机床加工零件时，刀具相对工件运动的起点称为对刀点。因程序段从该点开始执行，故又称程序起点或起刀点。

对刀点的选择原则是：便于用数字处理和简化程序编制；在机床上容易找正，加工中便于检查，引起的加工误差小。

对刀点可选在工件上，也可以选在工件外；但须与工件定位基准有一定的尺寸关系，如图 13 - 10 所示。唯有如此才能确定机床坐标系与工件坐标系的关系。

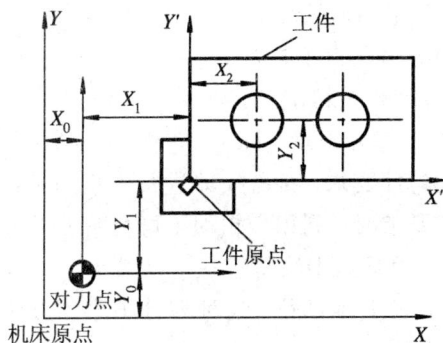

图 13 - 10　对刀点的设定

为提高加工精度，对刀点应尽量选在零件设计基准或工艺基准上，如以孔定位的工件，可选孔中心作为对刀点，使对刀点和刀位点重合。所谓刀位点是指车刀、镗刀的刀尖；钻头的钻尖，立铣刀、端铣刀头底面的中心；球头铣刀的球头中心等。

工件坐标系要与机床坐标系有确定的尺寸关系。在工件坐标系设定后，从对刀点开始的第一个程序段的坐标值，为对刀点在机床坐标系中的坐标值(X_0, Y_0)。当按绝对坐标编程时，不管对刀点和工件原点是否重合，都是X_2、Y_2；当按增量坐标编程时，对刀点与工件零点重合时，第一个程序段的坐标值是X_2、Y_2，不重合时，则为$(X_1 + X_2)$、$(Y_1 + Y_2)$。

对刀点既是程序的起点，也是程序的终点。因此，在成批生产中要考虑对刀点的重复精度。重复精度可用对刀点相距机床原点的坐标值(X_0, Y_0)校核。

加工过程中需要换刀时，应规定换刀点。换刀点是指刀架转位换刀时的位置。该点可以是某一固定点（如加工中心的换刀机械手位置是固定的），也可以是任意的一点（如数控车床）。一般换刀点应设在工件或夹具的外部，以刀架转位时与工件及其他部件不发生运动干涉为准。其设定值可用实际测量方法或计算确定。

2. 工序的划分及走刀路线的确定

因数控机床加工对象复杂多样，特别是轮廓曲线的形状及位置千变万化，加之材料的不同、批量不同等因素的影响，在对具体零件划分加工工序及选择走刀路线时，应做到具体分析、区别对待、灵活处理。

1）工序的划分

工序的划分有以下几种方式：

（1）按工件装卡定位方式划分。因各个零件结构形状不同，各表面的精度要求不同，故定位方式也各有差异。一般加工外形时，以内形定位；加工内形时，以外形定位。

图13-11所示的片状凸轮，按定位方式可分为两道工序。第一道工序在普通机床上进行，以外圆和B平面定位加工端面A和$\phi22H7$内孔，然后加工端面B和$\phi4H7$工艺孔；第二道工序以已加工的两个孔和一个端面定位，在数控机床上加工凸轮外形轮廓。

（2）按先粗后精的原则划分。为了提高生产率并保证零件加工质量，应先粗加工，在较短的时间内去除零件的大部分余量，同

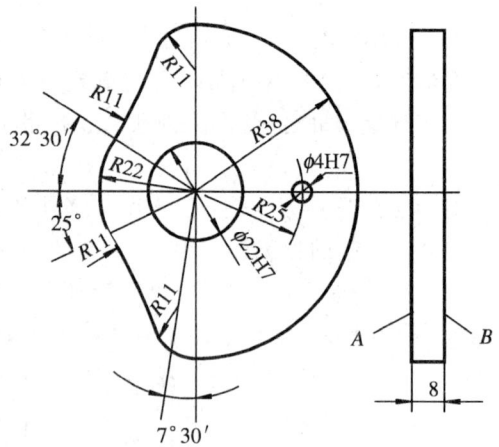

图13-11　片状凸轮

时尽量满足精加工余量的均匀性要求；接着换刀进行半精加工和精加工。当粗加工后所留余量均匀性满足不了精加工要求时，利用半精加工可使精加工余量小而均匀。

（3）按刀具集中法划分。刀具集中法是指在一次装夹中，尽可能用一把刀具加工所有可以加工的部位，然后换刀加工其他部位。这种划分工序的方法可以减少换刀次数，缩短辅助时间，减少不必要的定位误差。

（4）按加工部位划分。一般来说，应先加工平面、定位面，再加工孔；先加工简单的几

何形状,再加工复杂的几何形状;先加工精度较低的部位,再加工精度较高的部位。

2) 走刀路线的确定

走刀路线是刀位点相对于工件运动的轨迹和方向。确定走刀路线时,应根据被加工零件的精度和表面粗糙度以及机床、刀具的刚度等具体情况综合考虑,如铣削时是顺铣还是逆铣,是一次走刀还是多次走刀等。确定走刀路线还应使数值计算简单,程序段少,以减少编程的工作量。为发挥数控机床的效能,应使加工路线最短并减少空行程时间。

对于点位控制的数控机床,只要求定位精度高,定位过程尽可能快,而刀具相对工件的运动路线则无关紧要,因此应按空行程最短安排走刀路线。例如在钻削图 13 - 12(a)所示零件时,图(c)所示的空行程进给路线比图(b)所示的空行程进给路线短。

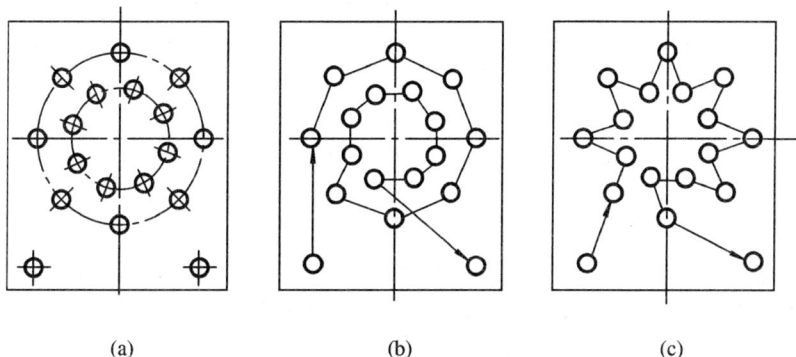

图 13 - 12　最短走刀路线的设计

(a) 钻削示例件;(b) 常规进给路线;(c) 最短进给路线

对于点位控制的数控机床还需确定刀具轴向运动尺寸,其大小主要由被加工零件的轴向尺寸决定,并考虑一些辅助尺寸,如图 13 - 13 所示。图中 Z_d 为被加工孔的深度、Z_p 为钻锥长、Δz 为引入距离。对于 Δz 的取值一般为:已加工面取 $1\sim3$ mm,毛面取 $5\sim8$ mm,攻螺纹时取 $5\sim10$ mm。钻通孔时刀具超越量取 $1\sim3$ mm。由图 13 - 13 可知:

$$Z_p = \frac{D}{2}\cot\theta \approx 0.3D$$

式中,D——钻头直径;

θ——钻头半顶角。

对于孔系加工,可采用单向趋近定位点方法,以避免传动系统误差对定位精度的影响。如图 13 - 14 所示,欲在图(a)所示零件上镗削六个尺寸相同的孔,有两种加工路线可供选择。按图(b)所示路线加工时,因 5、6

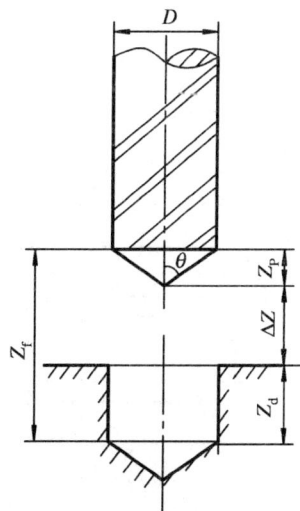

图 13 - 13　数控钻孔的尺寸关系

孔与 1、2、3、4 孔定位方向相反,Y 方向反向间隙会使定位误差增加,影响 5、6 孔与其他孔之间的位置精度。按图(c)所示路线加工时,加工完 4 孔后往上移动一段距离到 P 点,然后再折回来加工 5、6 孔,这样方向一致,可避免反向间隙的引入,提高 5、6 孔与其他孔的位置精度。但会使空行程增大,降低加工效率。

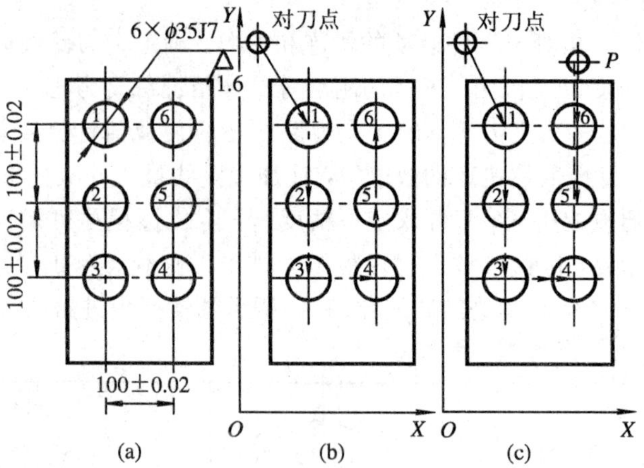

图 13-14 镗孔加工路线示意图
(a) 零件图;(b) 加工路线 1;(c) 加工路线 2

铣削平面零件时,为保证轮廓表面粗糙度的要求,减少接刀痕迹,对刀具的"切入"和"切出"程序需精心设计。如图 13-15 所示,铣削外轮廓时,铣刀应沿零件轮廓曲线的延长线切入和切出,而不应沿法向切入和切出。

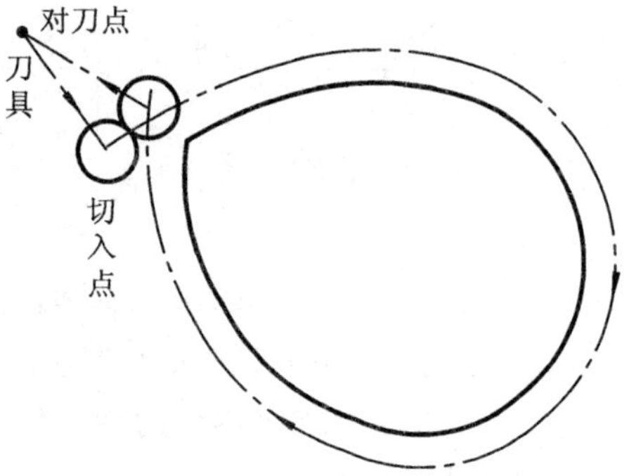

在铣削如图 13-16 所示的凹槽一类的封闭内轮廓时,其切入和切出无法外延。此时,切入点和切出点应尽可能选在零件轮廓两几何元素的交点处。图 13-16 列出了三种走刀方案。为保证凹槽侧面达到所要求的表面粗糙度,最终轮廓应由最后环切走刀连续加工为好。故图 13-16(c)所示走刀方案最好,图 13-16(a) 走刀方案最差。

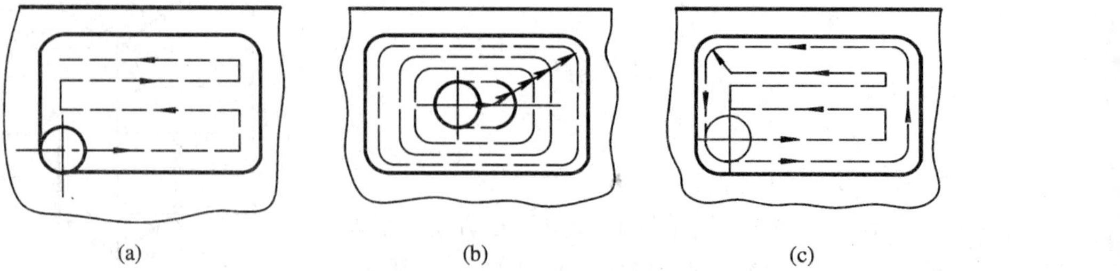

图 13-15 刀具切入切出方式

图 13-16 凹槽加工走刀路线
(a) 走刀方案 1;(b) 走刀方案 2;(c) 走刀方案 3

在轮廓加工过程中应尽量避免进给停顿。因为进给停顿将引起切削力的变化,从而引起工件、刀具、夹具、机床系统弹性变形的变化,导致在停顿处的加工面留下划痕。

在数控机床上加工螺纹时,主轴(工件)的旋转与刀具沿 Z 向的进给要保持严格的运动关系。但考虑到 Z 向从停止状态到指令的进给速度(mm/r),要有一过渡过程,因而在安排 Z 向加工路线时,要有引入距离 δ_1 和超越距离 δ_2,如图 13-17 所示。δ_1 一般取 2~5 mm,大螺距取大值;δ_2 一般取 δ_1 的 1/4 左右。若螺纹收尾处无退刀槽,则收尾处形状与数控系统有关,一般取 45° 退刀收尾。

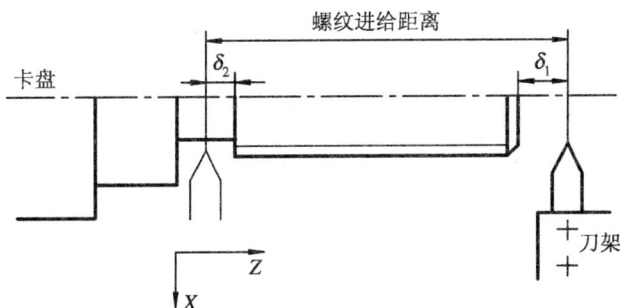

图 13-17　切削螺纹时的引入距离

铣削曲面时,通常用球头刀采用"行切法"进行加工。所谓行切法,是指刀具与工件轮廓的切点轨迹是一行一行的,而行间距是按零件加工精度的要求确定。

13.3.3　数控车床的程序编制

1. 数控车床的编程特点

(1) 在一个程序段中,可以用绝对编程,也可以用增量编程,还可以用绝对编程与增量编程混合编程。

(2) 工件的毛坯多为圆棒料或铸锻件,加工余量较大,需要多次反复的加工。如果对每个加工循环都编写若干个程序段,就要增加编程的工作量。为了简化编程,机床的数控系统中备有车外圆、车端面、车螺纹等不同形式的循环功能。

(3) 数控车床的控制系统中都有刀具补偿功能。编程人员可以按照工件的实际轮廓编制程序,对于在加工过程中刀具位置、形状的变化及刀尖圆弧半径,无需更改程序,只是将变化的尺寸或刀尖圆弧半径输入到刀具补表中,刀具便能自动补偿。一般经济型数控车床不配备刀尖圆弧半径补偿功能。

(4) 为提高机床横向尺寸的加工精度,数控系统横向(X 向)的脉冲当量取纵向(Z 向)脉冲当量的一半。直径方向用绝对编程时,X 坐标取直径值;用增量编程时,以横向位移量的二倍值表示,并附上方向符号。

2. 数控车床编程方法

1) 坐标系的设定

为便于编程,应建立工件坐标系,使刀具在此坐标系中加工。

工件坐标系设定指令格式如下:

　　G50 X_ Z_;

该指令规定刀具起刀点(或换刀点)至工件原点的距离。坐标值 X、Z 为刀尖(刀位点)在工件坐标系中的起始点(起刀点)位置。如图 13-18 所示,O 为工件原点,P_0 为刀尖起始点,设定工件坐标系的指令为:

G50 X300.0 Z480.0；

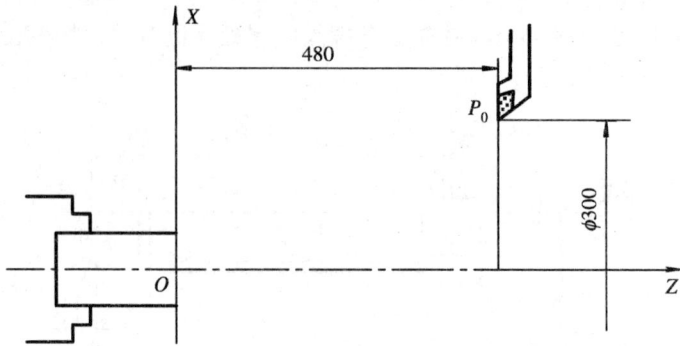

图 13-18　工件坐标系

执行此程序段后，系统内部对(300，480)进行记忆，并显示在显示器上。这就相当于在系统内建立了一个以工件原点为坐标原点的工件坐标系。

2）快速定位

快速定位指令格式如下：

G00 X(U)_ Z(W)_；

当刀具快速移动时，用 G00 指令。该指令用于刀具快速趋近工件，或在切削完成后刀具快速离开工件，如图 13-19 所示。此时，工件被卡盘夹持，不使用尾座。

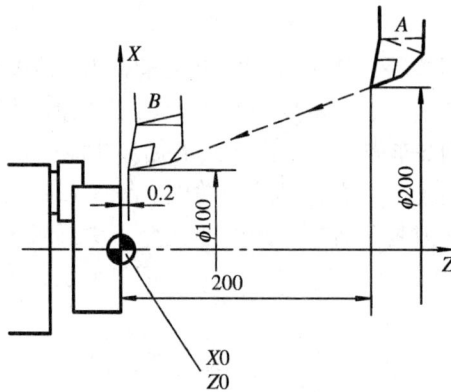

图 13-19　快速定位

第一步，刀具从点 A 到点 B 的指令为：

G00 X100.0 Z0.2；

第二步，从点 B 点返回到点 A 的指令为：

G00 X200.0 Z200.0；

3）直线插补

直线插补指令格式如下：

G01 X(U)_ Z(W)_；

如图 13-20(a)所示，车外圆：

G01 Z−10.0 F100；

如图 13−20(b)所示，车轴肩端面：

G01 X10.0 F100；

如图 13−20(c)所示，车锥面：

G01 X50.0 Z−35.0 F100；

在程序中，应用第一个 G01 指令时，一定要规定一个 F 指令，在以后的程序段中，在没有新的 F 指令以前，进给量保持不变，不必在每个程序段中都写入 F 指令。

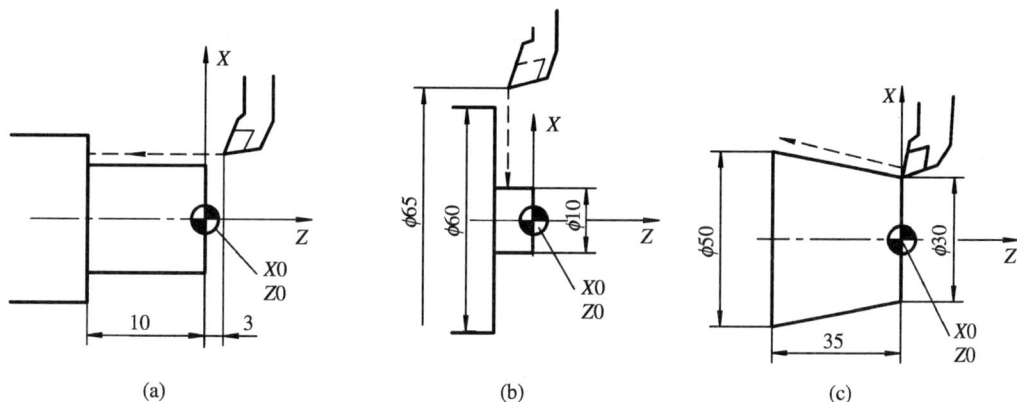

图 13−20　直线插补

(a) 车外圆；(b) 车端面；(c) 车锥面

4）圆弧插补

(1) 圆弧顺逆方向的判断。圆弧插补指令有顺时针圆弧插补指令 G02 和逆时针圆弧插补指令 G03。沿圆弧所在平面(如 X—Z 平面)的垂直坐标轴的负方向(−Y)看去，顺时针方向为 G02，逆时针方向为 G03。

(2) G02/G03 指令的格式。G02/G03 指令不仅要指定圆弧的终点坐标，还要指定圆弧的圆心位置。指定圆弧的圆心位置的方法有两种：

用 I、K 指定圆心位置：

G02/G03 X(U)_ Z(W)_ I_ K_ F_；

用圆弧半径 R 指定圆心位置：

G02/G03 X(U)_ Z(W)_ R_ F_；

(3) 几点说明：

① 采用绝对编程时，圆弧终点坐标为圆弧终点在工件坐标系中的坐标值，用 X、Z 表示；采用增量编程时，圆弧终点坐标为圆弧终点相对圆弧起点的增量值，用 U、W 表示。

② 圆心坐标 I、K 的表示：不管采用绝对编程还是采用增量编程，圆心坐标均为圆心相对于圆弧起点的增量值。

③ 当用半径 R 指定圆心位置时，从圆弧的起点到终点有两种可能性。为区别二者，规定圆弧的圆心角 $\theta \leqslant 180°$ 时，用"+R"表示；当圆弧的圆心角 $\theta > 180°$ 时，用"−R"表示。

(4) 编程方法举例，如图 13−21 所示。

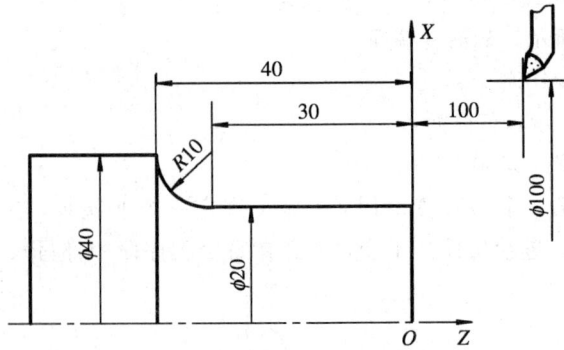

图 13-21 顺时针圆弧插补

方法一：用 I、K 指定圆心位置，绝对编程：

  ………

  N0060 G00 X20.0 Z2.0；

  N0070 G01 Z－30.0 F0.3；

  N0080 G02 X40.0 Z－40.0 I10.0 K0 F0.15；

  ………

增量编程：

  ………

  N0060 G00 U－80.0 W－98.0；

  N0070 G01 W－30.0 F0.3；

  N0080 G02 U20.0 W－10.0 I10.0 K0 F0.15；

  ………

方法二：用圆弧半径 R 指定圆心位置，绝对编程：

  ………

  N0070 G01 Z－30.0 F0.3；

  N0080 G02 X40.0 Z－40.0 R10.0 F0.15；

  ………

5）刀具补偿功能

刀具功能称为 T 功能，是指选择刀具和刀具补偿的功能。指令格式为：

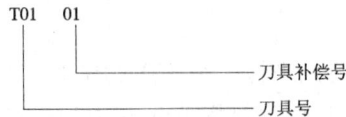

    T01 01
        └──── 刀具补偿号
    └──────── 刀具号

刀具补偿号从 01 组开始，00 组表示取消刀补。通常以同一编号指令刀位号和刀具补偿号，以减少编程时的错误。

数控车床的刀具补偿功能包括刀具长度补偿和刀尖圆弧半径补偿两方面。

（1）刀具长度补偿。刀具长度补偿又称刀具偏置补偿或刀具偏移补偿。在下面三种情况下，均需刀具长度的补偿。

① 若干把刀具加工同一零件，编程时一般以其中一把刀为基准刀设定工件坐标系，因

此须将所有刀具的刀尖都移到此基准点,可用刀具长度补偿功能实现。另外,编程时也可不设基准刀(设定工件坐标系将不同),所有刀具的长度补偿值均是相对刀架的相关点。

② 对同一把刀来说,当刀具重磨后再把它准确地装夹到加工程序所设定的位置是非常困难的,总要存在安装位置误差。这种安装位置误差在实际加工时便成为加工误差。因此,加工前必须用刀具长度补偿功能来修正安装位置误差。

③ 每把刀具在加工过程中,都会有不同程度的磨损。磨损后刀具的刀尖位置与编程位置存在偏差值,必然造成加工误差,也可用刀具长度补偿的方法解决。

刀具长度补偿通常用手动对刀和测量工件加工尺寸的方法,测出每把刀具的位置补偿量并输入到相应的存储器中。当程序执行了刀具长度补偿功能之后,刀尖的实际位置就代替了原来位置,即数控系统从控制刀架相关点偏移到控制刀尖点。

需要说明的是,刀具长度补偿一般是在换刀指令后第一个含有移动指令的程序段中进行,取消刀具长度补偿是在刀具完成加工工序后,返回换刀点的程序段中执行。

(2) 刀尖圆弧半径补偿。编制数控车床加工程序时,常将车刀刀尖看作一个点。但是为了提高刀具寿命和降低加工表面的粗糙度,通常将车刀刀尖磨成半径不大的圆弧,圆弧半径 R 一般在 $0.4\ \text{mm} \sim 1.6\ \text{mm}$。如图 13-22 所示,以理论刀尖点 P 编程,数控系统控制 P 点的运动轨迹。然而切削时起作用的是切削刃圆弧的各切点,这必然会产生加工表面的形状误差。刀尖圆弧半径补偿功能就是用来补偿因刀尖圆弧半径引起的工件形状误差。

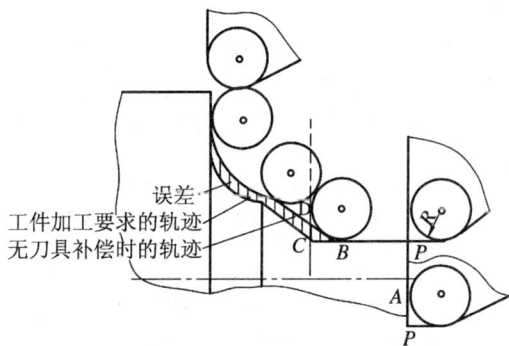

图 13-22　刀尖圆弧半径对加工精度的影响

切削工件右端面时,车刀圆弧的切点 A 与理论刀尖点 P 的 Z 坐标值相同;车外圆时,车刀圆弧的切点 B 与 P 点的 X 坐标值相同,切削的工件没有形状误差和尺寸误差,因此不考虑刀尖半径补偿。如果切削外圆后继续切削虚线所示的端面,则在外圆与端面的连接处,存在加工误差 BCD,这一加工误差是不能靠刀尖半径补偿方法修正的。

切削圆锥和圆弧时,仍然以理论刀尖点 P 编程,刀具运动过程中与工件接触的各切点如图 13-22 中所示,即无刀具补偿时的轨迹。该轨迹与工件加工要求的轨迹间存在的误差(图中斜线部分),直接影响到工件的加工精度,而且刀尖圆弧半径越大,形状误差越大。可见,对刀尖圆弧半径补偿十分必要。当采用刀尖圆弧半径补偿时,切削出的工件轮廓如图中所示,即工件加工所要求的轨迹。

(3) 实现刀尖圆弧半径补偿功能的准备工作。在加工之前,应把刀尖半径补偿的有关数据输入到刀补表中，以便使数控系统对刀尖的圆弧半径所引起的误差进行自动补偿。

首先，工件形状与刀尖半径大小有直接关系，必须将刀尖圆弧半径值输入到刀补表中。

其次，车刀的形状决定刀尖圆弧所处的位置，因此要把代表车刀形状和位置的参数输入到刀补表中。一般将车刀的形状和位置参数称为刀尖方位 T。车刀的形状和位置如图13-23所示，分别用参数 0～9 表示，P 点为理论刀尖点。

最后，每个刀具补偿号相对应有一组 X 和 Z 的刀具长度补偿值、刀尖圆弧半径 R 以及刀

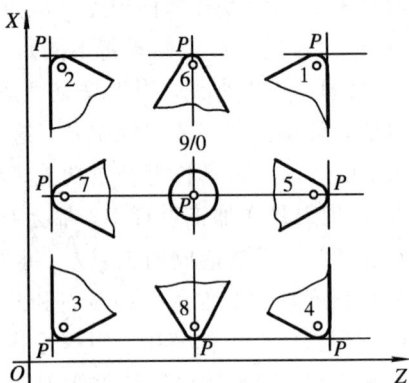

图 13-23　车刀形状和位置

尖方位 T 值。输入刀尖圆弧半径补偿值时，要将参数 R 和 T 输入到刀补表中。例如某程序中编入下面的程序段：

N100 G00 G42 X100.0 Z3.0 T0101；

此时若输入刀具补偿号为 01 的参数，CRT 屏幕上将显示图13-24所示内容。在自动加工过程中，数控系统按照刀具表中 01 补偿栏内的 X、Z、R、T 的数值，自动修正刀具的位置误差和自动进行刀尖圆弧半径的补偿。各刀具补偿值输入刀补表时应注意一一对应，否则加工中会发生意外。

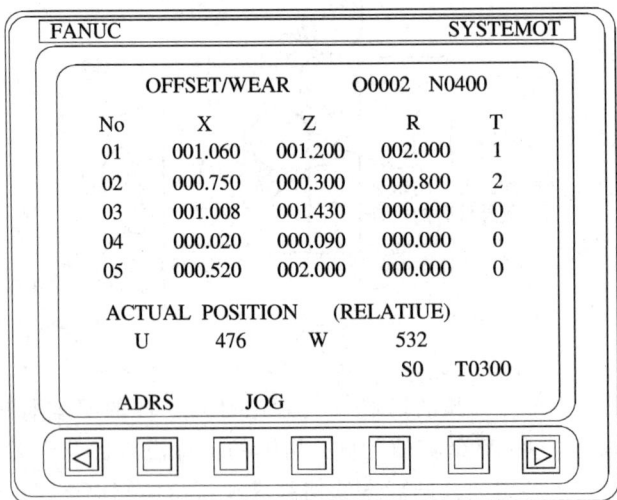

图 13-24　刀具补偿值显示

（4）刀尖圆弧半径补偿的方向。在进行刀尖圆弧半径补偿时，刀具和工件的相对位置不同，刀尖半径补偿的指令也不同，图13-25所示为表示刀尖半径补偿的两种不同方向。

图13-25(a)所示为刀尖沿 $ABCDE$ 运动，顺着刀尖运动方向看，刀具在工件的右侧，为刀具的右补偿，此时用 G42 指令编程补偿。图13-25(b)所示刀尖沿 $FGHI$ 运动，顺着刀尖运动方向看，刀具是在工件的左侧，为刀具的左补偿，此时用 G41 指令编程补偿。如果取消刀具的左补偿或右补偿，可用 G40 指令编程，则车刀轨迹按现刀尖轨迹运动。

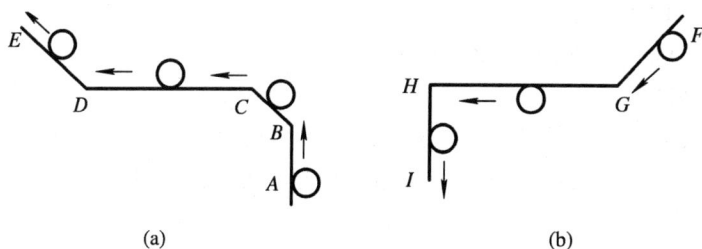

图 13-25　刀尖圆弧半径补偿方向

(a) 刀尖半径右补偿；(b) 刀尖半径左补偿

例 13-1　如图 13-26 所示，应用刀尖圆弧半径补偿功能的加工程序如下：

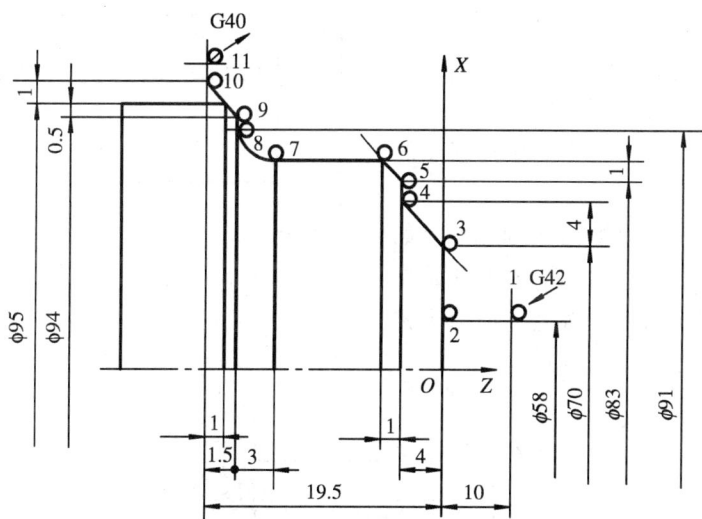

图 13-26　刀具半径补偿编程举例

O1330

N0010 G50 X200.0 Z175.0 T0101；

N0020 S870 M03；

N0030 G00 G42 X58.0 Z10.0 M08；

N0040 G01 Z0 F1.5；

N0050 X70.0 F0.2；

N0060 X78.0 Z−4.0；

N0070 X83.0；

N0080 X85.0 Z−5.0；

N0090 Z−15.0；

N0100 G02 X91.0 Z−18.0 R3.0 F0.16；

N0110 G01 X94.0 F0.2；

N0120 X97.0 Z−19.5；

N0130 X100.0 F1.5；

N0140 G00 G40 X200.0 Z175.0 T0100；

N0150 M02；

注意：建立刀具半径补偿功能，在使用 G41/G42 指令时，只能用 G00/G01 指令，不能用 G02/G03 指令。另外，必须在刀具移动过程中建立刀具半径补偿功能。

6）单一固定循环

可以用 G90、G94、G92 代码分别进行外圆切削循环、端面切削循环和螺纹切削循环。

（1）外圆车削循环。其指令格式为：

G90 X(U)_ Z(W)_ R_ F_；

当 R=0 时，为外圆车削循环。如图 13-27 所示，刀尖从起始点 A 开始按矩形循环，最后又回到起始点。图中虚线表示刀具快速移动，实线表示按 F 指令的工进移动。X、Z 为圆柱面切削终点的坐标值，U、W 为圆柱面切削终点相对循环起点的坐标值。

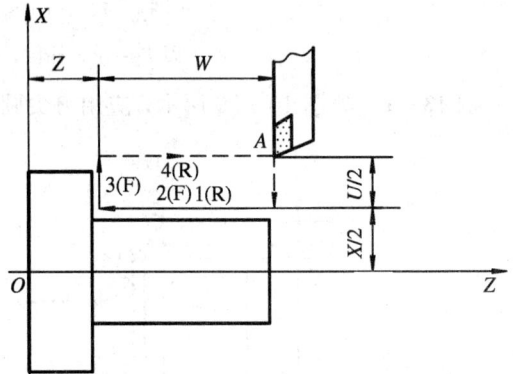

当 R≠0 时，为圆锥面车削循环。如图 13-28 所示，刀尖从起始点 A 开始按梯形循环，最后又回到起始点。R 为圆锥体切削始点与切削终点的半径差值。

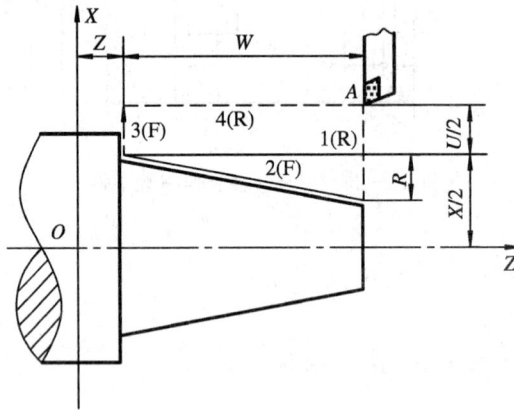

图 13-27 外圆切削循环

图 13-28 车圆锥面循环

（2）端面切削循环。其指令格式为：

G94 X(U)_ Z(W)_ R_ F_ ；

当 R=0 时，为端面切削循环。

当 R≠0 时，为切削带有锥度的端面循环。如图 13-29 所示，刀尖从起始点 A 开始按 1、2、3、4 顺序循环，2(F)、3(F)表示 F 代码指令的工进速度，1(R)、4(R)的虚线表示刀具快速移动。R 为锥面的长度。

（3）螺纹切削循环。其指令格式为：

G92 X(U)_ Z(W)_ R_ F_ ；

当 R＝0 时，为圆柱螺纹加工指令。如图 13－30(a)所示，刀尖从起始点 A 开始，执行"切入→切螺纹→退刀→返回起始点 A"的矩形循环。F 为工件螺距。

当 R≠0 时，为圆锥螺纹加工指令。如图 13－30(b)所示，刀尖从起始点 A 开始，执行"切入→切螺纹→退刀→返回起始点 A"的梯形循环。R 为圆锥体切削始点与切削终点的半径差值，其用法同 G90 指令。

例 13－2　图 13－31 的圆柱螺纹加工程序为：

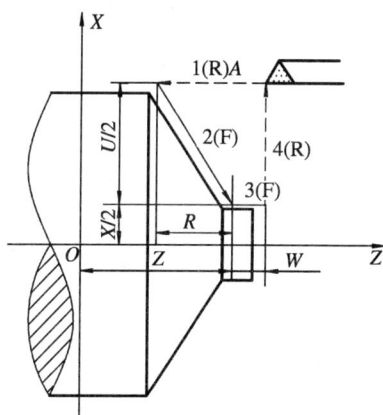

图 13－29　车带有锥度的端面循环

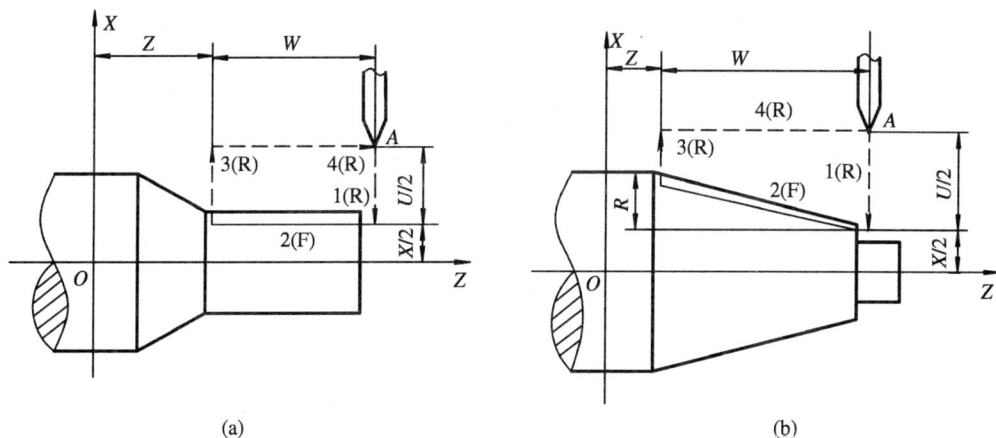

图 13－30　螺纹切削循环
(a) 圆柱螺纹；(b) 圆锥螺纹

```
O1370
N0100 G50 X200.0 Z200.0 T0101；
N0110 S110 M03；
N0120 G00 X35.0 Z104.0 M08；
N0130 G92 X29.2 Z54.0 F1.5；
N0140 X28.6；
N0150 X28.2；
N0160 X28.04；
N0170 G00 X200.0 Z200.0 T0100 M09；
N0180 M02；
```

注意：由于螺纹加工起始时有一个加速过程，结束前有一个减速过程。在这两个过程中，螺距不可能保持恒定，因此螺纹加工时，两端必须设置足够的加速进刀段和减速退刀段。一般加速进刀段和减速退刀段取 1~2 mm。

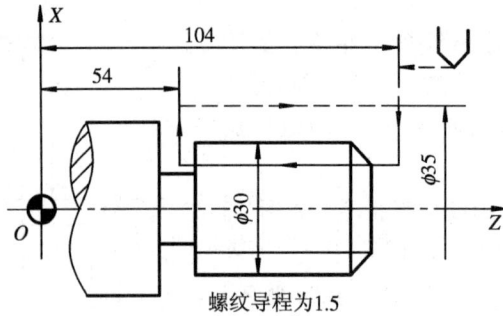

图 13 - 31　圆柱螺纹切削循环应用

7) 复合固定循环

用 G70、G71、G72、G73 指令分别进行精车循环、外圆粗车循环、端面粗车循环、固定形状粗车循环，主要用于加工需要多次进给的粗车。为了避免重复编写程序和减少差错，数控系统能自动地计算出粗加工路线和进给次数，并控制机床自动完成工件的加工。

（1）外圆粗车循环（G71）。它适合棒料毛坯除去较大余量的切削。粗车后为精车留有 Δw、Δu（直径值）的精车余量。如图 13 - 32 所示，刀尖从 C 点出发，A 点为循环的起始点。若指定了由 $A \rightarrow A' \rightarrow B$ 的加工路线，并指定每次进给 X 轴上的进给量 Δd，数控系统将控制刀尖由 A 点开始按图中箭头指示方向实现粗加工循环，其加工路线为平行于 Z 轴的多次切削。

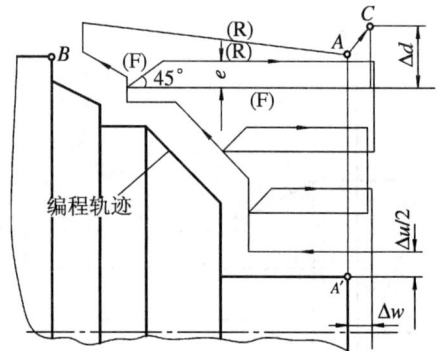

图 13 - 32　外圆粗车循环

其指令格式如下：

G71 U(Δd) R(e)；

G71 P(ns) Q(nf) U(Δu) W(Δw) F(f) S(s) T(t)；

G71 指令中各参数的含义为：Δd 为背吃刀量（半径值），该值设有正负号，方向为 AA' 的方向；e 为每次切削循环的退刀量，可由参数设定；ns 为指定工件由 A 点到 B 点的精加工路线的第一个程序段的顺序号；nf 为指定工件由 A 点到 B 点的精加工路线的最后一个程序段的顺序号；Δu 为 X 方向上的精车余量（直径值）；Δw 为 Z 方向上的精车余量。

（2）端面粗车循环（G72）。G72 指令与 G71 指令均为粗车循环指令，其加工路线为平行于 X 轴的多次切削，用于端面形状变化较大的场合。

其指令格式如下：

G72 U(Δd) R(e)；

G72 P(ns) Q(nf) U(Δu) W(Δw) F(f) S(s) T(t)；

其中各参数的含义与 G71 指令相同。

（3）封闭切削复合循环（G73）。这种循环方式适合于加工已基本铸造或锻造成型的一类工件。因为其粗加工余量比用棒料直接粗车工件的余量要小得多，故可节省加工时间。其循环方式如图 13-33 所示，指令格式为：

G73 U(Δi) W(Δk) R(d)；

G73 P(ns) Q(nf) U(Δu) W(Δw) F(f) S(s) T(t)；

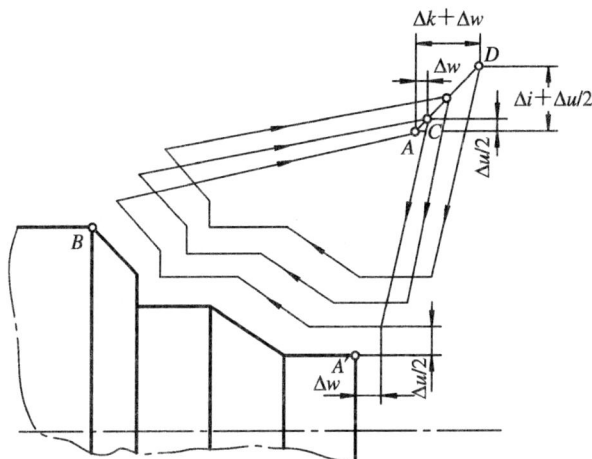

图 13-33　固定形状粗车循环

G73 指令中各参数的含义为：Δi 为 X 轴上的总退刀量(半径值)；Δk 为 Z 轴上的总退刀量；d 为重复加工的次数；ns 为指定工件由 A 点到 B 点的精加工路线的第一个程序段的顺序号；nf 为指定工件由 A 点到 B 点的精加工路线的最后一个程序段的顺序号；Δu 为 X 轴上的精加工余量(直径值)；Δw 为 Z 轴上的精加工余量。

(4) 精车循环(G70)。当用 G71、G72、G73 指令对工件进行粗加工之后，可以用 G70 指令完成精车循环。即刀具按粗车循环指令的精加工路线，切除粗加工中留下的余量。

G70 的指令格式为：

G70　　P(ns)　　Q(nf)

ns 为指定精加工路线的第一个程序段的顺序号；nf 为指定精加工路线的最后一个程序段的顺序号。

在精车循环 G70 状态下，ns→nf 程序段中指定的 F、S、T 有效。当 ns→nf 程序段中不指定 F、S、T 时，则粗车循环 G71、G72、G73 指令中指定的 F、S、T 有效。

应注意以下几点：

① 在粗加工循环时，只有含在 G71、G72、G73 程序段中的 F、S、T 功能才有效。而包含在 ns 至 nf 程序段中的 F、S、T 功能在精加工循环时才有效。

② A'→B 之间必须符合 X 轴、Z 轴方向的共同单调增大或减小的模式。

例 13-3　图 13-34 是一个使用外圆粗车循环和精车循环加工举例。

毛坯的直径为 $\phi 95$ mm，要求粗加工循环时，背吃刀量为 6 mm，退刀量为 1 mm，进给量为 0.3 mm/r。精加工循环时，进给量为 0.15 mm/r，精加工余量：直径方向 0.4 mm，轴向 0.2 mm。工件坐标系如图 13-34 所示。

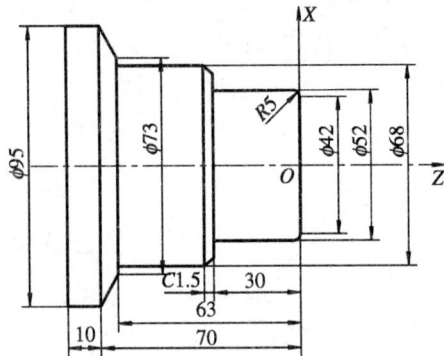

图 13-34 使用 G71、G70 指令加工举例

O1380

....

N0100 G00 X96.0 Z20.0；

N0110 G71 U3.0 R1.0；

N0120 G71 P0130 Q0220 U0.4 W0.2 F0.3；

N0130 G00 X42.0；　　　　　　　　　　　　　　　　　　　（ns）

N0140 G01 ZO F0.15；

N0150 G03 X52.0 Z-5.0 R5.0；

N0160 G01 Z-30.0；

N0170 X65.0；

N0180 X68.0 Z-31.5；

N0190 Z-63.0；

N0200 X73.0；

N0210 X95.0 Z-70.0；

N0220 Z-85.0；　　　　　　　　　　　　　　　　　　　　　（nf）

N0230 G70 P0130 Q0220；

N0240 M02；

注：该加工程序若不要 N0230 程序段，则为粗加工循环。

3. 数控车床编程举例

在数控车床上对图 13-35 所示的零件进行精加工，图中 $\phi85$ mm 外圆不加工。毛坯为 $\phi85$ mm×340 mm 棒料，材料为 45 钢。要求编制其精加工程序。

（1）根据图样要求、毛坯及前道工序加工情况，确定工艺方案及加工工艺路线。

工艺方案：以 $\phi85$ 外圆及右中心孔为工艺基准，用三爪自定心卡盘夹持 $\phi85$ 外圆，用机床尾座顶尖顶住右中心孔。

工步顺序：自右向左进行外轮廓面加工：倒角→车削螺纹的大径→车削锥度部分→车削 $\phi62$ 外圆→倒角→车 $\phi80$ 外圆→车削 R70 的圆弧→车 $\phi80$ 外圆；切 3×45 的槽；车 M48×1.5 的螺纹。

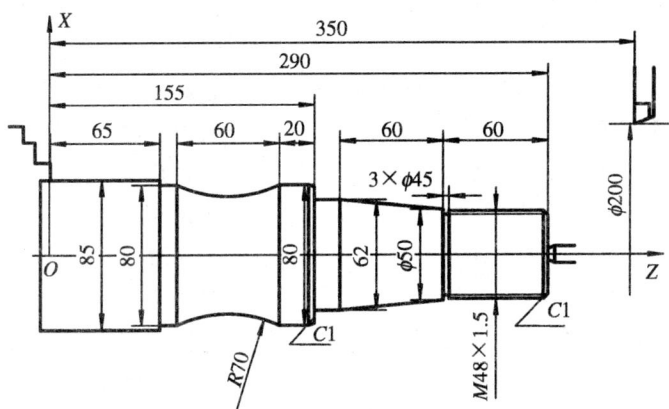

图 13 - 35 编程实例

（2）选择刀具并绘制刀具布置图。根据加工要求需选用三把刀具，1 号刀为外圆车刀，2 号刀为切槽刀，3 号刀为螺纹车刀。在绘制刀具布置图时，要正确选择换刀点，以避免换刀时刀具与机床、工件及夹具发生碰撞。该加工程序换刀点选为(200，350)点。

（3）确定切削用量。如表 13 - 3 所示。

表 13 - 3 切削用量表

切削用量 切削表面	主轴转速 $S/(r/min)$	进给速度 $f/(mm/min)$
车外圆	630	0.15
切槽	315	0.16
车螺纹	200	1.50

（4）编制加工程序。确定以三爪自定心卡盘前端面中心 O 点为工件原点，建立工件坐标系。精加工程序及说明如下：

O1390

N0010 G50 X200.0 Z350.0 T0101；	建立工件坐标系
N0020 S630 M03；	主轴启动
N0030 G00 X42.0 Z292.0 M08；	快进至准备加工点；切削液开
N0040 G01 X48.0 Z289.0 F0.15；	倒角
N0050 Z230.0；	精车螺纹大径
N0060 X50.0；	退刀
N0070 X62.0 Z170.0；	精车锥面
N0080 Z155.0；	精车 ϕ62mm 外圆
N0090 X78.0；	退刀
N0100 X80.0 Z154.0；	倒角
N0110 Z135.0；	精车 ϕ80mm 外圆
N0120 G02 X80.0 Z75.0 I63.25 K−30.0；	车圆弧

N0130 G01 Z65.0;	精车 ϕ80mm 外圆
N0140 X90.0;	退刀
N0150 G00 X200.0 Z350.0 T0100 M09;	返回起刀点，取消刀补，切削液关
N0160 M06 T0202;	换刀，建立刀补
N0170 S315 M03;	主轴启动
N0180 G00 X51.0 Z230.0 M08;	快进至加工准备点；切削液开
N0190 G01 X45.0 F0.16;	车 ϕ45 mm 槽
N0200 G00 X52.0;	退刀
N0210 X200.0 Z350.0 T0200 M09;	返回起刀点，取消刀补，切削液关
N0220 M06 T0303;	换刀，建立刀补
N0230 S100 M03;	主轴启动
N0240 G00 X62.0 Z296.0 M08;	快进至准备加工点，切削液开
N0250 G92 X47.54 Z228.5 F1.5;	螺纹切削循环
N0260 X46.94;	
N0270 X46.54;	
N0280 X46.38;	
N0290 G00 X200.0 Z350.0 T0300 M09;	返回起刀点，取消刀补，切削液关
N0300 M02;	程度结束

注意：① 执行该加工程序前，T01 刀具应处于图示位置。

② 倒角的尺寸计算。

③ 螺纹小径的计算应符合 GB17197—1981。该加工程序中螺纹小径计算值为 46.38。

13.3.4 数控铣床的程序编制

1. 准备功能 G 指令

1) 绝对尺寸和增量尺寸指令 G90、G91

绝对尺寸指令 G90 表示程序段中的尺寸字为绝对坐标值，即机床运动位置的坐标值是以工件坐标系坐标原点(程序零点)为基准计算。增量尺寸指令 G91 表示程序段中的尺寸字为增量坐标值，即机床运动位置的坐标值是以前一位置为基准计算，是相对于前一位置的增量，其正负根据移动方向判断，沿坐标轴正方向为正，负方向为负。

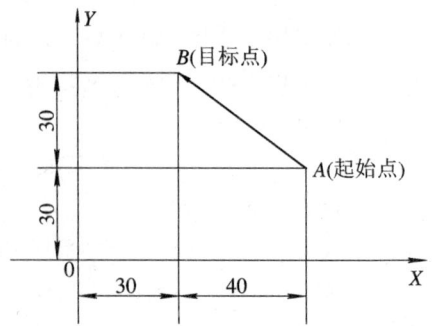

图 13-36 G90、G91 编程举例

如图 13-36 所示，刀具由 A 点直线插补到 B 点，绝对尺寸编程时程序段为 G90 G01 X30.0 Y60.0 F100；增量尺寸编程时程序段为 G91 G01 X−40.0 Y30.0 F100；

2) 工件坐标系设定指令 G92

当用绝对尺寸编程时，须先建立一个坐标系用来确定绝对坐标原点(又称编程原点或程序原点)，或者确定刀具起始点在坐标系中的坐标值，这个坐标系就是工件坐标系。

其程序格式：

　　　G92 X_ Y_ Z_；

其中：X、Y、Z 尺寸字是指起刀点相对于程序原点的位置。

　　执行 G92 指令时，机床不动作，即 X、Y、Z 轴均不移动，但 CRT 显示器上的坐标值发生了变化。以图 13 - 37 为例，加工前用手动或自动的方式令机床回到零点。此时，刀具中心对准机床零点，如图 13 - 37(a) 所示，CRT 显示各轴坐标均为 O。当机床执行 G92 X－10 Y－10 的命令后就建立了工件坐标系，如图 13 - 37(b) 所示，刀具中心(或机床零点)在工件坐标系的 X－10 Y－10 处。图中 $X_1O_1Y_1$ 为工件坐标系，O_1 为工件坐标系的原点，CRT 显示的坐标值为 X－10.000 Y－10.000，但刀具相对机床的位置没有改变。在运行后面的程序时，凡是绝对尺寸指令中的坐标值均为 $X_1O_1Y_1$ 坐标系中的坐标值。

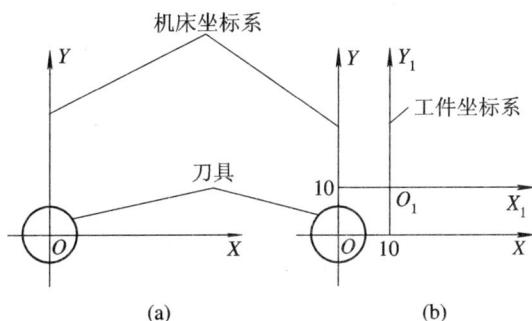

图 13 - 37　G92 建立工件坐标系

(a) 机床坐标系上；(b) 工件坐标系上

　　3）坐标平面选择指令 G17、G18、G19

　　坐标平面选择指令是用来选择圆弧插补平面和刀具补偿平面的。右手直角笛卡尔坐标系的三个相互垂直的轴 X、Y、Z，两两组合分别构成三个平面，即 XY、ZX 和 YZ 平面。G17 表示在 XY 平面内加工；G18 表示在 ZX 平面内加工；G19 表示在 YZ 平面内加工，如图 13 - 38 所示。因数控铣床多在 XY 平面内加工，系统默认 G17 指令，故 G17 指令一般可省略。

　　4）快速点定位指令 G00

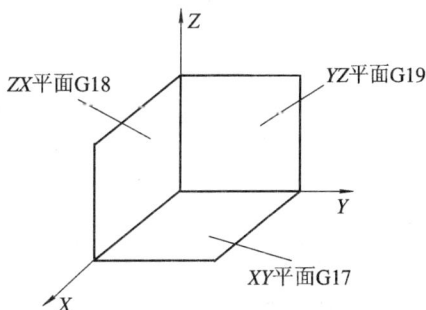

图 13 - 38　平面设定

　　G00 指令命令刀具以点位控制方式从刀具所在点快速移动到下一个目标位置。在机床上，G00 的具体速度用参数来控制，一经设定后不宜改变。三个坐标机床执行 G00 指令时：从程序执行开始，加速到指定速度，然后以此快速移动，最后减速到达终点。假定指定三个坐标的方向都有位移量，那么三个坐标的伺服电机同时按设定的速度驱动工作台移动，当某一轴向完成了位移时，该向的电机停止，余下的两轴继续移动。当其中一轴向完成位移，最后一轴向继续移动，直至到达指令点。这种单向趋近方法，有利于提高定位精度。可见，G00 指令的运动轨迹一般不是一条直线而是三条或两条直线的组合。如果忽略这一点，就容易发生碰撞。

程序格式如下：

　　G00 X_ Y_ Z_；

　　5）直线插补指令 G01

　　G01 用于按指定速度进给的直线运动，可使机床沿 X、Y、Z 方向执行单轴运动，或在坐标平面内执行任意斜率的直线运动，也可使机床三轴联动，沿指定的空间直线运动。

　　程序格式如下：

　　G01 X_ Y_ Z_ F_；

式中：X、Y、Z 为指定直线的终点坐标值。

　　G01 是模态指令，F 在本系统中是模态指令。应用第一个 G01 指令时，必须规定一个 F 指令，在以后程序段中，如没有新的 F 指令，进给量保持不变，不必在每个程序段中都写入 F 指令。

　　6）圆弧插补命令 G02、G03

　　G02 表示按指定速度进给的顺时针圆弧插补指令，G03 表示按指定速度进给的逆时针圆弧插补指令。顺圆、逆圆的判别方法是：沿着不在圆弧平面内的坐标轴由正方向向负方向看去，顺时针方向为 G02，逆时针方向为 G03，如图 13 - 39 所示。

　　程序格式如下：

　　　　在 XY 平面内的圆弧插补

　　　　G17 {G02/G03} X_ Y_ {(I_ J_)/R_} F_；

　　　　在 ZX 平面内的圆弧插补

　　　　G18 {G02/G03} X_ Z_ {(I_ K_)/R_} F_；

　　　　在 YZ 平面内的圆弧插补

　　　　G19 {G02/G03} Y_ Z_ {(J_ K_)/R_} F_；

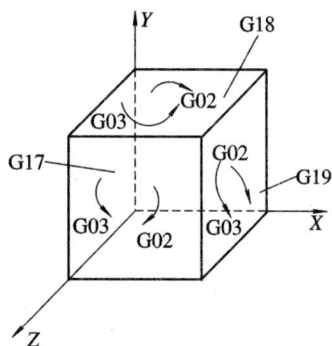

图 13 - 39　圆弧顺逆的区分

式中 X、Y、Z 为圆弧终点坐标值，可以用绝对值，也可用增量值，由 G90 或 G91 决定。在增量方式下，圆弧终点坐标是相对于圆弧起点的增量值。I、J、K 表示圆弧圆心的坐标，是圆心相对于圆弧起点在 X、Y、Z 轴方向上的增量值，也可看作圆心在以圆弧起点为原点的坐标系中的坐标值。R 是圆弧半径，当圆弧所对应的圆心角为 0°～180°时，R 取正值；当圆心角为 180°～360°时，R 取负值。封闭圆（整圆）只能用圆心坐标 I、J、K 来编程。

　　7）暂停指令 G04

　　G04 指令可使刀具作暂短的无进给的光整加工，一般用于锪平面、镗孔等场合。

　　程序格式如下：

　　　　G04 {X_/P_}

其中，地址 X 后可以用带小数点的数，单位为 s，如暂停 1 s 可写成 G04 X1.0；地址 P 不允许用小数点输入，只能用整数，单位为 ms，如暂停 1 s 可写成 G04 P1000。图 13 - 40 所示为锪孔加工，孔底有表面粗糙度要求，程序如下：

　　　　G91 G01 Z－7.0 F60；

　　　　G04 X5.0；（刀具在孔底停留 5 s）

　　　　G00 Z7.0；

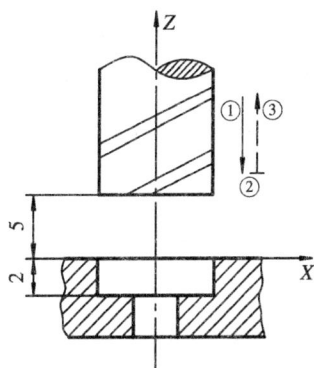

图 13 - 40　G04 编程举例

8）刀具偏移设定/工件零点偏移量设定指令 G10

使用 G10 指令可以通过程序设定刀具偏移量。

程序格式为：

　　　　G10 P_ R_ ;

其中：P 为偏移号，R 为偏移量，偏移量是绝对值还是增量值取决于是 G90 还是 G91 方式。

9）公制输入和英制输入指令 G21、G20

G21、G20 指令分别指定程序中输入数据为公制或英制。G21、G20 是两个互相取代的 G 代码，机床出厂时将 G21 设定为参数缺省状态，用公制输入程序时可不再指定 G21；如用英制输入程序时，在开始设定工件坐标系之前，必须指定 G20。在同一个程序中公制、英制可混合使用。另外，G21、G20 指令在断电再接通后，仍保持原有状态。

10）返回机床参考点指令 G27、G28、G29

机床参考点是机床上一个固定点，与加工程序无关。数控机床的型号不同，其参考点的位置也不同。通常立式铣床指定 X 轴正向、Y 轴正向和 Z 轴正向的极限点为参考点。对机床加工范围比较大的机床，可设置在距机床原点较近的适当位置。机床原点也称为机床零点，通过机床参考点间接确定。机床原点一般设在机床加工范围内平面的左前角。机床启动后，首先要将机床"回零"，即执行手动返回参考点，这样数控装置才能通过参考点确认出机床原点的位置，从而在数控系统内部建立一个以机床零点为原点的机床坐标系。

（1）返回参考点校验指令 G27。

程序格式为：

　　　　G27 X_ Y_ Z_ ;

根据 G27 指令，刀具快速移动，并在指令规定的位置（坐标值为 X、Y、Z 点）上定位。若到达的位置是机床参考点，则返回参考点的各轴指示灯亮。如指示灯不亮，则说明程序中所给出的坐标值有误或机床定位误差过大。

注意，执行 G27 指令时，必须先取消刀具长度和半径补偿，否则会发生不正确的动作。因返回参考点不是每个加工周期都要执行，所以可作为选择程序段。G27 程序段执行后如不希望继续执行下一程序段（使机械系统停止）时，可在该程序段后增加 M00 或 M01，或在单个程序段中执行 M00 或 M01。

（2）自动返回参考点指令 G28。

程序格式为：

G28 X_ Y_ Z_；

执行 G28 指令，可使各轴快速移动，分别经指定的中间点（坐标值为 X、Y、Z）返回到参考点位置。在使用 G28 指令时，原则上须先取消刀具半径补偿和刀具长度补偿。G28 指令一般用于自动换刀。

（3）从参考点自动返回指令 G29。

程序格式为：

G29 X_ Y_ Z_；

执行 G29 指令时，首先使被指定的各轴快速移动到 G28 指令的中间点，然后移动到被指定的位置（坐标值为 X、Y、Z 的返回点）上定位。如果 G29 指令前面未指定中间点，则执行 G29 指令时，被指定的各轴经程序零点，再移到 G29 指令的返回点上定位。

如图 13-41 所示，刀具由 A 经中间点 B 到参考点 R 换刀，再经中间点返回 C 点定位。

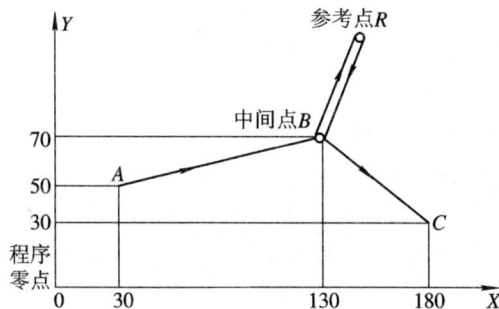

图 13-41　自动返回参考点

绝对值尺寸编程：

　　G90 G28 X130.0 Y70.0；　　　　　　　　（当前点 A→B→R）
　　M06；　　　　　　　　　　　　　　　　（换刀）
　　G29 X180.0 Y30.0；　　　　　　　　　　（参考点 R→B→C）

增量值尺寸编程：

　　G91 G28 X100.0 Y20.0；
　　M06；
　　G29 X50.0 Y40.0；

如程序中无 G28 指令时，则程序段为：

　　G90 G29 X180.0 Y30.0；

进给线路为 A→B→C。

通常 G28 和 G29 指令应配合使用，使机床换刀后直接返回加工点 C，而不必计算中间点 B 与参考点 R 之间的实际距离。

11）刀具长度补偿指令 G43、G44、G49

刀具长度补偿指令一般用于刀具轴向（Z 方向）的补偿。它使刀具在 Z 方向上的实际位移量比程序给定值增加或减少一个偏置量。这样在程序编制中，可不必考虑刀具的实际长度以及各把刀具不同的长度尺寸。另外，当刀具磨损、更换新刀或刀具安装有误差时，也可使用刀具长度补偿指令，补偿刀具在长度方向上的尺寸变化，不必重新编制加工程序、重新对刀或重新调整刀具。

程序格式为：

〔G43/G44〕Z_ H_；

式中，G43 为刀具长度正补偿指令，G44 为刀具长度负补偿指令，Z 为目标点的编程坐标值，H 为刀具长度补偿值的寄存器地址，后面一般用两位数字表示补偿量代号，补偿量 a 可以用 MDI 方式存入该代号寄存器中。

如图 13-42 所示，执行程序段 G43 Z_ H_；时：

Z 实际值＝Z 指令值＋a

执行程序段 G44 Z_ H_；时：

Z 实际值＝Z 指令值－a

式中，a 可以是正值，也可以是负值。图 13-42 所示，$a>0$。

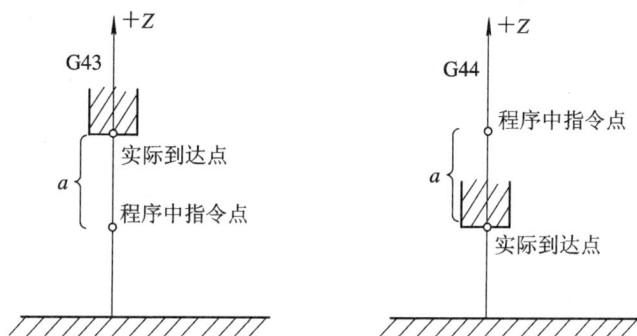

图 13-42　刀具长度补偿

采用取消刀具长度补偿指令 G49 或用 G43 H00 和 G44 H00 可以撤消长度补偿指令。同一程序中，既可采用 G43 指令，也可采用 G44 指令，只需改变补偿量的正负号即可，如图 13-43 所示。A 为程序指定点，B 为刀具实际到达点，O 为刀具起点，采用 G43 指令，补偿量 $a=-200$ mm，将其存放于代号为 5 的补偿值寄存器中，则程序为：

G92 X0 Y0 Z0；（设定 O 为程序零点）

G90 G00 G43 Z30.0 H05；（到达程序指定点 A，实际到达 B 点）

这样，实际值（B 点坐标值）为－170，等于程序指令值（A 点坐标值）30 加上补偿值－200。

如果采用 G44 指令，补偿量 $a=200$ mm，那么程序为：

G92 X0 Y0 Z0；

G90 G00 G44 Z30.0 H05；

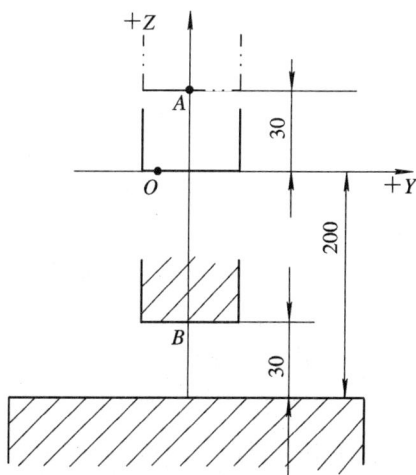

图 13-43　改变补偿量的正负号

同样，实际值（B 点坐标值）为 —170，等于程序指令值（A 点坐标值）30 减去补偿量 200。

如果采用增值量编程，则程序为：

G91 G00 G43 Z30.0 H05 ；（将 —200 存入 H05 中）

或 　　G91 G00 G44 Z30.0 H05（将 200 存入 H05 中）

12）**刀具半径补偿指令 G41、G42、G40**

当加工曲线轮廓时，对于有刀具补偿功能的数控系统，不必求出刀具中心的运动轨迹，只需按被加工工件轮廓曲线编程，同时在程序中给出刀具半径的补偿指令，就可以加工出工件的轮廓曲线，使编程工作简化，如图 13 - 44 所示。

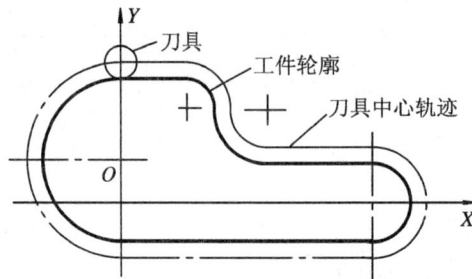

图 13 - 44　刀具半径补偿

G41 为左偏刀具半径补偿，是指沿着刀具运动方向向前看（假设工件不动），刀具位于工件左侧的刀具半径补偿，如图 13 - 45 所示。

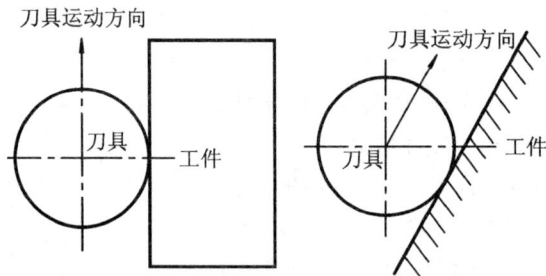

图 13 - 45　左偏刀具半径补偿（G41）

G42 为右偏刀具半径补偿，是指沿着刀具运动方向向前看（假设工件不动），刀具位于工件右侧的刀具半径补偿，如图 13 - 46 所示。

G40 为刀具半径补偿撤消。使用该指令后，G41、G42 指令无效。

程序格式为：

{G00/G01} {G41/G42} X_ Y_ Z_ H_ ；

式中的 X、Y、Z 表示刀具移至终点时，轮廓曲线（编程轨迹）上点的坐标值；H 为刀具半径补偿寄存器地址，其后一般用两位数字表示偏置量代码，偏置量可用 MDI 方式输入。

为了保证刀具从无半径补偿运动到所希望的刀具半径补偿起始点，须用一直线程序段 G00 或 G01 指令建立刀具半径补偿。

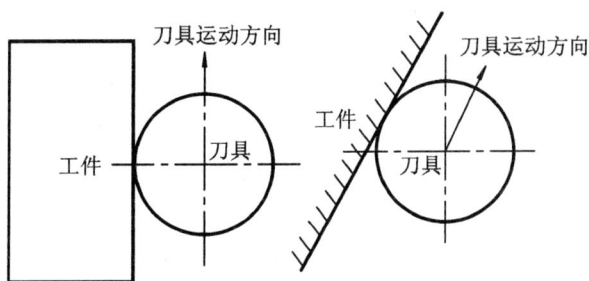

图 13 - 46　右偏刀具半径补偿(G42)

取消刀具半径补偿的程序格式为：

　　G40 {G00/G01} X_ Y_；

最后一段刀具半径补偿轨迹加工完后，与建立刀具半径补偿类似，也应有一直线程序段 G00 或 G01 指令取消刀具补偿，以保证刀具从刀具半径补偿终点运动到取消刀具半径补偿点。

指令中有 X、Y 值时，X、Y 表示编程轨迹取消刀补点的坐标值。如图 13 - 47 所示，刀具欲从刀补终点 A 移至取消刀补点 B，当执行取消刀具半径补偿 G40 指令的程序段时，刀具中心将由 C 点移至 B。

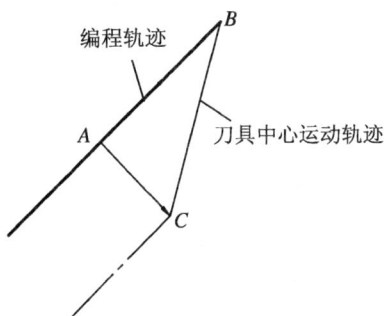

图 13 - 47　有 X、Y 值时 G40 指令执行情况

指令中无 X、Y 值时，则刀具中心 C 点将沿旧矢量的相反方向运动到 A 点，如图 13 - 48 所示。

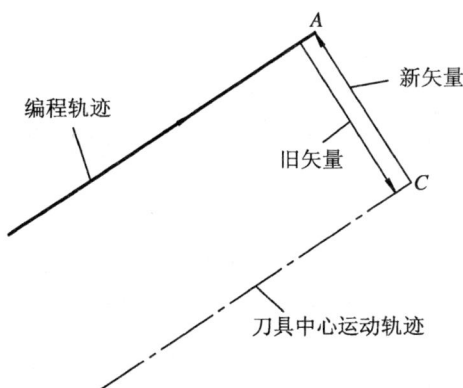

图 13 - 48　无 X、Y 值时 G40 指令执行情况

例如，图 13 - 49 所示 AB 轮廓曲线，若直径为 $\phi20$ mm 的铣刀从 O 点开始移动，加工程序为：

　　N10 G92 X0 Y0 Z0；

　　N20 G90 G17 G41 G00 X18.0 Y24.0 H06；$O{\to}A$(实际刀具中心从 $O{\to}A'$)

N30 G02 X74.0 Y32.0 R40.0 F180； $A \rightarrow B$（实际刀具中心从 $A' \rightarrow B'$）

N40 G40 G00 X84.0 Y0； $B \rightarrow C$（实际刀具中心从 $B' \rightarrow C'$）

N50 G00 X0； $C \rightarrow O$（实际刀具中心从 $C' \rightarrow O$）

N60 M02；   程序结束

取消刀具半径补偿除用 G40 指令外，还可以用

{G00/G01} X_ Y_ H100；

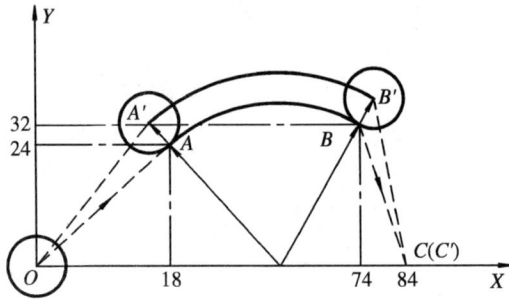

图 13 - 49　AB 轮廓曲线

13）拐角偏移圆弧插补指令 G39

在有刀具半径补偿时，若编程轨迹的相邻两直线（或圆弧）不相切，则必须进行拐角圆弧插补，即要在拐角处产生一个以偏移量为半径的附加圆弧，此圆弧与刀具中心运动轨迹的相邻两直线（或圆弧）相切，如图 13 - 50 所示。

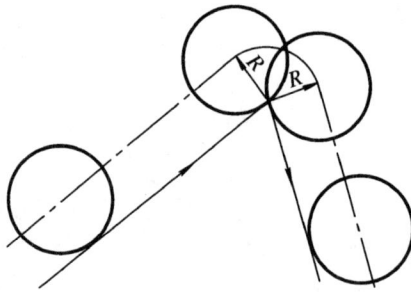

图 13 - 50　拐角偏移

目前，大多数全功能数控铣床中，拐角圆弧插补已由数控系统实现。

拐角偏移圆弧插补指令程序格式为：

G39 X_ Y_；

式中，X 和 Y 表示刀具中心绕拐角拐点旋转后的方向。即刀具中心旋转后，直线走刀方向或圆弧走刀时起点切线方向上任一点的坐标值。

如图 13 - 51(a)所示，是直线与直线轮廓形成的拐角。编程时拐角拐点 A 处增加拐角圆弧插补 G39 指令，X、Y 取 B 点相对 A 点的增量坐标值，加工程序为：

G91 G17 G41 G00 X12.0 Y20.0 H08；

G01 X10.0 Y18.0 F150；

G39 X32.0 Y12.0；　　　（X、Y 值为 B 点相对 A 点的增量坐标值）

　　X32.0 Y12.0；

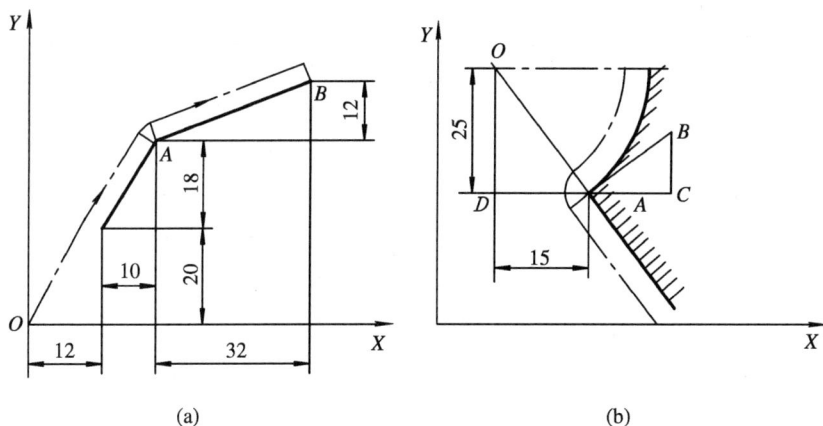

图 13 - 51　拐角圆弧插补

(a) 直线与直线轮廓所形成的拐角；(b) 直线与圆弧轮廓所形成的拐角

如图 13 - 51(b)所示为直线与圆弧轮廓线形成的拐角，在 A 点执行 G39 指令旋转后的方向应是过 A 点作圆弧的切线 AB 的方向，X、Y 取 B 点相对 A 点的增量坐标值(B 点坐标须经有关计算求得)。因为 △ABC 和 △AOD 相似，所以 B 点相对 A 点的坐标值为 25、15。

加工程序如下：

　　G91 G17 G41 G00 X0 Y0 H08；

　　G01 X−20.0 Y33.0 F150；

　　G39 X25.0 Y15.0；　　　（X、Y 值为 B 点相对 A 点的增量坐标值）

　　G03 X14.155 Y25.0 I−15.0 J25.0；

G39 指令只有在 G41 或 G42 被指令后才有效。G39 属非模态指令，仅在所指令的程序段中起作用。

应用刀具半径补偿功能时必须注意：在 G41 或 G42 至 G40 指令程序段之间的程序段不能有刀具不移动的指令出现；在 XY 平面中执行刀具半径补偿时，不能出现连续两个 Z 轴移动的指令，否则 G41 或 G42 指令无效。在使用 G41 或 G42 指令的程序段中只能用 G00 或 G01 指令，不能用 G02 或 G03 指令。

2. 固定循环指令

在数控加工中，一些典型的加工工序，如钻孔、镗、攻螺纹、深孔钻削等，需要完成的动作十分典型。这些典型的动作已由制造商，预先编好并固化在存储器中。需要时可用固定循环的 G 功能进行指令。固定循环功能及指令见表 13 - 4。

表 13-4　固定循环功能

G 代码	孔加工动作 （−Z 方向）	在孔底的动作	刀具返回方式 （+Z 方向）	用　途
G73	间歇进给	—	快速	高速深孔往复排屑钻
G74	切削进给	暂停—主轴正转	切削进给	攻左旋螺纹
G76	切削进给	主轴定位停止—刀具移位	快速	精镗孔
G80	—	—	—	取消固定循环
G81	切削进给	—	快速	钻孔
G82	切削进给	暂停	快速	锪孔、镗阶梯孔
G83	间歇进给	—	快速	深孔往复排屑钻
G84	切削进给	暂停—主轴反转	切削进给	攻右旋螺纹
G85	切削进给	—	切削进给	精镗孔
G86	切削进给	主轴停转	快速	镗孔
G87	切削进给	主轴停转	快速返回	反镗孔
G88	切削进给	暂停—主轴停转	手动操作	镗孔
G89	切削进给	暂停	切削进给	精镗阶梯孔

1）固定循环的动作

孔加工固定循环通常由以下 6 个动作组成：

动作 1——X、Y 轴定位，刀具快速定位到孔加工的位置。

动作 2——快进到 R 点，刀具自初始点快速进给到 R 点（准备切削位置）。

动作 3——孔加工，以切削进给方式执行孔加工动作。

动作 4——在孔底的动作，包括暂停、主轴准停、刀具移位等动作。

动作 5——返回到 R 点。继续下一步的孔加工。

动作 6——快速返回到初始点。孔加工完成。

固定循环的动作如图 13-52 所示。图中虚线表示快速进给，实线表示切削进给。

（1）初始平面。初始平面是为安全进刀切削而规定的一个平面。初始平面到工件表面的距离可以任意设定在一个安全高度上，当使用一把刀具加工若干孔时，只有空间存在障碍需要跳跃或全部孔加工完成时，才使用 G98，使刀具返回初始平面上的初始点。

（2）R 点平面。R 点平面又叫 R 参考平面，这个平面是刀具切削时由快进转为工进的高度平面，距工件表面的距离主要考虑工件表面尺寸的变化，一般可取 2～5 mm。循环中使用 G99，刀具将返回到该平面的 R 点。

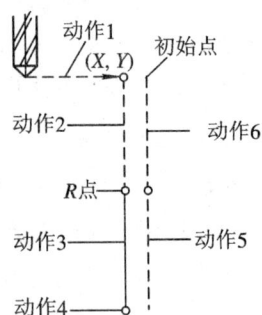

图 13-52　固定循环的动作

（3）孔底平面。加工盲孔时孔底平面就是孔底 Z 轴高度，加工通孔时一般刀具还要伸长超过工件底平面一段距离，保证全部孔深的加工，钻削时还应考虑钻头钻尖对孔深的影响。

孔加工循环与平面选择指令（G17、G18 或 G19）无关，即不管选择了哪个平面，孔加工都在 XY 平面上定位，并在 Z 轴方向上进行孔加工。

2）固定循环的指定

固定循环的动作由数据形式、返回点平面、孔加工方式等三种方式指定。

其程序格式为：

G90/G91 G99/ G98 G×× X_ Y_ Z_ R_ Q_ P_ F_；

其中，G×× 为孔加工方式，对应于固定循环指令；

X、Y 为孔位置坐标；

Z、R、Q、P、F 为孔加工数据。

（1）数据形式。固定循环指令中地址 R 与地址 Z 的数据指定与 G90 或 G91 的方式选择有关，图 13 - 53 表示了 G90 或 G91 的坐标计算方法。选择 G90 方式时，R 与 Z 一律取其终点坐标值；选择 G91 方式时，R 则是指自初始点到 R 点的距离，Z 是指自 R 点到孔底平面上 Z 点的距离。

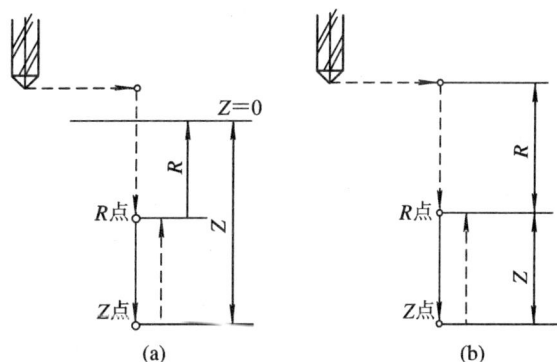

图 13 - 53　G90 和 G91 的坐标计算

(a) G90 方式；(b) G91 方式

（2）返回点平面选择指令 G98、G99。由 G98、G99 决定刀具在返回时到达的平面，G98 指令返回到初始平面 B 点，G99 指令返回 R 点平面，如图 13 - 54 所示。

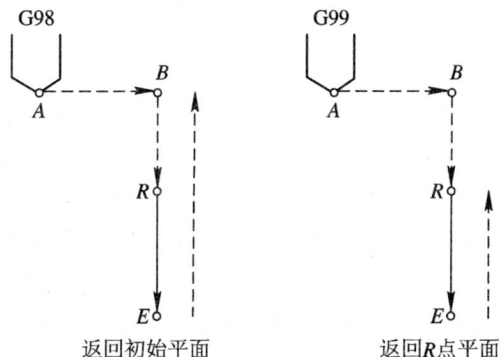

图 13 - 54　返回点平面选择

（3）孔加工数据。

Z：在 G90 时，Z 值为孔底的绝对坐标值；在 G91 时，Z 是 R 平面到孔底的距离，如图 13-55 所示。从 R 平面到孔底是按 F 代码所指定的速度进给。

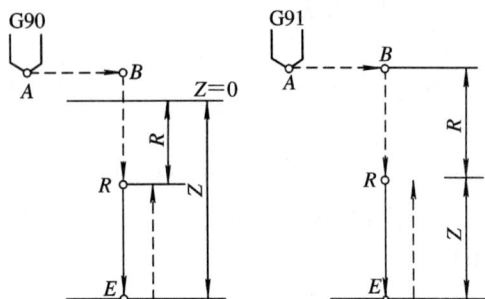

图 13-55 孔加工数据

R：在 G91 时，R 值为从初始平面（B）到 R 点的增量；在 G90 时，R 值为绝对坐标值；此段动作是快速进给的。

Q：在 G73 或 G83 方式中，规定每次加工的深度，以及在 G87 方式中规定移动值。Q 值一律是增量值，与 G91 的选择无关。

P：规定在孔底的暂停时间，用整数表示，以 ms 为单位。

F：进给速度，以 mm/min 为单位。这个指令是模态的，即使取消了固定循环，该指令在其后的加工中仍然有效。

上述孔加工数据，不一定全部都写，根据需要可省略若干地址和数据。

固定循环指令以及 Z、R、Q、P 等指令都是模态的，一旦指定，就一直保持有效，直到用 G80 撤消指令为止。因此，只要在开始时采用这些指令，后面连续加工不必重新指定。如果仅仅是某个孔加工数据发生变化（如孔深发生变化），仅修改需变化的数据即可。

取消孔加工方式用 G80 指令。如果中间出现了任何 01 组的 G 代码，如 G00、G01、G02、G03 等指令，则孔加工方式及孔加工数据也会全部自动取消。因此，用 01 组的 G 代码取消固定循环，其效果与用 G80 指令是完全一样的。

（4）孔加工方式详见表 13-4。

3）使用固定循环功能注意事项

（1）在指令固定循环之前，必须用辅助功能使主轴旋转。如：

    M03　　　　　　　　　（主轴正转）

    G ××…　　　　　　　（固定循环）

当使用了主轴停转指令之后，一定要注意再次使主轴回转。若在主轴停止功能 M05 之后，接着指令固定循环是错误的，这与其他情况一样。

（2）在固定循环方式中，其程序段必须有 X、Y、Z 轴（包括 R）的位置数据。

（3）撤消固定循环指令除 G80 外，G00、G01、G02、G03 也能起撤消作用。

（4）在固定循环方式中，G43、G44 仍起着刀具长度补偿的作用。

（5）操作时应注意，在固定循环的中途，若使用复位或急停时数控装置停止了，但孔加工方式和孔加工数据还被存储着。所以开始加工时要特别注意，使固定循环剩余动作结束。

3. 辅助功能 M 指令

M 功能是根据加工时机床操作的需要所规定的工艺性指令。例如主轴的正、反转与停止；冷却液的使用；工作台的锁紧与松开；旋转工作台转位；任选停止及程序结束等。如 KND200M 数控系统辅助功能如下：

1）程序停止指令 M00

M00 指令实际是一个暂停指令，当执行有 M00 指令的程序段后，主轴停转、进给停止、切削液关闭，进入程序停止状态。如果要继续执行下面程序，就必须按"循环启动"按钮。

2）程序结束指令 M02

执行 M02 指令，主轴停转、冷却液关闭、进给停止，并将控制部分复位到初始状态。它编在最后一条程序段中，用以表示程序结束。

3）主轴的正、反转及停止指令 M03、M04、M05

M03 表示主轴正转（顺时针方向旋转），M04 表示主轴反转（逆时针方向旋转）。所谓主轴正转，是从主轴 Z 正方向看去，主轴处于顺时针方向旋转，而逆时针则为反转。

M05 为主轴停转。它是该程序段其他指令执行完以后才执行的。

4）冷却液开、关指令 M08、M09

M08 为冷却液开启指令，M09 为冷却液关闭指令。冷却液开关是通过冷却泵的启动和停止来控制的。

5）运动部件的夹紧及松开指令 M10、M11

M10 为运动部件（如工作台）夹紧指令，M11 为运动部件松开指令。

6）程序结束回头指令 M30

M30 是执行完程序段内容所有指令后，使主轴停转、冷却液关闭、进给停止，并使机床及控制系统复位到初始状态，纸带自动返回到程序开头位置，为加工下一个工件作好准备。

7）润滑液开、关指令 M32、M33

M32 为润滑液开启指令，M33 为润滑液关闭指令。

8）子程序调用及返回指令 M98、M99

M98 为子程序调用指令，M99 为子程序结束并返回主程序指令。具体使用方法见"子程序调用指令"部分。

4. 进给功能、主轴功能、刀具功能及刀具补偿功能

1）进给功能

进给功能又叫 F 功能，其代码由地址符 F 和其后面的数字组成，用于指定进给速度，单位为 mm/min（公制）或 in/min（英制）。例如，公制 F50 表示进给速度为 50 mm/min。

2）主轴功能

主轴功能又叫 S 功能，其代码由地址符 S 和其后的数字组成。用于指定主轴转速，单位为 r/min。例如，S250 表示主轴转速为 250 r/min。

3）刀具功能

刀具功能又叫 T 功能，其代码由地址符 T 和其后的数字组成，用于数控系统进行选刀或换刀时指定刀具和刀具补偿号。例如，T0102 表示采用 1 号刀具和 2 号刀补。

4）刀具补偿功能

刀具补偿功能又叫 H 功能，其代码由地址符 H 和其后的两位数字组成。该两位数字为存放刀具补偿量的寄存器地址字，如 H08 表示刀具补偿量用第 8 号。

5. 子程序调用指令

在一个加工程序中，如果存在某一固定顺序且重复出现的内容，为简化程序可把这些重复的内容，按一定格式编成子程序，然后将其输入到程序存储器中。主程序在执行过程中如需要某一子程序，可通过调用指令调用子程序，执行完子程序又可返回到主程序，继续执行后面的程序段。

为进一步简化程序，子程序还可调用另一个子程序。编程中使用较多的二重嵌套，其程序的执行情况如图 13-56 所示。

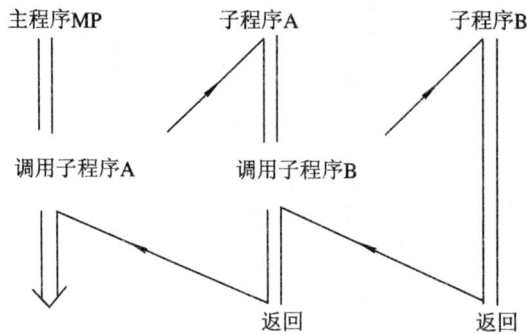

图 13-56 子程序的嵌套

1）子程序的格式

O××××；

……；

……；

……；

……；

M99；

在子程序的开头，在地址 O 后规定子程序号（由 4 位数字组成，前 O 可以省略），M99 为子程序结束指令。

2）子程序的调用格式

调用子程序格式：

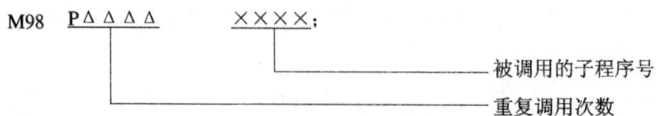

M98 P△△△△ ××××；
被调用的子程序号
重复调用次数

系统允许重复调用的次数为 9999 次。如果省略了重复次数，则认为重复次数为 1 次。例 M98 P51000；表示程序号为 1000 的子程序连续调用 5 次。

3）子程序的执行

子程序的执行过程举例说明如下：

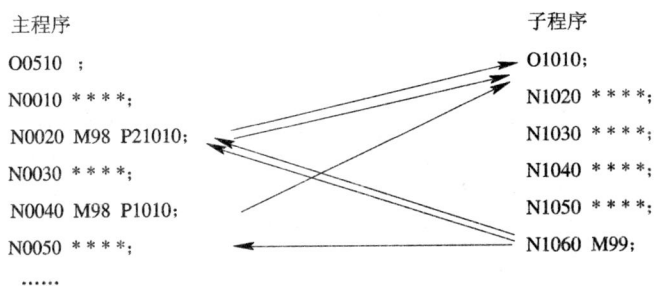

```
主程序                              子程序
O0510 ；                            O1010；
N0010 ****；                        N1020 ****；
N0020 M98 P21010；                  N1030 ****；
N0030 ****；                        N1040 ****；
N0040 M98 P1010；                   N1050 ****；
N0050 ****；                        N1060 M99；
  ……
```

主程序执行到 N0020 时，转去执行 O1010 子程序，重复执行两次后继续执行 N0030 程序段，在执行 N0040 时又去执行 O1010 子程序一次，返回时又继续执行 N0050 及其后面的程序段。当用一个子程序调用另一个子程序时，其执行过程与上述完全相同。

4）子程序的特殊使用指令

（1）子程序中用 P 指令定义返回的地址。如果在子程序的返回主程序程序段中加入 Pn（即格式变为"M99 Pn；"，n 为主程序的顺序号），则子程序在返回时将返回到主程序中顺序号为 n 的那个程序段。例如：

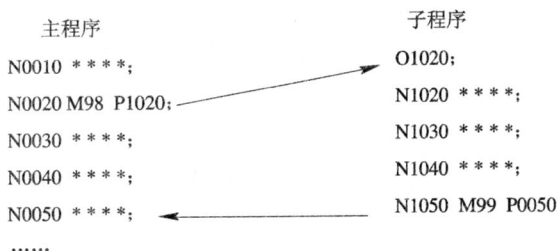

```
主程序                              子程序
N0010 ****；                        O1020；
N0020 M98 P1020；                   N1020 ****；
N0030 ****；                        N1030 ****；
N0040 ****；                        N1040 ****；
N0050 ****；                        N1050 M99 P0050
  ……
```

这种方法只能用于存储器工作方式，与一般方法相比，返回主程序要用较多的时间。

（2）自动返回到程序头。如果在主程序（或子程序）中执行 M99，则程序将返回到程序开头的位置并继续执行程序。为了在主程序能够停止或继续执行后面的程序段，通常写成 /M99，以便在不需要重复执行时，跳过程序段开关处于 ON 状态，即跳过这一程序段，执行下一个程序段。若在主程序（或子程序）中插入 /M99 Pn 程序段时，则不返回到程序开头，而是返回到程序号为 n 的程序段，但返回到 n 处的时间较长。

6. 数控铣床程序编制实例

铣削如图 13 - 57 所示的凸轮，$\phi30H7$ 的孔已加工。

从图上要求可知，凸轮曲线分别由几段圆弧组成，内孔 $\phi30H7$ 为设计基准，故取内孔和一端面为定位基准，用螺母、垫片压紧。

因为 $\phi30H7$ 是设计基准和定位基准，所以对刀点选择在 $\phi30H7$ 孔中心上，这样容易确定刀具中心与工件的相对位置。

建立如图所示的工件坐标系，则可计算出各段圆弧连接点的坐标（计算过程略）：

B 点（-9.962，-63.017） C 点（-5.696，-63.746）
D 点（63.995，-0.242） E 点（63.768，0.016）
F 点（44.79，19.60） G 点（14.786，59.181）

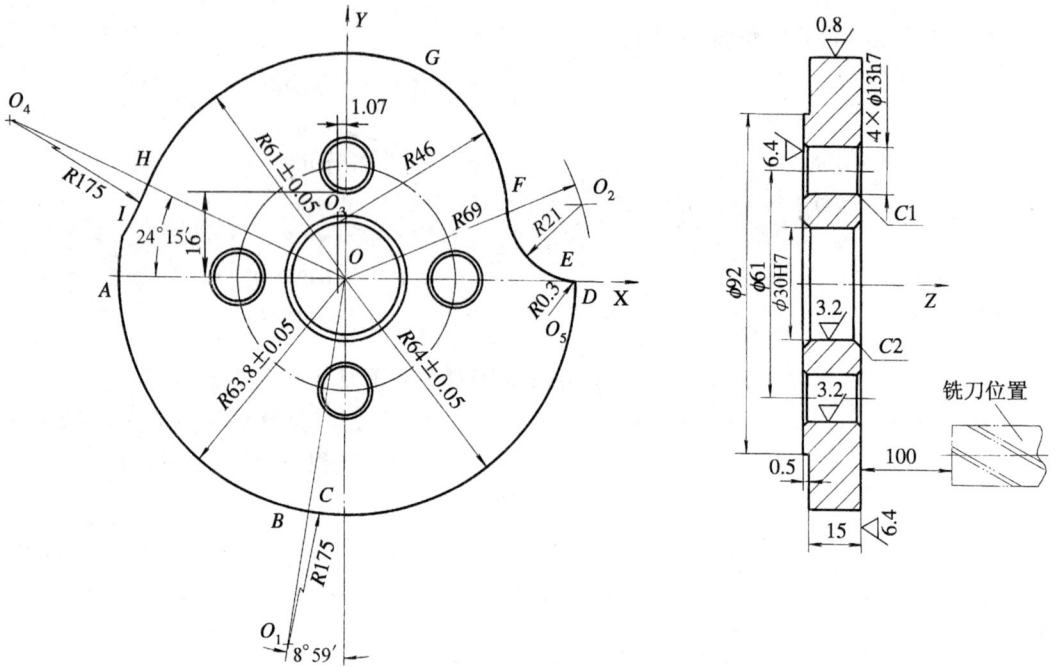

图 13-57　编程实例

H 点(−55.617，25.054)　　　　　　　　　I 点(−62.897，10.697)

加工工艺路线：

(1) 凸轮轮廓加工(可通过改变刀具半径补偿量进行粗、精加工)。

(2) 4×ϕ13H7 孔钻、扩、铰。

加工程序如下：

O0530

N0010 G92 X0 Y0 Z0；　　　　　　　　　　　(建立工件坐标系)

N0020 G00 X−63.8 Y−80.0 S1000 M03；　(快速定位到指定点)

N0030 G41 Y−10.0 H02；　　　　　　　　　(快速接近工件)

N0040 Z−120.0；　　　　　　　　　　　　　(下刀)

N0050 G01 Y0 F80；　　　　　　　　　　　　(直线插补到 A 点)

N0060 G02 X−62.897 Y10.697 R63.8；　　(AI 段圆弧)

N0070 G39 X86.238 Y152.276；　　　　　　(拐角圆弧插补)

N0080 G03 X−55.617 Y25.054 R175.0；　(IH 段圆弧)

N0090 G02 X14.786 Y59.181 R61.0；　　　(HG 段圆弧)

N0100 G39 X43.181 Y−15.856；　　　　　　(拐角圆弧插补)

N0110 X44.79 Y19.6 R46.0；　　　　　　　　(GF 段圆弧)

N0130 G03 X63.768 Y0.016 R21.0；　　　　(FE 段圆弧)

N0140 G02 X63.995 Y−0.242 R0.3；　　　　(ED 段圆弧)

N0150 X−5.696 Y−63.746 R64.0；　　　　　(DC 段圆弧)

N0160 G39 X−172.854 Y−31.591；　　　　　(拐角圆弧插补)

N0170 G03 X－9.962 Y－63.017 R175.0；　　(CB 段圆弧)

N0180 G02 X－63.8 Y0 R63.8；　　　　　　(BA 段圆弧)

N0190G00 Z0；　　　　　　　　　　　　　(抬刀)

N0200 G40 X－63.8 Y－80.0；　　　　　　(返回指定点)

N0210 M98 P31000；　　　(调用三次子程序，钻、扩、铰 Φ13H7 孔)

N0220 M02；　　　　　　　　　　　　　　(程序结束)

O1030

N1010 G28 X0 Y0 Z0 M05；　　　　　　　(返回参考点、主轴停)

N1020 G49 M00；　　　　　　　　　　　　(程序暂停，手动换刀，设定补偿值)

N1030 G29 X0 Y30.5 S600 M03；　　　　　(孔口定位)

N1040 G43 G00 Z－90.0 H03；　　　　　　(快速移动到初始平面)

N1050 G81 G98 Z－115.0 R－95.0 F200；　(钻孔循环)

N1060 Y－30.5；　　　　　　　　　　　　(钻孔循环)

N1070 X30.5 Y0；　　　　　　　　　　　　(钻孔循环)

N1080 X－30.5；　　　　　　　　　　　　(钻孔循环)

N1090 G80 G49 G00 X0 Y0；　　　　　　　(返回起始点)

N1100 Z0；

N1110 M99；　　　　　　　　　　　　　　(返回主程序)

13.3.5　数控机床自动编程

自动编程(Automatic Programing)实际上是指计算机辅助编程(Computer Aided Programing)。目前，自动编程根据编程信息的输入与计算机对信息的处理方式不同，分为语言式和图形交互式两种自动编程方式。

在语言式自动编程方式中，编程人员依据所用数据语言的编程手册以及零件图，以语言的形式表达出加工的全部内容，然后把这些内容全部输入到计算机中处理，制作出可以直接用于数控机床的 NC 加工程序。

在图形交互式自动编程方式中，编程人员则首先要对零件图样进行工艺分析，确定构图方案，然后利用自动编程软件本身的计算机辅助设计功能(CAD)，在显示器上以人机对话的方式构建出几何图形，最后利用软件的计算机辅助制造功能(CAM)制作出 NC 加工程序。这种自动编程系统是一种 CAD 与 CAM 高度结合的编程系统。

1. 自动编程的工作过程

1) 语言式自动编程系统的工作过程

语言式自动编程系统的工作过程框图如图 13-58 所示，自动编程系统必须具备三个条件：即数控语言编写的零件源程序、通用计算机及其辅助设备和编译程序(系统软件)。数控语言是一种类似车间用语的工艺语言，它是由一些基本符号、字母以及数字组成并有一定词法和语法的语句。用它来描述零件图的几何形状、尺寸、几何元素间的相互关系(相交、相切、平行等)以及加工时的运动顺序、工艺参数等。按照零件图样用数控语言编写的计算机输入程序称为零件源程序，与手工编程时用 NC 指令代码写出的 NC 加工程序不同，零件源程序不能直接控制机床，只是计算机编程时的依据。

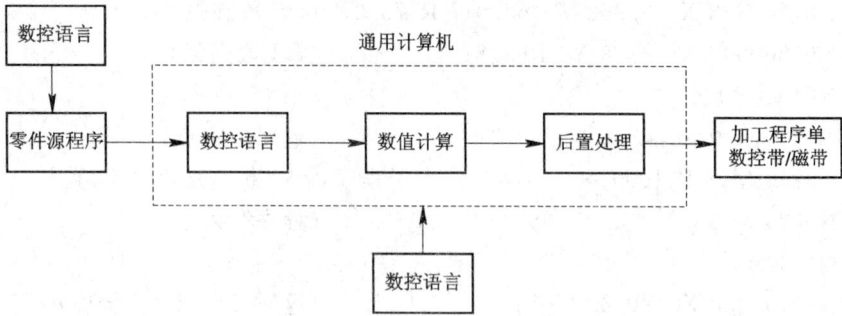

图 13-58 语言式自动编程的工作过程

通用计算机及其辅助设备是自动编程所需要的硬件。编译程序又称为自动编程系统，其作用是使计算机具有处理零件源程序和自动输出加工程序的能力，是自动编程所需要的软件。

计算机处理零件源程序一般经过下列三个阶段：

（1）翻译阶段。翻译阶段是按源程序的顺序，依次进行一个符号一个符号地阅读并进行语言处理。首先分析语句的类型，当遇到几何定义语句时，则转入几何定义处理程序。另外，在此阶段还需进行十进制到二进制的转换和语法检查等工作。

（2）数值计算阶段。该阶段的工作类似于手工编程时的基点和节点坐标数据的计算，其主要任务是处理连续运动语句。通过计算求出刀具位置数据（Cutter Location Data，CLDATA）并以刀具位置文件的形式加以保存。

（3）后置处理阶段。后置处理阶段是按照计算阶段的信息，通过后置处理生成符合具体数控机床要求的零件加工程序。该加工程序可通过打印机输出加工程序单，也可通过穿孔机或者磁带机制成相应的数控带或磁带，还可以通过计算机的通信接口，将后置处理的信息直接输至数控机床控制机的存储器。目前，经计算机处理的加工程序，还可以通过CRT屏幕或绘图机自动绘图，自动绘出刀具相对工件的运动轨迹图形，用以检查程序的正确性，以便编程人员分析错误并加以修改。

2）图形交互式自动编程系统的工作过程

图形交互式自动编程是建立在 CAD 和 CAM 基础上的，其工作过程如下：

（1）几何造型。几何造型就是利用图形交互式自动编程软件的 CAD 功能，将零件被加工部位的几何图形准确地绘制在计算机屏幕上，同时在计算机内自动形成零件图形的数据文件，作为下一步刀具轨迹计算的依据。自动编程过程中，软件将根据加工要求提取这些数据，进行分析判断和必要的数学处理，以形成加工刀具的位置数据。

（2）刀具路径的生成。图形交互式自动编程的刀具路径的生成是面向屏幕上的图形交互进行的。首先，从几何图形文件库中获取已绘制的零件几何造型，根据所加工零件的形面特征和加工要求，正确选用刀具路径主菜单下的有关加工方式菜单，根据屏幕提示输入刀具路径文件名，用光标选择相应的图形目标，输入所需的各种参数。软件将自动从图形文件中提取编程所需的信息，进行分析判断，计算节点数据，将其转换为刀具位置数据，存入指定的刀位文件中。同时进行刀具路径模拟和加工过程动态模拟，在屏幕上显示出刀具轨迹图形。

（3）后置处理。后置处理的目的是形成数控加工文件。因各种数控机床使用的控制系统不同，其编程指令代码及格式也有所不同。为此应从后置处理程序文件中选取与所要加工机床的数控系统相适应的后置处理程序，进行后置处理，才能生成符合数控加工格式要求的 NC 加工程序。

2. 自动编程系统简介

1952 年，美国麻省理工学院（MIT）研制成功第一台数控铣床。为了充分发挥铣床的加工能力，解决复杂零件的加工问题，MIT 伺服机构研究室随即着手研究数控自动编程技术，1955 年公布了该研究成果，即用于机械零件数控加工的自动编程语言 APT（Automatical Programmed Tools）。1958 年，美国航空空间协会组织了十多家航空工厂，在麻省理工学院协助下进一步发展 APT 系统，产生了 APTⅡ，可用于平面曲线的自动编程。1962 年，又发展成 APTⅢ，可用于 3～5 坐标立体曲面的自动编程。其后美国航空空间协会继续对 APT 进行改进，1970 年发表了 APTⅣ，可处理自由曲面的自动编程。美国除了开发大而全的 APT 系统之外，还开发了 ADAPT、AUTOSPOT 等小型系统。APT 系统配有多种后置处理程序，通用性好，可靠性高（可自动诊错），是一种应用广泛的数控编程软件。

随后世界上许多先进工业国家也开展了自动编程技术的研究工作，并开发出自己的数控编程语言，但大多是参考 APT 语言的设计思想，根据不同需要研究出了许多各具特色的自动编程系统。其中，英国开发了 2C、2CL、2PC，德国开发了 EXAPT，法国开发了 IFAPT，日本有 FAPT、HAPT 等系统。国外有代表性的自动编程系统如表 13-5 所示。

表 13-5　国外典型的自动编程系统简介

名　称	研制者	所用计算机	适用范围	
			坐标数	数控装置
APF3	MIT（美国）	IBM7090(256 KB)	3～6	通用
APF4	IITRI（美国）	多种	3～6	通用
APTAC	美国	IBM370	4～5	连续
ADAPT	IBM（美国）	IBMS/360F	2	连续
AUTOSPOT	美国	IBMS/360E	3	点位直线
AUTOMAP-1	美国	IBM1620	2	连续
EXAPT1	EXAPT 协会（德国）	多种	3	点位
EXAPT2				车床、连续
EXAPT3				连续、二坐标联动
2C	NEL（英国）	多种	2	连续、主要车床
2CL			3	连续
2PC				点位
IFAPT-P	ADEPA（法国）	56 KB 容量计算机	3	点位
IFAPT-C				连续
IFAPT-CP				点位、连续
FAPT	富士通（日本）	FACOM270-10	$2\frac{1}{2}$	连续
HAPT	日立（日本）	HIT-AC5020	2	连续
MASTER CAM	CNC Software（美）	微机	2～5	连续

　　我国对自动编程技术的研究开始于 20 世纪 60 年代中期,起步虽晚,但发展很快。20 世纪 70 年代研制出了 SKC、ZCX、ZBC−1、CKY 等用于平面轮廓铣削加工、车削加工等自动编程系统。20 世纪 80 年代以来,许多高等院校和研究所开发了许多新系统,如南京理工大学开发了 EAPT 自动编程系统,上海机床研究所研制的 MAPL 自动编程系统等。

第14章　特种加工及设备

利用化学、物理(声、光、电、热、磁)或电化学等手段对工件进行加工的方法称为特种加工。特种加工有以下主要特点：

(1) 因为特种加工如激光、电火花、等离子弧、电化学等加工方法，与工件的硬度、强度等机械性能无关，故可加工各种硬、软、脆、热敏、耐腐蚀、高熔点、高强度、特殊性能的金属和非金属材料。

(2) 特种加工是非接触式加工，因此工件不承受大的作用力，工具硬度可低于工件硬度，可使刚性极低元件及弹性元件得以加工。

(3) 有些特种加工，如超声、电化学、水喷射、磨料流等，加工余量微细，不仅可加工尺寸微小的孔或狭缝，还能获得高精度、极低粗糙度的加工表面。

(4) 特种加工没有加工中的机械应变或大面积热应变，可获得较低的表面粗糙度值，其热应力、残余应力、冷作硬化等较小，尺寸稳定性好。

(5) 两种或两种以上的不同类型的能量相互组合形成新的复合加工，其综合加工效果明显，且便于推广使用。

(6) 特种加工对简化加工工艺、变革新产品设计及零件结构工艺性等产生了积极的影响。

14.1　电　火　花　加　工

电火花加工中工具和工件之间不断产生脉冲性火花放电，放电时局部瞬时所产生的高温可把金属蚀除下来。因为放电过程中能见到火花，故称电火花加工。

表 14 - 1 所列为各种电火花加工工艺方法的主要特点和用途。

表 14 - 1　电火花加工工艺方法分类

类别	工艺方法	特　点	用　途	备　注
I	电火花穿孔成形加工	① 工具和工件间只有一个相对的伺服进给运动； ② 工具为成形电极，与被加工表面有相同的截面或形状	① 型腔加工：加工各类型腔模及各种复杂的型腔零件； ② 穿孔加工：加工各种冲模、挤压模、粉末冶金模、各种异型孔及微孔等	约占电火花机床总数的 30%，典型机床有 D7125、D7140 等电火花穿孔成型机床

类别	工艺方法	特　点	用　途	备　注
Ⅱ	电火花线切割加工	① 工具电极为顺电极丝轴线方向移动着的线状电极； ② 工具与工件在两个水平方向同时有相对伺服进给运动	① 切割各种冲模和具有直纹面的零件； ② 下料、截割和窄缝加工	约占电火花机床总数的60%，典型机床有DK7725、DK7740数控电火花线切割机床
Ⅲ	电火花内孔、外圆和成形磨削	① 工具与工件有相对的旋转运动； ② 工具与工件间有径向和轴向的进给运动	① 加工高精度、表面粗糙度值小的小孔，如拉丝模、挤压模、微型轴承内环、钻套等； ② 加工外圆、小模数滚刀等	约占电火花机床总数的3%，典型机床有D6130电火花小孔内圆磨床等
Ⅳ	电火花同步共轭回转加工	① 成形工具与工件均作旋转运动，但二者角速度相等或成整倍数，相对应接近的放电点有切向相对运动速度； ② 工具相对工件可作纵、横向进给运动	以同步回转，展成回转、倍角速度回转等不同方式，加工各种复杂型面的零件，如高精度的异型齿轮，精密螺纹环规、高精度、高对称度、表面粗糙度值小的内、外回转体表面等	约占电火花机床总数不足1%，典型机床有JN－2、JN－8内外螺纹加工机床
Ⅴ	电火花高速小孔加工	① 采用细管（＞φ0.3 mm）电极，管内冲入高压水基工作液； ② 细管电极旋转； ③ 穿孔速度高（60 mm/min）	① 线切割预穿丝孔； ② 深径比很大的小孔，如喷嘴等	约占电火花机床2%，典型机床有D7003A电火花高速小孔加工机床
Ⅵ	电火花表面强化、刻字	① 工具在工件表面上振动； ② 工具相对工件移动	① 模具刃口，刀、量具刃口表面强化和镀覆； ② 电火花刻字、打印记	约占电火花机床总数的2%～3%，典型机床有D9105电火花强化机床等

14.1.1　电火花加工原理

1. 电火花加工原理

电火花加工是基于工具和工件（正、负电极）之间脉冲性火花放电时的电腐蚀现象来蚀除多余的金属，以达到零件所预定的尺寸、形状及表面质量。

电火花放电时火花通道中瞬时产生大量的热，达到很高的温度，足以使任何金属材料局部熔化、气化而被蚀除掉，形成放电凹坑。利用电腐蚀对金属材料加工，需解决下列问题：

（1）必须使工具电极和工件被加工表面之间经常保持一定的放电间隙。这一间隙随加工条件而定，通常约为几微米至几百微米。如果间隙过大，极间电压不能击穿极间介质，因而不会产生火花放电。如果间隙过小，又很容易形成短路接触，同样也不能产生火花放电。为此，在电火花加工过程中必须装有工具电极的自动进给和调节装置。

（2）火花放电必须是瞬时的脉冲性放电。放电延续一段时间后，需停歇一段时间，放电延续时间一般为 $10^{-7}\sim10^{-3}$ s。这样可使放电所产生的热量来不及传导扩散，把每一次的放电蚀除点局限在很小的范围内。否则，就会像电弧放电那样使表面烧伤，而无法用作尺寸加工。为此，电火花加工必须采用脉冲电源。图 14-1

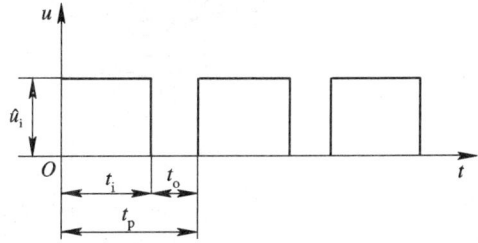

图 14-1 脉冲电源电压波形

所示为脉冲电源的空载电压波形，图中 t_i 为脉冲宽度，t_o 为脉冲间隔，t_p 为脉冲周期，u_i 为脉冲峰值电压或空载电压。

（3）火花放电必须在有一定绝缘性能的液体介质中进行，如煤油、皂化液或去离子水等。液体介质又称工作液，必须具有较高的绝缘强度（$10^3\sim10^7\ \Omega\cdot cm$），以利于产生脉冲性的火花放电。同时，液体介质还能把电火花加工过程中产生的金属小屑、炭黑等电蚀产物从放电间隙中悬浮排除出去，并对电极和工件表面有较好的冷却作用。

上述问题的综合解决，可通过图 14-2 所示的电火花加工系统实现。工件 1 与工具 4 分别与脉冲电源 2 的两输出端相联接。自动进给调节装置 3 使工具和工件间保持很小的放电间隙。当脉冲电压加到两极之间，在相对某一间隙最小处或绝缘强度最低处击穿介质，产生火花放电，瞬时高温使工具和工件表面蚀除掉一小部分金属，各自形成一个小凹坑，如图 14-3 所示，其中，图 14-3(a) 表示单个脉冲放电后的电蚀坑，图 14-3(b) 表示多次脉冲放电后的电极表面。脉冲放电结束后，经过一段时间（脉冲间隔 t_o），使工作液恢复绝缘；第二个脉冲电压又加到两极上，又会在当时极间距离相对最近或绝缘强度最弱处击穿放电，又电蚀出一个小凹坑。随着高频率，连续不断地重复放电，工具电极不断地向工件进给，就可将工具的形状复制在工件上，加工出所需要的零件。

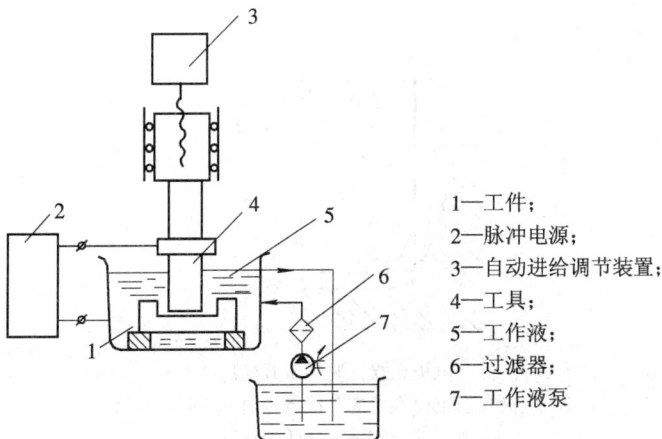

1—工件；
2—脉冲电源；
3—自动进给调节装置；
4—工具；
5—工作液；
6—过滤器；
7—工作液泵

图 14-2 电火花加工原理示意图

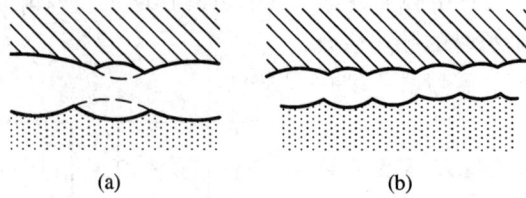

图 14-3　电火花加工表面局部放大图
(a) 单个脉冲放电；(b) 多次脉冲放电

2. 电火花加工的基本规律

电火花加工的核心问题是放电腐蚀，它直接影响着加工的生产率、精度、表面质量和工具电极的损耗率等。电火花加工中，不仅工件被蚀除，工具电极也被蚀除。但两极腐蚀程度不同，即使材料相同，其电蚀量也不等。这种因极性不同而电蚀量不等的现象被称为极性效应，是影响放电腐蚀的重要因素。一般在短脉冲精加工时，常把工件接脉冲电源正极，工具接负极，即所谓"正极性"加工；长脉冲粗加工则采用"负极性"加工。生产中常用不同的电极材料提高其极性效应，以保证在较高生产率的条件下工具电极损耗较少。

1) 生产率

生产率是指在一定电标准下单位时间内工件材料的蚀除量，通常以 mm^3/min 计量。生产率主要受电参数、电极材料及工作液的影响。

2) 加工精度

影响加工精度的主要因素是放电间隙的大小及其一致性，工具电极的损耗及其稳定性等。工具电极和工件表面之间必须经常保持一定的合理间隙。一般精加工时放电间隙只有 0.01 mm（单面），而粗加工时则可达 0.5 mm 以上。

"二次放电"是指已加工表面上因电蚀产物等介入而再次非正常放电。这也是影响电火花加工形状精度的重要因素，它集中表现在加工深度方向产生斜度和加工棱角边变钝等方面，如图 14-4 所示。

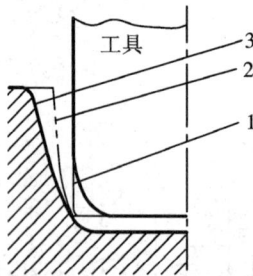

1—电极无损耗时的工具轮廓线；
2—电极有损耗而不考虑二次放电时的工件轮廓线；
3—实际工件轮廓线

图 14-4　电火花加工时的加工斜度

此外，工件的安装、定位误差及机床的运动误差都会影响加工精度。电火花加工过程是工具电极在工件上的复制过程，因此，工具电极的形状和尺寸误差将直接影响工件的加工精度。

3）表面质量

表面质量是指表面粗糙度和表面层的化学物理力学性能。影响表面粗糙度的主要因素是单个脉冲量的大小，采用强的电规准可使加工速度提高，但每个脉冲加工的凹坑较深，工件的表面粗糙度值增大。另外，工件表面粗糙度值与生产率之间存在着很大的矛盾，如果表面粗糙度 Ra 从 2.5 μm 升到 1.25 μm，生产率将下降 10 多倍。因此，恰当地选择加工后的工件表面粗糙度值也是个重要问题。

4）电规准

电规准是指电火花加工中用到的一组电参数。按加工精度和表面粗糙度的不同，电规准可分为粗、中、精三种。粗规准多指加工表面粗糙度 Ra 大于 6.3 μm，加工精度低，生产率高；精规准多指加工表面粗糙度 Ra 小于 0.8 μm，加工精度高，生产率低；中规准介于粗、精规准之间，加工表面的表面粗糙度 Ra 为 6.3～1.6 μm。

5）工具电极材料

工具电极材料对加工质量影响很大，必须设法减少它的损耗。工具材料应具有高导电性，在加工中能保持正确的几何形状，使其尺寸稳定，生产率高；且应来源丰富，价格便宜，易于制造，具有一定的强度和刚度。

3. 电火花加工的特点

（1）电火花加工适合加工难切削材料。因加工中靠放电时电热的作用实现材料的去除，因而材料的可加工性主要取决于材料的导电性及其热学特性，如熔点、沸点、比热容、热导率、电阻率等，几乎与其力学性能（硬度、强度等）无关。这样就可突破传统切削加工对刀具的限制，实现用软的工具加工硬韧的工件，甚至可加工如聚晶金刚石、立方氮化硼一类的超硬材料。

（2）电火花加工适合加工特殊及复杂形状的零件。因加工中工具电极和工件不直接接触，没有机械加工中的切削力，因而适宜低刚度工件的加工及微细加工。因可以简单地将工具电极的形状复制到工件上，因此特别适用复杂表面形状（如复杂型腔模具）的加工。

（3）电火花加工适合加工金属等导电材料。因电火花加工速度较慢，故通常多采用先切削大部分余量，然后再电火花加工，以提高生产率。

14.1.2　电火花加工机床

电火花加工的机床比较定型，须由专业工厂从事生产制造。按工具与工件相对运动的特点和用途等可分为六大类，其中应用最广，数量较多的是电火花穿孔成型机床和电火花线切割机床。

1. 电火花穿孔成型机床

图 14-5 所示为电火花穿孔成型加工机床示意图。该机床主要由主机（包括自动调节系统的执行机构）、脉冲电源、自动进给调节系统、工作液净化及循环系统等组成。

1）机床布局

主机主要包括主轴头、床身、立柱、工作台及工作液槽等。图 14-5(a)为分离式，图

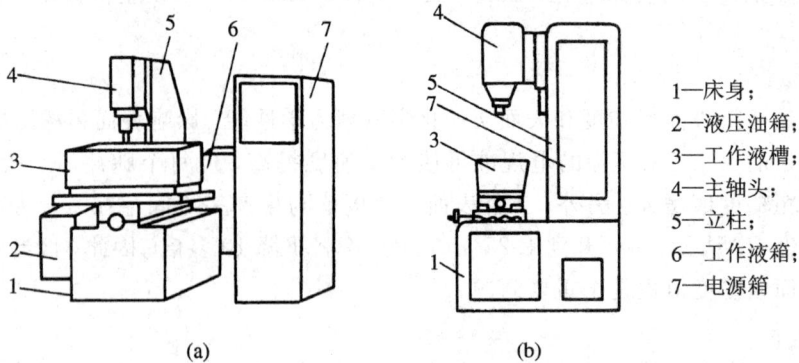

图 14 - 5　电火花穿孔成型加工机床

1—床身；
2—液压油箱；
3—工作液槽；
4—主轴头；
5—立柱；
6—工作液箱；
7—电源箱

14 - 5(b)为整体式，即油箱与电源箱放入机床内部。

床身和立柱是机床的主要结构件，应有足够的刚度。工作台面与立柱导轨要有一定的垂直度要求和较好的精度保持性，导轨具有良好的耐磨性和充分消除材料内应力等。

作纵横向移动的工作台一般都带有坐标装置。常用刻度手轮来调整位置，随着加工精度的提高，可采用光学坐标读数装置、磁尺数显等装置。

近年来已有三坐标伺服控制和主轴、工作台回转加三向伺服控制的五坐标数控电火花机床。有的还带有工具电极库，可以自动更换工具电极。

2）主轴头

主轴头是自动调节系统中的执行部件，主要由进给系统、导向防扭机构、电极装夹及其调节环节组成。主轴头应结构简单、传动链短、精度高、热变形小、有足够刚度，以适应自动调节系统的惯性小、灵敏度高、能承受一定负载的要求。

3）工具电极夹具

工具电极夹具的作用是调节工具电极和工作台的垂直度以及调节工具电极在水平面内微量的扭转角。常用的有十字铰链式和球面铰链式两种。

4）工作液循环、过滤系统

工作液循环过滤系统包括工作液(煤油)箱、电动机、泵、过滤装置、工作液槽、油杯、管道、阀门以及测量仪表等。放电间隙中的电蚀产物除了靠自然扩散、定期抬刀以及使工具电极附加振动等排除外，常采用强迫循环的办法排除。图 14 - 6 所示为工作液强迫循环的两种方式，其中，图(a)、(b)所示为冲油式，较易实现，排屑冲刷能力强，一般常采用，但电蚀产物仍通过已加工区，对加工精度稍有影响；图(c)、(d)所示为抽油式，在加工过程中，分解出来的气体(H_2、C_2H_2 等)易积聚在抽油回路的死角处，遇电火花引燃会爆炸而"放炮"，因此一般用得较少，但在小间隙、精加工时也有使用。

工作液净化、过滤的具体方法有：

(1) 自然沉淀法。这种方法速度慢，周期长，只用于单件小用量或精微加工。

(2) 介质过滤法。这种方法常用黄砂、木屑、棉纱头、过滤纸、硅藻土、活性炭等为过滤介质。对中小型工件、加工余量不大时，一般能满足过滤要求，也可就地取材，因地制宜。其中，专用纸过滤装置效率较高，性能较好。

(3) 高压静电过滤、离心过滤法等。这些方法在技术上比较复杂，较少采用。

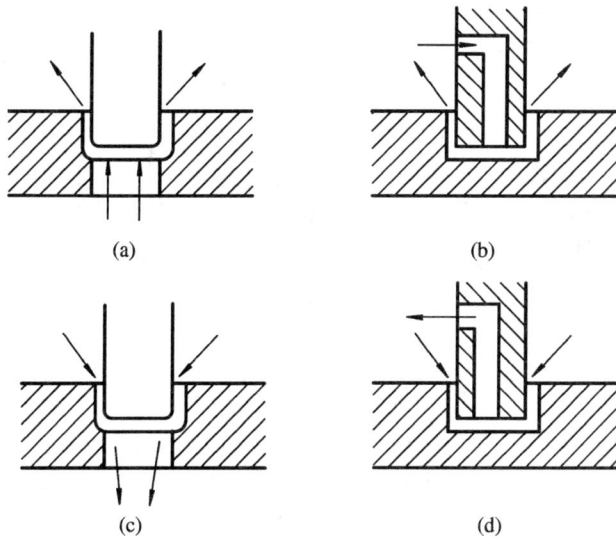

图 14-6　工作液强迫循环方式

（a）、（b）冲油式；（c）、（d）抽油式

2. 电火花线切割机床

电火花线切割加工是用一根移动的金属丝为工具电极，以被切割材料为工件电极，利用二者之间产生脉冲放电所形成的腐蚀进行切割加工，故称线切割加工。线切割可加工各种金属材料以及高硬度、高强度、高韧性、高脆性的导电材料，如淬火钢、硬质合金和金属陶瓷等。线切割所用的金属丝多为钼丝、钨丝和铜丝，其直径约为 0.04～0.2 mm。因此，可加工精密、狭窄和复杂的型孔，可用于制造冲模、样板、成形刀具及其他具有二维复杂图形的零件。线切割加工精度可达 0.01～0.02 mm，表面粗糙度 Ra 值可达 1.6 μm。

1）电火花数控线切割机床的工作原理

图 14-7 所示为电火花数控线切割机床的工作原理图。被切割的材料和金属丝分别接在脉冲电源 7 的正、负极。在两极之间沿金属丝方向喷射充分的、具有绝缘性能的工作液。当工件 5 接近金属丝 4 距离小到一定程度时，在脉冲电压的作用下，工作液被击穿。在金属丝和工件之间形成瞬时放电通道，产生瞬时高温，使工件材料局部熔化甚至气化而被蚀除。在脉冲电压的作用下连续重复上述过程，即可连续切割加工。切割加工前用户可按规定的格式编制加工程序，并将加工程序及尺寸参数输入微机的 RAM 存储器中。切割启动后微机按加工程序依次发出一系列的电脉冲，分别或同时驱动 X、Y 两个步进电动机旋转，切割出所需的图形。

2）电火花数控线切割机床的组成

图 14-8 所示为电火花数控线切割机床外形图，主要由主机、高频脉冲电源、数控装置和工作液循环系统组成。

（1）机床主机由床身、工作台、丝架和运丝机构组成。床身仍支承着工作台、丝架和运丝机构，其内部装有高频电源，工作液循环系统和机床电器等。工作台由上下滑板构成。下滑板 9、上滑板 8 分别沿 X、Y 坐标轴方向移动。上滑板上装有工件安放架 6，X、Y 坐标

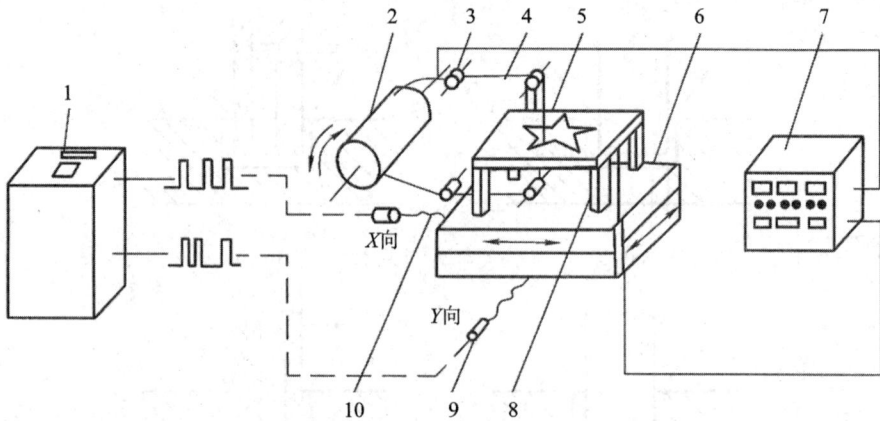

1—微机控制装置；2—储丝筒；3—导轮；4—金属丝；5—工件；6—工作台；7—脉冲电源；
8—绝缘层；9—步进电动机；10—丝杠

图 14-7　电火花数控线切割机床工作原理

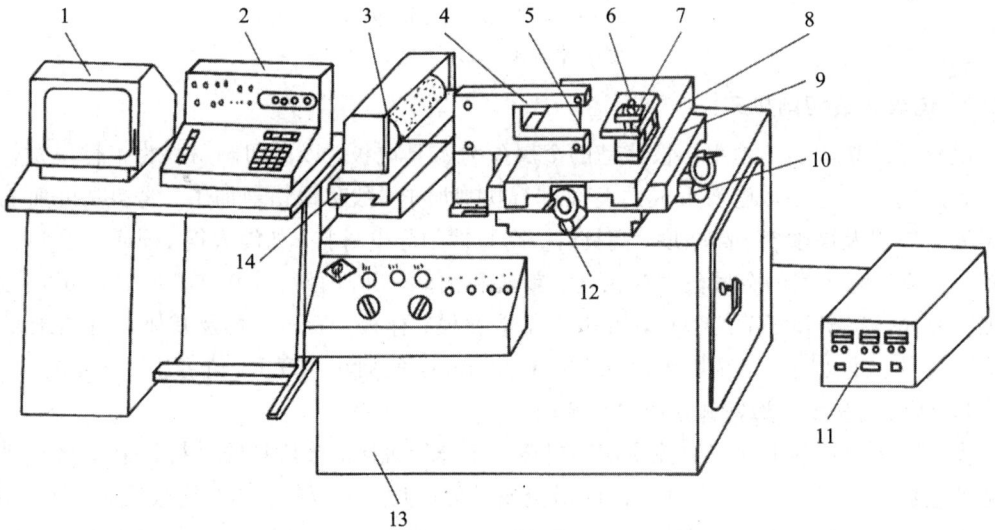

1—显示器；2—微机数控台；3—储丝筒；4—丝架；5—电极丝；6—工件安放架；7—压板；
8—上滑板；9—下滑板；10—X向步进电机；11—脉冲电源；12—Y向步进电机；13—床身；14—小滑板

图 14-8　电火花线切割机床外形图

轴分别由两个步进电动机 10、12 驱动。当控制台向步进电动机每发出一个进给脉冲信号时，步进电动机旋转 3°，通过一组齿轮减速后，带动丝杠转动，再通过螺母使工作台移动 0.001 mm。丝架 4 可使切割工件的那部分电极丝始终与工作台平面垂直（仅对二维线切割机而言）。运丝机构由电动机、储丝筒 3 和小滑板 14 等组成；电动机不仅带动储丝筒做正反交替转动，使电极丝上下快速移动，同时还通过齿轮、丝杠和螺母，使小滑板沿储丝筒轴向往复移动，使电极丝穿过丝架整齐地排绕在储丝筒上。

　　（2）数控装置的作用是将图样上工件的形状和尺寸参数编制成线切割程序指令，然后通过指令控制并驱动伺服电动机带动精密丝杠螺母副，使工件相对电极丝运动，从而实现加工过程的自动控制。

（3）高频脉冲电源可将 50 Hz 交流电转换成单向高频脉冲电流，作为火花放电电源。高频脉冲电源有电子管式和晶体管式两种。因晶体管式电源具有体积小、质量轻、寿命长、不需加热、功率损耗小等优点，故被广泛应用。

（4）工作液循环系统由工作液、储藏箱、高压泵、导管和喷嘴等组成。高压泵可强迫清洁液以一定的压力不断地通过放电间隙。工作液起绝缘、排屑、冷却的作用。每次脉冲放电后，工件与金属丝间迅速恢复绝缘状态，以便产生下一次脉冲放电。否则，将形成持续的电弧放电而影响加工质量。

14.2　电　解　加　工

电解加工（ECM）又称电化学加工，是继电火花加工之后发展较快、应用较广的一项新工艺，是机械制造业中一种不可缺少的工艺方法。

14.2.1　电解加工原理与规律

1. 电解加工的基本原理

电解加工是利用金属在电解液中可以产生阳极溶解的电化学原理进行加工的。电解加工是在电抛光基础上发展起来的，其加工原理如图 14-9 所示。加工时工件 2 连接于直流电源 5 的正极（阳极），工具 1 连接于直流电源 5 的负极（阴极）。两极之间的电压一般为低电压（5～25 V）。两极之间保持一定的间隙（0.1～0.8 mm）。电解液 4 以较高的速度（5～60 m/s）流过，使两极间形成导电通路，并产生电流。于是，工件被加工表面的金属材料不断地产生电化学反应而溶解到电解液中，电解的产物则被电解液带走。加工过程中，工具阴极不断地向工件恒速进给，工件的金属不断被熔解，使工件与工具各处的间隙趋于一致。工具阴极的形状尺寸将复印在工件上，从而得到所需要的零件形状。

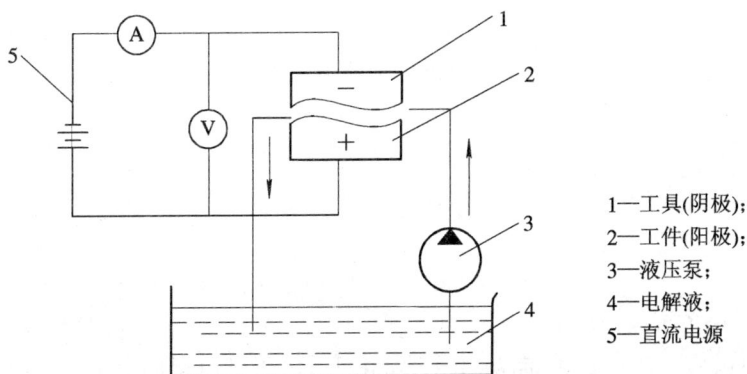

1—工具(阴极)；
2—工件(阳极)；
3—液压泵；
4—电解液；
5—直流电源

图 14-9　电解加工示意图

电解加工成形原理如图 14-10 所示。电解加工刚开始时，工件毛坯的形状不同，电解之间间隙不相等，如图 14-10(a)所示。间隙小的地方电场强度高，电流密度大（图中竖线稠密处），金属熔解速度快；反之，工具与工件较远处加工速度就慢。随着工具不断向工件进给，阳极表面的形状就逐渐与阴极形状相近，间隙大致相同，电流密度趋于一致，如图 14-10(b)所示。

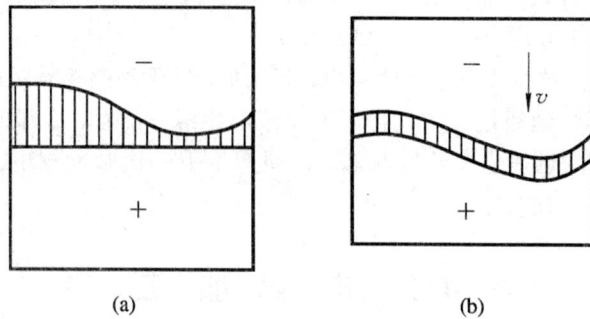

图 14-10 电解加工成形原理

(a) 间隙不相等(开始电解)；(b) 间隙相等

电解加工时，工件和工具都浸在电解液中，接通电源后电极和电解液中就有电流通过，如图 14-11 所示。所以，电解液必须由能导电的物质和水混合而成。常用的电解液为 NaCl 水溶液。

NaCl 是一种强电解质，溶于水后几乎全部被电解，氯化钠分子电离为正的钠离子和负的氯离子；水是一种弱的电解质，但仍有少量电解，其化学反应式为

$$NaCl \leftrightarrows Na^+ + Cl^-$$

$$H_2O \leftrightarrows H^+ + OH^-$$

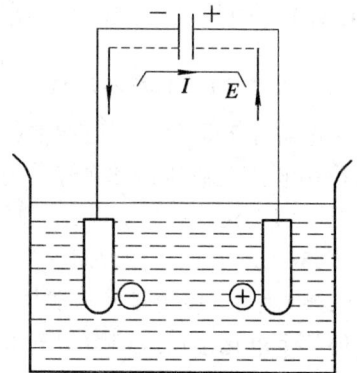

图 14-11 阳极溶解原理

外加直流电源使工件(钢铁材料)为阳极，工具(铜材)为阴极。通电后，溶液在电场力的作用下负离子 Cl^-、OH^- 向阳极移动，而阳极表面的铁原子在电源正电压作用下放出电子，正离子 Fe^{2+} 进入电解液中与负离子 OH^- 化合反应生成 $Fe(OH)_2$。因其在水溶液中的溶解度很小，故生成沉淀而离开反应系统，即

$$Fe - 2e \rightarrow Fe^{2+}$$

$$Fe^{2+} + 2(OH) \rightarrow Fe(OH)_2 \downarrow$$

沉淀为墨绿色的絮状物，随着电解液的流动而被带走。$Fe(OH)_2$ 又逐渐被电解液及空气中的 O_2 氧化为 $Fe(OH)_3$，即

$$4Fe(OH)_2 + 2H_2O + O_2 \rightarrow 4Fe(OH)_3 \downarrow$$

$Fe(OH)_3$ 为黄褐色沉淀(铁锈)。

溶液中的正离子 Na^+、H^+ 向阴极移动，由于 H^+ 得到电子的能力比 Na^+ 强，故在阴极得到电子还原为氢原子，进而结合成氢气放出，其还原反应式为

$$2H^+ + 2e \rightarrow 2H \rightarrow H_2 \uparrow$$

根据法拉第定律，金属阳极溶解的溶解量与通过的电量成正比。

2. 电解加工的特点及应用

1) 电解加工的特点

(1) 加工范围广。电解加工能加工各种高强度、**高硬度**、**高韧性**的导电材料，如硬质合金、淬硬钢、耐热合金等难加工材料。

(2) 生产效率高。电解加工是特种加工中材料去除速度最快的方法之一，约为电火花加工的 5～10 倍。

(3) 加工过程无机械切削力和切削热。因为没有力与热给工件带来变形，所以，电解加工可以加工刚性差的薄壁零件。因加工表面无残余应力和毛刺，故可获得较小的表面粗糙度值(一般 Ra 为 1.25～0.2 μm)和一定的加工精度(平均尺寸误差约为±0.1 mm)。

(4) 加工过程中，工具阴极理论上无损耗，可长期使用并保持其精度。

(5) 不需要复杂的成形运动就可加工复杂的空间曲面，而且不会像传统机械加工(如铣削)那样留下条纹痕迹。

(6) 不能加工非导电材料，较难加工窄缝、小孔及尖角。

(7) 复杂表面的工具电极的设计与制造比较难，不利于单件、小批生产。

(8) 用电解加工制造出来的工件其疲劳强度约降低 10%～20%，因此，对疲劳强度要求较高的工件，可用喷丸硬化来恢复强度。

(9) 电解加工附属设备较多，占地面积大，投资大，且设备易腐蚀和生锈，需采取一定的防护措施。

(10) 电解加工的缺陷主要有空蚀、产生亮点、加工精度较低等。

2) 电解加工的应用

电解加工主要用于切削加工较为困难的领域，如难加工材料、形状复杂的表面、刚性较差的薄板等。常用的有电解穿孔、电解成形、电解去毛刺、电解切割、电解抛光和电解刻印等。图 14-12 列出了几种电解加工的应用。

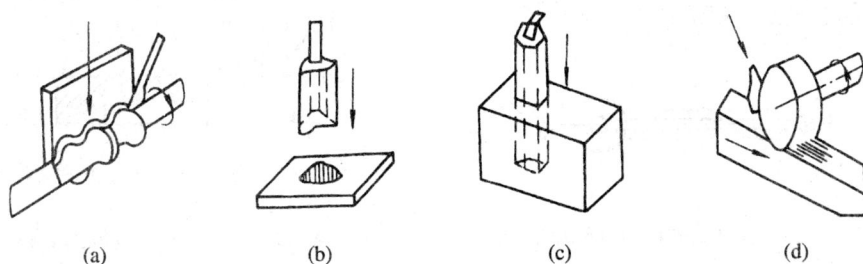

图 14-12　电解加工的应用
(a) 成形车削；(b) 薄板上钻型孔；(c) 钻深孔；(d) 铣削

(1) 电解穿孔。对于形状复杂、尺寸较小的型孔(四方、六方、椭圆、半圆等形状的通孔和盲孔)，可方便地采用电解加工。电解穿孔已广泛应用于枪、炮管内孔和膛线(来复线)等加工。型孔加工多采用单面进给方式，为避免形成锥度，阴极(工具)侧面必须绝缘。一般用环氧树脂作为绝缘层与阴极侧面粘牢，如图 14-13 所示。

(2) 电解成形。电解成形可使用成形阴极(工具)对复杂工件型腔一次成形，生产率高，表面粗糙度值小；但其加工精度易受电场、流场、电解液状态及进给速度等的影响。生产

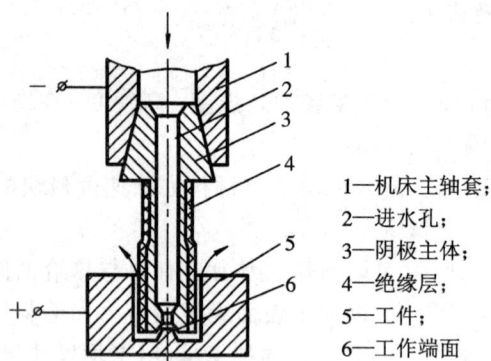

1—机床主轴套；
2—进水孔；
3—阴极主体；
4—绝缘层；
5—工件；
6—工作端面

图 14-13　单面进给式型孔加工示意图

中常根据均匀间隙理论初步设计工具形状，然后经多次试验修正以达到精度要求。目前电解成形多用于锻模型腔加工，尺寸精度可控制在 0.1～0.2 mm 的范围内。图 14-14 所示为连杆型腔模的电解加工示意图。

(3) 电解去毛刺。用电解去毛刺时，电极静止不动，把工件绝缘起来，仅让有毛刺的部分露出，用与工件形状相应的工具把毛刺蚀除掉。因电解去毛刺可大大提高工效和节省费用，并可减少对已加工表面的损坏，故广泛应用于汽车、拖拉机等大批量生产中。图 14-15 所示为齿轮的电解去毛刺示意图。

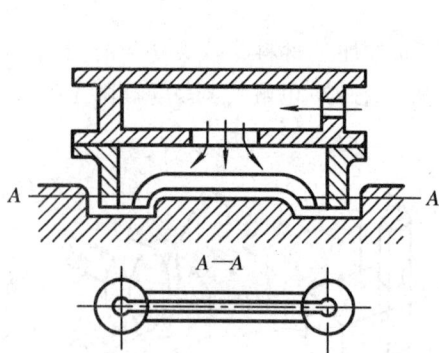

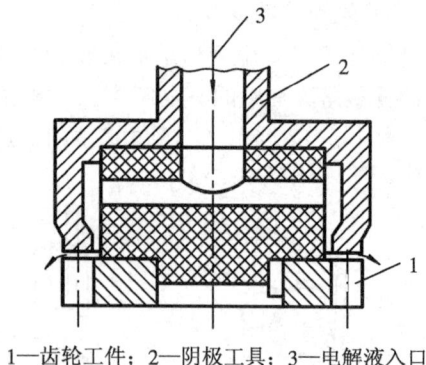

1—齿轮工件；2—阴极工具；3—电解液入口

图 14-14　连杆型腔模的电解加工　　　　图 14-15　齿轮的电解去毛刺

3. 电解加工的基本规律

影响电解加工生产率的主要因素有电量和加工间隙两个方面。

电解时电极上溶解或析出物质的量(质量或体积)与电解电流大小和电解时间成正比，即所谓法拉第电解定律。电解加工时某处的蚀除速度与该处的电流密度成正比，电流密度越高，生产率也越高。电解加工时平均电流密度约为 $10～100 \ A/cm^2$。若电流密度过高，将会出现火花放电，析出氯、氧等气体，并使电解液温度过高，甚至在间隙内会造成沸腾气化而引起局部短路。

电极间隙越小，电解液的电阻也越小，电流密度就越大，因此蚀除速度越高，生产率越高。图 14-16 所示为不同电压时蚀除速度 v_a 与加工间隙 ΔL 之间的双曲线图形。

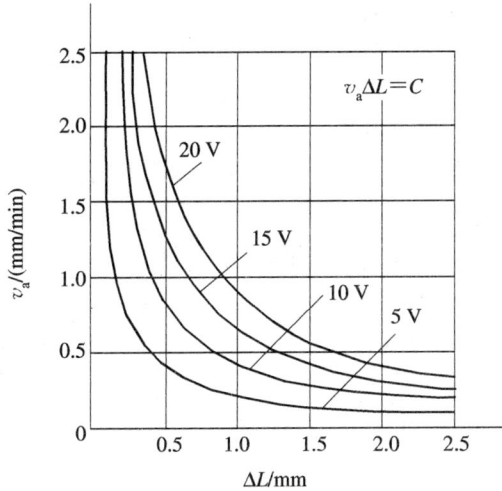

图 14-16　v_a 与 ΔL 间的双曲线关系

加工间隙的大小不仅影响蚀除速度，还影响工件尺寸和成形精度。在电解加工中加工间隙往往受到进给速度的影响。假定电解加工刚开始的起始间隙为 ΔL_0，如果阴极固定不动，则加工间隙会因工件有蚀除而逐渐增加，从而反过来会使蚀除速度逐渐减小，因此阴极应以一定速度向工件进给才能维持正常加工。若阴极以恒定速度 v_f 进给，则加工间隙逐渐减小，蚀除速度将相应增大，随着时间推移，总会出现工件的蚀除速度 v_a 与阴极的进给速度 v_f 相等而达到动态平衡。此时加工间隙将稳定不变，称之为平衡间隙 ΔL_b。平衡间隙一般为 0.12~0.8 mm，较合适的为 0.25~0.3 mm。实际的平衡间隙主要取决于选用的电压和进给速度。

利用平衡间隙理论可以计算加工过程中各种电极间隙，如端面、斜面、侧面间隙。根据阴极的形状可推算加工后工件的形状和尺寸，反过来也可根据工件形状尺寸设计计算阴极形状尺寸。同时还可利用阴极形状选择各种加工参数，如电极间隙、电源电压、进给速度等。

平衡间隙理论是分析各种加工间隙的基础，凡对平衡间隙有影响的因素，如阴极进给速度、加工电压、电流效率（金属蚀除量占理论计算蚀除量的百分比）、工具形状、电解液流向等都会影响加工间隙，也将影响电解加工的成形精度。

14.2.2　电解加工的设备

电解加工的设备包括直流电源、机床及电解液系统三大部分。

1. 直流电源

电解加工中常用的直流电源为硅整流电源及可控硅整流电源。在硅整流电源中，首先用变压器把 380 V 交流电变为低电压的交流电，而后再用 2CZ 型的大功率硅二极管将交流转变为直流。生产中常采用扼流式饱和电抗器调压、自饱和式电抗器调压及可控硅调压等。为进一步提高电解加工精度，常采用脉冲电流的电解加工。因为电解加工多采用大电流，故可控硅脉冲电源应用较多。

2. 机床

电解加工机床的功能是安装夹具、工件和阴极工具，并实现相对运动，传送直流电和电解液。机床的形式主要有卧式和立式两类。卧式机床主要用于加工叶片、深孔及其他长筒形零件。立式机床主要用于加工模具、齿轮、型孔、短的花键等。

电解加工机床大多采用机电传动方式，目前大多数采用伺服电动机或直流电动机无级调速的进给系统。电解加工中的进给速度比较低，常需要降速机构。因降速较大，故行星减速器、谐波减速器在电解加工机床中应用较多。为保证进给系统的灵敏性，使低速进给时不发生爬行现象，故广泛采用滚动导轨和滚珠丝杠传动。

对长期与电解液及其腐蚀性气体接触的部分，如机床的工作台、工作箱和夹具等部分，使用了耐腐蚀材料，如不锈钢、铜及耐腐蚀塑料等。

电解加工机床的其他部分，也采用耐腐蚀材料，如花岗石、耐蚀水泥制造的床身和立柱。还对各部件表面喷涂环氧树脂等耐腐蚀塑料。

3. 电解液系统

电解液系统的功能是使电解液产生强力循环，冲走工具与工件间的电解产物，便于电解连续加工。电解液系统主要由泵、电解液槽、过滤装置、管道和阀门等组成，如图 14-17 所示。

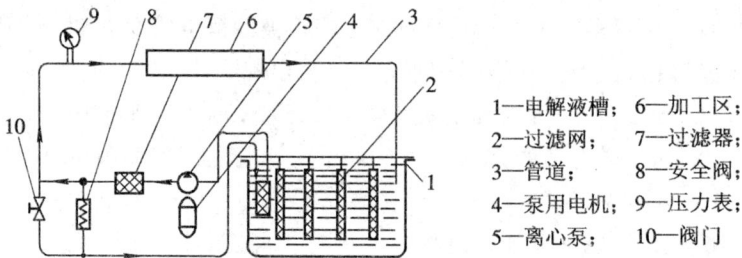

1—电解液槽； 6—加工区；
2—过滤网； 7—过滤器；
3—管道； 8—安全阀；
4—泵用电机； 9—压力表；
5—离心泵； 10—阀门

图 14-17 电解液系统示意图

采用自然沉淀的方法净化电解液，目前仍然应用的较为广泛。因金属氢氧化物是成絮状物存在于电解液中的，且质量较小，故自然沉淀速度很慢。只有采用较大的沉淀面积，才能获得良好效果。

14.3 激光加工

14.3.1 激光加工的原理与规律

1. 激光加工的基本原理

图 14-18 所示为激光加工示意图。激光加工是利用激光器发射出来的具有高方向性和高亮度的激光，通过光学系统把激光束聚焦成一个极小的光斑（直径仅有几微米或几十微米），使光斑处获得极高的能量密度（$10^7 \sim 10^{11}\,\mathrm{W/cm^2}$），达到上万摄氏度的高温，从而能

在很短时间内使各种物质熔化和汽化，从而达到蚀除工件材料的目的。

激光加工就其机理而言，一般认为当能量密度极高的激光照射在被加工表面时，光能被加工表面吸收并转换成热能，使照射斑点的局部区域迅速熔化甚至汽化蒸发，并形成小凹坑。与此同时开始热扩散，使斑点周围金属熔化，随着激光能量的继续吸收，凹坑中金属蒸气迅速膨胀，压力突然增加，熔融物被爆炸性地高速喷射出来。其喷射所产生的反冲压力又在工件内部形成一个方向性很强的冲击波。工件材料在高温熔融和冲击波作用下，蚀除了部分物质，从而打出一个具有一定锥度的小孔。

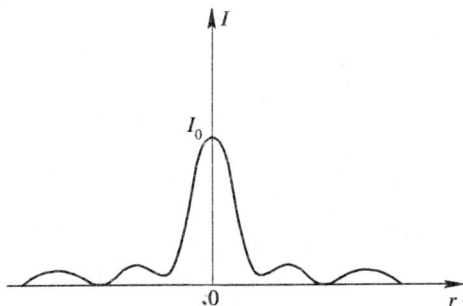

1—激光束；
2—聚焦透镜；
3—水冷透镜支架；
4—冷却水进口；
5—冷却水出口；
6—气体进口；
7—喷嘴；
8—聚焦光束；
9—喷吹气体流；
10—被切工件

图 14 - 18　激光加工示意图

2. 激光加工的基本规律

尽管激光具有高方向性并近似平行光束，但它仍具有一定的发散角（约为 10^{-3} rad）。这使得激光经聚焦物镜聚集在焦面上后形成仍有一定直径的小斑点，且在小斑点其能量的分布是不均匀的，而是按贝赛函数分布，如图 14 - 19 所示。在光斑中心处光强度 I_0 最大，相应能量密度最高，远离中心点的地方就逐渐减弱。而激光的波长和焦距直接影响光斑面积大小，即影响焦点中心处最大光强。激光加工是一种热加工，加工过程中有热传导损失，因此增大激光束的功率也是增大焦点中心强度的主要措施。可见，影响激光加工的因素主要有激光器的输出功率、焦距和焦点位置、光斑内能量分布及工件吸光特性等。

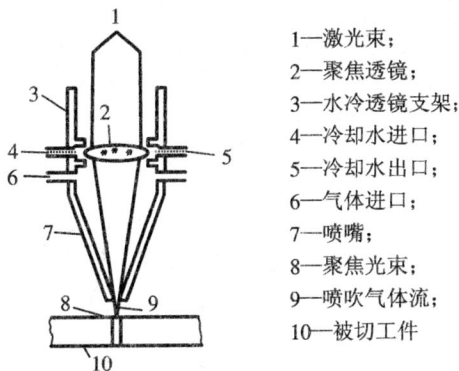

图 14 - 19　焦点面上的光强度分布

当激光的输出功率大、照射时间长时，工件所获得的激光能量也大。但当激光能量一定时，照射时间太长会使热散失增多，时间太短则因功率密度过高而使蚀除物质以高温气体喷出，这都会降低能量的使用效率。因此，激光照射时间一般为几分之一毫秒到几毫秒。

当激光束发散角越小，聚焦物镜焦距越短时，在焦面上可以获得更小的光斑及更高的功率密度。所以，一般尽可能减小激光束发散角和采用短焦距（20 mm 左右）物镜，只有在一些特殊的情况下才选用较长的焦距。同时，焦点位置对于孔的形状和深度都有很大影响。当焦点位置很低时，透过工件表面的光斑面积很大，这不仅会产生较大的喇叭口，而且会因能量密度减小而影响加工深度，即增大了锥度，如图 14 - 20(a)所示。当焦点逐渐提高时，孔深增加；但若太高时，同样会使工件表面上光斑很大而导致蚀除面积大，深度浅，如图 14 - 20(d)、(e)所示。一般激光的实际焦点在工件的表面或略微低于工件表面为宜，如图 14 - 20(b)、(c)所示。

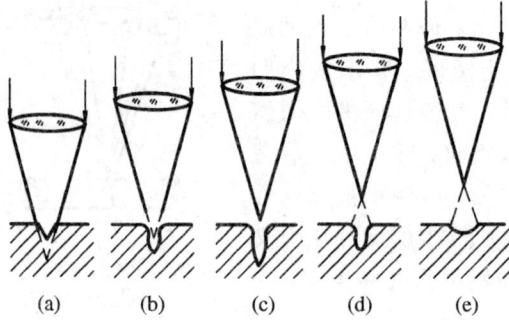

图 14 - 20　焦点位置对孔剖面形状的影响

光斑内的能量分布状态也是影响激光加工的重要因素，能量分布以焦点为轴心越对称，如图 14 - 21(a)所示，加工出的孔效果就越好；越不对称，效果越差，如图 14 - 21(b)所示。光的强度分布与工作物质的光学均匀性及谐振腔调整精度直接相关。

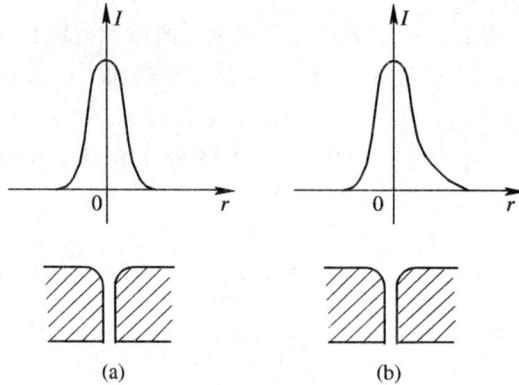

图 14 - 21　激光能量分布与孔加工质量
(a) 轴心对称；(b) 轴心不对称

用激光加工时，照射一次的加工深度仅为孔径的五倍左右，而且锥度较大，因此常用激光多次照射来扩大深度和减小锥度，而孔径几乎不变。但孔深并不与照射次数成正比，孔加工到一定深度后，因孔内壁的反射、透射以及激光的散射或吸收，抛出力减小，排屑困难等原因，使孔的前端能量密度不断减小，加工量逐渐减小，以致不能继续下去。

激光加工时其能量不可能全部被吸收，有相当部分将被反射或透射而散失掉，其吸收效率与工件材料的吸收光谱及激光波长有关。在生产实际中，应根据工件材料的吸收光谱的性能去合理选择激光器。对于高反射率和透射率的工件应在加工前作适当处理，如打毛或黑化，以增大其对激光的吸收效率。

3. 激光加工的应用

激光加工可以用于打孔、切割、雕刻及进行表面处理等。利用激光的单色性还可以进行精密测量。

1) 激光打孔

激光打孔是激光加工中应用最早和最广泛的一种加工方法。利用凸镜将激光在工件上聚焦,焦点处的高温使材料瞬时熔化、汽化、蒸发,好像一个微型爆炸。汽化物质以超音速喷射出来,它的反冲击力在工件内部形成一个向后的冲击波,在此作用下将孔打出。激光打孔速度极快,效率极高。例如用激光给手表的红宝石轴承打孔,每秒钟可加工 14~16个,合格率达 99%。

2) 激光切割

与激光打孔原理基本相同,激光切割也是将激光能量聚集到很微小的范围内把工件烧穿。但切割时需移动工件或激光束(一般移动工件),沿切口连续打一排小孔即可把工件割开。激光可以切割金属、陶瓷、半导体、布、纸、橡胶、木材等,且切缝窄、效率高、操作方便。

3) 激光焊接

激光焊接与激光打孔原理稍有不同,焊接时不需要那么高的能量密度使工件材料汽化蚀除。而只要将工件的加工区烧熔,使其粘合在一起。因此,所需能量密度较低,可用小功率激光器。与其他焊接相比,激光焊接具有焊接时间短、效率高、无喷渣、被焊材料不易氧化、热影响区小等特点。激光焊接不仅能焊接同种材料,而且可以焊接不同种类的材料,甚至可以焊接金属与非金属材料。

4) 激光表面热处理

利用激光对金属工件表面进行扫描,从而引起工件表面金相组织发生变化,进而对工件表面进行表面淬火、粉末粘合等。用激光表面淬火,工件表层的加热速度极快,内部受热极少,工件不产生热变形,特别适合于对齿轮、汽缸筒等形状复杂的零件进行表面淬火。同时,因不必用加热炉,故也适合于大型零件的表面淬火。粉末粘合是在工件表层上用激光加热后熔入其他元素,可提高和改善工件的综合力学性能。

4. 激光加工的主要特点

激光除具有光的一般特性(如反射、折射、绕射及干涉等)外,还具有高亮度、高方向性、高单色性和高相干性四大特点,这四大优异特性给激光加工带来了其他方法所不具备的特点:

(1) 加工方法多、适应性强。在同一台设备上可完成切割、焊接、表面处理、打孔等多种加工;既可分步加工,又可几个工位同时加工。可加工高硬度、高熔点、高强度及脆性、柔性等各种材料。可在大气中加工,也可在真空中加工。

(2) 加工精度高,质量好。对微型陀螺转子,采用激光动平衡技术,其平衡精度可达百分之一或千分之几微米的质量偏心值。因高能量密度和非接触式加工,以及作用时间短,故工件热变形小;无机械变形,对精密小零件的加工非常有利。

(3) 加工效率高,经济效益好。在有些情况下用激光切割可提高效率 8~10 倍;用激光进行深溶焊接的生产效率比传统方式提高 30 倍。用激光微调薄膜电阻,提高工效 1000倍,提高精度 1~2 个量级。用激光强化电镀,其金属沉积率可提高 1000 倍。金刚石拉丝模用机械方法打孔需要 24 h,激光打孔只需 2 s,提高工效 43 200 倍。与其他打孔方法相比,激光打孔的费用节省 25%~75%,间接加工费用节省 50%~75%。与其他切割方法相比,激光切割钢材降低费用 70%～90%。

（4）节约能源与材料，无公害与污染。激光束的能量利用率为常规热加工工艺的 10～1000 倍。激光束不产生像电子束那样的射线，无加工污染。

（5）加工用的是激光束，无"刀具"磨损及切削力影响等问题。激光加工是利用激光束与物质相互作用的特性对材料（包括金属与非金属）进行微加工的技术。

14.3.2　激光加工机床

1. 激光加工机床的组成

激光加工机床包括激光器、电源、光学系统及机械系统等四大部分，如图 14-22 所示。

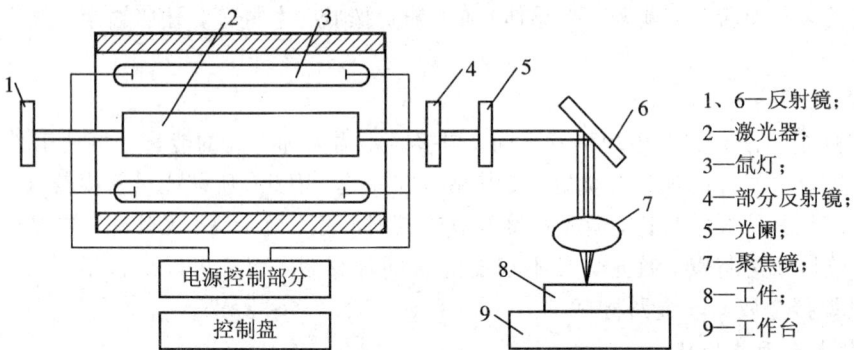

图 14-22　激光加工装置示意图

1、6—反射镜；
2—激光器；
3—氙灯；
4—部分反射镜；
5—光阑；
7—聚焦镜；
8—工件；
9—工作台

1）激光器

激光器的作用是把电能转变为光能，当工作物质受到氙灯 3 发出的光能激发时，产生激光，并通过两块平行的全反射镜 1、6 和部分反射镜 4 之间多次来回反射，互相激发，迅速反射放大，并通过部分反射镜和光阑 5 输出激光。

2）激光器电源

激光器电源为激光器提供所需的能量，包括电压控制、时间控制、储能电容及触发器等。

3）光学系统

光学系统的作用在于把激光引向聚焦物镜 7，调整聚焦点位置，使激光以小光点打到工件 8 上。它由显微镜瞄准，加工位置可在投影仪上显示。

4）机械系统

机械系统包括床身、工作台、机电控制系统、冷却系统等。床身为固定各部件的基准。工作台能在三坐标范围内移动，以调整加工位置。机电系统为机床的电器操纵部分，控制加工过程。冷却系统是用循环水冷却激光器，以防过热。

2. 常用激光器

激光器按工作物质可分为固体、气体、液体、半导体、化学激光器等；按工作方式可分为连续、脉冲、突变、超短脉冲激光器等。激光加工通常用固体激光器。表 14-2 所列是按工作物质分类的情况。

表 14 - 2　激光器的种类（按工作性质分）

激光器	固体激光器	气体激光器	液体激光器	化学激光器	半导体激光器
优点	功率大，体积小，使用方便	单色性、相干性、频率稳定性好，操作方便，波长丰富	价格低廉，设备简单，输出波长连续可调	体积小，重量轻，效率高，结构简单紧凑	不需外加激励源，适合于野外使用
缺点	相干性和频率稳定性不够，能量转换效率低	输出功率低	激光特性易受环境温度影响，进入稳定工作状态时间长	输出功率较低，发散角较大	目前功率较低，但有希望获得巨大功率
应用范围	工业加工、雷达、测距、制导、医疗、光谱分析、通信与科研等	应用最广泛，几乎遍及各行各业	医疗、农业和各种科学研究	通信、测距、信息存储与处理等	测距、军事、科研等
常用类型	红宝石激光器	氦氖激光器	染料激光器	砷化镓激光器	氟氢激光器

图 14 - 23 为红宝石激光器的结构示意图。激光器一般由以下三个基本部分组成。

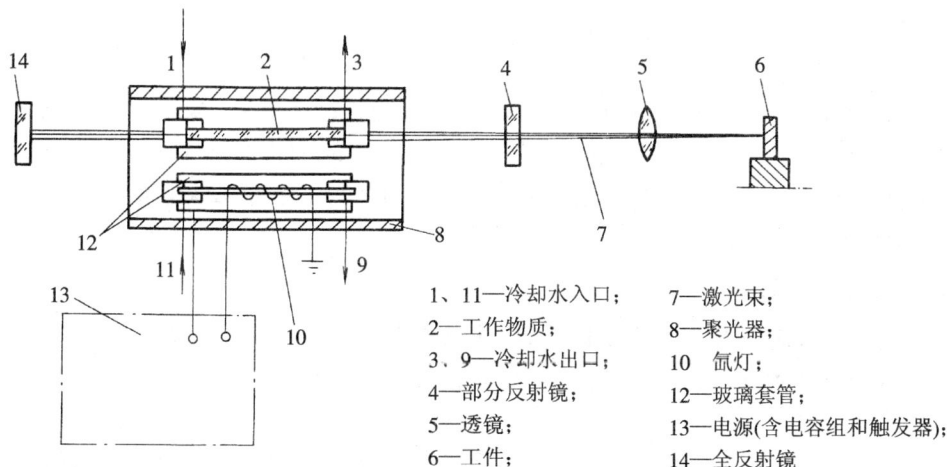

1、11—冷却水入口；　　7—激光束；
2—工作物质；　　　　8—聚光器；
3．9—冷却水出口；　　10　氙灯；
4—部分反射镜；　　　12—玻璃套管；
5—透镜；　　　　　　13—电源(含电容组和触发器)；
6—工件　　　　　　　14—全反射镜

图 14 - 23　红宝石激光器结构示意图

1）工作物质

只有能实现粒子数反转的物质才能作为激光器的工作物质。在红宝石激光器中，工作物质是一根红宝石晶体棒，棒的两端严格平行，均垂直于棒轴。

2）谐振腔

谐振腔的主要作用是使工作物质所产生的受激发射能建立起稳定的振荡状态，从而实现光放大。主要由两块反射镜（一块为全反射镜 14，另一块为部分反射镜 4)组成，各置于工作物质的一端，并与工作物质轴线垂直。

3）激励能源

激励能源的作用是把工作物质中多余一半的原子从低能级激发到高能级上，实现工作物质粒子数反转。红宝石激光器是以脉冲氙灯、电源和聚光器为激励能源。聚光器是椭圆柱形的，其内表面具有高反射率，脉冲氙灯和红宝石晶体棒处于它的两条焦线上。

14.4 精密、超精密加工

14.4.1 精密、超精密加工概述

1. 精密、超精密加工的概念

精密加工是指加工精度和表面质量达到很高程度的加工工艺。超精密加工是指加工精度和表面质量达到极高程度的精密加工工艺。按我国目前的加工水平，一般加工、精密加工和超精密加工划分如下：

1）一般加工

一般加工是指加工精度在 10 μm 左右，相当 IT7~IT5 级精度，表面粗糙度 Ra 为 0.8~0.2 μm 的加工方法，如车、铣、刨、磨、铰等。一般加工适用于汽车、拖拉机制造等工业。

2）精密加工

精密加工是指加工精度在 10~0.1 μm，表面粗糙度值 Ra 为 0.1 μm 以下的加工方法，如金刚车、金刚镗、研磨、珩磨、超精研、砂带磨、镜面磨削和冷压加工等。精密加工适用于精密机床、精密测量仪器等制造业中关键零件的加工。

3）超精密加工

超精密加工是指加工精度在 0.1~0.01 μm，表面粗糙度值 Ra 为 0.001 μm 的加工方法。加工中所使用设备的分辨率和重复精度应为 0.01 μm。目前，超精密加工的精度正从微米工艺向纳米工艺提高。微米工艺是指精度为 $1\sim10^{-2}$ μm 的微米、亚微米级工艺，而纳米（nm）工艺是指精度为 $10^{-2}\sim10^{-3}$ μm 的纳米级工艺。

2. 精密、超精密加工的意义

现代机械工业之所以要致力于提高加工精度，其主要原因在于：提高产品的性能和质量，提高质量的稳定性与性能的可靠性，促进产品的小型化，增强零件的互换性，提高装配生产率，促进装配自动化。

事实表明，精密、超精密加工是现代制造技术的前沿，是国际竞争中取得成功的关键技术。精密、超精密加工技术水平对一个国家的经济、军事、科技等各领域的发展具有重大的支持意义，是一个国家实力与能力的主要象征。

3. 精密加工和超精密加工的特点

精密加工、超精密加工和一般加工比较特点如下：

（1）精密加工和超精密加工以精密元件为加工对象，并随精密元件而发展，如平板、直角尺、齿轮、丝杠、蜗轮副、分度板和球等都是典型精密元件。现代工业的发展，大规模集成电路芯片、金刚石模具、合成蓝宝石轴承、非球面透镜及精密伺服阀零件等正成为新的典型精密元件。

（2）精密加工和超精密加工不仅要保证很高的精度和表面质量，同时要求有很高的稳定性或保持性，不受外界条件变化的干扰。

（3）精密测量是精密加工的必要条件，没有相应的精密测量手段，就不能科学地衡量精密加工所达到的精度和表面质量。

（4）现代精密加工常与微细加工结合在一起，要有与精度相适应的微量切削。因此出现了一系列精密加工和微细加工的方法，如金刚石精密车削、精密抛光、弹性发射加工、机械化学加工以及电子束、离子束等加工方法。

（5）现代精密加工和超精密加工常与自动控制联系在一起，广泛采用微型计算机控制、自适应控制系统，以避免手工操作引起的随机误差，提高加工质量。

（6）现代精密加工和超精密加工常采用复合加工技术，以达到更理想的效果。例如，超声振动研磨、电解磨削等是两种作用的复合，超声电解磨削、超声电火花磨削是三种作用的复合，甚至有超声电火花电解磨削等四种作用的复合加工。

14.4.2　精密、超精密加工方法

精密、超精密加工主要有精密切削加工、精密磨削、精密珩磨、超精研、精密研磨、超精密磨料加工、电解磨削和纳米加工（原子、分子加工单位的加工方法）等。

表 14-2 所列为精密和超精密加工中各级加工精度的主要加工方法及有关技术。

表 14-2　精密加工和超精密加工中各级加工精度的加工方法及有关技术

精度	加工方法	刀具和材料	加工设备结构	测量装置	工作环境
10 μm	精密切削及磨削、电火花加工、电解加工	高速钢刀具、硬质合金刀具，氧化铝砂轮、碳化硅砂轮	精密滑动导轨或滚动导轨、精密丝杠、交流伺服电动机、步进电动机、电液脉冲马达	气动量仪、千分表、光学量角仪、光学显微镜、感应同步仪	一般的清洁空间
1 μm	微细切削及磨削、精密电火花加工、电解抛光、激光加工、光刻加工、电子束加工	金刚石刀具、氧化铝砂轮、碳化硅砂轮、高熔点金属氧化物（氧化铈、碳化硼等）、光敏抗蚀剂	液体动压轴承、精密滑动导轨或空气静压导轨、空气静压轴承、加预载的滚动导轨、直流伺服电动机	千分表、光栅、差分变压器、精密气动测微仪、微硬度计、紫外线显微镜	恒温室、防振基础
0.1 μm	超精密切削及磨削、精密研磨光刻加工、化学蒸气沉积、真空沉积	金刚石刀具、磨料、细粒度砂轮和砂带、光敏抗蚀剂	精密空气静压轴承及导轨、红宝石滚动轴承及导轨、精密直流伺服电动机微机适应控制	精密光栅、精密差分变压器、激光干涉仪、电磁比长仪、荧光分析仪	恒温室、防振基础、超净工作间或超净工作台
0.01 μm	机械化学研磨、活性研磨、物理蒸气沉积、电子刻蚀、同步加速器轨道辐射刻蚀	活性磨料或研磨液、光敏抗蚀剂	微位移工件台、高精密直流伺服电动机、电磁伺服执行机构	超精密差分变压器、电磁传感器、光学传感器、电子衍射仪、X射线微分分析仪	高级恒温室、防振基础、超净工作间
0.001 μm	离子溅射去除加工、离子溅射镀膜、离子溅射注入	离子束	静电及电磁偏转、电致伸缩、磁致伸缩	电子显微镜、多反射激光干涉仪	高级恒温室、防振基础、超净工作间

第15章　机床的安装、验收与维护

15.1　机床的安装

15.1.1　机床的基础

机床基础的作用是支承机床,承受机床和工件的重量以及加工时的作用力,并吸收工作时产生的振动等。机床基础的好坏,不但对机床的加工质量及使用寿命有着重要的影响,而且还会影响周围设备或仪器的正常工作。因此,机床的基础必须有良好的稳定性,以及良好的消振和隔振作用。综上所述,机床在安装之前,应按照 GB40—75《动力机器基础设计规范》或机床说明书对机床基础的要求认真学习并做相应处理。

机床基础一般可分为混凝土地坪式和单独块状式两大类。混凝土地坪式基础由于施工和安装比较简单,故成本较低。图 15-1 是一种单独块状式基础,由防振层 1、基础块 2、木板 3 等构成,整个机床的基础坐落在地基 5 上,4 为混凝土地坪。

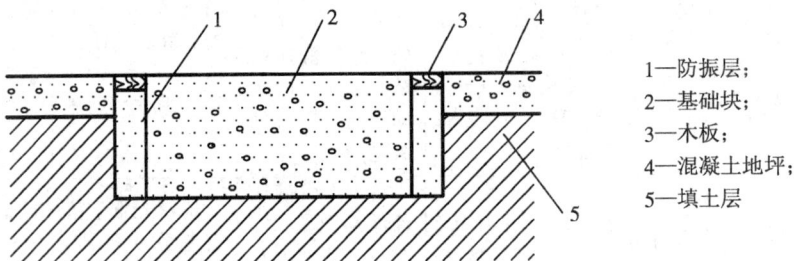

1—防振层;
2—基础块;
3—木板;
4—混凝土地坪;
5—填土层

图 15-1　单独块状式基础

机床基础应具有一定的重量,以吸收机床的振动,保证加工质量。根据实践经验,机床基础的重量与机床及工件重量的关系是:

$$W_{\text{基}} = k(W_{\text{床}} + W_{\text{件}}) \tag{15-1}$$

式中:$W_{\text{基}}$——基础重量(t);

　　　$W_{\text{床}}$——机床重量(t);

　　　$W_{\text{件}}$——机床上加工的最重工件重量(t);

　　　k——系数,一般机床 $k=1.1\sim1.3$;重心较高的机床 $k=1.5\sim1.7$。

如果机床的刚度较差(当 $L/H > 8\sim10$ 时),需要与基础共同作用保证机床的刚度时,应适当增加基础的厚度。基础平面尺寸应大于机床安装面的轮廓尺寸,既可增加机床的刚度,又便于调整机床,如车床基础平面尺寸应比其底座每边大于 100～300 mm;磨床应比其底座每边大 100～700 mm。重心较高的机床,如立式机床,在一般机床基础平面尺寸的基础上每边加宽 200～500 mm。

机床基础内一般不配置钢筋,但当基础长度大于 6 m 或者基础受力不均、基础上面支承点较少和填土层不良时,可在基础内设置 Φ8～Φ14 mm、间距 150～250 mm 的钢筋网。如果基础的长度超过 11 m,应根据机床说明书或国家有关标准配置相应的钢筋。

单独块状式基础可按表 15-1 设计计算。

表 15-1 金属切削机床混凝土基础厚度

序号	机床名称	基础厚度/m	序号	机床名称	基础厚度/m
1	卧式车床	$0.3+0.07L$	10	螺纹磨床 齿轮磨床	$0.4+0.10L$
2	立式车床	$0.5+0.15H$	11	高精度外圆磨床	$0.4+0.10L$
3	铣床	$0.2+0.15L$	12	摇臂钻床	$0.2+0.13H$
4	龙门铣床	$0.3+0.075L$	13	深孔钻床	$0.3+0.05L$
5	牛头刨床	$0.6～1.0$	14	坐标镗床	$0.5+0.15L$
6	插床	$0.3+0.15H$	15	卧式镗床、落地镗床	$0.3+0.12L$
7	龙门刨床	$0.3+0.15L$	16	卧式拉床	$0.3+0.05L$
8	内圆、外圆,平面,无心磨床	$0.3+0.08L$	17	齿轮加工机床	$0.3+0.15L$
9	导轨磨床	$0.4+0.08L$	18	立式钻床	$0.3～0.6$

注:① 表中 L 为机床长度(m);H 为机床的高度(m)。
② 表中基础厚度指机床底下(如有垫铁时,指垫铁下)承重部分的厚度。

机床基础的结构形式一般是根据机床的重量、外廓尺寸、工作特性、加工精度以及地基的周围环境等来选择的。通常,中小型普通机床采用混凝土地坪式基础,大型机床采用加厚的混凝土地坪式基础或单独块状式基础,精密机床采用单独块状式混凝土基础。

对于振动和冲击较大的机床,要采用隔振措施,以减小对周围设备的影响;对于环境要求高的精密机床,要避免周围振源的影响,也必须采取隔振措施。

最简单的隔振方法是让振动源与设备相距至少 5 m 以上,可使振动的能量随距离的增加而衰减。还可以在基础的周围设置与基础深度相等的防振沟,使振动波无法通过而起到隔振作用。图 15-1 中 1 即为防振沟,防振沟一般填充炉渣之类的松软材料,宽度为 100～150 mm。沟内不填充松散材料,同样可以起到阻断振动波的作用。对于高精度机床,不仅要在基础周围设置防振沟,还要在基础底部采取隔振措施。

机床基础一般采用 300 号或 400 号水泥制成的混凝土浇灌。浇灌时应连续进行,否则会影响基础的质量。机床的基础浇灌好后,要进行初步的水平检验。

15.1.2 机床的安装

机床的安装就是按照机床的技术要求,将机床固定在基础上,并使其获得所要求的坐标位置。机床安装质量的好坏,将直接影响机床精度的保持性和机床的加工精度。

1. 机床安装方式

机床安装的方式通常有两种:一种是直接把机床安装在混凝土地基上,用垫铁调整机床的安装精度。这种方法简单方便,适用于中小型机床及加工过程较平稳、刚度较好,振动小的机床。但是,在受到不稳定因素的影响或冲击时,其安装精度容易破坏。另一种是用地脚螺栓将机床固定在单独块状基础上,其安装较为牢靠。但是,当调整方法不恰当时,会使机床产生变形,反而会降低安装精度。所以,后一种安装方式更适用于大型及重型机床。

2. 机床固定方式

通常,主要使用地脚螺栓、活动垫铁等物件将机床固定在基础上。用地脚螺栓固定比较牢靠,但如果各地脚螺栓的拧紧力不均匀,可能会引起机床床身产生变形,从而降低安装精度。

地脚螺栓通常分为死地脚螺栓、活地脚螺栓和膨胀螺栓三类。

图 15-2 所示为死地脚螺栓种类,其下端的钩状或叉形是用来防止旋转并增加抗拔力的。通常采用一次浇灌或二次浇灌的方法,将死地脚螺栓固定在机床基础上,如图 15-3 所示。一次浇灌法是按照机床地脚螺栓孔的位置将地脚螺栓同基础一起浇灌而成,如图 15-3(a)所示。采用这种方法的地脚螺栓与基础连接牢固,但地脚螺栓发生偏移时不易校正。二次浇灌法是在浇灌基础时留出地脚螺栓孔,待机床在基础上初步找平后,再浇灌地脚螺栓,如图 15-3(b)、(c)所示。这种方法的特点是技术条件易实现,但地脚螺栓与基础的固定不如一次浇灌法牢固。一般机床基础多采用二次浇灌法,只有重型机床才采用一次浇灌法。

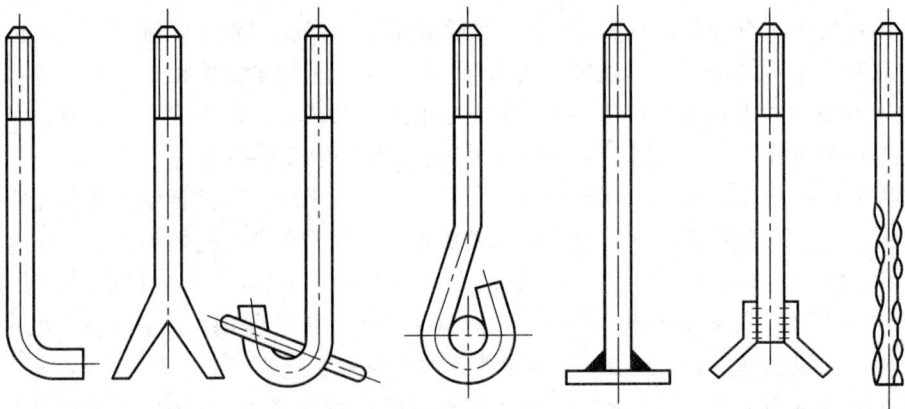

图 15-2　常用死地脚螺栓的种类

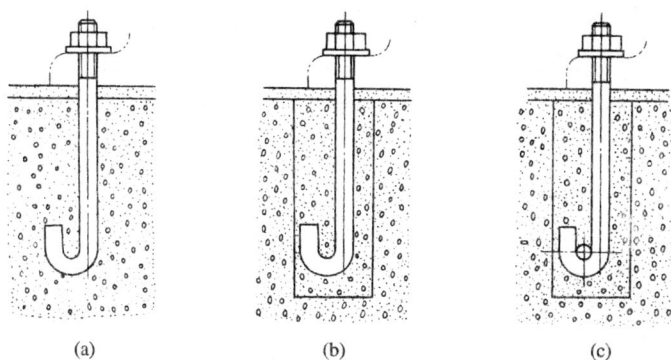

图 15 - 3 常用地脚螺栓的固定方法
（a）一次浇灌；（b）、（c）二次浇灌

图 15 - 4 所示为活地脚螺栓，其特点是不与机床的基础浇灌成一体，常用于改变工艺布局后，机床移动需要拆除地脚螺栓的场合。对于工艺变动较大，需经常搬动机床的场合，还可以采用膨胀螺栓固定，如图 15 - 5 所示。

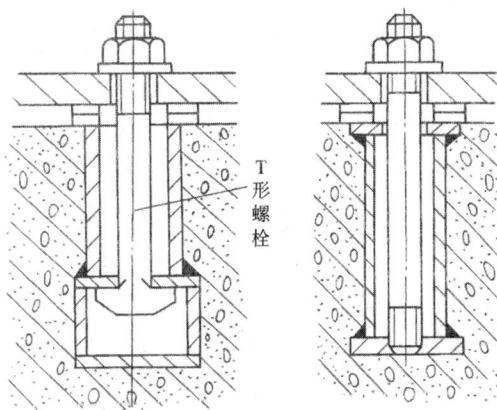

图 15 - 4 活地脚螺栓

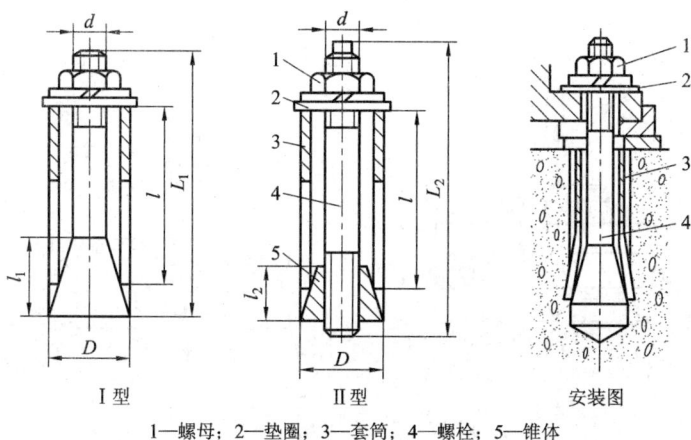

1—螺母；2—垫圈；3—套筒；4—螺栓；5—锥体

图 15 - 5 膨胀螺栓

3. 机床调整垫铁

机床安装时通常采用在床身底座与基础之间放置几个垫铁的方法以调整机床的水平。

图 15-6 所示为常用的机床调整垫铁。其中，图(a)所示为楔铁，斜度 1∶10，一般放置在机床地脚螺杆的附近，成对使用，多用于中小机床；图(b)所示为钩头垫铁，其钩头部分紧靠在机床底座边缘，起限位作用。图(c)所示为调整垫铁，可用螺栓方便地调节斜铁位置。

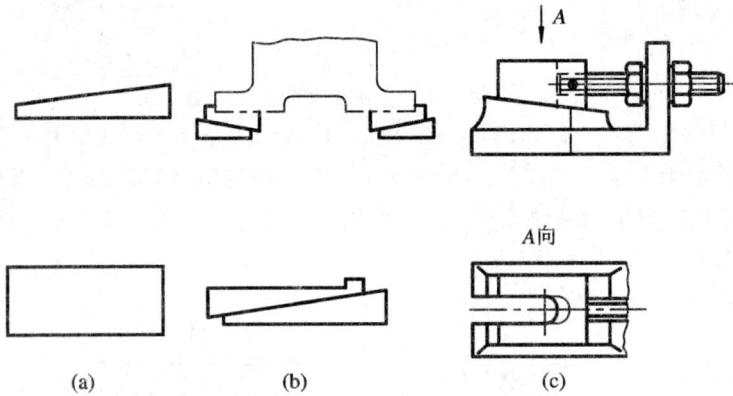

图 15-6　常用调整垫铁
(a) 楔铁；(b) 钩头垫铁；(c) 调整垫铁

图 15-7 所示为常用的减振垫铁，主要由螺栓 1、支承盘 2 和橡胶体 3 等组成。使用减振垫铁时不需要埋设地脚螺栓，根据生产工艺的变化，可随意改变机床的安装位置；有调整方便、迅速，且有隔振、减振，降低噪音等作用。在选用时，单个垫铁的承载力>机床总重量/垫铁个数。图 15-7(a)所示为 S78-8 系列减振垫铁，其技术参数及选用如表 15-2 所示。图 15-7(b)所示为 S78-9 系列减振垫铁，这种系列多用于轻型加工设备的安装。

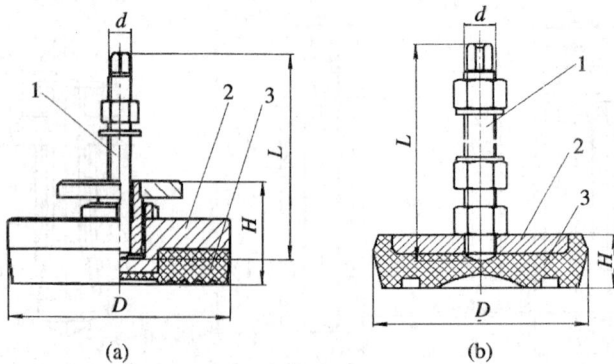

图 15-7　常用减振垫铁
(a) S78-8 系列减振垫铁；(b) S78-9 系列减振垫铁

表 15 - 2　S78 - 8 系列机床减振垫铁技术参数及选用表

| 型号 | 外径/mm | 螺纹/mm | 底座高度/mm | 螺栓长度/mm | 可调高度 | 单件重量/kg | 单件承重/kg |
	D	d	H	L	/mm		
S78 - 8 - 01	80	M10	49	100	10	0.94	80~400
S78 - 8 - 02	120	M12	56	120	10	2.38	310~750
S78 - 8 - 03	160	M16	67	140	12	4.61	700~1200
S78 - 8 - 04	200	M20	80	180	14	9.85	1100~4800

需要注意的是：对于需要和地面稳固接触的设备和水平惯性大的设备，不宜使用减振垫铁，如摇臂钻床、龙门刨床等。减振垫铁在受压后，橡胶有蠕变现象，一般在两周后稳定。所以，在第一次安装时，2 周后应再调整一次机床水平。

4. 机床安装的步骤

一般情况下机床按下列步骤安装。

(1) 确定安装调试方案。这项工作对于大型机床、重型机床、加工中心、有特殊要求的精密机床等尤其重要。

(2) 开箱检验后，将机床吊装就位在调整垫铁上。对于大、中型或较为复杂的设备(如加工中心等)，一般是解体后分别装箱运输，所以在安装就位前，应先清洗导轨、滑动面和接触面的防锈涂料，然后将机床各部分组装就位。

(3) 调整垫铁，初步找平，按要求对地脚螺栓孔进行二次浇灌。若机床就位于混凝土地坪基础上，须用垫铁调整好机床水平。

(4) 对于大型机床按技术规范进行组装。

(5) 精确调整机床水平，紧固地脚螺栓的螺母。

(6) 调整机床安装精度，接通电缆、油管、气管等，进行试运转。

(7) 清场与验收。

图 15 - 8 所示为用二次浇灌法安装机床。首先，应按要求的位置将调整垫铁放好。垫

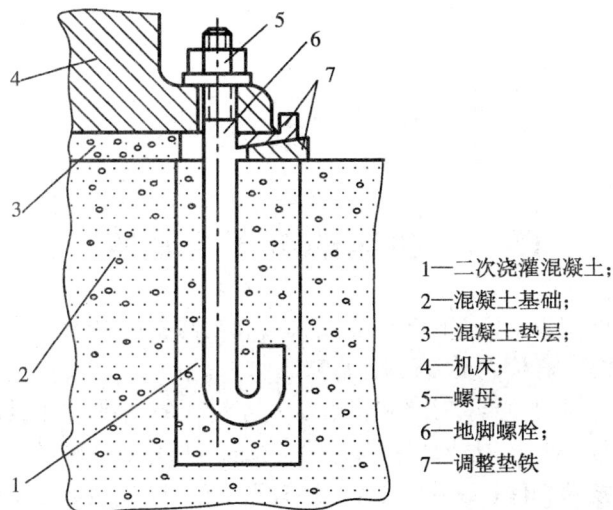

1—二次浇灌混凝土；
2—混凝土基础；
3—混凝土垫层；
4—机床；
5—螺母；
6—地脚螺栓；
7—调整垫铁

图 15 - 8　利用二次浇灌法安装机床

铁的位置和数量应与机床地脚螺栓孔一致。然后，将机床4吊放在调整垫铁7上，地脚螺栓插入地脚螺栓孔中，拧上螺母5，初步调整机床水平之后进行二次浇灌。待混凝土凝固后，按说明书的技术要求，用水平仪调整机床水平。必须注意，检验机床水平时，要拧紧螺母5。最后在机床底座下浇灌一层稀薄混凝土3，但对于大型机床则不需要在机床与基础之间浇灌混凝土。

图15-9所示为普通车床安装示意图。

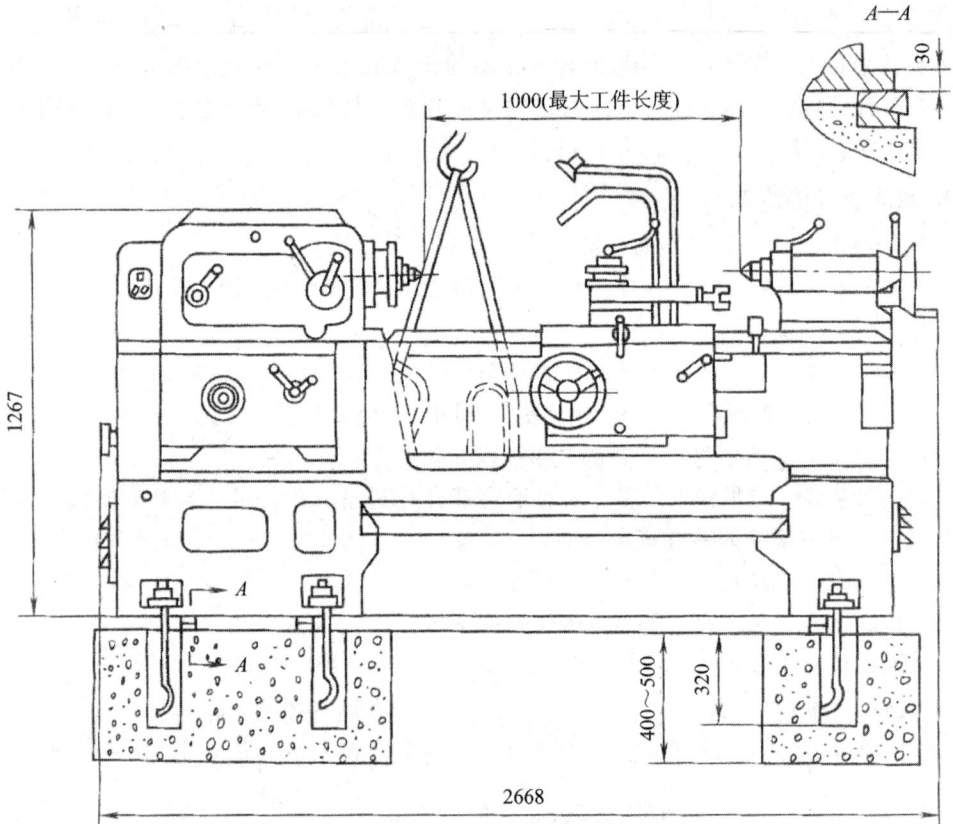

图15-9 普通车床安装示意图

图15-10所示为卧式铣床安装示意图。

15.2 机床的试车与验收

机床到位后，应由设备主管部门组织有关人员验收与检验机床。如果是进口机床，还须有进口商务代表、海关商检人员参与验收工作。

开箱后，首先按合同的约定，对照装箱单逐一清点附件、备件、工具的数量、规格及完好状况，核对机床型号、性能、技术规格等；其次，核对操作、维修说明书、图样资料、合格证、出厂检验单等技术文件；最后，检查机床有无明显损伤、变形、受潮、锈蚀等，并逐项填写《设备开箱验收登记卡》。

机床安装验收的主要内容包括空运转试验、负荷试验和精度检验。

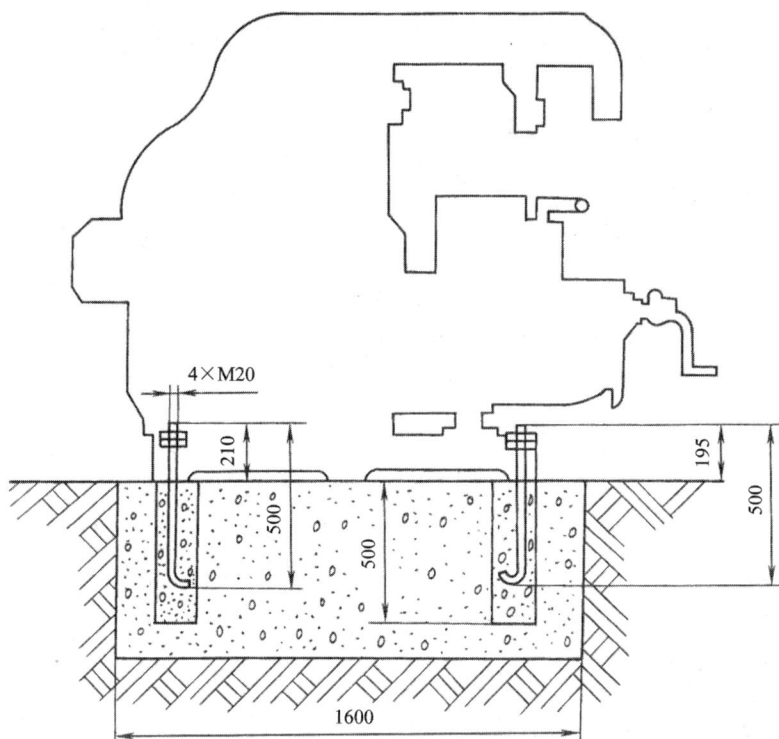

图 15 - 10　卧式铣床安装示意图

15.2.1　机床的空运转试验

机床的空运转试验是指在不加工作载荷的运转试验，主要用以检查机床各系统是否正常。空运转试验的主要内容如下：

（1）主运动机构应从最低速度到最高速度依次运转，每级速度的运转时间不得少于 2 min，最高速度的运转时间不得少于 60 min。主轴轴承温度稳定后，检查其温度和温升应符合表 15 - 3 中的规定。

表 15 - 3　主轴轴承的温度和温升

轴承型式	温度/ ℃	温升/ ℃
滑动轴承	60	30
滚动轴承	70	40

（2）机床的进给运动机构也应作低、中、高进给速度的空运转试验，以及快速移动的空运转试验。

（3）在主运动和进给运动的各级转速下，检查机床的启动、停止、换向、制动等动作的灵活性和可靠性；变速动作的可靠性和准确性；重复定位、分度、转位的准确性。自动循环动作的可靠性；快速移动机构、夹紧装置、读数指示装置和其他附属装置的可靠性；刻度手轮的反向空行程量；手轮、手柄操纵力的均匀性。手柄操作力的大小按表 15 - 4 中的规定检验。

表 15 - 4 手轮、手柄操作力

机床重量/t			<2	2~5	5~10	>10
使用频繁程度	经常用	操作力 /N	40	60	80	120
	不经常用		60	100	120	160

（4）检验机床电气、液压、气动、润滑、冷却系统和光学、自动测量装置等工作情况。

（5）检验安全防护装置和保险装置的可靠性。

（6）抽查机床的噪声、振动和各级转速时的空运转功率。

（7）对于自动、半自动和数控机床，应进行连续空运转试验，整个运转过程中不应发生故障。连续运转时间应符合表 15 - 5 中的规定。

表 15 - 5 连续运转时间

机床自动控制形式	机械控制	电液控制	数 控 机 床	
			一般数控机床	加工中心
时间/h	4	7	16	32

15.2.2 机床的负荷试验

机床负荷试验是在加载工作负荷的条件下检验各机构的强度、工作的可靠性与平稳性。负荷试验主要内容如下：

（1）机床主传动系统最大扭矩的试验。

（2）机床主传动系统短时间超过最大扭矩 25% 的试验。

（3）机床最大切削主分力的试验和短时间超过最大切削主分力 25% 的试验。

（4）机床主传动系统达到最大功率的试验。

负荷试验一般在机床上用切削试件的方法或用仪器加载的方法试验。表 15 - 6 是采用切削试件的方法对普通车床进行全负荷强度试验的有关情况。

表 15 - 6 普通车床全负荷强度试验

材 料	45 碳素钢	尺寸 ϕ194 mm×750 mm
刀具	45°标准外圆车刀	
切削规范	主轴转速 n 切削深度 a_f 进给量 f 切削速度 v 切削长度 L 机动时间 T	46 r/min 5.5 mm 1.01 mm/r 27.2 m/min 95 mm 2 min
损耗功率	空转功率 切削功率 电机功率	0.625~0.72 kW 5.3 kW 7.0 kW

注意事项	（1）机床在重切削时，机床所有各机构应正常工作，电气设备、润滑冷却系统及其他部分均不应有不正常的现象，动作应平稳，不准有振动及噪声； （2）主轴转速不得比空回转时降低 5％以上； （3）各部手柄不得有颤抖及自动换位现象。
卡活方式	用两顶尖

15.2.3　机床的精度检验

1. 机床精度的概念

机床精度是指在一定条件下测出的某些检验项目的实际值与理论值的差值。差值越小，则精度愈高。机床精度可分为静态精度和动态精度。

1）静态精度

静态精度是指机床未受外载荷及不运动或运动速度很低的条件下检验的原始精度。它主要取决于机床零部件加工与装配精度。静态精度包括几何精度、传动精度及定位精度。

（1）几何精度：是指机床不运动或运动速度很低时，测得的基础零件工作面几何形状、运动部件的运动轨迹以及零部件运动轨迹之间的相对位置精度。例如，导轨的直线性、主轴的旋转精度、车床刀架移动方向与主轴轴线的平行度等。

（2）传动精度：是指机床内联系传动链两端件之间相对运动关系的精度。它们之间相对运动的误差称为传动误差。例如，加工螺纹传动链两端件的相对运动关系是，工件转一转，刀架移动一个工件导程。实际上因齿轮、丝杠、轴承等都存在误差，使得刀架实际移动的距离与理想距离存在误差，这一误差包括每一导程的误差、一定长度上的累积误差和瞬时传动比误差等。

（3）定位精度：是指机床移动部件的实际位置相对理想位置所达到的精度。实际位置与理想位置之间的误差称为定位误差。当机床的移动部件从某一位置移到另一给定位置作多次重复定位时，各次定位达到实际位置之间的误差，称为该移动部件的重复定位精度。对于以机床定位装置或自动控制系统获得加工尺寸的机床，如自动机床、坐标镗床、加工中心等，其定位精度要求极高。

2）动态精度

动态精度是指机床在工作条件下检验的精度。它除了受静态精度影响外，主要取决于受载条件下的刚度、抗振性和热稳定性等。

通常讲的机床精度是指机床的静态精度。机床精度等级可分为普通精度级、精密级和高精度级，在高精度级中又分为Ⅰ、Ⅱ级。

2. 机床精度的检验

1）机床几何精度检验

为控制机床制造质量，国家对各类通用机床都规定有精度标准。精度标准的内容包括有检验项目、检验方法和允许的误差范围。表 15 - 7 列出了卧式车床的精度标准及其检验方法。

表 15－7 卧式车床的精度标准及其检验方法

			机床几何精度检验		
序号	检验项目	允差/mm	简　图	检验工具	检　验　方　法
G1	A—床身导轨调平 （a）纵向：导轨在垂直平面内的直线性； （b）横向：导轨应在同一平面内	（a）0.02（只允许凸起）；任意250 mm长度上局部公差为0.0075； （b）0.04/1000	（a） （b）	（a）精密水平仪或光学仪器； （b）精密水平仪	（a）在溜板上靠近前导轨处，纵向放置一水平仪。等距离（近似等于规定的局部误差的测量长度）移动溜板检验。将水平仪的读数依次排列，画出导轨误差曲线。曲线相对其两端点连线的最大坐标值就是导轨全长的直线度误差，曲线上任意局部测量长度的两端点相对曲线两端点连线的坐标差值就是导轨局部误差。 也可将水平仪直接放置在导轨上检验。 （b）在溜板上横向放一水平仪。等距离移动溜板检验（移动距离同（a））。 水平仪在全部测量长度上读数的最大差值就是导轨的平行度误差。 也可将水平仪放在专用桥板上，在导轨上进行检验
G2	B—溜板 溜板移动在水平面内的直线度（尽可能在两顶尖间轴线和刀尖所确定的平面内检验）	0.02	（a） （b）	（a）指示器和检验棒或指示器和平尺（仅适用于 D_c 小于或等于2000 mm）； （b）钢丝和显微镜或光学仪器	（a）将指示器固定在溜板上，使其测头触及主轴和尾座的顶尖间的检验棒表面上，调整尾座，使指示器在检验棒两端的读数相等。移动溜板在全部行程上检验。指示器读数的最大代数差值就是直线度误差。 （b）用钢丝和显微镜检验。在机床中心高的位置上绷紧一根钢丝，显微镜固定在溜板上，调整钢丝，使显微镜在钢丝两端的读数相等。等距离（移动距离同G1）移动溜板，在全部行程上检验。显微镜读数的最大代数差值就是直线度误差

续表（一）

序号	检验项目	允差/mm	简　图	检验工具	检　验　方　法
G3	尾座移动对溜板移动平行度 (a) 在垂直平面内; (b) 在水平面内	(a)、(b) 均为 0.03；任意 500 mm 长度上局部公差为 0.02		指示器	将指示器固定在溜板上，使其测头在近尾座体端的顶尖套上，(a) 在水平平面内，(b) 在垂直平面内，并锁紧顶尖套。使尾座与溜板一起移动，在溜板全部行程上检验。(a)、(b) 的误差分别计算，指示器在行程上读数的最大差值就是局部和全长上的平行度误差
G4	C—主轴 (a) 主轴的轴向窜动; (b) 主轴轴肩支承面的端面圆跳动	(a) 0.01 (b) 0.04		指示器与专用检验工具	固定指示器使其测头垂直触及：(a) 插入主轴锥孔的检验棒端部的钢球上；(b) 主轴轴肩支承面上，沿主轴轴线加一力 F，旋转主轴检验。(a)、(b) 的误差分别计算。指示器读数的最大差值是轴向窜动误差和轴肩支承面的端面圆跳动误差
G5	主轴定心轴颈的径向圆跳动	0.01		指示器	固定指示器使其测头垂直触及轴颈（包括圆锥轴颈）的表面。沿主轴轴线加一力 F，旋转主轴检验。指示器读数的最大差值就是主轴定心轴颈径向跳动误差

续表(二)

序号	检验项目	允差/mm	简 图	检验工具	检 验 方 法
G6	主轴轴线的径向圆跳动 (a)靠近主轴端面; (b)距主轴端面 $D_a/2$ 或不超过300 mm	(a) 0.01; (b) 在300 mm 测量长度上为 0.02		指示器和检验棒	将检验棒插入主轴锥孔内，固定指示器，使其测头触及检验棒的表面: (a)靠近主轴端面; (b)距主轴端面 $D_a/2$ 处。旋转主轴检验。拔出检验棒，相对主轴旋转90°，重新插入主轴锥孔中依次重复检验三次。(a)、(b)的误差分别计算，四次测量结果的平均值就是径向跳动误差
G7	主轴轴线对溜板移动的平行度 (a)在垂直平面内; (b)在水平平面内	(a) 0.02/300(只许向上偏); (b) 0.015/300 (只许向前偏)		指示器和检验棒	指示器固定在溜板上，使其测头及检验棒的表面: (a)在垂直平面内; (b)在水平平面内。将溜板检验。将主轴旋转180°，再同样检验一次。(a)、(b)的误差分别计算，两次测量结果代数和的 1/2 就是平行度误差
G8	顶尖的跳动	0.015		指示器和专用顶尖	顶尖插入主轴孔内，固定指示器，使其测头垂直触及顶尖锥面上。沿主轴线加一力 F，旋转主轴检验，指示器读数除以 $\cos\alpha$ (α为锥体半角)后，就是顶尖跳动误差

续表(三)

序号	检验项目	允差/mm	简 图	检验工具	检 验 方 法
G9	D—尾座 尾座套筒轴线对溜板移动的平行度 (a) 在垂直平面内; (b) 在水平平面内	(a) 0.015/100 (只许向上偏); (b) 0.01/100(只许向前偏)		指示器	尾座的位置同 G11。尾座顶尖套伸出量约为最大伸出长度的一半,并锁紧。将指示器固定在溜板上,使其测头触及尾座套筒的表面:(a) 在垂直平面内;(b) 在水平平面内。移动溜板检验。(a)、(b) 的误差分别计算,指示器读数的最大差值就是平行度误差
G10	尾座套筒锥孔轴线对溜板移动的平行度 (a) 在垂直平面内; (b) 在水平平面内	(a) 0.03/300(只许向上偏); (b) 0.03/300(只许向前偏)		指示器和检验棒	尾座的位置同 G11,顶尖套筒退入尾座孔内,并锁紧。在尾座套筒锥孔中,插入检验棒。并将其测头触及检验棒表面:(a) 在垂直平面内;(b) 在水平平面内。移动溜板检验。拔出检验棒,旋转 180°,重新插入尾座顶尖套孔中,重复检验一次。(a)、(b) 的误差分别计算,两次测量结果代数和的 1/2 就是平行度误差
G11	E—两顶尖 床头和尾座两顶尖的等高度	0.04 (只许尾座高)		指示器和检验棒	在主轴与尾座顶尖间装入检验棒,将指示器固定在溜板上,使其测头在垂直平面内触及检验棒上检验。指示器在检验棒两端的两极限位置就是等高度的差值高度误差。当 D_c 小于或等于 500 mm 时,尾座应退入床座内孔,检验尾座高度应固紧在 $D_c/2$ 处,但最大不大于 2000 mm,并锁紧。顶尖套应退入尾座内孔,检验时,尾座应固紧,并锁紧

续表（四）

序号	检验项目	允差/mm	简图	检验工具	检验方法
G12	F—小刀架移动 小刀架移动对主轴轴线的平行度	0.04/300		指示器和检验棒	将检验棒插入主轴锥孔内，指示器固定在溜板上，使其测头在水平面内触及检验棒。调整小刀架，使指示器在垂直平面内触及检验棒两端的读数相等。再将指示器测头在垂直平面内触及检验棒，移动小刀架检验。将主轴旋转180°，再同样检验一次。两次测量结果代数和的1/2就是平行度误差
G13	G—横刀架横向移动 横刀架横向移动对主轴轴线的垂直度	0.02/300（偏差方向 α≥90°）		指示器和平盘或平尺	将平盘固定在主轴上，指示器固定在横刀架上，使其测头触及平盘，移动横刀架进行检验。将主轴旋转180°，再同样检验一次。两次测量结果代数和的1/2就是垂直度误差
G14	H—丝杠 丝杠的轴向窜动	0.015		指示器和钢球	固定指示器，使其测头触及丝杠顶尖孔内的钢球上。在丝杠的中段处闭合开合螺母，旋转丝杠检验。检验时，有托架的丝杠应装在托架上。检验时，指示器读数的最大差值就是丝杠轴向窜动误差

续表（五）

序号	检验项目	允差/mm	简 图	检验工具	检 验 方 法
G15	从主轴到丝杠间传动链的精度	(a) 任意300 mm 测量长度上为0.04；(b) 任意60 mm 测量长度上为0.015	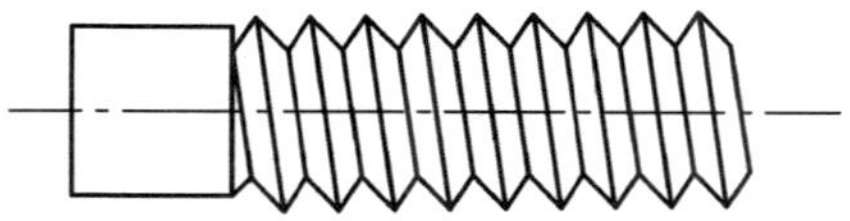	标准丝杠和电传感器；长度规、指示器和专用检验工具	将不小于300 mm长度的标准丝杠装在主轴与尾座的两顶尖间。电传感器固定在刀架上，使其触头触及螺纹的侧面，移动溜板进行检验。电传感器内读数就是丝杠所产生的累积误差。长度任意300 mm和任意60 mm测量长度内读数是丝杠所产生的累积误差。也可以用长度规检验。（本项与P3项可任意检验一项）

机床工作精度检验

序号	检验项目	允差/mm	简图和试件尺寸	检验工具	备 注
P1	精车外圆 (a) 圆度；(b) 圆柱度	在300 mm长度上为 (a) 0.01；(b) 0.03（锥端只能最大直径靠近机床头端）	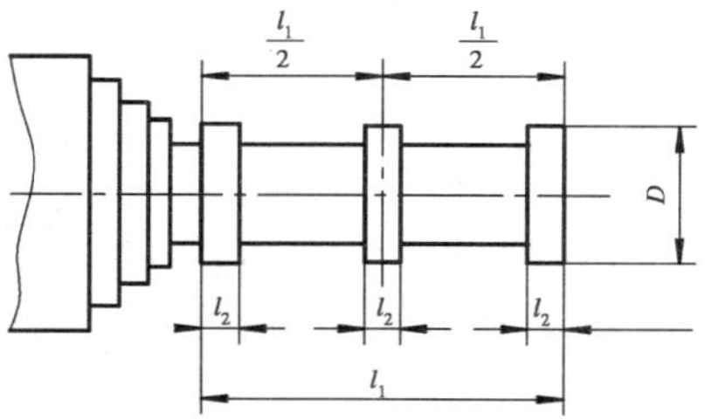 $l_1 = D_a/2$　$l_{2max} = 20$ mm　$D \geq D_a/8$　$l_{1max} = 500$ mm　试件材料为钢材	千分尺或精密检验工具	精车夹在卡盘中的圆柱试件（试件也可以插在主轴锥孔中）。在圆柱面上车削三段直径。精车后三段直径在试件上检验圆度和圆柱度。(a) 圆度误差以试件同一横剖面内的最大与最小直径之差计；(b) 圆柱度误差以试件任意轴向剖面内最大与最小直径之差计

续表（六）

序号	检验项目	允差/mm	简图和试件尺寸	检验工具	备注
P2	精车端面的平面度	在300 mm直径上为0.02（只许凹）	$D \geqslant D_a/2$　$L_{max}=D_a/8$　试件材料为铸铁	平尺和块规或指示器	精车夹在卡盘中的盘形试件。精车垂直于主轴的端面，其中之一为中心平面）。用平尺和块规检验。也可用指示器检验，指示器固定在横刀架上，使其测头触及端面的后部半径上，移动刀架检验。指示器读数的最大差值的1/2就是平面平面误差
P3	精车螺纹的螺纹误差	（a）在300 mm测量长度上为0.04；（b）在任意50 mm测量长度上为0.015	$L=300$ mm　试件材料为钢材	专用精密检验工具	精车两顶尖间圆柱试件的60°普通螺纹。试件螺距应与母丝杠螺距相同，直径应尽可能接近母丝杠的直径；精车后在300 mm和任意50 mm长度内进行检验，螺纹表面应洁净，无连陷与波纹（本项与G15项可任意检验一项）

注：D_a 为床身上最大回转直径；D_c 为最大工件长度。

2) 机床工作精度检验

机床工作精度检验应在规定的试件材料、尺寸、装夹方法及刀具材料、切削规范等条件下，对试件进行精加工，然后按精度标准规定的项目检验。表 15 - 7 中的后三项就是卧式车床工作精度的检验项目及检验方法。

3) 机床传动精度检验

用经纬仪检测机床的传动精度是一种比较简单的静态测量法。图 15 - 11 所示为检验滚齿机传动精度的原理示意图。滚刀主轴端部安装一个标准分度盘 2，立柱上安装一个读数显微镜 1，以读出滚刀主轴的回转角度。工作台回转中心安装一个经纬仪 3，机床外部安装一条平行光管 4，用来测量工作台回转角度。检验时，将机床调整到能够加工最大齿数 Z，并使平行光管光轴与经纬仪上望远镜的光轴重合。当滚刀主轴转一转时，工作台连同经纬仪在理论上应转过 360°/Z，这时转动经纬仪使望远镜的光轴与平行光管重合，根据经纬仪上的刻度即可读出实际回转的角度。实际回转角度与理论回转角度的差值就是工作台回转角的传动误差。按这一方法依次测量滚刀主轴每一转时的工作台回转角误差，直至工作台转完一转。

这种检验方法的读数精度较高，但因是静态测量，故不能得到连续的误差曲线，也不能真实反映传动链在运动状态下的误差。

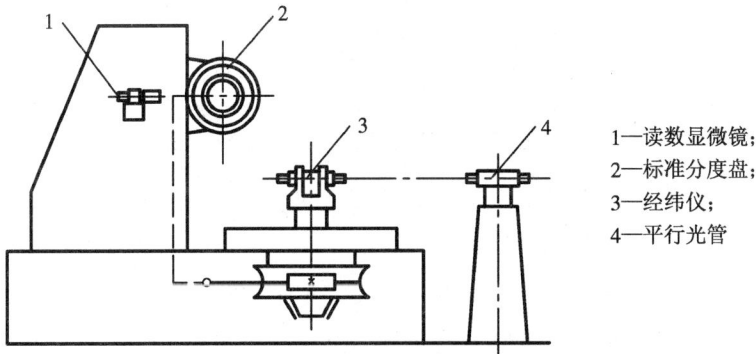

1—读数显微镜；
2—标准分度盘；
3—经纬仪；
4—平行光管

图 15 - 11　用经纬仪测量滚齿机传动精度的原理示意图

4) 机床定位精度检验

图 15 - 12 所示为检验坐标镗床工作台纵向移动定位精度的原理示意图。在机床的工作台中间，沿纵向移动方向放置一个精密刻线尺 3(刻线尺的刻线精度应带误差检定表，检定精度在 0.0005 mm 以内)，其高度应在工作台面到垂直主轴端面最大距离的 1/3～1/2 处。读数显微镜 4 固定在主轴套筒上，通过其能清晰地观察到刻线尺上的刻线。移动工作台，在规定长度(一般规定每移动 10 mm 读数一次)上检验。在读数时，工作台应处于夹紧状态。误差是任意两次定位读数的实际差值的最大代数差。例如，表 15 - 8 是测定某坐标镗床纵向定位精度的误差值，测定时规定工作台每移动 10 mm 读数一次。

表 15 - 8　坐标镗床纵向定位精度误差值

序号	1 工作台移动的名义距离(mm)机床的定位读数	2 读数显微镜对准标准刻线尺的调整值(μm)读数误差	3 刻线尺误差值(由计量单位提供的误差鉴定表所规定)/μm	4＝2＋3 实际误差值/μm
1	0	0	0	0
2	10	−1	0	−1
3	20	＋0.5	＋0.5	＋1
4	30	＋3	＋1	＋4
5	40	＋2	0	＋2
6	50	＋2.5	＋0.5	＋3
7	60	−3	＋0.5	−2.5
8	70	−2	0	−2
9	80	＋1	＋1	＋2
10	90	−2	＋1	−1
11	100	−3	＋1	−2

从表中可以看出，机床最大定位误差是＋4−(−2.5)＝6.5 μm。

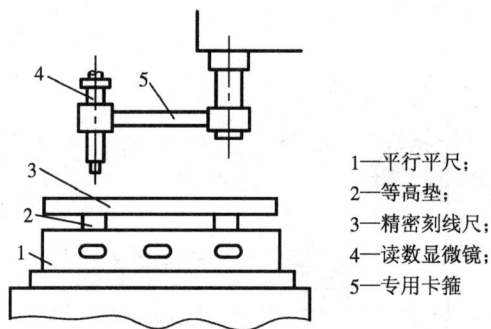

1—平行平尺；
2—等高垫；
3—精密刻线尺；
4—读数显微镜；
5—专用卡箍

图 15 - 12　坐标镗床测量定位精度的原理示意图

图 15 - 13 所示为检验外圆磨床重复定位精度原理示意图。将测微仪固定在机床台面上，砂轮架处于进给位置，使测量仪测头顶在砂轮架靠近砂轮处的轴线上，砂轮快速进给，连续 10 次，误差以测微仪读数的最大差值计量。

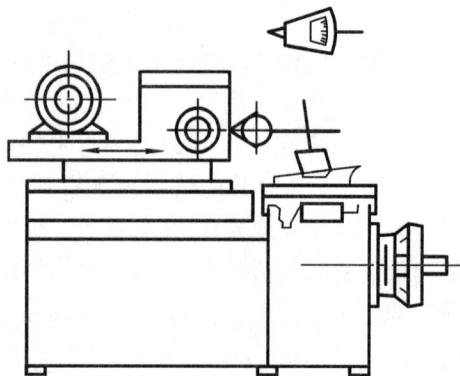

图 15 - 13　外圆磨床砂轮架快速进给重复定位精度检验的示意图

15.3　机床的维护、保养与维修

15.3.1　机床的维护

机床的维护是指对机床的日常清洁与定期润滑。机床的维护分日常维护和定期维护两种。

1. 日常维护

日常维护包括每班维护和周末维护，由操作者负责。

（1）每班维护：启动机床前，应清除机床上的灰尘污物；工作结束后，应及时将切削液、切屑等污物打扫干净。

（2）周末维护：周末或节假日前，用 1～2 小时清理机床，清除油污，达到"清洁、整齐、润滑和安全"这四项要求。

2. 定期维护

定期维护是指在维修工的配合下，按计划维护。一般每季一次，干磨多尘的机床每月一次。定期维护的主要内容包括有：

（1）拆除指定部件、箱盖及防尘罩等，彻底清洗，擦拭各部分。

（2）清洗导轨及各润滑面，清除毛刺及划伤痕迹。

（3）检查、调整各配合间隙，紧固松动部位，更换已坏的零部件及密封件。

（4）疏通油路，清洗滤油器、油毡、油线、油标，增添或更换润滑油，更换冷却液及清洗冷却箱。

（5）补齐手柄、手球、螺钉、螺塞及油嘴等机件，使之保持完整。

（6）清扫、检查、调整电气路线及装置（由维修电工负责）。

保持良好润滑状态也是机床维护的工作之一。在开机前要检查主轴箱和其他重要润滑部位油量是否足够，使主轴、丝杠、导轨等运动部件始终保持良好的润滑状态。对于自动润滑系统，应定期检查、清洗。机床的主轴箱、进给箱和工作台等，应半个月添加一次润滑油，每 2～6 个月换油一次。对于分散润滑点，需在机床开机前进行定期的手动润滑。

15.3.2　机床的保养

机床的保养分为例行保养（日保养）、一级保养（月保养）和二级保养（年保养）。

1. 例行保养

例行保养由操作人员每天独立进行。除前面所讲的机床维护内容外，还要在开车前进行相应检查，如机床传动系统有无异常噪声，数控机床各电气柜中冷却风扇是否正常工作，导轨防护罩是否齐全有效等。

2. 一级保养

一级保养以操作者为主，维修人员配合完成。一般机床运转 1～2 个月就可进行一次一级保养。主要是对机床外露部件的易磨损部分进行检查、拆卸、清洗及有关精度检查调整，以减少各运动部件之间的形状和位置偏差。

3. 二级保养

二级保养以维修人员为主，操作者配合完成。机床运转一年须进行一次二级保养。除上述例行保养和一级保养的内容外，还要修复或更换易损零件，调整导轨等部件的间隙，电气系统的检修，数控机床上直流电动机碳刷的检查或更换，机床精度的检验及调整等。

表 15-9 和表 15-10 分别列出了普通车床、卧式铣床保养内容和要求。

表 15-9　普通车床保养内容和要求

例行保养的内容和要求	一、二级保养的内容和要求		
	保养部位	一级保养	二级保养
班前： ① 擦净机床外露导轨及滑动面的尘土； ② 按规定润滑各部位； ③ 检查各手柄位置； ④ 空车试运转 班后： ① 将铁屑全部清扫干净； ② 擦净机床各部位； ③ 部件归位	主轴箱	① 拆洗滤油器； ② 检查主轴定位螺丝，调整适当； ③ 调整磨擦片间隙和刹车阀； ④ 检查油质，保持良好	① 拆洗滤油器； ② 清洗换油； ③ 检查并更换必要的磨损件
	刀架及拖板	① 拆洗刀架、小拖板、中溜板各部件； ② 安装时调整好中溜板、小拖板的丝杠间隙和塞铁间隙	① 拆洗刀架、小拖板、中溜板各部件； ② 拆洗大拖板，疏通油路，清除毛刺； ③ 检查并更换必要的磨损件
	挂轮箱	① 拆洗挂轮及挂轮架并检查轴套有无晃动现象； ② 调整好齿轮间隙，并注入新油脂	① 拆洗挂轮及挂轮架并检查轴套有无晃动现象； ② 检查并更换必要的磨损件
	尾座	① 拆洗尾座各部位； ② 清除研伤毛刺，检查螺纹、丝母间隙； ③ 安装时要求达到灵活可靠	① 拆洗尾座各部位； ② 检查、修复尾座套筒锥度； ③ 检查，并更换必要的磨损件
	进给箱溜板箱	清洗油线，注入新油	进给箱及溜板箱整体拆下清洗检查并更换必要的磨损件
	外表	① 清洗机床外表及死角，拆洗各罩盖，要求内外清洁、无锈蚀、无黄袍。漆见本色，铁见光； ② 清洗三杠及齿条，要求无油污； ③ 检查补齐螺钉、手球、手柄	① 清洗机床外表及死角，拆洗各罩盖，要求内外清洁、无锈蚀、无黄袍。漆见本色，铁见光； ② 检查导轨面，修光毛刺，对研伤部位进行修复
	润滑冷却	① 清洗冷却泵、冷却槽； ② 检查油质，保持良好，油杯齐全，油窗明亮； ③ 清洗油线、油毡，注入新油，要求油路畅通	① 清洗冷却泵、冷却槽； ② 拆洗油泵检查并更换必要的磨损件
	电器	清扫电动机及电器箱内外尘土	① 清扫电动机及电器箱内外尘土； ② 检修电器，根据需要拆洗电机更换油脂
	精度		检查并调整使其主要几何精度达到出厂标准或满足生产工艺要求

表 15－10　卧式铣床保养内容和要求

例行保养的内容和要求	一、二级保养的内容和要求		
	保养部位	一级保养	二级保养
班前： ① 对重要部位进行检查； ② 擦净外露导轨面并按规定润滑各部； ③ 空运转并查看润滑系统是否正常 班后： ① 打扫切屑； ② 擦拭机床； ③ 各部归位	床身及外表	① 清洁无油污； ② 导轨面去毛刺	① 清洁无油污； ② 导轨面去毛刺
	主轴箱	清洁润滑良好	① 清洁润滑良好； ② 传动轴无轴向窜动； ③ 清洗换油； ④ 更换磨损件
	工作台及升降台	① 清洁； ② 调整镶条间隙； ③ 调整螺母间隙； ④ 清洗手压油泵	① 清洁； ② 清洗换油； ③ 更换磨损件
	工作台及变速箱	清洁润滑良好	① 清洁润滑良好； ② 清洗换油； ③ 更换磨损件
	润滑系统	油内清洁,油路畅通,油毡有效,油标醒目	① 油内清洁,油路畅通,油毡有效,油标醒目； ② 清洗油泵,更换润滑油
	冷却系统	① 各部清洁,管路畅通； ② 冷却槽内无沉积物,切屑	① 各部清洁,管路畅通； ② 清洗冷却槽； ③ 更换冷却液
	电器系统	① 闸刀表面无尘土； ② 触点接触良好,不漏电	① 闸刀表面无尘土； ② 更换损坏件
	刀杆轴及刀架	① 调整导轨楔头； ② 检查刀杆是否弯曲,如弯曲严重应调整	① 调整导轨楔头； ② 更换磨损件
	精度	不进行	达到出厂标准或满足工艺要求

15.3.3　机床的计划维修

机床的计划维修分为小修、中修和大修三种，由设备管理部门编制年度修理计划，由设备修理车间实施。

1. 机床的小修

机床的小修可由二级保养代替。

2. 机床的中修

机床中修前应由技术人员对机床运行情况进行预检，根据预检结果确定中修项目，预先准备好需要更换的外购件和易损件，由专业修理人员进行维修。修理过程是：拆卸、清洗、修复或更换零部件，刮削或磨削导轨面和工作台面，机床外观进行补漆或重新油漆，最后要按机床精度标准进行验收。中修一般在机床安装现场进行。

3. 机床的大修

机床大修前应对机床的运行情况进行全面预检，对易损件进行测绘，做好更换零部件的预购和制造。大修时须将整台机床解体，检查零部件，更换或修复磨损过度或损坏的零件，磨削或修刮导轨面，重新装配机床，最后按机床验收标准检验。机床大修应将被修机床搬运到修理车间，由专业维修人员完成。

附录　金属切削机床常用符号

一、机构运动简图符号（摘自 GB 4460—84）

名　称	基本符号	可用符号	附　注
齿轮机构 　齿轮(不指明齿线) 　a. 圆柱齿轮 　b. 圆锥齿轮 　c. 挠性齿轮			
齿线符号 　a. 圆柱齿轮 　(i) 直齿 　(ii) 斜齿 　(iii) 人字齿 　b. 圆锥齿轮 　(i) 直齿 　(ii) 斜齿 　(iii) 弧齿			
齿轮传动(不指明齿轮) 　a. 圆柱齿轮 　b. 圆锥齿轮			

续表(一)

名　　称	基本符号	可用符号	附　注
c. 蜗轮与圆柱蜗杆			
d. 螺旋齿轮			
齿条传动 　a. 一般表示			
b. 蜗线齿条与蜗杆			
c. 齿条与蜗杆			
扇形齿轮传动			
圆柱凸轮			
外啮合槽轮机构			

续表(二)

名　　称	基本符号	可用符号	附　注
联轴器 　a. 一般符号(不指明类型) 　b. 固定联轴器 　c. 弹性联轴器			
啮合式离合器 　a. 单向式 　b. 双向式			对于啮合式离合器、摩擦离合器、液压离合器、电磁离合器和制动器,当需要表明操纵方式时,可使用下列符号: 　M—机动的; 　H—液动的; 　P—气动的; 　E—电动的(如电磁)
摩擦离合器 　a. 单向式 　b. 双向式			
液压离合器(一般符号)			
电磁离合器			
离心摩擦离合器			
超越离合器			
安全离合器 　a. 带有易损元件 　b. 无易损元件			

名　　称	基本符号	可用符号	附　注
制动器(一般符号)			不规定制动器外观
螺杆传动 　a. 整体螺母			
b. 开合螺母			
c. 滚珠螺母			
带传动——一般符号 (不指明类型)			若需指明皮带类型,可采用下列符号: V带 圆皮带 同步齿形带 平带 例:V带传动
链传动——一般符号 (不指明类型)			若需指明链条类型,可采用下列符号: 环形链 滚子链 无声链 例:无声链传动
向心轴承 　a. 普通轴承			
b. 滚动轴承			

续表(四)

名 称	基本符号	可用符号	附 注
推力轴承 a. 单向推力普通轴承	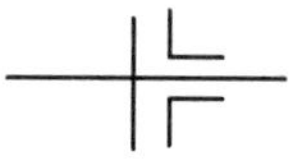		
b. 双向推力普通轴承	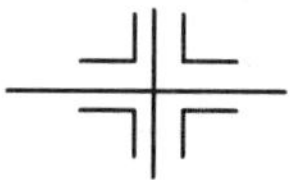		
c. 推力滚动轴承	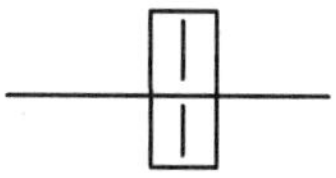	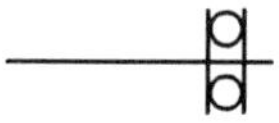	
向心推力轴承 a. 单向向心推力普通轴承	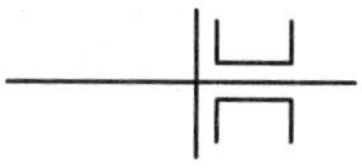		
b. 双向向心推力普通轴承	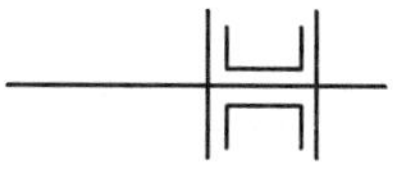		
c. 向心推力滚动轴承	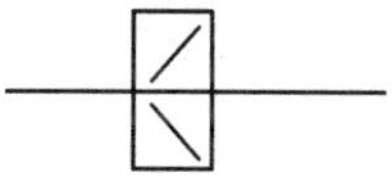		

二、滚动轴承图示符号(摘自 GB 4458.1—84)

轴 承 类 型	图示符号	轴 承 类 型	图示符号
深沟球轴承	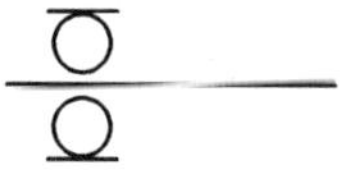	滚针轴承(内圈无挡边)	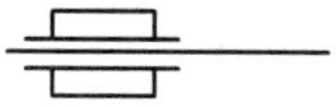
调心球轴承(双列)	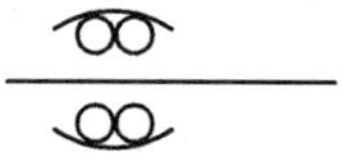	推力球轴承	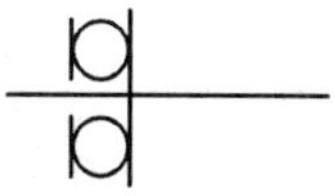
角接触球轴承	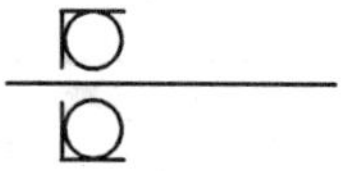	推力球轴承(双向)	
向心短圆柱滚子轴承 (内圈无挡边)	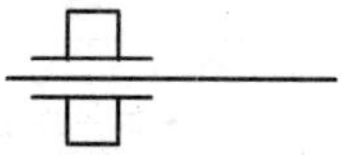	圆锥滚子轴承	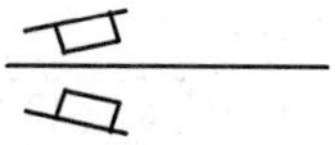
向心短圆柱滚子轴承(双列)	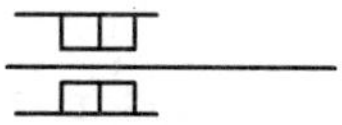	圆锥滚子轴承(双列)	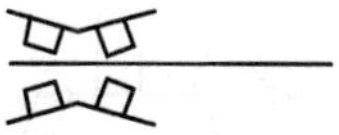

三、金属切削机床操作指示形象符号（GB/T 3167—93）

（一）元件及结构符号

序号	符号	名称	说明	序号	符号	名称	说明
1		电动机	ISO 7000 0011	12		套筒	ISO 7000 0272
2		主轴	ISO 7000 0267	13		矩形工作台	ISO 7000 0282
3		卡盘	ISO 7000 0274	14		圆工作台	ISO 7000 0284
4		花盘	ISO 7000 0275	15		矩形电磁吸盘	ISO 7000 0283
5		铣削主轴	ISO 7000 0269	16		圆电磁吸盘	ISO 7000 0285
6		钻削主轴	ISO 7000 0268	17		主轴箱	ISO 7000 0277
7		镗削主轴	—	18		尾座	ISO 7000 0278
8		磨削主轴	ISO 7000 0270	19		滑枕	ISO 7000 0280
9		内磨主轴	—	20		转塔刀架	ISO 7000 0279
10		滚刀主轴	—	21		丝杠	—
11		插齿刀主轴	—	22		滚珠丝杠	GB 4460 A4.3

续表（一）

序号	符　号	名　称	说　明	序号	符　号	名　称	说　明
23		弹簧夹头	ISO 7000 0276	34		插齿刀	—
24		联轴器	ISO 7000 0015 表示两旋转轴之间的任何联接形式。例如联轴节、离合器	35		滚刀	—
25		齿轮传动	ISO 7000 0012	36		带刀片的组合铣刀	ISO 7000 0294
26		工件	ISO 7000 0315	37		整体单刃刀具	ISO 7000 0287
27		旋转工具	ISO 7000 0286	38		单刃砂轮修整器	ISO 7000 0300
28		砂轮	ISO 7000 0295	39		凸轮	ISO 7000 0016
29		圆锯	ISO 7000 0289	40		照明灯	ISO/R 369 102
30		锯条	ISO 7000 0303	41		冷却液	ISO/R 369 101
31		钻头	ISO 7000 0290	42		液动	—
32		铰刀	ISO 7000 0291	43		气动	—
33		丝锥	ISO 7000 0292	44		脚踏开关	GB 5465.2 1036

续表(二)

序号	符 号	名 称	说 明	序号	符 号	名 称	说 明
45		电源开关	闪电标记为黑色	54		静压轴承	—
46		润滑油	ISO 7000 0391	55		带传动	ISO 7000 0013 代表各种带传动
47		润滑油脂	—	56		链传动	ISO 7000 0014 代表各种链传动
48		泵	—	57		吹出	—
49		冷却泵	—	58		吸入	—
50		润滑泵	—	59		滤油器	—
51		液压泵	—	60		细滤油器	—
52		液压马达	—	61		加热器	—
53		温度计; 温度控制	—	62		数字显 示装置	×代表数字

续表(三)

序号	符 号	名 称	说 明	序号	符 号	名 称	说 明
63		光学读数装置	—	72		双刃换刀机械手	ISO 7000 0425
64		仿形模板	ISO 7000 0310	73		单刃换刀机械手	SIO 7000 0429
65		指示仪表	—	74		手轮	ISO 7000 0326
66		计时器	—	75		手柄	ISO 7000 0327
67		外径测量	—	76		切屑收集	—
68		内径测量	—	77		切屑	ISO 7000 0313
69		磁铁	—	78		输送带	ISO 7000 0229
70		电磁铁	—	79		容器	ISO 7000 0359
71		防止过载的机械式安全装置	ISO 7000 0314	80		交换	ISO 7000 0273

（二）运动及速度符号

序号	符 号	名 称	说 明	序号	符 号	名 称	说 明
1		连续直线运动方向	—	14		超前仿形运动	—
2		双向直线运动	—	15		连续转动方向	ISO 7000 0004 表示连续顺时针方向的旋转运动,对逆时针转动需将箭头反过来
3		限位直线运动	ISO 7000 0001	16		双向转动	ISO 7000 0005 表示在两个方向的交替转动
4		限位直线运动及返回	ISO 7000 0002	17		间歇转动	ISO 7000 0431
5		限位连续往复直线运动	ISO 7000 0003	18		旋转重复定位	ISO 7000 0436
6		间歇直线运动	ISO 7000 0252	19		限位转动	ISO 7000 0006 表示顺时针方向的限位转动,对逆时针转动需将箭头反过来
7		增量的直线运动	ISO 7000 0253	20		限位转动及返回	ISO 7000 0007
8		直线重复定位	ISO 7000 0254	21		限位连续往复旋转运动	ISO 7000 0008
9		单程限位直线运动及返回	ISO 7000 0255	22		二维运动	—
10		直线运动超程	ISO 7000 0256	23		三维运动	—
11		延时限位直线运动	ISO 7000 0257	24		主轴旋转方向	ISO/R 369 13
12		主体仿形分行运动	—	25		转	ISO 7000 0009
13		梳状仿形运动	—	26		转数	ISO 7000 0258

续表（一）

序号	符 号	名 称	说 明	序号	符 号	名 称	说 明
27		增值	ISO/R 369 28 例如：速度	39		纵向车削	—
28		减值	ISO/R 369 29 例如：速度	40		锥度车削	—
29		快速移动	ISO 7000 0266	41		端面车削	—
30		进给	ISO 7000 0259	42		切槽；切断	—
31		每行程进给	ISO 7000 0264	43		剪断	ISO 7000 0387
32		纵向进给	ISO 7000 0260	44		螺纹加工	ISO 7000 0382
33		横向进给	ISO 7000 0261	45		左螺纹加工	—
34		垂向进给	ISO 7000 0262	46		铣削	ISO 7000 0371
35		圆周进给 切向进给	—	47		顺铣	ISO 7000 0373
36		径向进给	—	48		逆铣	ISO 7000 0372
37		车削	ISO 7000 0365	49		端铣	—
38		镗削	ISO 7000 0366	50		插削	ISO 7000 0369

序号	符 号	名 称	说 明	序号	符 号	名 称	说 明
51		内拉削	ISO 7000 0386	65		无心磨导轮	ISO 7000 0297
52		外拉削	ISO 7000 0385	66		磨削	ISO 7000 0374
53		刨削	ISO 7000 0367	67		端面磨削	ISO 7000 0378
54		刨削	ISO 7000 0368 用于牛头刨床	68		无进给磨削	—
55		钻削	ISO 7000 0370	69		内珩磨	ISO 7000 0379
56		铰孔	ISO 7000 0383	70		外珩磨	ISO 7000 0280
57		攻丝	ISO 7000 0384	71		研磨	ISO 7000 0381
58		展成	—	72		砂带	ISO 7000 0299
59		分一齿；分单齿	—	73		滚齿	—
60		分 n 齿	例：转续分齿	74		插齿	—
61		外圆磨削	ISO 7000 0375	75		剃齿	—
62		内圆磨削	ISO 7000 0376	76		磨削火花调整	—
63		切入磨削	—	77		每分钟转数	ISO 7000 0010
64		无心磨砂轮	ISO 7000 0296				

（三）操 作 符 号

序号	符　号	名　称	说　明	序号	符　号	名　称	说　明
1		无级变速	ISO/R 369 61	13		停止	ISO/R 369 70 红色
2		齿轮变速	—	14		启动与停止共用	ISO/R 369 71
3		可调；调整	JB 2739 3.3.1	15		点动 仅在按下时动作	ISO/R 369 72
4		预选：预调	JB 2739 3.3.5	16		停留时间调整	—
5		自动循环（或半自动循环）	ISO 7000 0026	17		推	—
6		单循环	ISO 7000 0426	18		拉	—
7		子循环	ISO 7000 0428	19		相对运动"出"	ISO 7000 0437
8		自动循环中断并回到开始位置	ISO 7000 0427	20		相对运动"进"	ISO 7000 0438
9		快速停止	GB 5465.2 1039	21		向前（面向操作者）	GB 4205 表1
10		手动	ISO/R 369 68	22		向后（背离操作者）	GB 4205 表1
11		微动	—	23		锁紧或固紧	—
12		启动	ISO/R 369 69 绿色	24		松开	—

续表（一）

序号	符 号	名 称	说 明	序号	符 号	名 称	说 明
25		啮合	ISO/R 369 74	36		无磁	—
26		脱开	ISO/R 369 75	37		退磁	—
27		制动器夹紧	—	38		开合螺母闭合	ISO 7000 0403
28		制动器松开	—	39		开合螺母脱开	ISO 7000 0404
29		装工件	ISO 7000 0397	40		脱落蜗杆	—
30		卸工件	ISO 7000 0398	41		送料	—
31		夹持旋转刀具	ISO 7000 0401	42		送料至挡块	ISO 7000 0413
32		释放旋转刀具	ISO 7000 0402	43		用单刃砂轮修整器进行端面修整	ISO 7000 0392
33		仿形装置脱开	ISO 7000 0400	44		用单刃砂轮修整器进行纵向修整	ISO 7000 0393
34		仿形装置啮合	ISO 7000 0399	45		滚轮修整	ISO 7000 0394
35		有磁	—	46		金刚石滚轮修整	ISO 7000 0395

续表(二)

序号	符 号	名 称	说 明	序号	符 号	名 称	说 明
47		粗加工	—	51		反馈控制	ISO 7000 0095
48		半精加工	—	52		快速启动	GB 5465.2 1038
49		精加工	—	53		皮带或链的张紧	—
50		调节用表	X 为: A—电流; V—电压	54		皮带或链的松开	—

(四) 安全与警告符号

序号	符 号	名 称	说 明	序号	符 号	名 称	说 明
1		注意安全	GB 2894 2-1图 惊叹号、三角边框为黑色,底为黄色	7		直流电	GB 5465.2 1001
2		有电危险	GB 2894 2-6图 闪电标记、三角边框为黑色,底为黄色	8		起吊重物	ISO/R 369 103 X 为最大重量 (kg)
3		失灵;故障	ISO 7000 0435	9		音响信号	—
4		接地	GB 5465.2 1018	10		过载	—
5		保护接地	GB 5465.2 1020	11		润滑系统故障	—
6		交流电	GB 5465.2 1002	12		滤油器故障	—

续表

序号	符 号	名 称	说 明	序号	符 号	名 称	说 明
13		水平标线	ISO 7000 0159	15		低于工作温度范围	ISO 7000 0433
14		高于工作温度范围	ISO 7000 0432				

(五)其它符号

序号	符 号	名 称	说 明	序号	符 号	名 称	说 明
1		螺距	X为:mm—公制螺纹;πm—模数螺纹;1/n"—英制螺纹	10		气流方向	—
2		刻度值	X为刻度数值	11		运转中油液不许中断	—
3		间隙	—	12		润滑	ISO 7000 0031 油或油脂的润滑标志,如注油点、油脂点、润滑表等
4		有电;工作正常	闪电标记为黑色	13		排风扇	ISO 7000 0089
5		液面最高标线	—	14		检验或检查	ISO 7000 0421
6		注入	—	15		溢出	—
7		排出	—	16		液面最低标线	—
8		液面保持	—	17		排气	—
9		液流方向	—				

注:金属切削机床操作指示形象化符号是参照国际标准化组织颁布的 ISO/R 369—1964《机床上的指示符号》和 ISO 7000—1984《设备上使用的图形符号—标志一览表》标准制定的。标准规定了金属切削机床上使用的各种操作指示符号。适用于各种类型的金属切削机床及其附件,这些符号用于操作指示标牌和操作面板上。